JN173811

実践　職場の化学品管理

日本大学 理工学部 まちづくり工学科
城内　　博
一般社団法人 日本化学工業協会 化学品管理部
植垣　隆浩
共　著

化学工業日報社

はじめに

　危険・有害な化学品による事故や病気は相変わらず起こり続けています。このような化学品による災害を防止するため法令がたくさんあるにもかかわらず、です。これらの法令は非常に詳細でしかも理解が難しく読むのも嫌になるくらいです。さらに行うべき対策はあまりに膨大で、どこから手を付けたらよいかわからず押しつぶされそうです。

　人はさまざまな化学品を開発して素晴らしい生活を手に入れましたが、一方で危険・有害な化学品による災害でひどい目にもあってきました。そして事故や病気の原因を突き止め、安全管理の方法も考えだしてきたのです。本書は、人智がたどり着いた危険・有害な化学品の管理に対する考えかたやその方法を理解し実務に役立ててほしいという願いから書いたものです。これまでに築きあげられてきた知恵を活用すればもっと易しく苦しくなく安全管理ができるに違いないと考えています。

　職場の化学品管理は突き詰めるとリスクマネジメントということになります。そしてリスクマネジメントは自主対応型アプローチが鍵になります。平成28年6月1日から対象物質が限定されるものの、リスクアセスメントが義務付けられました。これは日本の化学品管理が大きく「自主対応型」に近づくことを意味しますが、従来の「法令準拠型」の管理に慣れてきた事業者にとっては、この転換はそう容易なことではないでしょう。

　縁があって国連勧告「化学品の分類および表示に関する世界調和システム (GHS)」を策定し普及する仕事に携わることになりすでに20年が経ちました。実はこのGHSは、筆者が労働衛生の分野に入って以来ずっと抱いていた「どうして労働者に物質の危険性・有害性を知らせるようになっていないのか?」という疑問に対する答えでもありました。現在このGHSが化学品の危険性・有害性情報を伝えるツールとしてのみならず、化学品管理の基礎として日本も含めた世界中で導入されつつあります。労働安全衛生法におけるリスクアセスメントにおいてもGHSは危険性・有害性情報を提供するシステムと位置付けられています。

　本書では、リスクアセスメントを理解、実行するにあたって、できるだけ一冊の本で済ませられるようにと考え、第1章は労働安全衛生法によるリスクアセスメント指針「化学物質等による危険性または有害性等の調査等に関する指針」の解説、第2章では「職場の化学品管理」としてリスクアセスメントも含めた化学品管理の基本的な概念やその活用、さらに「資料編」として職場における化学品のリスクアセスメントに関連した法令等を収載しました。

　日本に本当の意味での「自主対応型の化学品管理」が根付き、化学品による災害が少しでも減少することを心から願っています。

2016年7月

城　内　　博

目　次

はじめに

第 1 章　リスクアセスメント

1-1　改正労働安全衛生法リスクアセスメントの背景 ……………………………… 3

1-2　化学物質等のリスクアセスメント ……………………………………………… 5

　1-2-1　リスクアセスメントの準備 ………………………………………………… 6

　1-2-2　危険性・有害性の特定 ……………………………………………………… 8

　1-2-3　ばく露に関する情報 ………………………………………………………… 10

　1-2-4　リスクの見積り ……………………………………………………………… 11

　1-2-5　リスク低減措置等 …………………………………………………………… 46

1-3　リスクアセスメント事例 ………………………………………………………… 48

　1-3-1　工程に付随する各種作業についてもリスクアセスメントを行った例 ………… 48

　1-3-2　非鉄金属製造業において洗浄作業等のリスクアセスメントを行った例 ……… 55

1-4　リスクアセスメント実施に対する相談窓口等 ………………………………… 67

第 2 章　職場の化学品管理

2-1　化学品管理の国際的な潮流 ……………………………………………………… 71

2-2　化学品管理に関する国内法 ……………………………………………………… 73

　2-2-1　労働安全衛生法 ……………………………………………………………… 74

　2-2-2　女性労働基準規則 …………………………………………………………… 76

2-3　化学品による事故や疾病の統計 ………………………………………………… 76

2-4　リスクマネジメント ……………………………………………………………… 77

2-5　労働安全衛生マネジメントシステム（OSHMS） ……………………………… 79

2-6　リスクアセスメント ……………………………………………………………… 80

　2-6-1　リスクアセスメントの定義 ………………………………………………… 80

　2-6-2　リスクアセスメントの実施 ………………………………………………… 81

2-7　無害と有害の境界 ………………………………………………………………… 95

　2-7-1　量－影響関係 ………………………………………………………………… 95

　2-7-2　量－反応関係 ………………………………………………………………… 96

　2-7-3　閾値、ばく露限界、NOAEL ……………………………………………… 96

2-7-4	例：ベンゼンのばく露限界	99
2-8	モニタリング	101
2-8-1	作業環境モニタリング	101
2-8-2	個人ばく露モニタリング	103
2-8-3	生物学的モニタリング	104
2-8-4	各モニタリングの関係	104
2-9	作業環境濃度およびばく露評価	105
2-10	個人用保護具	107
2-10-1	呼吸用保護具	108
2-10-2	その他の保護具	108
2-11	健康診断	111
2-11-1	健康診断の種類	111
2-11-2	健康診断結果と措置	113
2-12	危険性・有害性情報の伝達	113
2-12-1	化学品の分類および表示に関する世界調和システム（GHS）	113
2-12-2	日本におけるGHSの導入	122
2-12-3	GHSに関する欧米の関連法規	125
2-12-4	国連危険物輸送に関する勧告	126
2-13	ハザードとリスク	129
2-14	危険性・有害性データの検索	131
2-15	危険性およびその試験方法、有害性およびその試験方法	132
2-16	危険性・有害性の予測	133
2-16-1	構造活性相関	133
2-16-2	物質の性状	133
2-16-3	混合危険	135
2-17	労働者教育	135
2-18	労働安全衛生法関連の資格者	137
引用・参考文献		139

資料編

化学品管理関連法令 ……………………………………………………………… 143

労働基準法施行規則　第35条及び別表第1の2（抜粋）（化学物質による疾病） ………… 151

健康診断結果に基づき事業者が講ずべき措置に関する指針 …………………………… 158

労働安全衛生法　第28条の2（事業者の行うべき調査等） …………………………… 163

労働安全衛生法　第57条（表示等）（文書の交付等） ………………………………… 163

労働安全衛生法　第59条（安全衛生教育） …………………………………………… 165

労働安全衛生法　第119条の3（罰則） ……………………………………………… 166

労働安全衛生規則　第24条の14、15、16

　　（危険有害化学物質等に関する危険性又は有害性等の表示等） ………………………… 166

労働安全衛生規則　第34条の2の7（調査対象物の危険性又は

　　有害性等の調査の実施時期等）、第34条の2の8（調査の結果等の周知） …………… 167

国が行う化学物質等による労働者の健康障害防止に係るリスク評価実施要領の

　　策定について（基安発第0511001号　平成18年5月11日） ……………………… 168

化学物質等による危険性又は有害性等の調査等に関する指針

　　（平成27年9月18日　基発0918第3号　別添2） ……………………………… 175

化学物質等による危険性又は有害性等の調査等に関する指針について

　　（平成27年9月18日　基発0918第3号） …………………………………………… 182

労働安全衛生令　第18条1〜5（名称等を表示・通知すべき危険物及び有害物） ……… 202

労働安全衛生令　別表第1（危険物） ………………………………………………… 203

労働安全衛生令　別表第9（名称等を表示し、又は通知すべき危険物及び有害物） …… 204

労働安全衛生令　別表第9への追加対象物質 ………………………………………… 221

労働安全衛生規則　第2編　第4章（危険物等の取扱い等） ………………………… 221

化学プラントにかかるセーフテイ・アセスメントに関する指針

　　（平成12年　基発第149号） …………………………………………………… 224

管理濃度（作業環境評価基準表） …………………………………………………… 234

女性労働基準規則　第2条の18（危険有害業務の就業制限の範囲等） ……………… 237

労働災害を防止するためリスクアセスメントを実施しましょう

　　厚生労働省（平成27年9月） …………………………………………………… 239

健康障害防止のための化学物質リスクアセスメントのすすめ方

　　中央労働災害防止協会（平成21年3月） ……………………………………… 255

化学品の分類および表示に関する世界調和システム（GHS）抜粋 …………………… 271

索引 ……………………………………………………………………………… 311

第1章　リスクアセスメント

1-1 改正労働安全衛生法リスクアセスメントの背景

　従来、東西を問わず危険・有害な物質の管理は行政や事業者が行うべきものと考えられて来ましたが、物質の種類や用途があまりに多様になり、行政や事業者だけでは対応しきれなくなりました。さらにオゾン層破壊、地球温暖化、難分解性物質による土壌や水の汚染などの問題が深刻になり、物質のライフサイクル（製造、流通、使用、廃棄まで）を通して、すべての人が危険・有害な物質を適切に管理するために行動することが必要になりました。これらは危険・有害な物質管理の潮流を「法令準拠型」から「自主対応型」に変化させることになりました。また各国は持続可能な発展のために物質管理を国際的な枠組みで実行することが求められています。

　日本の物質管理に関する法令は比較的良く整備されてきたといえます。法で決められた個々の対策も比較的良く行われてきたといえるでしょう。しかしこれは法令対象の物質あるいは作業についてであり、法令対象外の多くの物質については問題がありました。国連勧告「化学品の分類および表示に関する世界調和システム（GHS）」（2003年）の発行後、厚生労働省から「化学物質による災害の半数は未規制物質により起きている」さらに「危険性・有害性情報がラベル等により伝達されていれば防ぐことが出来たと考えられる災害事例が多い」等の調査結果が発表されました。さらにアスベストによる健康被害の拡大、印刷工の胆管がんの問題等も契機となり、既存の法令では健康障害予防対策が十分ではないことが認識され、近年の危険・有害な物質管理に関する労働安全衛生法関連法令の改正につながりました。これらの改正の主な点は危険性・有害性に関する情報伝達の方法をGHSに準拠したこと、物質の危険性・有害性を作業者に直接伝えるためにラベルの役割

を大きくしたこと、また「自主対応型」の物質管理に近づけるためにリスクアセスメントを義務化したことです。

　従来から労働安全衛生法（第28条の2）（資料編163頁参照）に基づきすべての危険性または有害性のある化学物質についてリスクアセスメントを実施することが事業者の努力義務になっていましたが、改正労働安全衛生法が平成26年6月25日に公布され一部の化学物質についてリスクアセスメントが義務化され、平成28年6月1日から施行となりました。この改正の概要を**図1-1-1**に示します。平成28年5月までは危険・有害な物質のリスクアセスメントは努力義務となっていますが、平成28年6月1日からはそれ以前から安全データシート（SDS）の交付が義務となっている640物質〔平成29年3月1日から27物質追加予定、追加物質は資料編221頁（労働安全衛生令別表9への追加対象物質）参照〕のリスクアセスメントが義務になり、ラベル貼付も義務になりました。その他の危険・有害な物質のSDS、リスクアセスメントそしてラベルは努力義務のままです。これらのラベル、SDSそしてリスクアセスメントの根拠法令を**図1-1-2**に示します。

　リスクアセスメントが義務となる640物質は、これまで災害の原因となった物質あるいは災害が懸念される物質およびそれらの類似物質です。新たな物質および新たに産業に導入される物質数は急激に増加していますが、法令で管理が義務付けられている物質はごくわずかです。ある物質に対し法的に何らかの義務付けが行われると産業界での使用が避けられ、代替された物質で災害が起きるということはこれまでもたびたび経験してきました。法的な義務付けがされていなくても、物質は何らかの危険性・有害性を持つものと考えて対応することが重要です。自主的なリスクアセスメントの意義はここにあります。もちろん法令は守らなければなりませんが、事業場

第1章　リスクアセスメント

で行うリスクアセスメントの対象となる物質の優先順位は慎重に検討する必要があります。

本書では化学物質、物質、混合物、化学品、製品等の用語を明確に定義することなく使用しています。「化学物質」は一般にあまり使用されなくなってきましたが、労働安全衛生法では使用されており、したがって「第1章　リスクアセスメント」の解説では主にこれを使用しています。他の用語はおおまかに以下のように使い分けています；純物質を「物質」、2種類以上の物質からできているものを「混合物」、物質と混合物の両方をさすまたは特にこれらを分ける必要がない場合に「化学品」、特に市場に出ている物質および混合物をさす場合は「製品」。

図1-1-1　表示義務の対象物および通知対象物について事業者の行うべき調査等

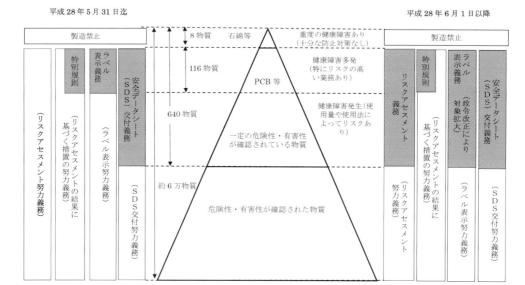

図1-1-2　リスクアセスメント等義務対象物質と努力義務対象物質の根拠法令

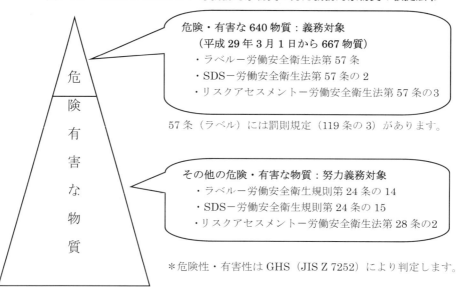

＊危険性・有害性はGHS（JIS Z 7252）により判定します。

1-2 化学物質等のリスクアセスメント

まず「リスクアセスメント」の定義を紹介します。労働安全衛生法では第57条3項にある「化学物質等による危険性または有害性等の調査」をリスクアセスメントとし、その内容について厚生労働省のウェブサイトでは「事業場にある危険性や有害性の特定、リスクの見積り、優先度の設定、リスク低減措置の決定の一連の手順をいう」としています。

さて、では化学物質によるリスクとは何でしょうか。リスクとは危害が起きる可能性ですが、これは有害性に関しては一般に以下の式のように考えます。

「有害性」×「ばく露」＝リスク

つまり有害性の程度もばく露も大きいほどそのリスクは大きくなります。逆にこれらが小さいほどリスクも小さくなります。また有害性の程度が高ければ、ばく露を小さくしない限りリスクは小さくなりません。ばく露がゼロになればリスクはゼロになります。この原則はリスクに対する対策の優先順位に大きく影響します。すなわちばく露を小さくする優先順位として、毒性のより低い代替物質の使用、設備の密閉化、環境中ばく露濃度の低減措置、個人用保護具の使用の順になります。

リスクの見積りというのは、つまり有害性とばく露を別々に評価してこれらを総合的に見積るということです。リスクアセスメントにおけるステップ（有害性の把握、ばく露の評価）が分かれている理由はここにあります。

本章では労働安全衛生法に基づいたリスクアセスメントについて、平成27年9月18日に出された「化学物質等による危険性または有害性等の調査等に関する指針」（資料編175頁参照）およびその普及のために厚生労働省から出された「労働災害を防止するためリスクアセスメントを実施しましょう」（資料編239頁参照）を基本として、さらに情報を追加して説明します。

この指針の適用は、労働安全衛生法第57条の3第1項に基づき行う「第57条第1項の政令で定める物および通知対象物」（以下「化学物質等」という。）に係わるリスクアセスメントについて適用し、労働者の就業に係わるすべての物（化学物質等、作業方法、設備等）を対象とする、としています。つまりリスクアセスメントは化学物質の危険性・有害性にのみ着目するのではなく、労働者の健康を守るための方策として考えるということです。またこの「化学物質等」には、製造中間体（製品の製造工程中において生成し、同一事業場内で他の化学物質に変化する化学物質をいう）が含まれること、としています。

リスクアセスメントは単一物質について行うのか、混合物に対して行うのか、どの程度の安全率を持って行うのか、さらに扱っている数種類の物質に同種の危険性・有害性があるとき、それをどのように評価するのかなど、判断に迷う場合が多々あると思います。本書ではこれらの疑問に少しでも答えられるようにしたいと考え、いくつかの例を示し解説します。**またリスクアセスメントにはいろいろな方法があり、事業場によっても、作業工程によっても、さらに担当者によっても異なります。また異なってもよいのです。** 本章で紹介する例などを参考に各事業所および各作業工程に合った方法でリスクアセスメントを始めてみましょう。

指針ではリスクアセスメントの流れは以下のようなステップで行うとされています。

ステップ1　化学物質などによる危険性・有害性の特定
ステップ2　リスクの見積り
ステップ3　リスク低減措置の内容の検討
ステップ4　リスク低減措置の実施
ステップ5　リスクアセスメント結果の労働者への周知

（一般的にリスクアセスメントは、ステップ

1からステップ3までを指し、ステップ4の措置などまで含めた場合にはリスクマネジメントといいますが、本章ではこれらを使い分けずリスクアセスメントのみを使用します。これらの違いは「第2章 2-6-1 リスクアセスメントの定義」で説明しています。）

　労働安全衛生関連法令では上記ステップ1、ステップ2、ステップ3およびステップ5が義務、ステップ4は努力義務となっていますが、事業場としてはステップ1からステップ5まで取り組む必要があります。

　以下、リスクアセスメントについてその準備、ステップ1からステップ5まで説明します。各事項の根拠となる法令条項を示し、それらの条文を資料編163頁に収載したので参考にしてください。

　以下のリスクアセスメントの流れは基本的に第57条第1項の政令で定めるものおよび通知対象物質を扱う事業場、つまり労働安全衛生令別表第9（資料編204頁参照）にある640物質を扱うところを対象として説明していますが、これらの物質以外のリスクアセスメントについても同様の流れで行うことになります。その根拠は「化学物質等による危険性または有害性等の調査等に関する指針」で下記のように記述されています。

　　12　その他
　　　表示対象物または通知対象物以外のものであって、化学物質、化学物質を含有する製剤その他の物で労働者に危険または健康障害を生じるおそれのあるものについては、法28条の2に基づき、この指針に準じて取り組むように努めること。

　（従前からリスクアセスメントは労働安全衛生法第28条の2で規定されていますが、これは**努力義務**となっています。一方、改正労働安全衛生法で義務となったリスクアセスメントは第57条の3で規定されています。）

リスクアセスメントは容易ではありませ

ん。それを実行するにはさまざまな考え方、知識、方法を理解することが必要です。おそらくリスクアセスメントの実行途中で「なぜ？」と思うことがたくさん出てくると思います。その時には「第2章 職場の化学品管理」にある関連事項をたどってみてください。

1-2-1　リスクアセスメントの準備

1-2-1-1　対象となる事業場（労働安全衛生法第57条の3第1項）

　第57条第1項の政令で定めるものおよび通知対象物質（640）を扱う事業場。業種、事業場規模にかかわらず、対象となる化学物質の製造・取り扱いを行うすべての事業場が対象となります。製造業、建設業だけでなく、清掃業、卸売・小売業、飲食店、医療・福祉業など、さまざまな業種で化学物質を含む製品が使われており、労働災害のリスクがあります。

1-2-1-2　実施時期（労働安全衛生規則第34条の2の7第1項）

　リスクアセスメントの実施は義務となっているものと努力義務のものがあります。
〈法律上の実施義務〉
(1)　対象物を原材料などとして**新規に採用**したり、**変更したりする**とき
(2)　対象物を製造し、または取り扱う業務の**作業の方法や作業手順を新規に採用したり変更したりする**とき
(3)　前の2つに掲げるもののほか、対象物による危険性・有害性などについて変化が生じたり、生じるおそれがあったりするとき
　　※新たな危険性・有害性の情報が、SDSなどにより提供された場合など
〈指針による努力義務〉
(1)　労働災害発生時
　　※過去のリスクアセスメントに問題があるとき

(2) 過去のリスクアセスメント実施以降、機械設備などの経年劣化、労働者の知識経験などリスクの状況に変化があったとき

(3) **過去にリスクアセスメントを実施したことがないとき**

※施行日前から取り扱っている物質を、施行日前と同様の作業方法で取り扱う場合で、過去にリスクアセスメントを実施したことがない、または実施結果が確認できない場合

以上から、**何はともあれ1度はリスクアセスメントをしてください**、ということになっています。

1-2-1-3　実施体制

リスクアセスメントとリスク低減措置を実施するための体制（**表1-2-1-3**）を整えます。安全衛生委員会などの活用などを通じ、労働者を参画させます。

教育の内容は担当者によって異なります。例えば労働者にはリスクアセスメントの基礎である危険性・有害性（ラベル内容）の理解および安全行動、化学物質管理者にはさらに危険性・有害性の評価に関する知識（量—影響関係、量—反応関係、ばく露限界等）やリ

スクアセスメントの流れ、監督的な立場にある管理者にはリスクアセスメントの重要性とその実施管理などについて、が考えられます（教育に関する項目の具体的な内容については「第2章 2-17 労働者教育」参照）。

1-2-1-4　化学物質等のリストアップおよびその他の情報

リスクアセスメントの準備において、ここは一番重要なステップです。危険・有害な物質を製造し、または取り扱う業務あるいは作業工程ごとにリスクアセスメントを行う必要があるので、そこでの対象物質をすべてリストアップします。原材料、中間体、副産物、補助材料の他、廃棄物、排出物等も可能な限り把握します。

リスクアセスメントは事業場内のすべての物質を考慮して実行することが原則ですが、やれるところから始めるという意味で、義務対象の640物質から始めてみてもよいでしょう。

化学物質を外部から取得しようとする場合には、譲渡または提供する者から当該化学物質に関するSDSを確実に入手するようにします。SDSはGHSに基づいたものを要求しましょう。

表1-2-1-3　リスクアセスメントの担当者とその役割

担当者	該当する職位または能力	役割
総括安全衛生管理者など	事業の実施を統括管理する人（事業場のトップ）	リスクアセスメントなどの実施を統括管理
安全管理者または衛生管理者作業主任者、職長、班長など	労働者を指導監督する地位にある人	リスクアセスメントなどの**実施を管理**
化学物質管理者	化学物質などの適切な管理について必要な能力がある人の中から指名	リスクアセスメントなどの**技術的業務を実施**
専門的知識のある人	必要に応じ、化学物質の危険性と有害性や、化学物質のための機械設備などについての専門的知識のある人	対象となる化学物質、機械設備のリスクアセスメントなどへの参画
外部の専門家	労働衛生コンサルタント、労働安全コンサルタント、作業環境測定士、インダストリアル・ハイジニストなど	より詳細なリスクアセスメント手法の導入など、**技術的な助言を得るために活用が望ましい**

※事業者は、上記のリスクアセスメントの実施に携わる人（外部の専門家を除く）に対し、必要な教育を実施するようにします。

1-2-2 危険性・有害性の特定（労働安全衛生法第57条の3第1項）

1-2-2-1 危険性・有害性に関する情報

事業場内で扱っている化学物質をリストアップしたら、それらの危険性・有害性について調査をします。自社で新規に製造した物質であれば法令等に基づいて自ら採取したデータから、また外部から取得した物質であればそれに添付されたSDSの記載から危険性・有害性を特定します。基本的に危険性・有害性に関する情報はGHSの判定基準にしたがって分類された結果を使用します。これは譲渡または提供される化学物質に添付されているSDSがGHSに従ったものであることが求められる、ということでもあります。自社で採取したデータもGHSにしたがって分類すべきでしょう（GHSの分類については「第2章 2-12-1-2 危険性・有害性に関する分類」参照）。

指針で示している物理化学的危険性および健康有害性は以下の通りです。指針が参考にしているGHS（日本工業規格　JIS Z 7252）には環境有害性の水生環境有害性およびオゾン層への有害性が含まれていますが、本章ではこれらは記載していません。水生環境有害性およびオゾン層への有害性は労働安全衛生法関連法令の範囲とはなっていないためです。またGHS改訂6版（2015年7月発行）から導入された、物理化学的危険性である自然発火性ガス（可燃性ガスの一区分）および鈍感化爆発物は含めました。GHSの危険性・有害性の分類判定基準（抜粋）を資料編276頁に記載しています。

GHSでは可燃性、発がん性、経口急性毒性、水生環境有害性のような、物理化学的危険性、健康または環境有害性の種類を危険・有害性クラスと呼んでいます。

表1-2-2-2-1　GHSにおける物理化学的危険性クラスの点数化例

危険性 ＼ 点数	6	4	2	1
爆発物	等級1.1〜1.6 鈍感化爆発物			
可燃性／引火性ガス	区分1、A、B 自然発火性ガス	区分2		
エアゾール	区分1	区分2	区分3	
支燃性／酸化性ガス		区分1		
高圧ガス	圧縮ガス、液化ガス、溶解ガス	深冷液化ガス		
引火性液体	区分1	区分2	区分3	区分4
可燃性固体		区分1、2		
自己反応性化学品	タイプA、B	タイプC〜F		
自然発火性液体	区分1			
自然発火性固体	区分1			
自己発熱性化学品	区分1	区分2		
水反応可燃性化学品	区分1	区分2、3		
酸化性液体		区分1、2、3		
酸化性固体		区分1、2、3		
有機過酸化物	タイプA〜D	タイプE、F	タイプG	
金属腐食性物質		区分1		
鈍感化爆発物	区分1〜4			

1-2-2-2 物理化学的危険性

- (1) 爆発物
- (2) 可燃性／引火性ガス
- (3) エアゾール
- (4) 支燃性／酸化性ガス
- (5) 高圧ガス
- (6) 引火性液体
- (7) 可燃性固体
- (8) 自己反応性化学品
- (9) 自然発火性液体
- (10) 自然発火性固体
- (11) 自己発熱性化学品
- (12) 水反応可燃性化学品
- (13) 酸化性液体
- (14) 酸化性固体
- (15) 有機過酸化物
- (16) 金属腐食性物質
- (17) 鈍感化爆発物

上記のGHSで定める各物理化学的危険性クラス（種類）は、リスクの見積りのためにさらにその重大性（区分）に分ける必要があります。その一例を**表1-2-2-2-1**に示しますが、ここでは点数が高いほど重大性が増します。

さらに化学物質の物理化学的危険性については「化学プラントにかかるセーフテイ・アセスメントに関する指針」（資料編224頁参照）でも例示・点数化しており、それを**表1-2-2-2-2**に示します。

危険性に関するリスクの見積りは、可能であれば、災害発生の可能性を考慮します（1-2-4-1-1参照）。災害発生の可能性は過去の事例（災害の頻度等）や作業環境（防爆設備、発火源の有無等）などを考慮して点数化します。

1-2-2-3 健康有害性

- (1) 急性毒性
- (2) 皮膚腐食性／刺激性
- (3) 眼に対する重篤な損傷性／眼刺激性
- (4) 呼吸器感作性または皮膚感作性
- (5) 生殖細胞変異原性
- (6) 発がん性
- (7) 生殖毒性
- (8) 特定標的臓器毒性（単回ばく露）
- (9) 特定標的臓器毒性（反復ばく露）
- (10) 吸引性呼吸器有害性

上記のGHSで定める各有害性およびその区分は、リスクの見積りのために有害性のレベル（重篤性）で分ける必要があります。その一例を**表1-2-2-3**に示します。ここでは有害性のレベルがAからDに行くにしたがって有害性レベルが高くなります。皮膚または眼への接触による影響はSとして別に評価されます。

リスクアセスメント義務対象である640物質を含む約3,000物質について、政府がすで

表1-2-2-2-2 指針における物理化学的危険性の点数化

A（10点）	B（5点）	C（2点）	D（0点）
1) 労働安全衛生法施行令（以下「令」という）別表第1に掲げる爆発性の物 2) 同、発火性の物のうち、金属「リチウム」、金属「ナトリウム」、金属「カリウム」、黄りん 3) 同、可燃性のガスのうち、圧力0.2Mpa以上のアセチレン 4) 1)〜3)と同程度の危険性を有する物、例えばアルキルアルミニウム	1) 令別表第1に掲げる発火性の物のうち、硫化りん、赤りん、マグネシウム粉、アルミニウム粉 2) 同酸化性の物 3) 同、引火性の物のうち、引火点が30℃未満の物質 4) 同、可燃性のガス(Aのものを除く) 5) 1)〜4)と同程度の危険性を有する物	1) 令別表第1に掲げる発火性の物のうち、セルロイド類、炭化カルシウム、りん化石灰、マグネシウム粉およびアルミニウム粉以外の金属粉 2) 同、引火性の物のうち、引火点が30℃以上65℃未満の物質 3) 1)〜2)と同程度の危険性を有する物	A、B、Cのいずれにも属さない物

ここでいう物とは、原料、中間体および生成物のうち、最も危険度の大きいものをいう。

第1章　リスクアセスメント

表1-2-2-3　GHS分類における健康有害性クラスと区分の有害性レベル（重篤性）

有害性のレベル	GHS分類における健康有害性クラスおよび区分
A	・皮膚刺激性 区分2 ・眼刺激性 区分2 ・吸引性呼吸器有害性 区分1 ・他のグループに割り当てられない有害性
B	・急性毒性 区分4 ・特定標的臓器毒性（単回ばく露） 区分2
C	・急性毒性 区分3 ・皮膚腐食性 区分1（細区分1A、1B、1C） ・眼に対する重篤な損傷性 区分1 ・皮膚感作性 区分1 ・特定標的臓器毒性（単回ばく露） 区分1、3（麻酔作用、気道刺激） ・特定標的臓器毒性（反復ばく露） 区分2
D	・急性毒性 区分1、2 ・発がん性 区分2 ・特定標的臓器毒性（反復ばく露） 区分1 ・生殖毒性 区分1、2
E	・生殖細胞変異原性 区分1、2 ・発がん性 区分1 ・呼吸器感作性 区分1
S （皮膚または眼への接触）	・急性毒性（経皮） 区分1、2、3、4 ・皮膚腐食性 区分1（細区分1A、1B、1C） ・皮膚刺激性 区分2 ・眼に対する重篤な損傷性 区分1 ・眼刺激性 区分2 ・皮膚感作性 区分1 ・特定標的臓器毒性（単回ばく露）（経皮） 区分1、2 ・特定標的臓器毒性（反復ばく露）（経皮） 区分1、2

＊JISでは採用していませんが、国連のGHS分類においては、上記に加え急性毒性区分5、皮膚刺激性区分3、吸引性呼吸器有害性区分2を設定しています。

にGHS分類を行っており、これらの結果は独立行政法人製品評価技術基盤機構（NITE）のウェブサイトで見ることができます。また上記640物質についてはモデルSDSも作成されており、これは厚生労働省「職場のあんぜんサイト」で見ることができます。これらの情報源から物質の危険性・有害性クラスおよび区分が特定できます。

1-2-2-4　その他の情報

これまでに述べた危険性・有害性以外の、負傷または疾病の原因になる恐れのある危険性・有害性についても情報を収集しておくことが必要です。これらには過去の労働災害の事例、ヒヤリハットのあった作業、労働者が日常不安を感じている作業、過去に事故のあった設備等を使用する作業、操作が複雑な化学物質に係わる機械設備等の操作などがあります。

またリスクアセスメントの対象となる業務や作業工程の作業標準、作業手順書、機械設備等に関する情報、さらに当該化学物質に関する災害事例、災害統計なども必要になるでしょう。

1-2-3　ばく露に関する情報

1-2-3-1　ばく露限界等の情報

リスクアセスメントの対象となる物質について、個人ばく露濃度などの実測値を用いてばく露量の評価を行う場合には、日本産業衛生学会の許容濃度および生物学的許容値、米国産業衛生専門家会議（ACGIH）の時間加重平均ばく露限界（TLV-TWA）および生物学的ばく露指標（BEI）などを調べます。また、作業環境測定の結果を利用する場合には、当該物質の管理濃度も調べておきましょう。

許容濃度、TLV-TWA、BEIおよび管理

濃度などが設定されている物質については、SDSにそれらが記載されているはずです。

1-2-3-2　ばく露濃度（レベル）に関する情報

リスクの見積りにおいては、ばく露濃度またはばく露レベルに関する情報は重要です。個人ばく露測定、作業環境測定法、検知管等によるスポット測定、あるいは生物学的モニタリングなどによる実測値のほか、シミュレーションによる作業環境における物質濃度の推定、コントロール・バンディングに見られるような粉じんやガスの取り扱い状況などからそのばく露レベルを決定するものまで、さまざまです。

1-2-4　リスクの見積り（労働安全衛生規則第34条の2の7の第2項、労働安全衛生法第28条の2）

リスクの見積りは危険性・有害性のある物質を製造しまたは取り扱う業務ごとに行います。その方法はいくつかありますが、そのうち代表的な例を以下に示します。

リスクの見積りを行う際には、次に掲げる事項等が必要になります。
- ア　当該化学物質等の性状
- イ　当該化学物質等の製造量または取扱量
- ウ　当該化学物質等の製造または取り扱い（以下「製造等」という。）に係る作業の内容
- エ　当該化学物質等の製造等に係る作業の条件および関連設備の状況
- オ　当該化学物質等の製造等に係る作業への人員配置の状況
- カ　作業時間および作業の頻度
- キ　換気設備の設置状況
- ク　保護具の使用状況
- ケ　当該化学物質等に係る既存の作業環境中の濃度若しくはばく露濃度の測定結果または生物学的モニタリング結果

また、事業者は、一定の安全衛生対策が講じられた状態でリスクを見積る場合には、用いるリスクの見積り方法における必要性に応じて、次に掲げる事項を考慮する必要があります。
- ア　安全装置の設置、立入禁止措置、排気・換気装置の設置その他の労働災害防止のための機能または方策（以下「安全衛生機能等」という。）の信頼性および維持能力
- イ　安全衛生機能等を無効化するまたは無視する可能性
- ウ　作業手順の逸脱、操作ミスその他の予見可能な意図的・非意図的な誤使用または危険行動の可能性
- エ　有害性が立証されていないが、一定の根拠がある場合における当該根拠に基づく有害性

（リスクの見積りに関してさまざまな方法があります。本節で紹介する方法では多くの英数字が使用されますが、その定義は節ごとに異なるので注意してください。）

1-2-4-1　リスクの見積り方法の選択
1-2-4-1-1　物理化学的危険性

物理化学的危険性に関するリスクの見積り方法は健康有害性のそれとは少し異なります。一般に、有害な物質のリスクの見積りで実施するばく露濃度測定など定量的な評価は行いません。厚生労働省から「（初心者のための）化学物質による爆発・火災等のリスクアセスメント入門ガイドブック」（爆発・火災等のリスクアセスメントのためのスクリーニング支援ツール）（http://anzeninfo.mhlw.go.jp/user/anzen/kag/ankgc07.htm）が発表されています。ここではその概要を紹介します。

特定した危険性から、その危険性が顕在化する可能性（頻度）と顕在化した場合の影響

第1章　リスクアセスメント

の大きさ（被害）を見積ります。安衛法に基づく指針における危険性の調査では、具体例として**表1-2-4-1-1-1**のようなリスクの見積り方法が示されています。

表1-2-4-1-1-1　リスクの見積りの方法

手法名	概要
マトリクス法	発生可能性と重篤度を相対的に尺度化し、それらを縦軸と横軸とし、あらかじめ発生可能性と重篤度に応じてリスクが割り付けられた表を使用してリスクを見積る方法
数値化法	発生可能性と重篤度を一定の尺度によりそれぞれ数値化し、それらを加算または乗算などしてリスクを見積る方法
枝分かれ図を用いた方法	発生可能性と重篤度を段階的に分岐していくことによりリスクを見積る方法
災害シナリオから見積る方法	化学プラントなどの化学反応のプロセスなどによる災害のシナリオを仮定して、その事象の発生可能性と重篤度を考慮する方法
労働安全衛生法関係法令の各条項の規定を確認する方法	特別則の対象物質（特定化学物質、有機溶剤など）については、特別則に定める具体的な措置の状況を確認する方法
	安衛令別表1に定める危険物および同等のGHS分類による危険性のある物質について、安衛則第2編第4章などの規定を確認する方法

以下、マトリクス法と災害シナリオから見積る方法についてガイドブックから引用します。

【マトリクス法を用いたリスクの見積り】

　危害発生の頻度と危害の重篤度を掛け合わせ、リスクの大きさを見積ります。**表1-2-4-1-1-2**および**表1-2-4-1-1-3**に危害発生の頻度および重篤度を定性的に分類した例を示します。

表1-2-4-1-1-2　危害発生の頻度（可能性）

発生の頻度	発生の頻度の目安
高い又は比較的高い（×）	・危害が発生する可能性が高い。 　（例：1年に一度程度、発生する可能性がある）
可能性がある（△）	・危害が発生することがある。（例：プラント・設備のライフ（30～40年）に一度程度、発生する可能性がある）
ほとんどない（○）	・危害が発生することはほとんど無い。 　（例：100年に一度程度、発生する可能性がある）

表1-2-4-1-1-3　危害の重篤度

重篤度（災害の程度）	災害の程度・内容の目安
致命的・重大（×）	・死亡災害や身体の一部に永久的損傷を伴うもの。 ・休業災害（1ヶ月以上のもの）、一度に多数の被災者を伴うもの。 ・事業場内外の施設、生産に壊滅的なダメージを与える。 　（例：復旧に1年以上掛かる）
中程度（△）	・休業災害（1ヶ月未満のもの）、一度に複数の被災者を伴うもの。 ・事業場内の施設や一部の生産に大きなダメージがあり、復旧までに長期間を要するもの。（例：復旧に半年程度かかる）
軽度（○）	・不休災害やかすり傷程度のもの。 ・事業場内の施設や一部の生産に小さなダメージがあるが、その復旧が短期間で完了できるもの。（例：復旧に1ヶ月程度掛かる）

　表1-2-4-1-1-2および表1-2-4-1-1-3で特定された頻度と重篤度の大きさをもとに、リスクマトリ

クス（**表1-2-4-1-1-4**）を用いてリスクレベルを決定します。なお、リスクレベルの評価基準は、**表1-2-4-1-1-5**の通りです。

表1-2-4-1-1-4　リスクマトリクス

		危害の重篤		
		致命的・重大（×）	中等度（△）	軽度（○）
危害発生の頻度	高い又は比較的高い（×）	III	III	II
	可能性があり（△）	III	II	I
	ほとんどない（○）	II	I	I

表1-2-4-1-1-5　リスクレベルの説明

リスクレベル	優先度	
III	直ちに解決すべき、又は重大なリスクがある。	措置を講じるまで生産を開始してはならない。十分な経営資源（費用と労力）を投入する必要がある。
II	速やかにリスク低減措置を講じる必要のあるリスクがある。	措置を講じるまで生産を開始しないことが望ましい。優先的に経営資源（費用と労力）を投入する必要がある。
I	必要に応じてリスク低減措置を実施すべきリスクがある。	必要に応じてリスク低減措置を実施する。

【災害のシナリオから見積る方法】

　ガイドブックには物理化学的危険性に関するスクリーニングとして「災害のシナリオから見積る方法」が紹介されています。物理化学的危険性に関するリスクアセスメントにおいては「化学物質の危険性」のみならず「プロセス・作業の危険性」、「設備・機器の危険性」を考慮する必要がある場合もあります。これらそれぞれについての評価支援ツール、さらに「リスク低減措置の導入状況」についてのフローを**図1-2-4-1-1-1**から**図1-2-4-1-1-4**に示します。図中の説明の詳細についてはガイドブックを参照してください。

第1章 リスクアセスメント

図1-2-4-1-1-1 化学物質の危険性チェックフロー

スクリーニング支援ツール（チェックフロー）

（1） 化学物質の危険性

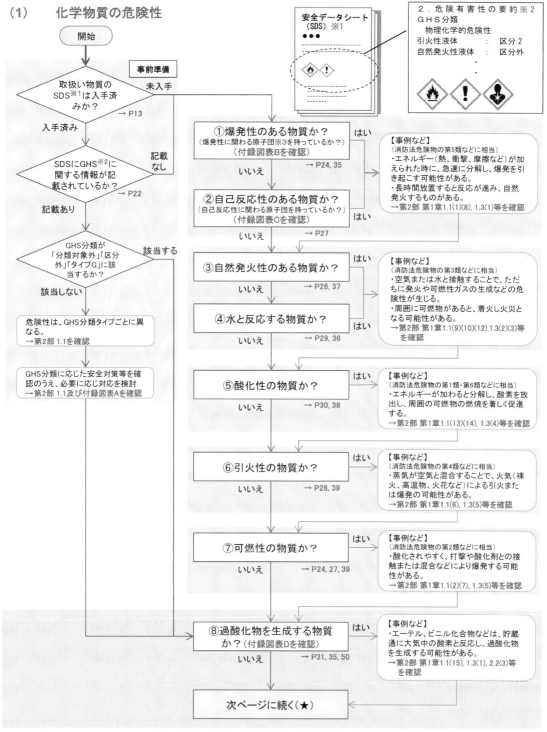

※1 化学物質の名称や物理化学的性質、危険性、有害性等を記載した資料
※2 世界的に統一されたルールに従って、化学品を危険有害性の種類と程度により分類し、その情報が一目でわかるよう、ラベルで表示したり、SDSを提供したりするシステムのこと
※3 化合物の分子内に含まれるある特定の原子の一団（例：不飽和のC-C結合、C=C、C≡C等）

1-2 化学物質等のリスクアセスメント

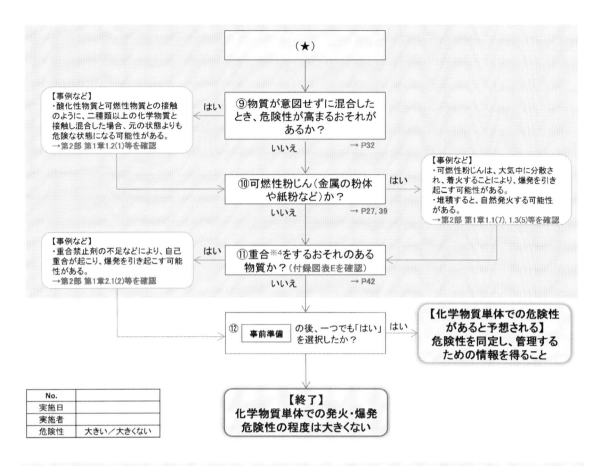

(1) まず取扱い化学物質のSDSの入手を行います。SDSが入手できない場合は【開始】から始めて質問に答えていきましょう。
(2) SDSが入手できた場合はGHS記載の有無を確認します。GHSの記載がない場合は【開始】から始めて質問に答えていきましょう。
(3) GHS分類が「分類対象外」「区分外」「タイプG」に該当するか確認します。該当する場合は⑧へ進みましょう。該当しない場合は第2章の2.1節及び付録図表A参照し、GHS分類に応じた安全対策等を確認のうえ、必要に応じ対応を検討し、⑧へ進み、質問に答えていきましょう。
(4) 「はい」を答えた場合は、チェックフローの【事例など】に記載されている分類番号を確認し、【ガイドブック第2部 解説編】の該当箇所を確認しましょう。

SDSの交付義務の対象物質（640物質）は、明らかになっている危険性・有害性に基づき定められたものであり、対象となっていない化学物質に危険性・有害性がないことが保証されるものではありません。対象物質に当たらない場合でも、危険又は健康障害の生ずるおそれのあるものについては、リスクアセスメントを行うことが努力義務となります。

※4 モノマー（単量体）やポリマー（重合体）を反応させて、目的のポリマーを合成する化学反応

第1章　リスクアセスメント

図1-2-4-1-1-2　プロセス・作業の危険性チェックフロー

(2)　プロセス・作業の危険性

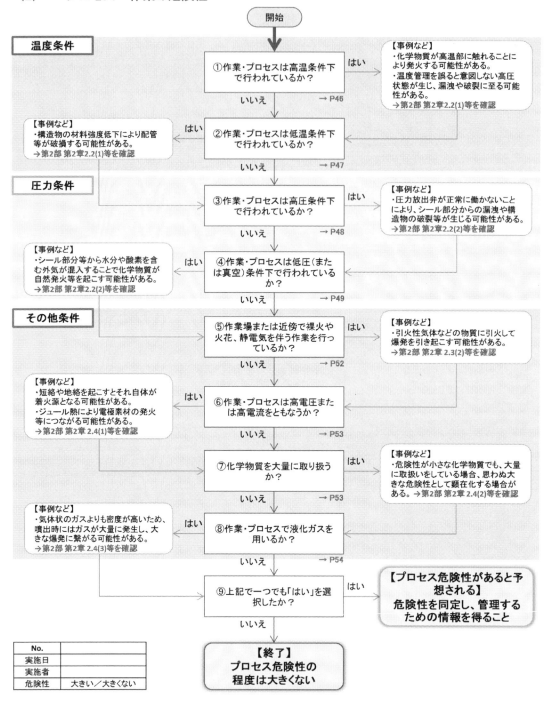

(1) 【開始】から始めて質問に答えていきましょう。
(2) 「はい」を答えた場合は、チェックフローの【事例など】に記載されている分類番号を確認し、【ガイドブック 第2部 解説編】の該当箇所を確認しましょう。

図1-2-4-1-1-3　設備・機器の危険性チェックフロー

（3）　設備・機器の危険性

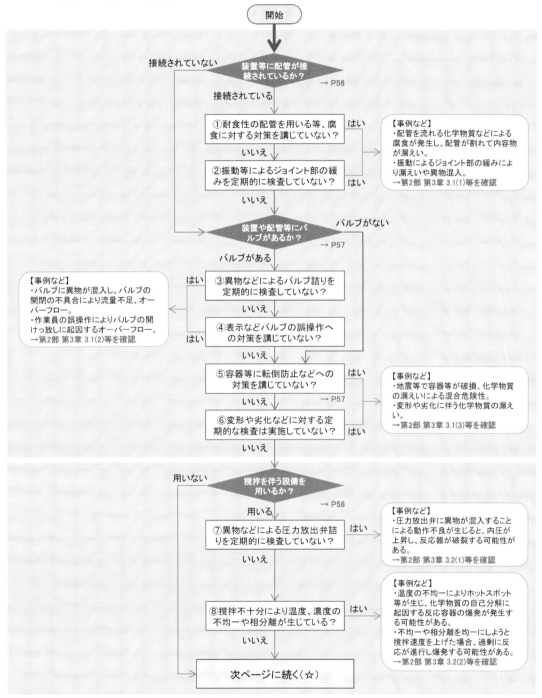

(1) 【開始】から始めて質問に答えていきましょう。
(2) 「はい」を答えた場合は、チェックフローの【事例など】に記載されている分類番号を確認し、【ガイドブック　第2部　解説編】の該当箇所を確認しましょう。

第1章　リスクアセスメント

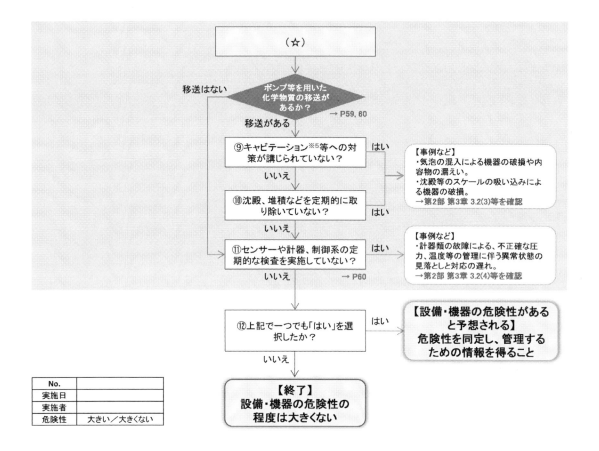

図1-2-4-1-1-4　リスク低減措置の導入状況チェックフロー

（4）　リスク低減措置の導入状況

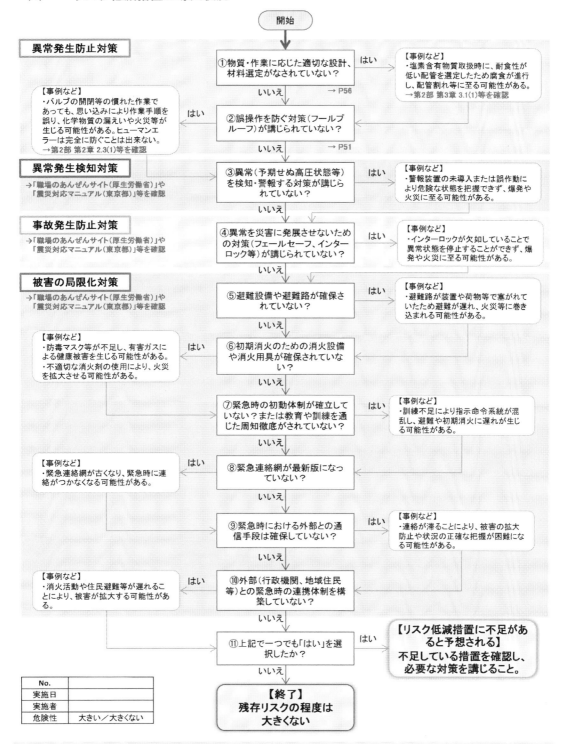

【開始】から始めて質問に答えていきましょう。③以降は東京都環境局「震災対応マニュアル」などを参考にリスク低減対策を検討しましょう。

第1章　リスクアセスメント

　さらにこれらのフローを用いたスクリーニングの支援ツールを**図1-2-4-1-1-5**に示します。各フローについて質問事項ごとに「はい」、「いいえ」で答え、これを図1-2-4-1-1-5に記入することでリスクの確認ができます。

図1-2-4-1-1-5　スクリーニング支援ツール（結果シート）

実施者		実施日		取り扱い物質（CAS番号）							No.	
作業等の概要												

危険性の確認															
質問番号	①	②	③	④	⑤	⑥	⑦	⑧	⑨	⑩	⑪	⑫	備考	結果
化学物質の危険性	GHS分類に基づく物理化学的危険性に該当する場合⇒													（危険性）大きい／大きくない
プロセス・作業の危険性														（危険性）大きい／大きくない
設備・機器の危険性														（危険性）大きい／大きくない

リスク低減措置の導入状況の確認														
質問番号	①	②	③	④	⑤	⑥	⑦	⑧	⑨	⑩	⑪	備考	結果
リスク低減措置の導入状況													（災害の可能性）高い／高くない

更なる対策・今後の方針等

リスク
リスクの程度が大きい／リスクの程度は大きくない

1-2-4-1-2　健康有害性

　健康有害性に関するリスクの見積り方法は、大きく二つに分かれます。すなわちばく露の程度と有害性を定量的に評価する方法または健康障害の発生可能性とその重篤度を定性的に評価する方法です。これらは**作業場での化学物質濃度に関する実測値があるか、無いか**、あるいは労働者の健康維持のために設定された**ばく露限界（許容濃度、TLV-TWA等）があるか、無いか**、という事であるともいえます。

　今回の労働安全衛生法改正によりリスクアセスメントが義務付けられた640物質についてはある程度の危険性・有害性が知られており、ばく露限界が設定されています。そこでこのリスクの見積りの方法に関して、参考のために**図1-2-4-1-2**に考え方の順序を示して

みました。リスクの見積り方法は作業場により、取扱い物質によりさらに担当者の考え方により異なってよいものですので、この順序にこだわる必要はありません。また取り扱う物質および作業工程が多い場合にはリスクの見積りは幾通りかの方法を組み合わせて行う必要もあるでしょう。

　おおまかなリスク見積りの方法の選択のポイントは以下の通りです。

　【定量的方法】ばく露の程度および有害性の程度（ばく露限界）からリスクを見積る方法：物質のばく露に関連した実測値（例：個人ばく露測定結果、作業環境測定結果）があるまたは推定でき、さらにその物質のばく露限界が設定されているまたは関連データがある場合です（個人ばく露、作業環境測定、ば

1-2 化学物質等のリスクアセスメント

図1-2-4-1-2 リスクの見積り方法選択順序

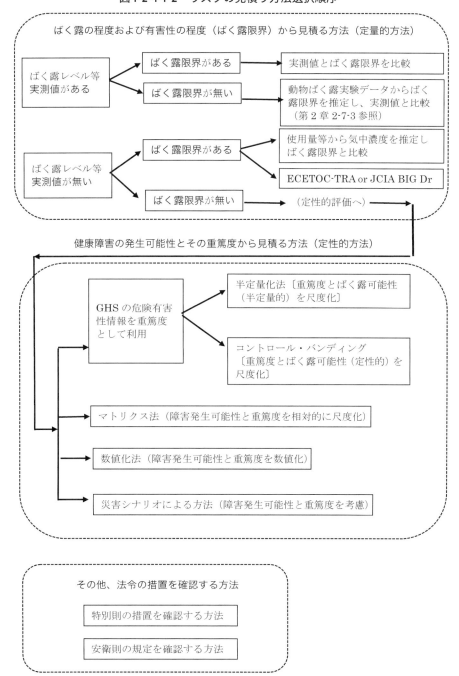

く露限界等の説明については「第2章 2-7 無害と有害の境界」および「第2章 2-8 モニタリング」参照）。

物質のばく露限界はそれが持つさまざまな生体影響が勘案されて、悪影響が現れるリスクを可能な限り少なくするように設定されている（すなわちばく露限界には有害性の程度が包含されている）ので、これはそのままリスクの見積りの指標となります。

ばく露に関連した実測値があり、ばく露限界が設定されている単一物質については、実測値とばく露限界を直接比べて判定すること

第1章　リスクアセスメント

ができます（640物質については可能）。つまり実測値がばく露限界より小さければ許容可能なリスクと判定します。

　一方、作業場内の物質の濃度は常に変動していますし、ばく露に関連した測定法もさまざまあり、これらを正確に評価することは簡単ではありません。また、ばく露限界は一般に健康な人が一日8時間の労働を続けても健康影響はないであろうという値ですが、ばく露濃度がこれ以下でもリスクがゼロというわけではありません。これら実測値の評価の困難さおよびリスクレベルのより安全サイドでの評価のために、実測値とばく露限界の比を用いてリスクの見積りを行うこともできます（1-2-4-2-1参照）。

　実測値と比較するばく露限界が設定されていない場合は、動物実験のデータ等からばく露限界に相当する値を推定して（「第2章 2-7-3 閾値、ばく露限界、NOAEL」参照）、これをばく露に関連する実測値と比較します。

　実測値は無いものの、ばく露限界が設定されている場合には、ばく露濃度が推定できればリスクの見積りはできます（1-2-4-2-2参照）。以下に、数理モデルによる、最も簡単な、換気を考慮しない完全蒸発モデルを用いた方法による空気中濃度の推定例を紹介します。

　気積100m³の作業場において、換気がない状態でトルエン（分子量92.14）10gが完全に蒸発し均一に拡散したとき、1気圧(1,013ヘクトパスカル＝1,013ミリバール)、室内温度25℃における気中トルエン濃度は、
　　　(10/92.14)×((273+25)/273)×22.4×1,000
　　　=2,654（ml）
　これが100m³に存在しているので、
　　　2,654/100=27（ppm）
　となります。

　この他、換気を考慮し、また連続的なガスや蒸気の発生さらに分散も考慮した複雑な数理モデルも考案されています。（「化学

物質等のリスクアセスメント・リスクマネジメントハンドブック　第3編ばく露評価」日本作業環境測定協会　参照）

　一般に混合物全体としてのばく露限界は無いので、定量的方法による混合物全体のリスクの見積りはできませんが、それぞれの成分が持つある共通の危険性・有害性（例えば可燃性ガス、急性毒性）を混合物全体として評価することは可能です（1-2-4-4参照）。

　【定性的方法】健康障害の発生可能性とその重篤度からリスクを見積る方法：ばく露限界が設定されておらず、ばく露に関連した実測値もない場合です。

　定性的な評価では、危険または健康障害の重篤度または危険性・有害性情報と障害発生可能性を組み合わせてリスクの見積りを行うことができます。

　ここでは選択の優先順序はなく、業務あるいは作業工程に合った適切な方法を選びます。

　危険性・有害性情報はGHSに基づいたものを参考にするとされています。

　現在稼働している局所排気装置等がある場合には、半定量化法を用いれば比較的実態に近いリスクの見積りが可能になると思われます。

　SDSから危険性・有害性(重篤度)がわかり、厚生労働省のコントロール・バンディング支援システムの中で作業工程が選択可能であれば、コントロール・バンディングによりリスクの見積りができます（1-2-4-3-2参照）。一般にSDSには製品（混合物）としての危険性・有害性が記載されているので、これをそのままコントロール・バンディングにおける危険性・有害性情報として使用することができます。コントロール・バンディングによるリスクの見積りでは局所排気装置などのばく露対策は考慮されていないので注意が必要です。

　事業場における過去の経験等から危険または障害を生じるおそれの程度や重篤度（休業

など）が独自に設定できる場合には、マトリクス法（1-2-4-3-1参照）や数値化法（1-2-4-3-3参照）などが適していると考えられます。

その他、法令の措置を確認する方法：特別則の措置を確認する方法および安衛則の規定を確認する方法が挙げられています。

ではそれぞれの方法について具体的に見ていきましょう。

1-2-4-2 定量的方法

労働者が化学物質にさらされる程度（ばく露濃度など）およびこの化学物質の有害性の程度（ばく露限界）を考慮する方法です。

1-2-4-2-1 作業環境測定結果、個人ばく露測定結果等を用いる方法

【その1 直接比較】

ばく露限界の設定がなされている化学物質等については、労働者のばく露量を測定または推定し、ばく露限界と比較します。

作業環境測定の評価値（第一評価値または第二評価値）、個人ばく露測定結果〔8時間加重平均濃度（TWA）〕、検知管等による簡易な気中濃度の測定結果を、ばく露限界と比較します。その際、測定方法により濃度変動等の誤差を生じることから、必要に応じ、適切な安全率を考慮する必要があります。ここでは物質の測定方法については論じませんが、リスクの見積りに使用する実測値は目的とする業務あるいは作業工程でのばく露を代表するようなものとなるようにします（詳細は作業環境測定法あるいは個人ばく露測定法に関する文献等参照）。また生物学的モニタリング結果を生物学的ばく露指標（BEI）と比較する方法もあります。

この最も基本的なリスクの見積り方法を図示すると図1-2-4-2-1のようになります。例えば、ある作業者のアセトンの個人ばく露濃度（TWA）が110 ppmだったとすると、アセトンの許容濃度は200 ppmなので、リスクは許容範囲であると判断できます。

また、この吸入を前提とした環境気中濃度あるいはばく露濃度による評価方法では皮膚を通しての影響、例えば急性毒性（経皮）、皮膚腐食性や刺激性さらに皮膚感作性等のリスクは評価できないことに注意が必要です。

【その2 より安全サイドでの比較】

前述のように、ばく露限界（許容濃度、TLV-TWA）は1日8時間、1週40時間働き続けても大多数の労働者に健康影響はないであろうという値です。ばく露濃度がこれより低ければリスクは十分に小さいと考えられます。しかしばく露量の実測値は、測定方法や濃度変動などにより必ずしも1日8時間、1週40時間を想定した値に近いとは限りません。さらに化学物質へのばく露はより少ないほうが望ましいことから、より安全な管理を行うためのリスクの見積り方法が考案されて

図1-2-4-2-1 ばく露限界を用いたリスクの見積り

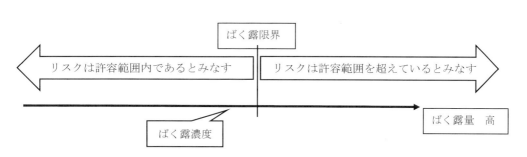

第1章　リスクアセスメント

います。次にその例（「化学物質リスクアセスメントのすすめ方」中央労働災害防止協会　平成21年3月から抜粋・改変）（資料編255頁参照）を示します。

1.　化学物質および作業に関する情報の概要
　　　a）アセトンを用いた洗浄作業、
　　　b）シフト内接触時間 7時間／日
　　　c）作業頻度 5日／週、
　　　d）取扱量 120リットル／日、
　　　e）対象作業者 2名

2.　危険性・有害性情報
　　　アセトンのSDSからGHSにしたがった有害性区分を調べます（表1-2-2-3参照）。アセトンで考慮すべき有害性レベルおよび区分は以下のようになります。

有害性のレベル	GHS 分類における健康有害性クラスおよび区分
C	・特定標的臓器毒性（単回ばく露）区分3（麻酔作用、気道刺激） ・特定標的臓器毒性（反復ばく露）区分2
D	・生殖毒性 区分2
S（皮膚または眼への接触）	・眼刺激性 区分2

　　　危険有害性レベルはD、およびSとなります。

3.　ばく露評価
　　①ばく露濃度レベルを求めます。
　　　a）アセトンによる洗浄作業のばく露濃度測定値 110ppm（時間加重平均濃度）
　　　b）ばく露濃度のばく露限界（許容濃度またはTLV-TWA）に対する倍数（ばく露濃度レベル）を算出します。管理濃度に対する作業環境測定結果の倍数でもかまいません。
　　　　いまアセトンの許容濃度は 200ppmなので、許容濃度に対するばく露濃度の倍数を計算すると、110／200＝0.55となります。
　　　c）次表よりばくろ濃度レベルを求めます。

ばく露濃度レベル	e	d	c	b	a
時間加重平均濃度に対する倍数	1.5 倍以上 5 倍未満	1.0 倍以上 1.5 倍未満	0.5 倍以上 1.0 倍未満	0.1 倍以上 0.5 倍未満	0.1 倍未満

　　　したがって、ばく露濃度レベルは0.55でcとなります。

　　②作業時間・作業頻度レベルを求めます。
　　　a）1回の勤務シフト内で当該化学物質と接触する時間数、あるいは労働者の当該作業の年間時間数と、この算定期間における労働時間から当該化学物質との接触時間を求めます。なお、週1回以上の作業を行う場合は、「シフト内の接触時間割合」を使用します。
　　　労働時間7時間／日、
　　　作業頻度5日／週
　　　シフト内接触時間7時間／日、

シフト内接触割合100%

b)次表より作業時間・作業頻度レベルを求めます。

作業時間・作業頻度レベル	v	iv	iii	ii	i
シフト内の接触時間割合	87.5% 以上	50%以上 87.5% 未満	25%以上 50% 未満	12.5%以上 25% 未満	12.5% 未満
年間作業時間	400h以上	100h以上 400h 未満	25h以上 100h 未満	10h以上 25h 未満	10h 未満

シフト内接触割合100%なのでvとなります。

③ばく露レベルを求めます。

ばく露濃度レベルと作業時間・作業頻度レベルからばく露レベルを求めます。

作業時間・頻度レベル ＼ ばく露濃度レベル	e	d	c	b	a
v	5	4	3	2	2
iv	5	4	3	2	2
iii	5	3	3	2	2
ii	4	3	2	2	1
i	3	2	2	1	1

ばく露レベルはc と v の交点 3 となります。

4. リスクの見積り

危険性・有害性情報で得た有害性レベルとばく露レベルからリスクを見積ります。

有害性レベル ＼ ばく露レベル	5	4	3	2	1
E	V	V	IV	III	II
D	V	IV	III	III	II
C	IV	IV	III	II	II
B	IV	III	III	II	I
A	IV	III	III	II	I

ばく露レベル3と有害性レベルDの交点Ⅲがリスクレベルとなります。

さらにこのリスクレベルの意味を以下の表から求めます。

V	耐えられないリスク	II	許容可能なリスク
IV	大きなリスク	I	些細なリスク
III	中程度のリスク		

また、アセトンの有害性レベルにはSがあるので、これは単独で評価します。

したがって、最終的なリスクの見積りは　Ⅲ中程度のリスク、眼刺激性となります。

同じアセトンへのばく露濃度110ppm（TWA）でも、単に許容濃度と比較した場合と、作業頻

度等も考慮してリスクの見積りを行った場合で結果が異なりました。

このようにリスクの見積りはその方法によって結果が必ずしも同一にはなりません。これらはどちらも正しいのです。事業場、業務あるいは作業工程の事情に合わせてリスクの見積りを行うことが必要です。

1-2-4-2-2　欧州化学物質生態毒性・毒性センター（ECETOC）が提供する方法

ECETOCは化学物質のばく露による労働者・消費者・環境の異なる対象（ターゲット）へのリスクの程度を定量化するためにTRA（Targeted Risk Assessment）を2004年に開発しました。ECETOC TRAは、欧州におけるREACH規則に対応した化学物質の安全性評価（CSA）に欠かせないツールとなっており、現在も継続して開発が続けられています。

ECETOC TRAでは、労働者のリスクアセスメントを実施するために以下のような項目の入力が必要です。

- 対象物質の同定
- 物理化学的性質（蒸気圧など）
- シナリオ名
- 作業形態
- プロセスカテゴリー（選択）
- 物質の性状（固液の別）（選択）
- ダスト発生レベル（選択）
- 作業時間（選択）
- 換気条件（選択）
- 製品中含有率（選択）
- 呼吸用保護具と除去率（選択）
- 手袋の使用と除去率（選択）

計算により推定ばく露濃度が算出されるので、これをばく露限界もしくはDNEL（導出無毒性量）/DMEL（導出最小毒性量）等と比較することでリスクアセスメントを行います。

ECETOC TRAのプログラム（EXCELファイルのマクロ、英語版のみ）はECETOCのウェブサイト（http://www.ecetoc.org/tra）からダウンロード（無料）して入手可能です。

また日本では一般財団法人化学物質評価研究機構（CERI）がECETOC TRAに基づいたリスクアセスメントのサービスを開始しています。（http://www.cerij.or.jp/service/10_risk_evaluation/hazard_assessment_03.html）

1-2-4-2-3　日本化学工業協会のBIGDr.Worker

日本化学工業協会では「労働安全衛生法特設ページ」を開設し、リスクアセスメント支援ツール"BIGDr.Worker"を一般に公開しています。ただし使用する場合には事前に申請者（個人または企業）を登録することが必要です。<http://www.jcia-bigdr.jp/jcia-bigdr/anei>

"BIGDr.Worker"では物質名を入れると、定量的なリスク評価結果が表示されます。これは労働安全衛生法でリスクアセスメントが義務化された640物質の政府分類データともリンクしており、危険性・有害性情報を参照できます。さらに混合物でも評価できるようになっています。とても簡単にリスクの見積りを行うことができ便利なツールですが、定量的な計算方法は前項の

ECETOC TRAの方法を踏襲しており、その詳細について理解するのは簡単ではありません。

1-2-4-3　定性的方法
　健康障害を生じるおそれの程度（障害発生可能性）および**危険または健康障害の程度（重篤度）**を考慮する方法です（数値化法を参照）。また、**推定されたばく露の程度**および**危険・有害性のレベル（クラス、区分）**によりリスクの見積りを行うことも可能です（マトリクス法参照）。
　以下にマトリクス法、コントロール・バンディング法、数値化法の3つの例を示しました。

1-2-4-3-1　マトリクス法
　厚生労働省から「業種別リスクアセスメントシート」（化学物質のリスクアセスメント実施支援ツール）（http://anzeninfo.mhlw.go.jp/user/anzen/kag/ankgc07.htm）が公表されています。ここで具体的に取り上げられているのは、工業塗装、オフセット印刷・グラビア印刷、めっきの3業種です。以下、工業塗装およびめっきについての概要を紹介します。工業塗装については「化学物質等による危険性又は有害性の調査等に関する指針について」に含まれる例5も参考にしています。

【工業塗装等】
(1) 化学物質等による有害性のレベル分け
　　　化学物質等について、SDSのデータを用いて、GHSの有害性レベルを割当てます。
　　　レベル分けは、表1-2-2-3（10頁）のように有害性をAからEの5段階、およびSに分けて行います。
　　　例えばGHS分類で急性毒性区分3とされた化学物質は、表1-2-2-3に当てはめると、有害性レベルCとなります。
(2) ばく露レベルの推定
　　　作業環境レベルを推定し、それに作業時間等作業の状況を組み合わせ、ばく露レベルを推定します。アからウの3段階を経て作業環境レベルを推定する具体例を次に示します。
　ア　作業環境レベル（ML）の推定
　　化学物質等の製造等の量、揮発性・飛散性の性状、作業場の換気の状況等に応じて点数を付し、その点数を加減した合計数を表に当てはめ作業環境レベルを推定します。労働者の衣服、手足、保護具に対象化学物質等による汚れが見られる場合には、1点を加える修正を加え、次の式で総合点数を算定します。

　ML（作業環境レベル）＝A（取扱量点数）＋B（揮発性・飛散性点数）－C（換気設備点数）＋D（修正点数）

　　ここで、AからDのポイントの付け方は次のとおりです。
　A：一日の取扱量
　　3点　大量（トン、kl単位で計る程度の量）
　　2点　中量（kg、l単位で計る程度の量）
　　1点　少量（g、ml単位で計る程度の量）
　B：揮発性・飛散性
　　3点　高揮発性（沸点50℃未満）、高飛散性（微細で軽い粉じんの発生する物）

第1章　リスクアセスメント

  2点 中揮発性（沸点50−150 ℃）、中飛散性（結晶質、粒状、すぐに沈降する物）

  1点 低揮発性（沸点150 ℃超過）、低飛散性（小球状、薄片状、小塊状）

 C：換気設備

  4点 全自動化・遠隔操作・完全密閉

  3点 局所排気（プッシュプル等）

  2点 局所排気（外付け）

  1点 全体換気

  0点 換気なし

 D：修正点数

  1点 労働者の衣服、手足、保護具が調査対象となっている化学物質等による汚れが見られる場合

  0点 労働者の衣服、手足、保護具が調査対象となっている化学物質等による汚れが見られない場合

作業環境レベルの区分（例）

作業環境レベル（ML）	a	b	c	d	e
A+B−C+D	7〜5	4	3	2	1〜 (-2)

 イ 作業時間・作業頻度のレベル（FL）の推定

  労働者の当該作業場での当該化学物質等にばく露される年間作業時間を次の表に当てはめ作業頻度を推定します。

作業時間・作業頻度レベルの区分（例）

作業時間・作業頻度レベル（FL）	i	ii	iii	iv	v
年間作業時間	400 時間超過	100〜400 時間	25〜100 時間	10〜25 時間	10 時間未満

 ウ ばく露レベル（EL）の推定

  アで推定した作業環境レベル（ML）およびイで推定した作業時間・作業頻度（FL）を次の表に当てはめて、ばく露レベル（EL：Ⅰ〜Ⅴ）を推定します。

ばく露レベル（EL）の区分の決定（例）

FL ＼ ML	a	b	c	d	e
i	V	V	IV	IV	III
ii	V	IV	IV	III	II
iii	IV	IV	III	III	II
iv	IV	III	III	II	II
v	III	II	II	II	I

(3) リスクの見積り

  (1)で分類した有害性のレベル（HL）および(2)で推定したばく露レベル（EL）を組合せ、リスクを見積ります。次に例を示します。数字の値が大きいほどリスク低減措置の優先度が高いことを示します。リスクアセスメントではリスクレベルを2以下にすることを目標とし

28

ます。

リスクの見積り（例）

HL＼EL	V	IV	III	II	I
E	5	5	4	4	3
D	5	4	4	3	2
C	4	4	3	3	2
B	4	3	3	2	2
A	3	2	2	2	1

【めっき作業】

次に「業種別リスクアセスメントシート」に含まれる「めっき編」のリスクの見積りを紹介します。

リスクの見積り＝危険・有害性のレベル（A）×作業方法（B）×めっき浴温度（C）×防止設備の削減効果（D）×保護具でのリスク削減効果（E）

それぞれの項目を以下のように点数化します

A：危険・有害性のレベル

　　5点　発がん性（区分1）、生殖毒性（区分1、2）、変異原性（区分1、2）

　　4点　急性毒性（区分1、区分2）、呼吸器感作性（区分1）
　　　　　発がん性（区分2）、反復ばく露（区分1）

　　3点　急性毒性（区分3）、皮膚腐食性（区分1）
　　　　　反復ばく露（区分2）

　　2点　急性毒性（区分4）

　　1点　急性毒性（区分5）、皮膚腐食性（区分2、区分3）

B：作業方法（ばく露回数、ばく露時間の大小）

　　3点　手動

　　2点　半自動

　　1点　自動

C：めっき浴温度（作業温度）

　　3点　70℃超

　　2点　50〜70℃

　　1点　50℃未満

D：防止設備削減効果

　　0.2　囲い式局所排気

　　0.4　外付け式局所排気

　　0.8　全体換気

　　1　　換気装置なし

E：保護具でのリスク削減効果

　　0.5　着用

　　1　　未着用

表1-2-3-1　めっきリスクの見積りの実施例

作業工程	作業	製剤	取扱物質（成分）	固有有害リスクレベル (A)	飛散揮発（作業温度）(B)	暴露頻度 (C)	総括リスク (A)×(B)×(C)	密閉化	換気 or 物理的遮断	作業リスクレベル (D)	残留リスク (A)×(B)×(C)×(D)	個人暴露リスク評価	レベル (E)	総合リスク評価 (A)×(B)×(C)×(D)×(E)	対策コメント
ニッケルめっき	浴への浸漬・取出	酸	硫酸ニッケル・塩化ニッケル	急性（呼吸器・感作性）④	>70℃ ③ 50~70℃ 2 <50℃ 1	手動 ③ 半自動 2 自動 1	最高36 最低4 → 36	実施済み□ ☑未実施	□囲い式局所排気 □外付け式局所排気 □プッシュプル換気 ☑全体換気 □換気装置なし	0 / 0.2 / 0.4 / 0.6 / 0.8 / 1	28.8	保護具 ☑着用 / □未着用	0.5 / 1	14.4（許容レベル ≦18,≦14,≦7,≦4／固有有害リスク(A) 5,④,3,2,1）	概ね許容レベルであるが、保護具の着用が継続対条件となる。
				慢性（生殖毒性）5											
亜鉛めっき	製液の作製・廃棄	アルカリ剤	シアン化ソーダ	急性（吸引・飲込）4	>70℃ 3 50~70℃ ② <50℃ 1	手動 ③ 半自動 2 自動 1	最高45 最低5 → 30	実施済み□ ☑未実施	□囲い式局所排気 □外付け式局所排気 □プッシュプル換気 ☑全体換気 □換気装置なし	0 / 0.2 / 0.4 / 0.6 / 0.8 / 1	24	保護具 □着用 / ☑未着用	0.5 / 1	24（許容レベル ≦18,≦14,≦7,≦4／固有有害リスク(A) ⑤,4,3,2,1）	許容レベルをオーバー。プッシュプル換気に変更して18、また保護具着用で12に低下させる。
				慢性（生殖毒性）⑤											

これを用いたリスクの見積り実施例を**表1-2-4-3-1**に示します。例えば表1-2-4-3-1のニッケルめっきの場合、有害性のレベルは4点（呼吸器感作性）、作業方法は3点（手動）、作業温度は3点（70℃超）で、これらの掛け算は36となり、これに全体換気0.8および保護具着用0.5を掛けて14（14.4の四捨五入）となります。これが許容レベルの「≦14」と比較されています。この表を用いると、どの要因を考慮すれば総合リスク評価が許容レベルを下回るかがわかります。

1-2-4-3-2　コントロール・バンディング

コントロール・バンディングは、ばく露の管理に焦点を当てた、労働者の健康を保持するための補足的な方法です。作業内容、使用物質、危険性・有害性、使用物質の量、揮発性／粉じん量などに基づいて、それぞれの化学品の管理対策のくくりを割り当てるものです。パソコン上の問答形式でデータを入力していくと、作業に応じて適当な管理方法が自動的に選択され提示されるシステムです。640物質については厚生労働省のウェブサイト内「職場のあんぜんサイト」で「リスクアセスメント実施支援システム」として提供しています。このシステムでは政府がGHSにしたがって分類した結果に基づいた危険性・有害性情報を活用することができるようになっています。

このコントロール・バンディングを活用するためには、これがどのような考え方に基づいてリスクの見積りを行い、対策を導いているか知っておく必要があります。これは長年にわたる化学物質管理の経験の中で培われてきたノウハウに基づいています。これらのノウハウはおもてには出ていませんが「化学物質のリスクアセスメント実施支援ツール」の中に組み込まれているのです。

危険性・有害性については5種類のくくり、ばく露のレベルについては物質の取扱量および揮発性／粉じん量についてそれぞれ3種類のくくりを表のように定めています。

危険性・有害性のくくり

A	皮膚／眼刺激性があるもの、および B－Eに該当する危険性・有害性情報がないもの
B	単回ばく露で有害なもの
C	単回ばく露で有毒なもの、腐食性、皮膚感作性があるもの
D	単回ばく露で非常に有毒なもの、生殖毒性があるもの
E	発がん性、ぜん息誘発性、遺伝子損傷性があるもの
S	皮膚や眼に重篤な損傷を与えるもの、皮膚や眼に接触して有毒・有害なもの

有害性の重篤性 ↓

取扱量（一単位作業で使用する量の目安）

少量	g、mg
中量	kg、l
大量	t、m³

リスクの増大 ↓

拡散性（揮発性／粉じん量）

低い	沸点＞150℃、ペレット
中程度	沸点＞50-150℃、細粒
高い	沸点＜50℃、粉状

リスクの増大

　危険性・有害性、取扱量、揮発性／粉じん量の組み合わせ、すなわち危険性・有害性とばく露レベルから、管理方法が下表のように決定されます。

管理方法の選択

取扱量	低揮発性・粉じん量	中揮発性	中ほこり性	高揮発性・粉じん量
危険性・有害性グループA				
少量	①	①	①	①
中量	①	①	①	②
大量	①	①	②	②
危険性・有害性グループB				
少量	①	①	①	①
中量	①	②	②	②
大量	①	②	③	③
危険性・有害性グループC				
少量	①	②	①	②
中量	②	③	③	③
大量	②	④	④	④
危険性・有害性グループD				
少量	②	③	②	③
中量	③	④	④	④
大量	③	④	④	④
危険性・有害性グループE				
④				

　管理方法（対策）には以下の表のように4つが挙げられています。

管理方法

管理方法 ①	全体換気、作業方法の改善等
管理方法 ②	工学的対策（局所排気装置、部分的囲い込み等）
管理方法 ③	封入もしくは密閉化
管理方法 ④	専門家の助言

ばく露低減効果

〈職場の安全サイト〉

ここをクリックすると以下のサイトに移動します。

第1章　リスクアセスメント

簡易なリスクアセスメント

化学物質の健康有害性についての簡易なリスクアセスメント手法として、「コントロール・バンディング」があります。これは、ILOが、開発途上国の中小企業を対象に、有害性のある化学物質から労働者の健康を保護するために、簡単で実用的なリスクアセスメント手法を取り入れて開発した化学物質の管理手法です。

化学物質の有害性とばく露情報の組み合わせに基づいてリスクを評価し、必要な管理対策の区分（バンド）を示す方法です。これには、次のような特徴があります。
- 労働者の化学物質へのばく露濃度等を測定しなくても使用できる
- 許容濃度等、化学物質のばく露限界値がなくても使用できる（粉じん等が生ずる作業は除く）
- 化学物質の有害性情報は必要である

【液体または粉体を扱う作業（鉱物性粉じん、金属粉じん等を生ずる作業を除く。）】

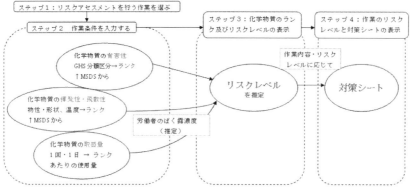

以下の画面で、条件を選択し、必要な情報を入力すると、リスクレベルと、それに応じた実施すべき対策及び参考となる対策シートが得られます。
（注意事項）対策シートはあくまで安全衛生対策の参考としていただく材料です。労働安全衛生法令によりばく露防止対策が規定されている場合は、それに基づいた対策を実施することが必要です。

　　　　　　　　　　リスクアセスメントを開始　　マニュアル（平成27年3月版）を表示

（これは、ILOが公表している「ILO International Chemical Control Toolkit」を元に翻訳、修正・追加したもので、厚生労働省の委託事業により検証、機能追加を行っています。）

Original version of the International Chemical Control Toolkit Copyright © International Labour Organization.
Japanese translation Copyright © 2012 Chemical Hazards Control Division, Ministry of Health, Labour and Welfare.
The ILO shall not be responsible for the quality and accuracy of the translation.

ここをクリックすると以下のサイトに移動します。

ここからマニュアルが見られます。

ここからは自社のデータを必要箇所に入力し先に進みます。

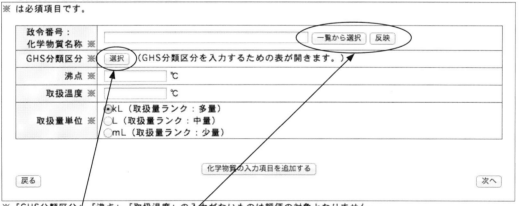

必要事項を入力したら、ここをクリックして以下のサイトに移動します。

640物質については一覧表があり、そこから物質を選択できます。またこれらについては政府分類結果およびモデルSDSが公表されており、それらの結果をGHS分類に自動的に反映させることができます。

また、政府分類結果と異なる分類区分を使用したい場合には、ここをクリックして該当する危険性・有害性および区分を選択します。

例えば一覧から「トルエン」を選択し、取扱い温度「25℃」、取扱量単位「取扱量ランク：多量」、作業内容を「貯蔵及び保管」を選択すると最終的に次頁のようなリスクレベルと対策シートが示されます。

第1章　リスクアセスメント

Step1 ＞ Step2 ＞ Step3 ＞ *Step4*

ステップ4：作業のリスクレベルと対策シート
　その作業のリスクレベルと対策すべき事項を表示します。
　また、レポート及び対策シートをPDFで提供します。

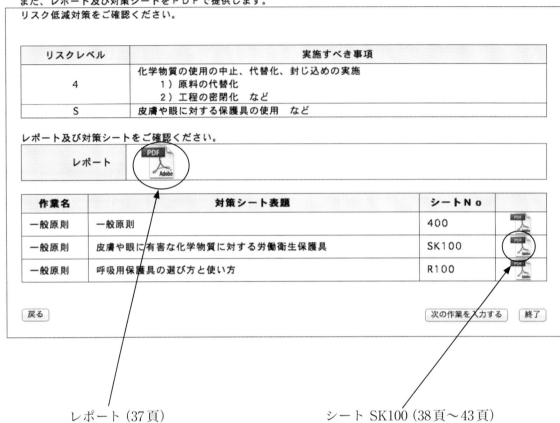

　　　　　　レポート（37頁）　　　　　　　　　　シート SK100（38頁〜43頁）

レポートの表示例;

リスクアセスメント実施レポート

タイトル	
実施担当者名	
作業場所	
作業内容	貯蔵及び保管
労働者数	10人未満

化学物質形態	液体
化学物質数	1

リスクレベル	有害性ランク	揮発性ランク	取扱量ランク	化学物質名
4, S	D, S	中	多量	9-407:トルエン

リスク低減対策

リスクレベル	実施すべき事項
4	化学物質の使用の中止、代替化、封じ込めの実施 　1）原料の代替化 　2）工程の密閉化　など
S	皮膚や眼に対する保護具の使用　など

作業名	シート表題	管理対策シートＮｏ
一般原則	一般原則	400
一般原則	皮膚や眼に有害な化学物質に対する労働衛生保護具	SK100
一般原則	呼吸用保護具の選び方と使い方	R100

〈各レベル概要〉

リスクレベル： 1　2　3　4　　S
←リスクが低い　　リスクが高い→　保護具が必要

有害性ランク： A　B　C　D　E　　S
←より安全　　より危険→　皮膚か眼に障害のおそれあり

揮発性ランク： 低　中　大
←揮発しにくい　　揮発しやすい→

取扱量ランク： 低　中　大
←より少ない　　より多い→

第1章　リスクアセスメント

シートNoのSK100；

対策シート Sk100	皮膚や眼に有害な化学物質

皮膚や眼に有害な化学物質に対する労働衛生保護具

適用範囲

　本対策シートは、化学物質から皮膚を守る必要があるときに使用する。本対策シートは、有害性Sの化学物質が皮膚に触れないようにする方法または触れても最小限に抑える方法に関する注意事項、および適切な労働衛生保護具の選び方に関する注意事項を示す。

皮膚や目への接触

　有害性Sの化学物質とは、皮膚や目に障害を起こす物質または皮膚から体内に入ると健康障害を引き起こす物質である。また、吸い込んでも問題が発生する場合がある。皮膚や目への接触は特に注意しなければならないので、100シリーズ、200シリーズ、および300シリーズの対策シート以外の対策シートが必要になる。

　有害性Sの化学物質がどのようなときに皮膚に付いたり目に入ったりするか検討すること。その例を次に示す。

- 浸漬作業などで、取り扱っている液体または粉体に皮膚が直接触れるとき
- 粉じん、蒸気、またはミストが発生するとき
- 汚れた表面を触るとき
- 汚れた布切れに触ったり廃棄したりするとき
- はねが発生するとき
- 手に付いた後に、体の別の部分を手で擦ったり掻いたりするとき

対策

　有害性Sの化学物質を使い皮膚に付いたり目に入ったりする可能性がある場合は、その対策例を次に示す。

- その化学物質を使用しないか、より有害性の低い他の物質に代替できないか検討する。代用品でも危険性がある場合は、皮膚や目への接触をできるだけ減らす。
- 化学物質を扱う消費量をできるだけ少なくする。
- 発生源となる設備を密閉構造にする。
- 自動化、遠隔操作で、化学物質と作業者を隔離する。
- 化学物質を扱う面を洗浄しやすく滑らかな不浸透性の素材にできないか検討する。
- 作業場を定期的に清掃する。
- 作業者は、飲食やトイレの前後に必ず手を洗う。
- 保護めがね、化学防護服、化学防護手袋等の労働衛生保護具を使用する。

労働衛生保護具

　有害性Sの化学物質に触れることが避けられない場合は、労働衛生保護具を使用する。

保護具の使用は、他の方法が考えられなかったときの最終手段として検討すること。使用する際には、以下の点に注意する。

- 作業者になぜ、労働衛生保護具を使用しなければならないのかを理解させる。
- 物質の有害性、作業内容を踏まえて労働衛生保護具の正しい選定を行う。
- 作業者に労働衛生保護具の正しい装着と、保守管理を指導する。

労働衛生保護具の選定前準備について

健康障害防止対策として労働衛生保護具を活用するには、その選定前に下記につき確認することが必要である。

- 物質の確認

    使用原料の安全データシート（SDS）等を使い、毒性や対処方法等の情報を確認する。
    取扱物質の浮遊状態（粒子状、気体状、あるいは両者の混在）を確認する。

- 作業環境の確認

    環境濃度や、局所排気装置等の状況を確認する。

- 作業内容の確認

    予想される作業に伴う身体負荷の度合いを確認する。

- 相性（コンパチビリティ）の確認

    使用が予想される複数の保護具同士の相性（例えば密着性など）を確認する。
    眼鏡、耳栓、保護帽などを併用する場合は、注意が必要である。

- 保護具メーカーの情報や助言の確認

    不明な点があれば保護具メーカー（保護具アドバイザー資格を有する方を活用）やSDSの供給者へ相談の上、適切な保護具に関する情報や助言を確認する。全ての保護具が全ての化学物質に対応できるわけではない。使用時間がある程度経過すると、保護具から浸入する化学物質もある。保護具の供給業者に、保護具の交換時期も尋ねることが重要である。さらに、作業者への教育と指示どおりに使われていることの確認を忘れないこと。

労働衛生保護具の種類

必要な5種類の保護具を次に列挙する。

- 化学防護服（オーバーオール）
- 化学防護手袋
- 化学防護長靴
- 保護めがね等（フェイスシールドまたはゴーグル）
- 呼吸用保護具

第1章　リスクアセスメント

化学防護服（オーバーオール）

一般的説明

- 化学防護服の日本工業規格 JIS T 8115 に適合したものを使用する。ただし、使用する化学物質に対し、耐透過データがない場合、又は服素材の劣化が起こる場合は、国外メーカー品で耐透過データのあるものを選択する。

- 化学防護服は、デザインとして全身を防護するタイプと、身体の一部を防護するタイプの2種類がある

- 全身を防護するタイプは、その機能別に下記の3つに大別できる。
  - ・気密服　全身を防護し、服内部を気密に保つ構造のもの
  - ・陽圧服　全身を防護し、服内部を陽圧に保つが気密構造でないのもの
  - ・密閉服　全身を防護し、気密構造でないもの

- 使用前後に、保護具に損傷がないか確認すること。

- 『浸透』とは、縫い目等の服素材の小さな隙間から液体の化学物質が非分子レベルで通過してしまうことを指す（ちょうど、合羽等を着ているのにもかかわらず雨が中に染み込んでくるのと同じ現象）。一方、『透過』とは、化学物質が分子レベルの状態で通過してしまう現象を指す。目視確認できないため、作業者が気づかないうちに化学物質にばく露する可能性がある。通過した化学物質は、皮膚に接触し、皮膚から体内の細胞へと吸収（経皮吸収）され、浸透同様、さまざまな健康被害を引き起こす。よって、化学物質の『透過』に対する耐性を持った服素材を選択することが適切な化学防護服の選定につながる。

選定方法

- JIS T 8115 における化学防護服の種類を以下に示す。化学物質の浮遊状態と作業内容を考慮してタイプを選定する。

相	状態	タイプ	名　称
気体	ガス	1	気密服
気体	ガス	2	陽圧服
液体	液体	3	液体防護用密閉服
液体	スプレー	4	スプレー防護用密閉服
固体	浮遊固体粉じん	5	浮遊固体粉じん用密閉服
液体	ミスト	6	ミスト防護用密閉服

- 選定前準備で確認した情報を元に適切な化学防護服を選定する。

保管

- 除染の際、内側を汚染しないよう気をつける。

- 使い捨てタイプは、使用後、二次飛散を防止する為に密閉して廃棄する。綿のオーバーオールは定期的に洗濯すること。洗濯は現場で行うか、専門の洗濯業者に依頼する。自宅に持ち帰って家庭の洗濯機で洗わないこと。

- 保護具は清潔な棚またはロッカーに保管すること。清潔な保護具と汚れた保護具を同じ場所に保管してはならない。

- 作業者が洗濯する場合は、適切な手順書を作成すること。

使用者への教育

- 化学防護服の種類と特徴
- 化学防護服を使用する理由
- 作業環境中の有害物質の種類・発散状況・濃度等
- 作業時のばく露の危険性
- 取り扱い物質による疾病に関する教育
- 着脱・使用方法に関する教育
- 化学防護服の交換時期について
- 装着・使用方法に関する教育
- 保管・メンテナンスに関する教育

化学防護手袋

一般的説明

- 使用する化学物質により浸透や手袋素材の劣化が起きなくても、化学物質の透過による手袋内への化学物質の侵入があり得ることに注意する。
- 化学防護手袋の日本工業規格 JIS T 8116 に適合したものを使用する。ただし、使用する化学物質に対し、耐透過性データが無い場合又は手袋素材の劣化が起こる場合は、国外メーカー品で耐透過性データがあるものを選択する。
- 手袋素材によっては物理的強度が弱い物があるので、必要に応じて強度のある化学防護手袋を上に被せて、2 枚重ねで使用する。
- 化学防護服との接合部をテーピングすると、化学物質の漏れこみを減じることができる。
- 使用前後に、保護具に損傷がないか確認すること。

選定方法

- 選定前準備で確認した情報を元に適切な化学防護手袋を選定する。

保管

- 使用後、除染をして性能劣化が無いことを確認した上で、メーカーの取扱説明書に従い、保管する。
- 作業者は、手袋を置くときまたは外すときに、素手で手袋の汚れた部分に触れないように注意すること。

使用者への教育

- 化学防護手袋の種類と特徴
- 化学防護手袋を使用する理由
- 作業環境中の有害物質の種類・発散状況・濃度等

第1章　リスクアセスメント

- 作業時のばく露の危険性
- 取扱い物質による疾病に関する教育
- 着脱・使用方法に関する教育
- 化学防護手袋の交換時期について
- 装着・使用方法に関する教育
- 保管・メンテナンスに関する教育

化学防護長靴

一般的説明

- 化学防護長靴の日本工業規格 JIS T 8117 に適合するものを使用する。ただし、使用する化学物質に対し、耐透過性データが無い場合又は長靴素材の劣化が起こる場合は、国外メーカー品で耐透過性データがあるものを選択する。
- 化学防護服との接合部をテーピングすると、化学物質の漏れこみを減じることができる。
- 先しんや踏抜き防止板の入った、安全靴仕様のものもある。
- 使用前後に、保護具に損傷がないか確認すること。

選定方法

- 使用前後に、保護具に損傷がないか確認すること。
- 選定前準備で確認した情報を元に適切な化学防護長靴を選定する。

保管

- 使用後、除染をして性能劣化が無いことを確認した上で、メーカーの取扱説明書に従い、保管する。
- 除染の際、内側を汚染しないよう気をつける。

使用者への教育

- 化学防護長靴の種類と特徴
- 化学防護長靴を使用する理由
- 作業環境中の有害物質の種類・発散状況・濃度等
- 作業時のばく露の危険性
- 取り扱い物質による疾病に関する教育
- 着脱・使用方法に関する教育
- 化学防護長靴の交換時期について
- 装着・使用方法に関する教育
- 保管・メンテナンスに関する教育

保護めがね等（フェイスシールドまたはゴーグル）

一般的説明
- 保護めがねの日本工業規格 JIS T 8147 に適合したものを使用する。矯正めがねとは違い、衝撃試験などが行われている。
- 保護めがねの種類と顔面保護具を示す。

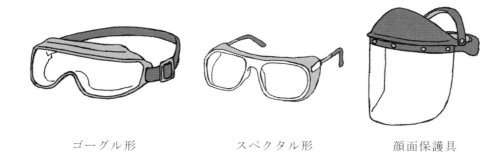

ゴーグル形　　　　　スペクタル形　　　　　顔面保護具

選定方法
- 気体状物質は液体と気体によるばく露が予想されるためゴーグル形が望ましい。作業によってはスペクタル形（めがね脇からの侵入を防ぐサイドシールド付き）、顔面保護具（防災面）も使用可能である。
- 保護めがねは、作業者の顔に合う（フィットする）ものを選ぶことが必要である。

保管
- メーカーの取扱説明書に従い、保管する。

使用者への教育
- 保護めがねの種類と特徴
- 保護めがねを使用する理由
- 作業環境中の有害物質の種類・発散状況・濃度等
- 作業時のばく露の危険性
- 取り扱い物質による疾病に関する教育
- 着脱・使用方法に関する教育
- 保護めがねの交換時期について
- 装着・使用方法に関する教育
- 保管・メンテナンスに関する教育

呼吸用保護具
- 呼吸用保護具は慎重に選ぶこと。詳細は、対策シート R100 を参照すること。

第1章　リスクアセスメント

1-2-4-3-3　数値化法

　障害発生可能性と重篤度を一定の尺度によりそれぞれ数値化し、それらを加算または乗算などしてリスクを見積る方法です。
　以下は重篤度および障害発生可能性の点数化例です。
(1) 重篤度：労働者の危険または健康障害の程度
　　基本的に休業日数等を尺度として点数化します。
　　　30点　　死亡：死亡災害
　　　20点　　後遺障害：身体の一部に永久損傷を伴うもの
　　　7点　　休業：休業災害、一度に複数の被災者を伴うもの
　　　2点　　軽傷：不休災害やかすり傷程度のもの
(2) 障害発生可能性：労働者に危険または健康障害を生じるおそれの程度
　　危険性・有害性への接近の頻度や時間、回避の可能性等を考慮して点数化します。
　　　20点　　可能性が極めて高い：日常的に長時間行われる作業に伴うもので回避困難なもの
　　　15点　　可能性が比較的高い：日常的に行われる作業に伴うもので回避可能なもの
　　　7点　　可能性がある：非定常的な作業に伴うもので回避可能なもの
　　　2点　　可能性がほとんどない：まれにしか行われない作業に伴うもので回避可能なもの
(3) リスク見積りの例
　　重篤度「後遺障害」、発生可能性「比較的高い」の場合の見積り例

危険性または健康障害の程度（重篤度）

死亡	後遺障害	休業	軽傷
30点	20点	7点	2点

危険性または健康障害を生じるおそれの程度（障害発生可能性）

極めて高い	比較的高い	可能性あり	ほとんどない
20点	15点	7点	2点

20点（重篤度「後遺障害」）+15点（障害発生可能性「比較的高い」）=35点（リスク）

リスク		優先度
30点以上	高	直ちにリスク低減措置を講じる必要がある 措置を講じるまで作業停止する必要がある
10〜29点	中	速やかにリスク低減措置を講じる必要がある 措置を講じるまで使用しないことが望ましい
10点未満	低	必要に応じてリスク低減措置を実施する

1-2-4-4 混合物、複数製品使用のリスクの見積り

混合物や複数製品を使用する場合のリスクの見積りの考え方は、これまで説明したような単一物質の場合と基本的に異なりませんが、対象物質数が多くなり同時に存在すると、仕分けが必要になります。ここではそのヒントについて述べます。

【実測値が無い場合】

多成分からなる製品のSDSは、GHSに基づいていれば、混合物としての危険性・有害性が記載されていることが一般的です。厚生労働省の支援ツール「コントロール・バンディング」ではSDSに記載されている危険性・有害性を入力すれば、この混合物に応じた管理対策が得られます（混合物を一つの化学品として入力し、危険性・有害性の区分は「選択」ボタンから入力します）。

また、混合物からなる複数の製品が一つの作業場内で使用されている場合には、問題は複雑ですが、前述のように製品ごとにコントロール・バンディングを適用することもできます。ただしこの方法では対策シートが沢山になってしまい、対応が大変になるかもしれません。

日本化学工業協会では「JIPS 混合物リスク評価のためのガイダンス」（2016年5月）を公表しています。この中で、GHS分類にしたがった各成分の危険・有害性情報に基づいて混合物を分類する方法を提案しており大変参考になります。ただしこの文書は「1-2-4-2-3 日本化学工業協会のBIGDr.Worker」と同様、登録者でなければ閲覧することができません。

【実測値がある場合】

製品の成分をすべてリストアップして、成分ごとの含有量および危険性・有害性を整理して、優先順位をつけてリスクの見積りを行う方法もあります。優先順位をつける際に考慮すべき点としては、過去の災害事例、危険性・有害性が挙げられます。例えば可燃性ガス、発がん性、生殖毒性、変異原性、呼吸器感作性などの性質を持つ成分は優先順位が高くなります。その際、法令で定められた作業環境測定対象物質等の実測値があれば、それらから成分の含有量、温度、蒸気圧等を勘案して、他の物質の環境中濃度を推定することも可能でしょう。

混合物の危険性・有害性の評価にはGHSの混合物に対する分類の考え方が役に立ちます。

可燃性ガスについては、混合ガスの可燃性を推算する方法もあるので参考になります（「GHS第2.2章 可燃性／引火性ガス」参照）。

多成分が同様の有害性を持つ場合の評価方法を知っておくことも大事です。例えば急性毒性（経口、吸入）を評価する場合には、それぞれの成分の実測値（環境気中濃度）をばく露限界で割った値の合計が1未満であればリスクは許容範囲内であるとすることが一般的です。

1＞［（実測値a）÷（ばく露限界a）］＋［（実測値b）÷（ばく露限界b）］＋・・・・・

これは有害性について加算性が成り立つという前提です。急性毒性の原因もさまざまなので、全ての場合に当てはまるとは限りませんが、混合物を評価するために考え出された知恵ですのである程度割り切って使用しましょう。

一方、発がん性、生殖毒性、変異原性、呼吸器感作性等については、上記のような加算法は適用できません。これらの有害性は成分ごとの評価が必要になります。例えば一つの発がん物質について、実測値をTLV-TWAあるいは許容濃度と比較し、リスクの見積りを行います。

多くの物質を同時に使用するような現場でのリスクの見積りは容易ではないと思います。事業場および業務に合ったリスクの見積りを、試行錯誤を繰り返しながら見つけ出す

第1章　リスクアセスメント

しかないかもしれません。

1-2-4-5　その他、特別則の措置等を確認する方法

危険または健康障害を防止するための具体的な措置が労働安全衛生法関係法令の各条項に規定されている場合に、これらの規定を確認する方法などがあります。

①特別則（労働安全衛生法に基づく化学物質等に関する個別の規則）の対象物質（特定化学物質、有機溶剤など）については、特別則に定める具体的な措置の状況を確認する方法です。

　例えば有機溶剤中毒予防規則では、設備、換気装置の性能等、作業環境測定、保護具等に関する規定があります。これらの規定を再度確認することでリスクの見積りを行います。

　分かりやすい例を以下に挙げます。

　有機溶剤中毒予防規則では「全体換気装置の性能」を以下のように定めています。

第十七条　全体換気装置は、次の表の上欄に掲げる区分に応じて、それぞれ同表の下欄に掲げる式により計算した一分間当りの換気量（区分の異なる有機溶剤等を同時に消費するときは、それぞれの区分ごとに計算した一分間当りの換気量を合算した量）を出し得る能力を有するものでなければならない。

消費する有機溶剤等の区分	1分間当りの換気量
第一種有機溶剤等	Q=0.3W
第二種有機溶剤等	Q=0.04W
第三種有機溶剤等	Q=0.01W
この表においてQおよびWは、それぞれ次の数値を表わすものとする。 Q　一分間当りの換気量（単位　m^3） W　作業時間一時間に消費する有機溶剤等の量（単位　g）	

②安衛令別表1（資料編203頁参照）に定める危険物および同等のGHS分類による危険性のある物質について、安衛則第四章（資料編221頁参照）などの規定を確認する方法です。

　この別表第1には、爆発性の物、発火性の物、酸化性の物、引火性の物および可燃性のガスが含まれており、いわゆる物理化学的危険性を有するものが含まれています。

　物理化学的危険性に関するリスクの見積りについて、GHSの危険性に基づいたリスクアセスメントの例を「1-3　リスクアセスメント事例」（1-3-1）に示します。

　また化学プラントにおけるリスクアセスメントに関しては「化学プラントにかかるセーフテイ・アセスメントに関する指針」（資料編224頁）を参照してください。

1-2-5　リスク低減措置等（労働安全衛生法第57条の3第1項、第2項）

リスク低減措置等の内容については「第2章　2-6-2　リスクアセスメントの実施〈ばく露が許容できないと判断された場合の実施事項〉」でも詳しく述べていますので参照してください。

1-2-5-1　リスク低減対策
1-2-5-1-1　リスク低減措置の内容の検討

リスクアセスメントの結果に基づき、労働者の危険または健康障害を防止するための措置の内容を検討します。

◆労働安全衛生法に基づく労働安全衛生規則や特定化学物質障害予防規則などの特別則に規定がある場合は、その措置をとる必要があります。

◆次に掲げる優先順位でリスク低減措置の内容を検討します。

　ア．危険性・有害性のより低い物質への代替、化学反応のプロセスなどの運転条件の変更、取り扱う化学物質などの形状の

変更など、またはこれらの併用によるリスクの低減

※危険性・有害性の不明な物質に代替することは避けるようにしてください。

イ．化学物質のための機械設備などの防爆構造化、安全装置の二重化などの工学的対策または化学物質のための機械設備などの密閉化、局所排気装置の設置などの衛生工学的対策

ウ．作業手順の改善、立入禁止などの管理的対策

エ．化学物質などの有害性に応じた有効な保護具の使用

1-2-5-1-2　リスク低減措置の実施

検討したリスク低減措置の内容を速やかに実施するよう努めます。

死亡、後遺障害または重篤な疾病のおそれのあるリスクに対しては、暫定的措置を直ちに実施します。

リスク低減措置の実施後に、改めてリスクを見積るとよいでしょう。

リスク低減措置の実施には、例えば次のようなものがあります。

◆危険性・有害性の高い物質から低い物質に変更します。

物質を代替する場合には、その代替物の危険性・有害性が低いことを、GHS区分やばく露限界値などをもとに、しっかり確認します。確認できない場合には、代替すべきではありません。危険性・有害性が明らかな物質でも、適切に管理して使用することが大切です。

◆温度や圧力などの運転条件を変えて発散量を減らします。

◆化学物質などの形状を、粉から粒に変更して取り扱います。

◆衛生工学的対策として、蓋のない容器に蓋をつける、容器を密閉する、局所排気装置のフード形状を囲い込み型に改良する、作業場所に拡散防止のためのパーテーション（間仕切り、ビニールカーテンなど）を付けます。

◆全体換気により作業場全体の気中濃度を下げます。

◆発散の少ない作業手順に見直す。作業手順書、立入禁止場所などを守るための教育を実施します。

◆防毒マスクや防じんマスクを使用する。使用期限（破過など）、保管方法に注意が必要です。

1-2-5-2　労働者への結果の周知（労働安全衛生規則第34条の2の8）

リスクアセスメントを実施したら、以下の事項を労働者に周知します。

(1) 周知事項
　①対象物の名称
　②対象業務の内容
　③リスクアセスメントの結果（特定した危険性・有害性、見積ったリスク）
　④実施するリスク低減措置の内容

(2) 周知の方法は以下のいずれかによります。
※SDSを労働者に周知する方法と同様です。
　①作業場に常時掲示、または備え付け
　②書面を労働者に交付
　③電子媒体で記録し、作業場に常時確認可能な機器（パソコン端末など）を設置

(3) リスクアセスメントの対象の業務が継続し、上記の労働者への周知などを行っている間は、それらの周知事項を記録し、保存しておきます。

労働者への結果の周知は、労働者自身がその意味を十分に理解する必要がありますので、当然ですが、労働者が扱っている物質の危険性・有害性、それらが起こしうる災害およびその対策については前もって教育しておく必要があります。

繰り返しになりますが、**法に基づくリスクアセスメント義務の対象とならない化学物**

質などであっても、法第28条の2に基づき、リスクアセスメントを行う努力義務があるので、上記に準じて取り組むようにしましょう。

1-3　リスクアセスメント事例

ここでは実際のリスクアセスメント好事例を紹介します。これらはリスクアセスメントが義務化される以前に行われたもので、1-3-1および1-3-2は「平成21年度厚生労働省委託 化学物質リスクアセスメント事例集　中央労働災害防止協会　化学物質管理支援センター」からの抜粋です（これらは「厚生労働省　職場のあんぜんサイトリスクアセスメント等資料・教材一覧」で参照できます）。

以下の事例ではリスクアセスメントがステップ1からステップ10まであります。これは「厚生労働省化学物質調査課　ここがポイント　これからの化学物質管理―指針と解説―」（中央労働災害防止協会2001年）でのリスクアセスメントの方法に従っているためです。平成28年度からの改正労働安全衛生法によるリスクアセスメントではステップ1からステップ5になっていますが、リスクアセスメントの方法や内容が異なるわけではありません。第1章で示したリスクアセスメント（リスクの見積り）は内容の記載を簡略化したものといえます。第2章の2-6-2で上記「厚生労働省化学物質調査課　ここがポイント　これからの化学物質管理―指針と解説―」に紹介されているリスクアセスメントの概要を記載しますので参照してください。

1-3-1　工程に付随する各種作業についてもリスクアセスメントを行った例

－神奈川県A社 本社・工場－
（プラスチック製品製造業）

1. 化学物質リスクアセスメント導入の背景

(1) 事業場の概要
　所在地：神奈川県
　従業員：108名
　事業内容：プラスチック製品製造業（プラスチック発泡材料の製造および加工）

(2) 使用化学物質の状況
　・発泡ポリエチレンシートにプライマー剤塗工後のロール洗浄にトルエンを使用
　・ウレタン発泡工程で酢酸エチルを使用

(3) 化学物質による労働災害
　・特になし
　・災害にはならなかった事故例として空になった有機溶剤の18L缶をベビーアングルで切断しようとして、爆発した。

(4) 化学物質リスクアセスメント導入の契機と「ねらい」
　当社が所在する工業団地において、団地組合が主催し監督署職員による「リスクアセスメント」の講習会が開催され担当者が受講した。

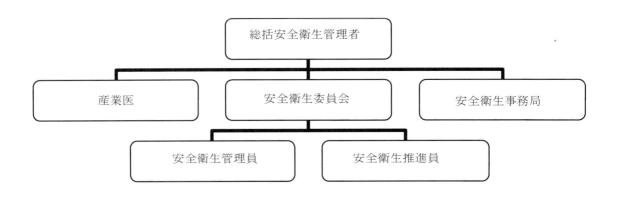

このときに、中央労働災害防止協会が厚生労働省より受託した「化学物質リスクアセスメントのモデル事業場指導」の情報を得たので社に持ち帰り導入の是非を検討した。

有機溶剤を取り扱う作業場があり化学物質の危険性または有害性を理解し対策を実施してきたつもりでいたが、労働者に与えるリスクを効率良く低減、除去できる手法として導入すべく支援を受ける事とした。

2. 化学物質管理の実施組織・体制

(1) 指導前の組織体制（SDS入手等の化学物質管理体制を含む）の状況
(2) 指導時における実施グループの構成（構成員選定の「ねらい」を含む）
- 安全管理者、衛生管理者、品質保証部、設備保全を含む製造部門管理職10名で構成。
- リスクアセスメントとはどの様な手法なのか名称は聞いたことがあるが内容を把握していなかった為、先ずは各部門のトップが理解する場とした。

3. 取り組み状況（リスクアセスメントの具体的実施）

(1) 実施手法（モデル事業場指導マニュアルの使用等）

進め方は「化学物質リスクアセスメントマニュアル」に基づき以下の手順で実施。

ステップ1：「リスクアセスメント概論」の説明
↓
ステップ2：「モデル事業場化学物質リスクアセスメントマニュアル」の説明
↓
ステップ3：リスクアセスメント対象作業の現場確認
↓
ステップ4：「例題によるリスクアセスメント演習」
↓
ステップ5：評価表を使用してリスクアセスメント実施
↓
ステップ6：対象作業場での爆発・火災の可能性のある場所リストアップ
↓
ステップ7：「爆発・火災防止CRA」「爆発・火災CRAリスク評価表」の作成
↓
ステップ8：「健康障害防止リスクアセスメント」の説明
↓
ステップ9：「関係法令」「リスクアセスメント指針」「リスク見積りの方法」の説明

(2) 実施箇所の概要および実施箇所の決定理由

①発泡ポリエチレンシート（屋根材）へのプライマー剤塗工作業
- 折板用屋根の裏側に結露防止、断熱を目的として貼り付けるためのプライマー塗工および乾燥作業
- 作業者数6名で4,000kg／月のプライマー剤と150kg／月のトルエンを使用する。
- 消防法関連の対策は実施している。

②発泡ウレタン製造工程
- 数種類の化学物質と酢酸エチル50kg／月を使用。
- 消防法関連の対策は実施している。

以上、爆発・火災の危険度が高いと思われる作業場所を対象とした。

第1章　リスクアセスメント

(3) 実施結果（作成したリスク管理表の添付を含む）

爆発・火災防止 CRA（危険源要素発生の可能性（P）の評価）

1. 対象化学物質

化学物質名	CASNo.
トルエン	108-88-3

2. 一次評価（物理化学的危険性）

		一次評点			
		6	④	2	1
G H S 危 険 性 分 類 が あ る 場 合	(1) 火薬類	等級 1.1-1.6			
	(2) 引火性／可燃性ガス	区分 1	区分 2		
	(3) 引火性エアゾール	区分 1	区分 2		
	(4) 酸化性ガス		区分 1		
	(5) 高圧ガス	圧縮ガス、液化ガス、溶解ガス	深冷液化ガス		
	(6) 引火性液体	区分 1	区分 2	区分 3	区分4
	(7) 可燃性固体		区分 1,2		
	(8) 自己反応性化学物質	タイプ A-B	タイプ C-F		
	(9) 自然発火性液体	区分 1			
	(10) 自然発火性固体	区分 1			
	(11) 自己発熱性化学物質	区分 1	区分 2		
	(12) 水反応可燃性化学物質	区分 1	区分 2,3		
	(13) 酸化性液体		区分 1,2,3		
	(14) 酸化性固体		区分 1,2,3		
	(15) 有機過酸化物	タイプ A-D	タイプ E-F	タイプ G	
	(16) 金属腐食性物質		区分 1		
無 い					

3. 二次評価（周囲の環境や条件を考慮）

(1) 爆発の三要素

要素	可燃物	空気（酸素）	着火源
有無	有り	有り	有り（静電気）

(2) 特性値との比較

項目	融点	沸点 (b)	引火点 (c)	発火温度 (d)	蒸気密度	爆発範囲
特性値（℃）	-94.99	110.63	5.0	480	3.18	1.27 ～ 7.0vol%

工程	取扱温度 (a)（℃）	rank up の有無
プライマー塗工	常温	有り
〃	〃	無し

(a)≧(b)or(c) → P:1 rank up
(a)≧(d) → P:2 rank up

4. まとめ

一次評点	二次評点（最終）	根 拠
4	6	取扱温度は引火点温度より高い

爆発・火災防止CRA（危険源要素発生の可能性（P）の評価）

1. 対象化学物質

化学物質名	CAS No.
酢酸エチル	141-78-6

2. 一次評価（物理化学的危険性）

		一次評点			
		6	④	2	1
GHS危険性分類がある場合	(1) 火薬類	等級 1.1-1.6			
	(2) 引火性／可燃性ガス	区分 1	区分 2		
	(3) 引火性エアゾール	区分 1	区分 2		
	(4) 酸化性ガス		区分 1		
	(5) 高圧ガス	圧縮ガス、液化ガス、溶解ガス	深冷液化ガス		
	(6) 引火性液体	区分 1	区分 2	区分 3	区分4
	(7) 可燃性固体		区分 1,2		
	(8) 自己反応性化学物質	タイプ A-B	タイプ C-F		
	(9) 自然発火性液体	区分 1			
	(10) 自然発火性固体	区分 1			
	(11) 自己発熱性化学物質	区分 1	区分 2		
	(12) 水反応可燃性化学物質	区分 1	区分 2,3		
	(13) 酸化性液体		区分 1,2,3		
	(14) 酸化性固体		区分 1,2,3		
	(15) 有機過酸化物	タイプ A-D	タイプ E-F	タイプ G	
	(16) 金属腐食性物質		区分 1		
無い					

3. 二次評価（周囲の環境や条件を考慮）

(1) 爆発の三要素

要素	可燃物	空気（酸素）	着火源
有無	有り	有り	有り（静電気）

(2) 特性値との比較

項目	融点	沸点 (b)	引火点 (c)	発火温度 (d)	蒸気密度	爆発範囲
特性値（℃）	-84	77	-4	426	3.0	2.2〜11.5vol%

工程	取扱温度 (a)（℃）	rank up の有無
発泡工程	常温	有り
〃	〃	無し

$(a) \geq (b)$ or $(c) \rightarrow$ P:1 rank up
$(a) \geq (d) \rightarrow$ P:2 rank up

4．まとめ

一次評点	二次評点（最終）	根　拠
4	6	取扱温度は引火点温度より高い

4．導入の効果（指導の効果）

当社では、有機溶剤使用作業において消防署の指導、近隣の有機溶剤使用会社のアドバイスを受け、

- プライマー剤塗工場所を厚さ 100mm の ALC ボードの隔壁で囲う
- 開口部は熱感センサーで遮断する構造とする
- 塗工室内のアースをとる
- 作業前に床面に水を打つ
- 塗工室入室時はアースを取った金属手摺に触れ、帯電抜きをする
- 塗工室入室作業時は全面面体の防毒マスクを着用する
- 吸収缶の使用時間を記録し交換する
- 緊急事態対応訓練 1 回／年、防災訓練1 回／年を実施

以上のような対策を実施してきていたが、作業者が自分たちでリスクを考え対策を実施していく習慣が無かった。

今回の化学物質リスクアセスメント導入講習を受講し指導を受けたことにより、管理監督者がリスクアセスメントの手法を理解することが出来、さらに化学物質に対する有害性、危険性を再認識できた。

- 事業場におけるリスクアセスメントの必要性に対する理解
- 事業場全体への当該リスクアセスメントの実施（今後の予定を含む）

5．今後の課題

当社では現状、有機溶剤を使用する作業が無くせない為、今回学んだリスクアセスメントの手法を活用し化学物質のリスクを低減し作業者の安全を確保していきたい。

しかし管理監督者が学んだ手法を、製造作業で時間がとりにくい作業者へ、いかにして伝えて実作業へ反映させていくかが課題。

リスクアセスメントの評価作業はかなり手間と時間がかかってしまったため、現場作業者が理解し、受け入れ、実施しやすい方法を検討したい。

今回の化学物質リスクアセスメント導入講習ではリスク評価の部分で時間がかかり、講習日程も予定していた3 日間では終わらず、講師のご配慮により4 回目の日程を組み入れていただき、一通りの講習を終了できた。そのためリスク対策後の評価部分へ進んでいなかったので、今後は残留リスクへの対応を実施していきたい。

(CRA様式-2)

爆発・火災防止CRAリスク評価表

抽出・低減策 部署長承認 （ 年 月 日 ）			低減が困難な場合 部署長承認 （ 年 月 日 ）

リスク抽出・低減対策の責任者名

【P: 危険源要素発生の可能性】
6点 可能性が非常に高い
4点 可能性が高い
2点 可能性がある
1点 ほとんど発生しない
物質の危険性:P=投資条件一次評価
爆発要素・投資条件二次評価

【F: 異常現象が発生する頻度】
4点 1～2回以上/年 発生する
3点 1～2回以上/10年 発生する
2点 1～2回以上/30年 発生する
1点 ほとんど起こり難い

【S: 影響の重大性】
10点 大規模な損失
6点 中規模な損失
3点 小規模な損失
1点 微少な損失
プロセス事故における人身・影響を総合評価

P × F + S =

リスクレベル	リスクポイント	判定結果（措置方法）
V	14～20	許されないリスク（抜本的な見直しが必要）
IV	11～13	大きなリスク（速やかにリスク低減対策・実施する（無理的な審査業務を行う））
III	8～10	中程度のリスク（一定の期間内に低減対策を実施する）
II	6～7	許容可能なリスク（当面は良いが対策を検討）
I	3～5	些細なリスク（現時点では特に対策の必要なし）

No.	工程・系統区分（工程略称）	作業名	取扱（化学物質名CAS No.）	危険源（取扱点数）	判定区分	災害が発生するプロセス（災害の型）	P	F	S	リスクポイント	リスクレベル	リスク低減措置	P	F	S	リスクポイント	リスクレベル	具体的リスクの対応	残留リスクへの対応もしくは リスク低減措置	P	F	S	リスクポイント	リスクレベル	残留リスクへの対応 もしくはリスク低減措置
1	プライマー2号	プライマー室 I	トルエン	4	定性		6	2	6	14	V		2	2	3	7	II								
2	プライマー2号	金属部品の取付け	トルエン	4	定性		6	3	3	12	IV		1	1	1	3	I								
3	プライマー2号	保全	トルエン	4	定性		6	3	3	12	IV		2	1	1	4	I								
4	3グループ作業場	溶剤分け	トルエン	4	定性		6	4	3	13	IV		1	2	1	4	I								
5	プライマー2号	プライマー室 I	トルエン	4	定性		6	1	6	13	IV		2	1	3	6	II								

(CRA様式-2)

爆発・火災防止CRAリスク評価表

【P：危険要重要発生の可能性】
6点 可能性が非常に高い
4点 可能性が高い
2点 可能性がある
1点 ほとんど発生しない
物質の危険性より一次評価
爆発業事・発災業案件で二次評価

【F：異常現象が発生する頻度】
4点 1～2回以上／年 発生する
3点 1～2回以上／10年 発生する
2点 1～2回以上／30年 発生する
1点 ほとんど起こり得ない

【S：影響の重大性】
10点 大規模な損失
6点 中規模な損失
3点 小規模な損失
1点 軽少な損失
プロセス事業案件における影響を評価

リスクレベル	リスクポイント	判断基準・措置方法
V	14～20	耐えられないリスク（基本的な見直しが必要）
IV	11～13	大きなリスク（速やかに低減対策を検討し実施する（徹底的な管理重点を行う））
III	8～10	中程度のリスク（一定の期間内に低減対策を実施する）
II	6～7	許容可能なリスク（当面は良いが対策を検討）
I	3～5	些細なリスク（現時点では特に対策の必要なし）

抽出・低減後　部課長承認　（年月日）
低減効果結果　部課長承認　（年月日）
リスク抽出・低減対策の責任者名

No.	工程・系統 認識番号	作業名	物質名 化学物質名 CAS No.	危険度点	既存／非既存	リスク抽出・特定 災害が発生するプロセス（災害の例）	P 危険要重要発生の可能性	S 影響の重大性	リスクポイント	リスクレベル	リスク低減策	P	S	リスクポイント	リスクレベル	具体的リスク低減措置内容	P	S	リスクポイント	リスクレベル	残留リスクへの対応もしくはリスク保有理由（低減データ等）
1	プライマー2号室 I		トルエン	4	既存	差圧ロール周辺がラインインなので、高揮発良により揮発が静電気に帯電してプライマー引火しやすくなる	6	2	11	IV	1.静電気除去を機能させる 2.乾燥後、開放運搬がないか定期的に点検する	2	3	7	II	定期的の清掃と点検					
2	プライマー1号室	空調停止	トルエン	4	非既存		6	2	11	IV		2	3	5	I						
3	プライマー2号室 I		トルエン	4	既存		6	3	12	IV		2	1	5	I						
4	プライマー1号室 I		トルエン	4	既存		6	2	11	IV		2	2	5	I						
5	発泡材製造	発泡材製造	酢酸ブチル	4	既存		2	6	10	III		1	2	6	II						

1-3-2 非鉄金属製造業において洗浄作業等のリスクアセスメントを行った例

－エム・セテック株式会社　仙台工場－
（非鉄金属製造業）

1. 健康障害防止のための化学物質リスクアセスメント導入の背景

(1) 事業場の概要
　　所在地　：宮城県亘理郡山元町
　　事業者名：エム・セテック株式会社　仙台工場
　　従業員数：180名
　　事業内容：太陽電池用シリコン単結晶ウェーハの製造

(2) 健康障害防止のための化学物質リスクアセスメント導入の背景

　当工場で生産される太陽電池用シリコン単結晶ウェーハは、化石エネルギーに変わる再生成可能なエネルギーとして注目を集めています。この製品自体には人体に悪影響を与えるような化学物質は含まれていませんが、製品を製造する工程においてはフッ酸などの特定化学物質や危険物として消防法の規制を受ける油性切削液、少量のアセトンなどの有機溶剤を使用しています。そのため従業員への定期健康診断や特殊健康診断・作業環境測定の実施、使用化学物質に関する取扱などに関する安全教育を行ってきました。その成果もあり、現在までに化学物質による健康障害の発生は起きていません。

　しかし、ここ数年、現場における小さな事故が増加傾向にあったことから、予防保全活動に重点をおくよう工場長の指示があり、リスクアセスメントの導入を検討していましたが、なかなか思うように進んでいない状況でした。そのような折、地元の労働基準監督署より、「化学物質リスクアセスメントのモデル事業」の紹介を受けましたので、早々に中央労働災害防止協会に問い合わせ、申込みを行いました。

2. 化学物質管理の実施体制・組織

(1) 組織体

(2) SDS の入手方法など

　化学物質の SDS については各部門にて入手し、ファイリングし現場で常時閲覧することが可能です。また、新たに化学物質を使用する場合は、SDS を入手し環境アセスメントを実施し、有害性や安全性を事前に確認しています。

(3) 指導時における実施グループ構成

　メンバー構成は、安全管理者、衛生管理者、作業主任者、危険物取扱者を中心として主要6部門から選出し、取扱う化学物質を考慮して4グループに編成して実施しました。

　構成員は各現場でのリーダー格であり、

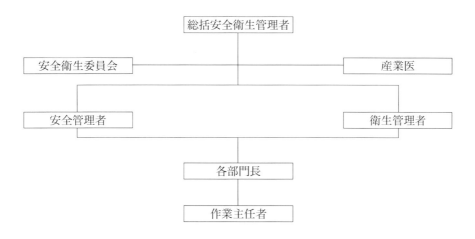

第1章　リスクアセスメント

この講習で学んだことを直ちに現場で展開できることを目的に選定しました。

3．取組状況（リスクアセスメントの具体的実施）

(1) 実施手法

中央労働災害防止協会から派遣された指導担当者による講義を3回に亘り受講しました。講義は今回選出された16名（4グループ）全員が受講しました。

リスクアセスメント手順

ステップ1：リスクアセスメントを実施する担当者の決定
↓
ステップ2：取扱う場所とリスクアセスメントを実施する単位の区分
↓
ステップ3：取扱う化学物質のリスト作成、取扱い場所および作業内容の把握
↓
ステップ4：リスクアセスメントの対象となる作業者の確認
↓
ステップ5：有害情報の入手および有害性等の特定（ハザード評価）
↓
ステップ6：化学物質のばく露の程度の特定（ばく露評価）
↓
ステップ7：リスク判定
↓
ステップ8：ばく露を防止し、または低減するための措置の検討
↓
ステップ9：実施事項の特定および実施並びにリスクアセスメントの結果の記録
↓
ステップ 10：リスクアセスメントの再実施（見直し）

(2) ハザード評価方法

GHS 対応 SDS とハザードレベル（HL）決定表（**表1**）から、取り扱う化学物質のハザードレベルを決定しました。

表1　GHS区分によるハザードレベル（HL）決定表

1	2	3	4	5
急性毒性（全ての経路）：区分5	急性毒性（経口）：区分4 急性毒性（皮膚）：区分3, 4 急性毒性（経気）：〈エアロゾル＆粉体〉区分4〈ガス＆蒸気〉区分3, 4	急性毒性（経口）：区分3 急性毒性（皮膚）：区分2 急性毒性（経気道）：〈エアロゾル＆粉体〉区分3〈ガス＆蒸気〉区分2	急性毒性（経口）：区分1, 2 急性毒性（皮膚）：区分1 急性毒性（経気道）：〈エアロゾル＆粉体〉区分1, 2〈ガス＆蒸気〉区分1	発がん性：区分1A, 1B, 2
眼に対する重篤な損傷／眼の刺激性：区分2A, 2B 皮膚腐食性/刺激性：区分2, 3		眼に対する重篤な損傷／眼の刺激性：区分1 皮膚腐食性/刺激性：区分1A, 1B, 1C 皮膚感作性：区分1		呼吸器感作性：区分1 生殖細胞変異原性：区分1A, 1B, 2
特定標的臓器毒性（単回ばく露）：区分3(呼吸器系 以外)	特定標的臓器毒性（単回ばく露）：区分2(呼吸器系 以外)	特定標的臓器毒性（単回ばく露）：区分2, 3 (呼吸器系)	生殖毒性：区分1A, 1B, 2 特定標的臓器毒性（単回ばく露）：区分1	

吸引性呼吸器有害性：区分1，2 格付け2〜5に分類されていない全てのGHS分類（区分外も含む）		定標的臓器毒性（反復ばく露）：区分2	特定標的臓器毒性（反復ばく露）：区分1
ハザードレベルS			
眼に対する重篤な損傷性／眼刺激性：全ての区分	皮膚腐食性／刺激性：全ての区分	皮膚感作性：全ての区分	急性毒性（皮膚）：全ての区分

4．実施事例

(1) エッチング作業工程

　ア　実施場所の概要

　　加工したシリコンブロックを混酸（フッ酸、硝酸）を用いてエッチング（表面腐食）する工程

　　ドラフトチャンバー内でエッチングした後、ドラフトの扉を開けシャワーによる水洗いを行う際、ガス（フッ化水素）に作業者がばく露される。

　イ　アセスメント条件の設定（ステップ1〜ステップ4）

項　目	内　容
目的	エッチング作業による健康障害の予防
実施責任者	○○　○○（特定化学物質等作業主任者）
作業工程	インゴットエッチング工程
付帯設備	後方吸引による局所排気装置
アセスメント対象作業場所	結晶棟エッチング作業室
アセスメント対象作業	エッチング作業者
アセスメント対象物質① （測定値がある物質）	フッ化水素酸
アセスメント対象物質② （全ての物質）	混酸・フッ化水素酸・硝酸
取扱量／日・人	46kg／日　23kg／人
対象労働者数	5人
生物学的モニタリング	なし
作業環境測定値	A、B測定結果あり
シフト内接触時間	2時間／12時間

第1章　リスクアセスメント

ウ　ハザードの評価（ステップ5〜ステップ6）

化学物質名／有害性	1 フッ化水素酸 (CAS No：7664-39-3)		2 希硝酸 (CAS No：7697-37-2)	
	GHS 分類結果	ハザードレベル	GHS 分類結果	ハザードレベル
急性毒性（経口）		−	分類できない	
急性毒性（経皮）		−	分類できない	
急性毒性（吸入ガス）	区分3	2	分類対象外	
急性毒性（吸入蒸気）	区分3	2	分類できない	
急性毒性（吸入粉じん）	−	−	分類対象外	
急性毒性（吸入ミスト）	−	−	区分2	3
皮膚腐食性／刺激性	区分1A	3&S	区分1A	3&S
眼重篤な損傷性／眼刺激性	区分1	3&S	区分1	3&S
呼吸器感作性	分類できない		分類できない	
皮膚感作性	区分1	3&S	分類できない	
生殖細胞変異原性	区分2	5	分類できない	
発がん性	分類できない		分類できない	
生殖毒性	分類できない		分類できない	
特定標的臓器毒性（単回ばく露）	区分1	4	区分1	4
特定標的臓器毒性（反復ばく露）	区分1	4	区分1	4
吸引性呼吸器有害性	分類できない		区分1	1
総合評価（ハザードレベル）		5&S		4&S
1.　作業環境測定結果の有無	ⓐ有 ・ 無		有 ・ ⓝ無	
①　A測定値（算術平均値）	0.2ppm 未満		−	
②　B測定値	0.2ppm		−	
2.　管理濃度	0.5ppm			
3.　許容濃度	3ppm			

58

エ　リスク判定（ステップ7）

モデル作業グループ名：　エッチング作業（フッ化水素酸）　リーダー名：　○○　○○

①測定値ありの場合 （ばく露濃度の推定：EL1）			
項　目		評価値	備考
1．ハザードレベル：HL		5＆S	HL 決定表：別紙1
		－	
2．ばく露レベルの推定：EL＝EL1		2	
ばく露評価	①作業環境濃度レベル：WL	b	
	A 測定値（算術平均）＝0.2ppm 未満	－	
	B 測定値＝0.2ppm	－	
	管理濃度＝0.5ppm	－	管理濃度のない場合は許容濃度とする。
	管理濃度に対する倍数 ＝0.4 倍	－	A,B 測定値の高い方
	②作業時間・作業頻度：FL	ii	
	勤務時間内で当該物質接触時間＝120分	－	
	シフト内接触時間割合＝17%	－	
3．リスクレベルの判定：RL		III＆S	中程度のリスク 目と皮膚に対するリスク
	HL＝5＆S	－	
	EL1＝2	－	
②測定値なしの場合 （ばく露濃度の推定：EL4）			
項　目		評価値	備考
1．ハザードレベル：HL		5＆S	HL 決定表：別紙1
		－	
2．ばく露レベルの推定：EL＝EL4		2	
ばく露評価	①作業環境濃度レベル：EWL	C	
	A：取扱量＝2	－	
	B：飛散性ポイント＝2	－	
	C：修正ポイント＝0	－	
	A＋B＋C＝4	－	
		－	
	②作業時間・作業頻度のレベル：FL	ii	
	勤務時間内で当該物質接触時間＝120分	－	
	シフト内接触時間割合＝17%	－	
3．リスクレベルの判定 ： RL		IV＆S	
	HL＝5＆S	－	
	EL1＝2	－	
所見等	現場の実態	今回の演習で「測定値のある場合」の測定値は、H21／6月の測定値（第1管理区分、A測定）を採用して評価したが、実際の測定の際にドラフトチャンバーの状態や作業の状態が不透明だった為、作業環境測定値なしのリスクレベルを採用する。	
	リスクレベル別対策	演習の結果、「リスクレベル：III＆S or IV＆S」ということが判明したので、今後「リスクレベル：IV＆S」としてリスク低減対策をとることにする。また、次回の環境測定の際はドラフトチャンバーの状態と作業の状態を確認してから行う。その際にスモークテスターなどを用いて状態把握をする。	

第1章　リスクアセスメント

「化学物質のリスクアセスメント管理表」

承認	作成

項 目			内 容	
①	ステップ1	リスクアセスメント実施担当者	加工1課　△△△△	
②		実施目的	エッチング作業で使用する薬品による健康障害防止	
③	ステップ2	作業工程	エッチング	
④		付帯設備	ドラフトチャンバー	
⑤		リスクアセスメント対象作業場所	結晶棟　エッチング作業室	
⑥		リスクアセスメント対象作業	エッチング作業	
⑦	ステップ3	リスクアセスメント対象化学物質	フッ化水素酸、希硝酸	
⑧		シフト内接触時間	2時間／日	
⑨		作業頻度	6回／日	
⑩		取扱量	46.17kg／日	
⑪	ステップ4	リスクアセスメント対象作業者	1名	
⑫	ステップ5	ハザードレベルの決定	HL	5&S
⑬	ステップ6	ばく露レベルの決定	EL	2
⑭	ステップ7	リスクレベルの決定	RL	Ⅲ&S or Ⅳ&S 今回はⅣ&Sを採用
⑮	ステップ8	ばく露を防止、または低減するための措置の検討	HLの低い薬液（アルカリ性の薬液など）の使用および機械研磨導入の検討	
			風速計を設置して風速を確認できるようにする（排気ファンの異常時を想定した処置）	
			作業中の作業者以外の室内立ち入り禁止の徹底	
⑯	ステップ9	リスクレベル別低減対策	スモークテスターによる日常の風速管理の実施	
⑰	ステップ10	リスクアセスメントの再実施		

＊ステップ5は、「ハザードレベル決定表」の内容をそのまま引用する
＊ステップ6は、「化学物質のばく露レベルE1 〜 E4」の内容をそのまま引用する

(2) インゴットブロック接着工程

ア　実施場所

　　ウェーハ切削工程において、インゴットブロックをカーボンベースに接着する作業をインゴットブロック接着室内で行います。その接着作業の前に、インゴットブロックの接着面をアセトンで拭き取る時、作業者がばく露されます。

イ　アセスメント条件の設定（ステップ1～ステップ4）

グループ名：加工2課　責任者名：△△　△△　参加者：×××　×××

項　　目	内　　容
目　的	接着前洗浄作業による健康障害の予防
実施責任者	△△　△△（有機溶剤作業主任者）
作業工程	インゴット接着
付帯設備	換気扇（2基）常時停止
アセスメント対象作業場所	加工二課スライス棟接着室
アセスメント対象作業	インゴット接着時の洗浄作業
アセスメント対象物質①（測定値がある物質）	なし
アセスメント対象物質②（全ての物質）	アセトン
取扱量／日・人	50ml
対象労働者数	36人（A,B,C,D班　各9人）
生物学的モニタリング	なし
作業環境測定値	なし
シフト内接触時間	約9分／8時間

ウ　ハザードの評価（ステップ5～ステップ6）

化学物質名	1　アセトン（CAS No：67-64-1）	
有害性	GHS 分類結果	ハザード レベル
急性毒性（経口）	区分外	1
急性毒性（経皮）	区分外	1&S
急性毒性（吸入ガス）	分類対象外	1
急性毒性（吸入蒸気）	区分外	1
急性毒性（吸入粉じん）	分類対象外	1
急性毒性（吸入ミスト）	分類できない	1
皮膚腐食性／刺激性	区分外	1&S
眼重篤な損傷性／眼刺激性	区分2B	1&S
呼吸器感作性	分類できない	1
皮膚感作性	区分外	1&S
生殖細胞変異原性	区分外	1
発がん性	区分外	1
生殖毒性	区分2	4
特定標的臓器毒性／（単回ばく露）	区分3	3
特定標的臓器毒性／（反復ばく露）	区分2	3
吸引性呼吸器有害性	区分2	3
総合評価（ハザードレベル）		4&S
1.　作業環境測定結果の有無	有　・　無	
①A 測定値（算術平均値）	－	
②B 測定値	－	
2.　管理濃度	500ppm	
3.　許容濃度	200ppm	

第1章　リスクアセスメント

エ　リスク判定（ステップ7）

モデル作業グループ名：　加工.2（接着前洗浄作業）　リーダー名：　△△　△△

①測定値ありの場合 （ばく露濃度の推定：EL1）			
項　目		評価値	備考
1．ハザードレベル：HL		－	HL 決定表：別紙1
		－	
2．ばく露レベルの推定：EL＝EL1		－	
ばく露評価	①作業環境濃度レベル：WL	－	
	A 測定値（算術平均）＝	－	
	B 測定値＝	－	
	管理濃度＝	－	管理濃度のない場合は許容濃度とする。
	管理濃度に対する倍数 ＝	－	A,B 測定値の高い方
		－	
	②作業時間・作業頻度：FL	－	
	勤務時間内で当該物質接触時間＝	－	
	シフト内接触時間割合＝	－	
3．リスクレベルの判定：RL		－	
	HL ＝	－	
	EL1 ＝	－	

②測定値なしの場合 （ばく露濃度の推定：EL4）		〈アセトン〉	
項　目		評価値	備考
1．ハザードレベル：HL		4＆S	HL 決定表：別紙1
		－	
2．ばく露レベルの推定：EL＝EL4		1	
ばく露評価	①作業環境濃度レベル：EWL	b	
	A：取扱量＝1	－	少量：50ml
	B：飛散性ポイント＝2	－	沸点：56.5℃
	C：修正ポイント＝0	－	汚れ見られない
	A＋B＋C＝3	－	
		－	
	②作業時間・作業頻度のレベル：FL	i	
	勤務時間内で当該物質接触時間＝9分	－	
	シフト内接触時間割合＝2.1％	－	
3．リスクレベルの判定 ： RL		Ⅲ＆S	
	HL ＝4＆S	－	
	EL4 ＝1	－	
所見等	現場の実態	作業環境測定値がない為にばく露濃度の推定（EL4）を用いての評価を行った。日量の生産数が増減するとこの作業時間も増減する。	
	リスクレベル別対策	代替品および作業改善の検討。防毒マスク・有機溶剤用手袋の着用。作業環境測定の実施。	

1-3 リスクアセスメント事例

「化学物質のリスクアセスメント管理表」

承認	作成

項　目			内　容	
①	ステップ1	リスクアセスメント 実施担当者	製造II部　加工二課　　　　○○○○○	
②	ステップ2	実施目的	接着前洗浄作業による健康障害の予防	
③		作業工程	インゴット接着	
④		付帯設備	換気扇（2基）未使用	
⑤	ステップ3	リスクアセスメント 対象作業場所	加工二課スライス棟接着室	
⑥		リスクアセスメント 対象作業	インゴット接着時の洗浄作用	
⑦		リスクアセスメント 対象化学物質	アセトン	
⑧		シフト内接触時間	約9分／日8時間	
⑨		作業頻度	約3回／日	
⑩		取扱量	約50ml	
⑪	ステップ4	リスクアセスメント 対象作業者	インゴット洗浄作業者1名	
⑫	ステップ5	ハザードレベルの決定	HL	4&S
⑬	ステップ6	ばく露レベルの決定	EL	1
⑭	ステップ7	リスクレベルの決定	RL	III&S
⑮	ステップ8	ばく露を防止、または低減 するための措置の検討	有害性の低い物質（エタノール等）への代替検討	
			作業環境測定実施の検討	
⑯	ステップ9	リスクレベル別低減対策	防毒マスク着用の検討	
			アセトンに対応した材質の保護手袋着用検討	
⑰	ステップ10	リスクアセスメントの 再実施		

＊ステップ5は、「ハザードレベル決定表」の内容をそのまま引用する
＊ステップ6は、「化学物質のばく露レベルE1～E4」の内容をそのまま引用する

第1章　リスクアセスメント

(3) ウェーハ洗浄工程

ア　実施場所

ウェーハの最終洗浄をする工程において、ウェーハの洗浄室で、フッ酸などを追加する作業における作業者へのばく露。また、洗浄槽から発生（蒸発分）するフッ素などによる作業者へのばく露。

イ　アセスメント条件の設定（ステップ1〜ステップ4）

グループ名：製品洗浄課　責任者名：○○○○　参加者：××× ×××

項　目	内　容
目　的	ウェーハ洗浄作業による健康障害の予防
実施責任者	○○○○（特定化学物質等作業主任者）
作業工程	洗浄工程
付帯設備	なし
アセスメント対象作業場所	本棟2階　洗浄室
アセスメント対象作業	洗浄作業
アセスメント対象物質①（測定値がある物質）	半導体用フッ化水素酸（希フッ酸）
アセスメント対象物質②（全ての物質）	液体苛性ソーダ、エマニッカ、テクニクリーン、過酸化水素
取扱量／日・人	13.9ℓ／直（フ酸：337㎖、苛性：5.5ℓ、エマ：6.5ℓ、テク：1ℓ、過水：562㎖）
対象労働者数	3人
生物学的モニタリング	なし
作業環境測定値	A、B測定結果あり
シフト内接触時間	1時間10分／7.5時間（フ酸・過水：30分、苛性・エマ・テク：40分）

ウ　ハザードの評価（ステップ5〜ステップ6）

有害性 化学物質名	1　水酸化ナトリウム (CAS No：1310-73-2) GHS分類結果	ハザードレベル	2　フッ化水素酸 (CAS No：664-39-3) GHS分類結果	ハザードレベル	3　過酸化水素 (CAS No：7722-84-1) GHS分類結果	ハザードレベル
急性毒性（経口）		−		−	区分4	2
急性毒性（経皮）		−		−	区分5	1
急性毒性（吸入ガス）				−	分類対象外	−
急性毒性（吸入蒸気）		−	区分3	2	区分3	2
急性毒性（吸入粉じん）		−		−	分類対象外	−
急性毒性（吸入ミスト）		−		−	分類できない	−
皮膚腐食性／刺激性	区分1A	3&S	区分1A	3&S	区分1A-1C	3&S
眼重篤な損傷性／眼刺激性	区分1	3&S	区分1	3&S	区分1	3&S
呼吸器感作性		−		−	分類できない	−
皮膚感作性	区分外	1&S	区分1	3&S	分類できない	−
生殖細胞変異原性	区分外	1	区分2	5	区分外	1
発がん性				−	区分外	1
生殖毒性				−	区分2	1
特定標的臓器毒性／（単回ばく露）	区分1	4	区分1	4	区分1	1
特定標的臓器毒性／（反復ばく露）		−	区分1	4	区分1、区分2	4
吸引性呼吸器有害性		−		−	分類できない	−
総合評価（ハザードレベル）		4&S		5&S		4&S
1.　作業環境測定結果の有無	有・(無)		(有)・無		有・(無)	
①A測定値（算術平均値）	−		0.2ppm未満		−	
②B測定値	−		0.2ppm未満		−	
2.　管理濃度	−		0.5ppm		−	
3.　許容濃度	−		3.0ppm		−	

64

エ　リスク判定（ステップ7）

モデル作業グループ名：　製品洗浄課リーダー名：　○○　○○

①測定値ありの場合 （ばく露濃度の推定：EL1）		
項　目	評価値	備　考
1．ハザードレベル：HL	5＆S	HL決定表：別紙1
	─	
2．ばく露レベルの推定：EL＝EL1	1	
①作業環境濃度レベル：WL	b	
A測定値（算術平均）＝0.2ppm未満	─	
B測定値　　　　　＝0.2ppm未満	─	
管理濃度　　　　　＝0.5ppm未満	─	管理濃度のない場合は許容濃度とする。
管理濃度に対する倍数＝	─	A,B測定値の高い方
	─	
②作業時間・作業頻度：FL	i	
勤務時間内で当該物質接触時間＝0.5h／7.5h	─	30分／日
シフト内接触時間割合＝6.7%	─	
3．リスクレベルの判定：RL	II＆S	許容可能なリスク
HL＝5＆S	─	
EL1＝1	─	
②測定値なしの場合 （ばく露濃度の推定：EL4）		
項　目	評価値	備　考
1．ハザードレベル：HL	5＆S	HL決定表：別紙1
	─	
2．ばく露レベルの推定：EL＝EL4	1	
①作業環境濃度レベル：EWL	b	
A：取扱量＝1	─	少量：337ml
B：飛散性ポイント＝2	─	沸点が150℃以上の液体
C：修正ポイント＝0	─	作業服、保護具に付着無
A＋B＋C＝3	─	
	─	
②作業時間・作業頻度のレベル：FL	i	
勤務時間内で当該物質接触時間＝0.5h／7.5h	─	30分／日
シフト内接触時間割合＝6.7%	─	
3．リスクレベルの判定：　RL	III＆S	中程度のリスク
HL＝5＆S	─	
EL4＝1	─	
所見等	現場の実態	エッチングブース内（エッチングブース内保管）で原液を希釈し、希釈した液を洗浄工程にて使用している。（希釈1%）
	リスクレベル別対策	希釈液作業の環境測定を行い、エッチングブース保管場所に表示を付ける。

第1章　リスクアセスメント

「化学物質のリスクアセスメント管理表」

	承認	作成

	項　目		内　容	
①	ステップ1	リスクアセスメント実施担当者	製品洗浄課　○○○○	
②	ステップ2	実施目的	ウェーハ洗浄作業による健康障害防止	
③		作業工程	洗浄ラインの薬液調合および追加作業	
④		付帯設備	測方式局所排気装置	
⑤	ステップ3	リスクアセスメント対象作業場所	本棟2階 洗浄室	
⑥		リスクアセスメント対象作業	ウェーハ洗浄作業	
⑦		リスクアセスメント対象化学物質	フッ化水素酸、液体苛性ソーダ、エマ ニッカ、テクニクリーン、過酸化水素	
⑧		シフト内接触時間	30分／直	
⑨		作業頻度	5日／週	
⑩		取扱量	13.9ℓ（内 HF337ml）／直	
⑪	ステップ4	リスクアセスメント対象作業者	作業者3名	
⑫	ステップ5	ハザードレベルの決定	HL	5&S
⑬	ステップ6	ばく露レベルの決定	EL	1
⑭	ステップ7	リスクレベルの決定	RL	Ⅲ&S
⑮	ステップ8	ばく露を防止、または低減するための措置の検討	防毒マスク［酸性用］の着用の検討	
			眼と皮膚に障害を起こす物質なので、保護具着用の 徹底	
			HF希釈液作業の環境測定実施	
⑯	ステップ9	リスクレベル別低減対策	防毒マスク［酸性用］の着用	
			保護眼鏡と保護手袋の着用の徹底	
			HF希釈液作業の環境測定実施	
⑰	ステップ10	リスクアセスメントの再実施		

＊ステップ5は、「ハザードレベル決定表」の内容をそのまま引用する
＊ステップ6は、「化学物質のばく露レベル E1 〜 E4」の内容をそのまま引用する

5. 指導の効果

　今回の指導を受けて、化学物質リスクアセスメントの実施手順がよく理解できました。また、今回のように化学物質についての危険性、有害性などを数値化し見える化したことにより、担当者の認識を高めることができました。

　化学物質リスクアセスメントに取組むことが、予防保全を進めていく上で、大変有効な手段であることを認識しました。

6. 今後の課題

　化学物質リスクアセスメントを実施していく上で感じたこととしては、まだまだGHSに基づいたSDSが発行されておらず、

とまどった点が挙げられます。

今後の課題としては、

①担当者の化学物質に対する知識の向上（法令関係も含む）

②リスクアセスメント実施体制の構築と規程の制定

③リスクアセスメントの全社展開（社員教育含む）

④リスクアセスメントの結果を盛り込んだ安全衛生活動計画の展開

以上4項目を推進して行きたいと考えています。

1-4　リスクアセスメント実施に対する相談窓口等

厚生労働省ではリスクアセスメントの実施に対する相談窓口を開設し、また専門家による支援も実施しています。

●法令、通知に関する相談窓口

都道府県労働局または労働基準監督署の健康主務課

所在案内：http://www.mhlw.go.jp/kouseiroudoushou/shozaiannai/roudoukyoku/

●支援事業

(1) 相談窓口（コールセンター）を設置し、電話やメールなどで相談を受付

SDSやラベルの作成、リスクアセスメント（「化学物質リスク簡易評価法（コントロール・バンディング）」の使い方など）について相談できます。

(2) 専門家によるリスクアセスメントの訪問支援

相談窓口における相談の結果、事業場の要望に応じて専門家を派遣、リスクアセスメントの実施を支援

コールセンターの番号や訪問支援の問い合わせ先は、厚生労働省のウェブサイト（http://www.mhlw.go.jp/stf/seisakunitsuite/bunya/0000046255.html）で見ることができます。

第2章　職場の化学品管理

第2章では化学品管理に関するさまざまな事項（歴史、法令、災害統計、リスクマネジメント、健康影響、モニタリング、個人用保護具、危険性・有害性情報の伝達など）について記載します。これらの項目は筆者自身が化学品管理に携わってきて気になったこと、知らなければならないと思ったことでもあります。化学品の開発は素晴らしい人智の結晶ですが、それらの安全管理もまた幾多の人々によって積み上げられてきた知恵の結晶です。これらをぜひ活用してほしいと思います。

2-1　化学品管理の国際的な潮流

化学品による災害は古くからありますが、それらは主として労働に伴ったものでした。労働災害に対する施策が始まったのは20世紀初頭といえます。1919年には国際労働機関（International Labour Organization：ILO）が設立されました。同年にはILOから「燐寸製造に於ける黄燐使用の禁止に関する1906年のベルヌ国際条約の適用に関する勧告」が、1921年には「ペーント塗における白鉛の使用に関する条約」が出されています。その後も工業の発達と共に化学品による事故や疾病が増加し、国連の各機関は勧告等を出し、また各国は法令を整備していきました。

表2-1にILOの化学品管理に関するおもな条約および勧告等を示します。これを見ると時代時代で世界的に取り組まれてきた問題とその対策の潮流が垣間見えます。すなわち20世紀初頭には比較的に急性で重篤な中毒作用の対策や補償が大きな課題であり、次第にがんなどの慢性的な疾病が問題となり、20世紀末には予防的対策、21世紀になって自主的な取り組みが主流となってきていることがわかります。

さて、化学品の管理は長い間法令を遵守することで行われてきましたが、1972年に英国で労働安全衛生に関する委員会の報告書いわゆるローベンスレポートが議会に提出され、その後の化学品管理の方向を大きく変えることになりました。このローベンスレポートは、当時の労働安全衛生における行政組織

表2-1　化学品管理に関するおもな条約、勧告等

年	ILO条約、勧告等
1919	鉛中毒に対する婦人および児童の保護に関する勧告（ILO第4号）
1919	燐寸製造に於ける黄燐使用の禁止に関する1906年のベルヌ国際条約の適用に関する勧告（ILO第4号）
1921	ペーント塗における白鉛の使用に関する条約（ILO第13号）
1925	労働者職業病補償に関する条約（ILO第18号）
1929	産業災害の予防に関する勧告（ILO第31号）
1960	電離放射線からの労働者の保護に関する条約（ILO第115号）および勧告（ILO第114号）
1971	ベンゼンから生じる中毒の危害に対する保護に関する条約（ILO第136号）および勧告（ILO第144号）
1974	がん原性物質およびがん原性因子による職業性障害の防止および管理に関する条約（ILO第139号）および勧告（ILO第147号）
1986	石綿の使用における安全に関する条約（ILO第162号）および勧告（ILO第172号）
1990	職場における化学物質の使用の安全に関する条約（ILO第170号）および勧告（ILO第177号）
1993	大規模産業災害の防止に関する条約（ILO第174号）
2001	労働安全衛生マネジメントシステム（OSHMS）（ILOガイドライン）
2006	職業上の安全および健康を促進するための枠組みに関する条約（ILO第187号）および勧告（ILO第197号）

（8つ）と関係法令（8つの法律および500以上の規則類）の弊害、すなわち法令の依拠による事業者の責任や自主性、自発的な取り組みの軽視、技術革新への対応の遅れを指摘し、独立した行政組織の設立、自主的対応への転換、法律の簡素化（原則のみの記述）等の改革案を提示しました。これを受けて英国政府は1974年に「職場における保健安全法」を制定し、改革案にしたがって、法律は原則のみとして規則、指針、承認実施準則などで補完する体系を作りました。事業者が安全衛生に取り組むべき態度として「合理的に実行可能な限りにおいて」を基本としていますが、それは「訴訟等が起きたときには、事業者は十分な防止対策を講じていたことを証明できなければ罰則が適応される」ということでもありました。これは「法令準拠型アプローチ」から「自主対応型アプローチ」への転換を意味しています。この施策はその後のリスクアセスメント、リスクマネジメントを基礎とした労働安全衛生に結びついていきました。

　近年、環境保護対策の必要性もあり化学品管理はそのライフサイクルにあわせて包括的に行う動きになり、最近はこれを国際的に統一する方向に進んでいます。この流れは1992年にリオデジャネイロで開催された「国連環境開発会議」（United Nations Conference on Environment and Development：UNCED）での「アジェンダ21」の採択によるところが大きいといえます。「アジェンダ21」は約180カ国により、2年間をかけて作成されたもので、21世紀に向けて各国政府をはじめさまざまなグループが実施すべき環境問題に関する課題を40章（約500頁）にわたって具体的に示しています。現在実施されている化学品管理に関する国際的な動きはこのUNCEDを機に大きく前進したものです。この「アジェンダ21」の第19章が「危険・有害物の不法な国際取引の防止を含む有害化学品の適正な管理」で、A〜Fの6つのプログラムからなっておりその目標は以下のとおりです。

  A. 化学品のリスクアセスメントに関する国際的評価の拡充と促進
  B. 化学品の分類と表示の調和
  C. 化学品の有害性とリスクに関する情報交換
  D. リスク低減化対策の確立
  E. 各国の化学品管理能力と体制の強化
  F. 危険・有害物の不法な国際取引の防止

　これらのプログラムに対して、具体的に以下のような成果が挙げられています。A：数千に及ぶ化学品のリスクアセスメントの完成、B：国連勧告「化学品の分類および表示に関する世界調和システム（Globally Harmonized System of Classification and Labelling of Chemicals：GHS）」の実施、C：ロッテルダム条約（国際貿易の対象となる特定の有害な化学品および駆除剤についての事前のかつ情報に基づく同意の手続に関する条約）の批准促進など、D：ストックホルム条約〔環境中での残留性、生物蓄積性、人や生物への毒性が高く、長距離移動性が懸念されるポリ塩化ビフェニル（PCB）、DDT等の残留性有機汚染物質（POPs：Persistent Organic Pollutants）の、製造および使用の廃絶、排出の削減、これらの物質を含む廃棄物等の適正処理等を規定している条約〕の採択、化学品排出移動量届出制度（Pollutant Release and Transfer Register：PRTR）の促進など、E：各国における化学品管理の現状と行動計画作成の推進など、F：ロッテルダム条約等の活用による不法な国際取引の防止など。

　このように化学品管理における国際的な流れは、（1）危険性・有害性情報の集積と共有およびその伝達、（2）化学品のライフサイクル（製造、流通／貯蔵、使用、回収／廃棄）を考慮した管理、（3）発展途上国における管

理能力の強化、（4）国際的な化学品の移動も視野に入れた地球規模でのリスクマネジメント、に向かっているといえます。またこれを規制の観点でいうと「自主対応型アプローチ」と「国際的な枠組みでの実行」にあるといえます。例として、前者には労働安全衛生マネジメントシステムやとくに中小企業の化学品管理を念頭に開発されたコントロール・バンディングがあり、後者にはオゾン層破壊物質に関するモントリオールプロトコール、廃棄物に関するバーゼル条約、残留性有機汚染物質禁止条約、GHSなどがあります。

本書では、「物質substance」、「化学物質chemical substance」、「化学品chemical」などの言葉が使われています。GHSでは、「化学物質」は意味があいまいなので使わず、「物質」あるいは「化学品」を使うことにしています。「物質」とは、自然状態にあるか、または任意の製造過程において得られる化学元素およびその化合物を言う、とあります。また「化学品」は純粋な物質、その希釈溶液、物質の混合物を包含したものとして使われています。本書ではこのGHSの定義に従ってこれらを使用するように心がけました。一方、日本の法令や国際機関の文書の邦訳では「化学物質」を使用しており、これを他の言葉に変更することは困難であるため、これらについては「化学物質」をそのまま使っていま

す。「第1章 リスクアセスメント」では指針あるいは法令に従い「化学物質」を使用しています。

2-2 化学品管理に関する国内法

わが国の化学品管理に関する法令は比較的整備されてきたといえます。これには1950年代に始まった高度経済成長に伴った職業病や公害の経験が生かされています。ポリ塩化ビフェニル（PCB）の災禍（カネミ油症事件）により「化学物質審査規制法」が、塩化ビニルモノマー等の災禍により労働安全衛生法関連の「特定化学物質等障害予防規則」が制定された例などはその典型といえます。このように多くの日本の化学品管理に関する法令は大きな事故や疾病の発生を契機として作られてきたといってもよいでしょう。これらの法令は使用する際の災害リスクを少なくするあるいは病気の早期発見を目的として制定されており、化学物質管理体制の構築、危険性・有害性の評価、施設要件、取扱方法、貯蔵法、局所排気装置の設置、個人用保護具の使用、健康診断等について規定しています。事業者はこれらの法令を遵守することで化学品による事故や病気の予防に取り組んできました。いわゆる「法令準拠型アプローチ」といわれるものです。「資料編143頁」で主な法律の目的と関連規則等も含めた化学品に関係した規

混合物と製剤

化学品管理に関する文書では"mixture"と"preparation"がよく出てきます。"mixture"（米国で使用）も"preparation"（欧州で使用）も意味は同じ「混合物」であるということから、GHSでは"mixture"に統一されています。また欧州CLP規則では、従来関連の欧州指令で使用していた"preparation"を"mixture"に書き換えました。日本では"mixture"は「混合物」、"preparation"は「製剤」または「調剤」と訳されているようです。広辞苑によると「混合物」は「数種のものがまじって一つとなったもの」であり、「製剤」は「医薬品を治療目的に応じて調合・成型すること」、また「調剤」は「薬を調合すること」とあります。このように「混合物」と「製剤」および「調剤」の意味は異なると思われますが、なぜか日本の化学品管理の分野では「混合物」の意味で「製剤、調剤」も使用されています。本書では「混合物」を使用しています。

定内容をごく簡単に紹介します。

本章の目的は「職場の化学品管理」ですので、これの柱となる労働安全衛生法に関連する事項について説明します。

2-2-1 労働安全衛生法

2-2-1-1 労働安全衛生法の概要

【労働者と作業者】

広辞苑によれば、労働者とは「労働をしてその賃金で生活をするもの」とあります。また労働基準法第9条では「労働者とは、職業の種類を問わず、事業または事務所に使用されるもので、賃金を支払われるものをいう」とあります。つまり労働者は事業者に対して用いられています。このようなことから本書では法令に関わり被用者を意味する個所では「労働者」を用いています。一方、化学品の使用者一般をさす場合には「作業者」を用いるようにしました。

労働に関する基本的な条件は「労働基準法」で決められていますが、その第1条（労働条件の原則）は以下のように記述されています。「労働条件は、労働者が人たるに値する生活を営むための必要を充たすべきものでなければならない。この法律で定める労働条件の基準は最低のものであるから、労働関係の当事者は、この基準を理由として労働条件を低下させてはならないことはもとより、その向上を図るように努めなければならない。」

労働安全衛生法は1972年（昭和47年）に労働基準法第5章（安全および衛生）、労働災害防止団体等に関する法律第2章（労働災害防止計画）および第4章（特別規制）を母体として新規事項を加え制定されました。この労働安全衛生法の目的はその第1条に「この法律は、労働基準法と相まつて、労働災害の防止のための危害防止基準の確立、責任体制の明確化および自主的活動の促進の措置を講ずる

等その防止に関する総合的計画的な対策を推進することにより職場における労働者の安全と健康を確保するとともに、快適な職場環境の形成を促進することを目的とする。」と記述されています。労働安全衛生法は基本的に事業者が労働者の安全と健康を確保するために行うべきことについて規定しています。

労働安全衛生法を見ると化学物質管理において考慮しなければならない事項がおおよそ理解できます。

その内容は以下の章からなっています。

第一章「総則」（目的、事業者の責務など）

第二章「労働災害防止計画」（厚生労働大臣による労働災害防止計画の策定）

第三章「安全衛生管理体制」（安全／衛生管理者、産業医、安全／衛生委員会など）

第四章「労働者の危険または健康障害を防止するための措置」（事業者の講ずべき措置、元方事業者の講ずべき措置など）

第五章「機械等および有害物に関する規則」（製造等の禁止、製造の許可、表示・SDSの交付、有害性の調査など）

第六章「労働者の就業に当たっての措置」（安全衛生教育、就業制限など）

第七章「健康の保持増進のための措置」（作業環境測定／評価、作業の管理、健康診断、健康診断実施後の措置、保健指導、病者の就業禁止、健康教育など）

第七章の二「快適な職場環境の形成のための措置」（事業者の講ずる措置、厚生労働大臣による快適な職場環境の形成のための指針の公表など）

第八章「免許等」

第九章「安全衛生改善計画等」（安全衛生改善計画の作成の指示、労働安全／衛生コンサルタントの業務など）

第十章「監督等」

第十一章「雑則」

第十二章「罰則」

労働安全衛生法に関連する法令で化学物質

に関係したものとしては以下のようなものがあります。括弧内の前段の年号は労働基準法下で制定された年を、後段は労働安全衛生法施行後に制定された年を示しています。

労働安全衛生法施行令（1972年）
労働安全衛生規則（1947年、1972年）
有機溶剤中毒予防規則（1960年、1972年）
鉛中毒予防規則（1967年、1972年）
四アルキル鉛中毒予防規則（1960年、1972年）
特定化学物質障害予防規則（1972年）
電離放射線障害防止規則（1959年、1972年）
酸素欠乏症等防止規則（1972年）
粉じん障害防止規則（1979年）
石綿障害防止規則（2005年）
事務所衛生基準規則（1972年）

さらに粉じんに関しては、その健康障害であるじん肺についての健康診断や健康管理のための措置を定めているじん肺法（1960年）があります。これはじん肺に関する健康管理対策が第一優先であった時代を反映しています。その後、予防に重点を置いた粉じん障害防止規則が策定されました。また1990年代に石綿による災禍が拡大し、石綿障害防止規則（2005年）が特定化学物質等障害予防規則（1972年）から独立したのは記憶に新しいと思います。この時、特定化学物質等障害予防規則の「等」が削除され、特定化学物質障害予防規則になりました。

これらの法令の特徴は、その名称からも明らかなように、有害な物質やそれらを扱う業務を特定（限定）して規定していることです。更にこれらに関連した多くの指針や通達が出されています。

また、労働安全衛生法はその目的にも書かれているとおり、災害の防止を目的としており、そのための方策や措置が規定されていますが、実際に業務や通勤で災害にあった場合の保障については「労働者災害補償保険法」があり、休業補償、障害補償、遺族補償、葬祭料、傷病補償、介護補償などの給付が受けられるようになっています。

さまざまな規則のうち、例として有機溶剤中毒予防規則（有機則）を見ると、以下のように有機溶剤の取り扱いに関する措置が詳細に規定されていることがわかります。

第一章「総則」（有機溶剤の種類、有機溶剤業務、適用の除外、など）
第二章「設備」（第一種有機溶剤または第二種有機溶剤等に係る設備、短時間有機溶剤業務を行う場合の設備の特例など）
第三章「換気装置の性能等」（局所排気装置のフード等、局所排気装置の性能、全体換気装置の性能など）
第四章「管理」（有機溶剤作業主任者の選任／職務、局所排気装置の定期自主点検、有機溶剤等の区分の表示、タンク内作業、事故の場合の退避等など）
第五章「測定」（作業環境測定、評価の結果に基づく措置など）
第六章「健康診断」（健康診断、健康診断の結果など）
第七章「保護具」（送気マスクまたは有機ガス用防毒マスクの使用、保護具の数等、労働者の使用義務など）
第八章「有機溶剤の貯蔵および空容器の処理」（有機溶剤の貯蔵、空容器の処理）
第九章「有機溶剤作業主任者技能講習」

有機溶剤は用途につけられた名称で、そのまま規則名になっていますが、すべての有機溶剤がこの規則に包含されているわけではありません。例えばエチルベンゼンや1・2-ジクロロプロパンは有機溶剤として使用されますが、生体影響の重篤性（発がん性）から特定化学物質障害予防規則（特化則）に含まれ、この特化則にしたがって管理することになっています（混合物におけるそれぞれの含有率により有機則と同様の管理になる場合もあります）。

なお前述の各規則の制定年からわかるように、特化則は他の規則に比べて比較的新しく

第2章　職場の化学品管理

制定されており、有機溶剤中毒防止規則のように、業務の特定はしていません。

2-2-1-2　改正労働安全衛生法におけるリスクアセスメント

すでに第1章でも述べたように、従来から労働安全衛生法（第28条の2）に基づき、すべての化学物質について新たに採用する場合などにリスクアセスメントを実施することが事業者の努力義務になっていましたが、印刷事業場において労働者が集団で胆管がんを発症したことなどを受け、リスクアセスメントの義務化を含んだ改正労働安全衛生法が平成26年6月25日に公布され、平成28年6月1日に施行となりました。このリスクアセスメントの内容は第1章で見た通りです。

リスクアセスメントが義務となる640物質は、これまで災害の原因となった物質あるいは災害が懸念される物質およびそれらの類似物質です。新たな物質および新たに産業に導入される物質数は急激に増加していますが、行政的に管理が義務付けられている物質はごくわずかです。行政的に何らかの義務付けが行われた物質は産業界で使用されることが避けられ、代替物質で災害が起きるということはこれまでもたびたび経験されてきました。法的な義務付けがされていなくても、物質は何らかの危険性・有害性を持つものと考えて対応することが重要です。自主的なリスクアセスメントの意義はここにあります。もちろん法令は守らなければなりませんが、事業場で行うリスクアセスメントの対象となる物質の優先順位は慎重に検討する必要があります。

2-2-2　女性労働基準規則

あらゆる分野での女性の活躍が期待されています。1986年の男女雇用機会均等法施行以来、女性の就業制限職場は少なくなりまし

たが、それでも母体の保護等の観点から、女性の就業制限業務（重量物取扱い、ボイラー取扱業務、化学物質取扱い業務、異常気圧化の業務など24種）があります。これは労働基準法第64条の3（危険有害業務の就業制限）をうけて、女性労働基準規則第2条の18で規定しています（資料編237頁　女性労働基準規則第2条の18参照）。

女性の就業制限業務は一般に、妊婦（妊娠中の女性）、産婦（産後1年を経過しない女性）、その他の女性、で分かれていますが、化学物質を扱う業務に関してはこれらすべての女性に適用されます。具体的には、特化則、鉛則、有機則の適用を受ける26の化学物質を扱う作業場のうち、作業環境測定を行った結果が「第3管理区分」となった屋内作業場での業務、タンク内での業務など呼吸用保護具の着用が義務付けられている業務です〔資料編234頁　管理濃度（作業環境評価基準表）参照〕。

2-3　化学品による事故や疾病の統計

化学品が原因となる火災などの事故やがんなどの疾病が世界中で年間どのくらい起きているかについての正確な統計はありません。国際連合の専門機関である国際労働機関（International Labor Organization：ILO）では、年間110万人が職業関連で死亡し、その内の4分の1は化学品による疾病（がん、呼吸器系疾患、循環器系疾患、神経系疾患、腎臓疾患、アスベスト肺、じん肺など）であろうと推計しています。職業関連の疾病のみならず、また死亡に至らない重症者および軽症者も考慮すると、化学品により健康を害している人の数がこれの数百倍を下らないであろうことは容易に想像できます。

日本の労働災害および業務上疾病の統計によると、過去5年の休業4日以上の死傷病者数は年間約11万人、休業4日以上の業務上

疾病者数は約8,000人であり、業務上疾病者数のうち化学物質による者が毎年200人から300人、酸素欠乏症および硫化水素中毒が10人前後、じん肺が400〜600、がんは3〜10人です。表2-3に過去5年間の休業4日以上の業務上疾病の総計と化学物質による疾病、酸素欠乏症、じん肺、がんを合わせた人数を示しました。表に示された数は業務上疾病(つまり労災)として認められた、しかもある年度内の新規に認定された休業4日以上の人数です。また、この表には含まれていませんが、過去のアスベストばく露による肺がんや悪性中皮腫の認定者数が急増し平成9年には22名であったものが、平成18年には1,784名に達し、その後1,000人前後で推移しています。さらに、化学物質による爆発・火災による休業4日以上の死傷者数は過去10年間では80名から150名ぐらいを推移しています。一時に3人以上の死傷者を伴う重大災害は過去5年間に200〜300件ぐらい起きており、平成25年の統計で見ると件数は244件、死傷者数は1,536人、死亡者数57人でした。このうち化学物質に関連すると思われる中毒・薬傷が41件(16.8%)、爆発8件(3.3%)となっています。

この他に、統計には表れないじん肺症やがんなどの慢性疾患、軽症の体調不良、皮膚炎、眼に対する刺激作用等々も勘案すると、化学品による健康障害の件数は膨大なものになるでしょう。

基本的には、疾病が仕事に起因することが明らかであれば、それは労働災害であり労災補償の対象となります。資料編151頁の労働

基準法施行規則第35条別表第1の2に業務上の疾病のうち化学物質等が原因とされる疾病の一覧を示します。

中央労働災害防止協会で毎年発行している「労働衛生のしおり」には職業病統計や主な職業性疾病発生事例等が掲載されています。

2-4 リスクマネジメント

2-1で化学品管理の国際的な潮流を紹介しましたが、リスクマネジメントの動きもまた重要ですので、ここで紹介します。

ヨーロッパでは過去30年間に化学工業で起きた重大災害を教訓に、さまざまな法令が策定、施行されてきました。特に1976年にセベソ(イタリア北部の都市)の農薬工場が爆発し大量のダイオキシンが周辺地域に飛散した災害を契機に、さまざまな国の重大危害要因法令がまとめられ、EC(Council of the European Communities)指令(82/501/EEC大規模事故災害防止指令1982、「セベソ指令」とも呼ばれる)となりました。この指令では、大規模な危険施設に対し、化学品の毒性、引火性、爆発性に基づいてリスクの判定を行うよう求めています(表2-4-1参照)。また、施設に存在する危険・有害物質量がある限界量を超えている場合には、その施設は大規模危険施設であるとみなされます。この物質リストは180種からなっており、その限界量は、極度に有毒な物質1 kgから、非常に引火性の高い液体5万tまでと広範多様です。さらにこれらの化学品を管理するための優先順位が示されています(表2-4-2参照)。この指令

表2-3 休業4日以上の業務上疾病

	平成21年	平成22年	平成23年	平成24年	平成25年
業務上疾病 総計	7,491	8,111	7,779	7,743	7,310
化学物質関係	741	753	711	580	561

(化学物質関係:化学物質による疾病、じん肺、酸欠、がん)

第2章　職場の化学品管理

により化学品の危険性・有害性を分類し、その災害の重大（重篤）性を考慮して優先順位をつけ、管理を行う（リスクマネジメント）という概念が確立されました。リスクマネジメントの考え方はまさに人智の結晶ともいえるものだと思います。（セベソ指令はその後幾度か改訂され、2012年発行版では表2-4-1のような判定基準はGHS分類に基づいたある一定の物理化学的危険性を有する化学品を対象とし、表2-4-2のような優先化学品数は48に増加しています。）

一方、慢性影響（特にがん）のリスクに対する考え方の変遷は、米国における発がん性物質への対応で見ることができます。米国では1958年に食品衛生に関する法律であるデラニー条項（いかなる量であっても発がん物質を含む物質を食品に使用してはならない）が制定され、ゼロリスクが目標とされてきました。さらに米国では発がん性物質には閾値（ある反応が表れる限界値、「2-7-3 閾値、ばく露限界、NOAEL」参照）は存在しないという考え方を取っていたために、発がん性が

表2-4-1　大規模危険施設についてのEC指令による判定基準（1987年）

有害物質（非常に有毒なものと、有毒なもの）		
以下の値の急性毒性を示し、重大な災害を引き起こしうる物理的、化学的性質を持つ物質		
LD$_{50}$（ラットに経口投与） mg/kg	LD$_{50}$（ラットまたはウサギに経皮投与） mg/kg	LC$_{50}$（ラットに4時間吸入） mg/l
1　　　　LD$_{50}$ ≤ 5	LD$_{50}$ ≤ 10	LC$_{50}$ ≤ 0.10
2　　　5 < LD$_{50}$ ≤ 25	10 < LD$_{50}$ ≤ 50	0.1 < LC$_{50}$ ≤ 0.5
3　　25 < LD$_{50}$ ≤ 200	50 < LD$_{50}$ ≤ 400	0.5 < LC$_{50}$ ≤ 2
引火性物質		
1　引火性ガス：常圧で気体であり、空気と混合すると引火性になり、常圧での沸点が20℃以下の物質 2　高度に引火性の液体：21℃より引火点が低く、常圧での沸点が20℃を超える物質 3　引火性液体：55℃より引火点が低く、加圧しても液体状態にある物質で、高圧高温など特殊な処理条件によって重大災害要因となることのある物質		
爆発物		
火炎の作用で爆発することのある物質、あるいは衝撃や摩擦に対してジニトロベンゼン以上に敏感な物質		

表2-4-2　重大災害要因施設の確認に用いられる優先化学品（1987年）

物質名	量（これを超える量）	物質名	量（これを超える量）
一般引火物：		特定有毒物質：	
引火性ガス	200 t	アクリロニトリル	200 t
高度に引火性の液体	50,000 t	アンモニア	500 t
特定可燃物：		塩素	25 t
水素	50 t	二酸化硫黄	250 t
酸化エチレン	50 t	硫化水素	50 t
特定爆薬類：		シアン化水素	20 t
硝酸アンモニウム	2,500 t	二硫化炭素	200 t
ニトログリセリン	10 t	フッ化水素	50 t
トリニトロトルエン	50 t	塩化水素	250 t
		三酸化硫黄	75 t
		特定の非常に有毒な物質：	
		イソシアン酸メチル	150 kg
		ホスゲン	750 kg

証明されれば禁止せざるを得ないということになっていました。

しかし、自然の食品も含めた全ての発がん性を有する物質を禁止することが不合理であることが徐々に認識され、1977年には米国食品医薬品庁の担当者が「無視しうる発がんリスクレベル」という考え方を示し、発がんの生涯リスクが100万人に1人だけ増加するレベルは無視しうるリスクレベルと考えるべきであると主張しました。また、1983年には米国科学アカデミー（National Academy of Science：NAS）が化学品のリスクアセスメントの枠組みを提示しました。これは、(1) 危険性・有害性の特定、(2) 量－反応評価、(3) ばく露評価、(4) リスクの総合判定、の4つのステップからなり、現在行われている化学品のリスクアセスメントの基礎となりました。1990年の連邦清浄大気法改正では、「安全とはゼロリスクを意味するものではなく、リスクアセスメントに基づいて受容しうるレベルが検討されなければならない」とされました。デラニー条項は1996年に廃止されています。

2-5　労働安全衛生マネジメントシステム（OSHMS）

現在多くの国で労働安全衛生マネジメントシステム（Occupational Safety and Health Management System：OSHMS）が取り入れられて、事業所内の安全衛生管理はこれによる遂行が促進されています。

OSHMSは事業者が労働者とともに、「計画（Plan）－実施（Do）－評価（Check）－改善（Action）」という一連の過程を定めて、連続的かつ継続的な活動を自主的に行うことにより、労働災害の潜在的危険性を低減しようとする仕組みです。このシステムでは事業場内のすべての危険性および有害性、すなわち作業環境、作業方法、作業者の行動、機械操作、化学品取扱い等が対象になります。

「2-1 化学品管理の国際的な潮流」で述べたように英国では法制度を基盤とした労働安全衛生対策が行き詰まっていたことから、その脱却をめざし1974年に複雑化した安全衛生行政を一元化し、「法令準拠型」であった安全衛生法を「自主対応型」へ転換させました。そのような流れをうけて、OSHMSは1996年の英国規格（BS8800）から始まりました。また、ILOが3年がかりで検討してきたOSHMSが2001年6月にILO理事会で承認され公表されました。ILO OSHMSの主要構成要素を**図2-5**に示します。これらのOSHMSの特徴は「自主的」な計画、組織、管理、監査と見直しにより成っているという点です。このシステムの重要な点は、自主的な取り組みにおいてよりどころになる「安全衛生方針」の策定をまず第一番目に事業者が行わなければならないことです。すなわち労働安全衛生における事業者の態度がその成果を大きく左右することが改めて強調されています。また国際標準化機構（International Organization for Standardization：ISO）では労働安全衛生マネジメントシステムに関する国際標準化の議論が始まりました〔現在ISO45001（労働安全衛生マネジメントシステム規格－要求事項および利用の手引 を策定中）〕。

わが国では1997年に中央労働災害防止協会がOSHMS評価基準を公表しました。これまでに、自動車経営者連盟、日本化学工業協会、日本鉄鋼連盟、日本造船工業会、建設業労働災害防止協会などが各OSHMSを公表しています。さらに、1999年には労働省から「労働安全衛生マネジメントシステムに関する指針について」（平成11年4月30日労働省告示第53号）が出され、自主的な安全衛生活動が本格的に推進されることになりました。

国際的な潮流および作業現場での必要性から、今後の労働安全衛生におけるリスクマネ

図2-5　ILO労働安全衛生マネジメントシステム主要構成要素

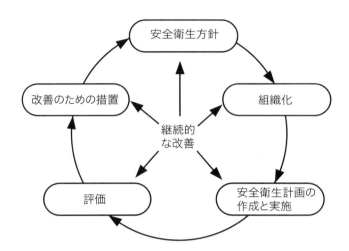

ジメントは、これまでの「法令準拠型」で培われてきたノウハウを基盤として、新しい「自主対応型」OSHMSの上に展開していくと考えられます。

2-6　リスクアセスメント

2-6-1　リスクアセスメントの定義

化学品管理の分野では、リスクマネジメントがリスクアセスメントとリスク低減の措置を含む意味で使用されている場合もあり、またリスクマネジメントとリスクアセスメントが同義で使用されていることもあります。さらにこれらの言葉の意味する範囲も正確には定義されていないように思います。

厚生労働省ではウェブサイト（http://anzeninfo.mhlw.go.jp/yougo/yougo01_1.html）でリスクアセスメントを定義しており「事業場にある危険性や有害性の特定、リスクの見積り、優先度の設定、リスク低減措置の決定の一連の手順をいう。」となっています。本書では労働安全衛生法に基づいたリスクアセスメントが大きなテーマの一つでもあり、この定義に従ってリスクアセスメントについて述べます。

リスクアセスメントの定義：リスクマネジメントとリスク管理、またリスクアセスメントとリスク評価はほぼ同義で使われることが多いように思いますが、異なる場合もあります。例えばJIS Q 31000では「リスクアセスメント」と「リスク評価」の意味は異なっています。

以下にJIS Q 31000の定義を記します。

リスクマネジメント（risk management）：リスクについて、組織を指揮統括するための調整された活動。

リスクアセスメント（risk assessment）：リスク特定、リスク分析、リスク評価を網羅するプロセス全体を指す（JIS Q 31000「リスクマネジメント－原則および指針」による）。

- *リスク特定（risk identification）－リスクを発見し、認識し、記述するプロセス*
- *リスク分析（risk analysis）－リスクの特質を理解し、リスクレベルを決定するプロセス*
- *リスク評価（risk evaluation）－リスク（とその大きさ）が受容可能か（許容可能か）を決定するためにリスク分析の結果をリスク基準と比較するプロセス*

また、リスクマネジメントについて、化学物質の健康リスク評価（IPCS EHC210）では以下のように記しています。「リスクマネジメントという言葉は、問題とするリスクの除去または削減が必要か否かについて決定するために必要なすべての活動を含んでいる。リスクマネジメントの戦略、またはリスクマネジメントの手法は、大きく、規制による管理、規制以外による管理、経済的な管理、勧告による管理、または技術的な管理に分類されるが、これらはお互いに排他的というわけではない。」

2-6-2　リスクアセスメントの実施

日本国内での化学品に関するOSHMS、さらにその中で非常に重要な位置を占めるリスクアセスメントに関する法的な根拠は以下のように変遷してきました。「労働安全衛生マネジメントシステムに関する指針について」（平成11年4月30日労働省告示第53号）の第10条で「危険性または有害性等の調査および実施事項の決定」が定められ、いわゆるリスクアセスメントの実施が明記されました。その後、化学物質について平成18年3月30日「危険性または有害性等の調査等に関する指針公示第2号」として「化学物質等による危険性または有害性等の調査等に関する指針」が出されました。そして平成18年4月1日以降、その実施が労働安全衛生法第28条の2により努力義務化されました。さらに、第1章ですでに述べたように、改正労働安全衛生法により平成28年6月1日からリスクアセスメントが640物質に対して義務化されることになりました。640物質以外の危険・有害な物質も引き続き努力義務としてリスクアセスメントの対象になります。

第1章の繰り返しになりますがリスクは以下の式のように考えます。

「有害性」×「ばく露」＝リスク

リスクは有害性の程度とばく露の大きさで決定されます。ある物質の有害性の程度もばく露も大きいとそのリスクは大きくなります。逆にこれらが小さいほどリスクも小さくなります。また有害性の程度が高ければ、ばく露を小さくしない限りリスクは小さくなりません。ばく露がゼロになればリスクはゼロになります。この原則はリスクに対する対策の優先順位に大きく影響します。すなわちばく露を小さくする優先順位として、毒性のより低い代替物質の使用、設備の密閉化、環境中ばく露濃度の低減措置、個人用保護具の使用の順になります。

有害性とばく露を別々に評価してこれらを総合的に考慮してリスクの判定（第1章の「リスクの見積り」と同義）を行います。リスクアセスメントにおけるステップ（有害性の把握、ばく露の評価）が分かれている理由はここにあります。

また、物理化学的危険性に関するリスクの見積りは、「1-2-2-2 物理化学的危険性」で見たように危険性クラス（種類）とその重大性（区分）さらに災害発生の可能性等を点数化して行います（表1-2-4-1-1-1 リスクの見積りの方法参照）。

以下、主として有害性に関するリスクアセスメントについて述べます。

「2-4 リスクマネジメント」で述べたように、化学品のリスクアセスメントの大きな枠組みは、（1）危険性・有害性の特定、（2）量－反応評価、（3）ばく露評価、（4）リスクの総合判定、の4つのステップですが、これを実行するためには事業場内組織での体制づくり（OSHMS）や対象物質、作業場所、作業者の特定、記録の保存さらに対策などがあります。第1章のリスクアセスメントのステップは法令に定められたリスク低減措置や労働者の教育等まで考慮しているので、これとは異なるように見えますが、上記（1）から（4）のステップはすべて含んでいます。危険性・

有害性の種類にもよりますが、第1章で説明した「化学物質などによる危険性・有害性の特定」には（1）（危険性・有害性の特定）および（2）（量−反応評価）が含まれています。また「リスクの見積り」には（3）ばく露評価と（4）リスクの総合判定が含まれています。以下、「リスクアセスメント」は第1章の「リスクの見積り」と同義で使用しています。

危険性・有害性にはさまざまありますが、これらの全てが法令の中で化学品管理の対象となっているわけではありません。事業場に特異的な危険性・有害性の種類および重大性あるいは過去の事故例、さらにばく露評価なども勘案して、リスクアセスメントにおける対策の優先順位を決定します

リスクアセスメントの手順に決まりは無く、それぞれの労働現場の事情に合わせて実施しますが、標準的な手順については知る必要があるでしょう。「厚生労働省化学物質調査課　ここがポイント　これからの化学物質管理−指針と解説」（中央労働災害防止協会　平成13年）で示されている手順ステップ1からステップ10を参考にして、その内容を見ていきます。実はこの本は廃止になった旧指針「化学物質等による労働者の健康障害を防止するため必要な措置に関する指針」（平成12年3月31日　基発第212号）にそって書かれたものですが、リスクアセスメントのステップは大変参考になるので紹介します。これらの内容を一からすべて直ちに実行しようとすると大変です。まずやれそうなところから少しずつ実行していきましょう。ただしこれはばく露の程度に関して実測値があるまたは推測可能であるという場合のリスクアセスメントの例（第1章 1-2-4-2-1と同様）です。それが当てはまらない場合には、第1章で説明したコントロール・バンディング等の方法を用いなければなりません。

ステップ1：リスクアセスメントを実施する担当者の決定

ステップ2：製造し、または取り扱う場所と工程のリスクアセスメントを実施する単位への区分

ステップ3：製造し、または取り扱う化学物質のリストの作成ならびに取り扱い場所および作業内容の把握

ステップ4：リスクアセスメントの対象とする労働者の特定

ステップ5：危険性・有害性情報の入手および危険性・有害性等の特定

ステップ6：化学物質のばく露の程度およびその評価

ステップ7：リスクの判定

リスクが許容できる場合：
ステップ9へ

リスクが判定できない場合：
ステップ8へ

リスクが許容できない場合：
ステップ8へ

ステップ8：ばく露を防止し、または低減するための措置の検討

ステップ9：実施事項の特定および実施ならびにリスクアセスメントの結果の記録

ステップ10：リスクアセスメントの再実施（見直し）

【ステップ1】リスクアセスメントを実施する担当者の決定

事業場においてリスクアセスメントを実施する担当部門を決定し、リスクアセスメントの技術的業務を行う化学物質管理者（またはそのチーム）を指名します。この場合、製造し、または取り扱う化学物質の種類、作業内容、設備、化学物質へのばく露状況等の把握および実施事項を確実に実施するために、化学物質管理者は当該事業場に所属する労働者から指名することが望ましいでしょう。

リスクアセスメントの実施および特定された実施事項の実施を労使が協力して円滑に進めるため、必要に応じて、衛生委員会等の下部機構としてリスクアセスメント実施委員会

を設置したほうがよいでしょう。

【ステップ2】製造し、または取り扱う場所と工程のリスクアセスメントを実施する単位への区分

事業場内の化学物質を製造し、または取り扱う場所と工程を、リスクアセスメントが適切にできるよう、また、実施事項の特定および実施が円滑に行えるよう、リスクアセスメントを実施する単位に区分します。

【ステップ3】製造し、または取り扱う化学物質のリストの作成ならびに取り扱い場所および作業内容の把握

リスクアセスメントにおいて、ここは一番重要なステップです。ステップ2で区分した単位ごとに、製造し、または取り扱う化学物質のリストを作成するとともに、製造し、または取り扱う場所とその作業内容とを把握します。リスクアセスメントは事業場内のすべての物質を考慮して実行することが原則ですが、やれるところから始めるという意味で、640物質のリスクアセスメントが義務化されますので、まず事業場内で使用している物質の中にこの640に含まれているものがあるかどうか確認しましょう。

(1) 製造し、または取り扱う化学物質のリストの作成

原材料、中間体、副産物、補助材料の他、廃棄物、排出物等も可能な限り把握し、リストを作成します。

製造し、または取り扱う化学物質のリストに記載する項目の例を**表2-6-2-1**に示します。

(2) 化学物質を製造し、または取り扱う場所と作業内容についてのリストの作成

製造し、または取り扱う化学物質のリストの作成に加えて、製造し、または取り扱う場所とその作業内容を把握するためのリストを作成します。化学物質を取り扱う作業の種類の例を**表2-6-2-2**に、取り扱い場所および作業内容についてのリストに記載する項目の例を**表2-6-2-3**にそれぞれ示します。

これらリストの作成のため、作業量が著しく多くなることがあるので、事業場によっては、重要性の高いと考えられる部分から、段階的に作成し、充実させることが適当な場合もあります。

【ステップ4】リスクアセスメントの対象とする労働者の特定

リスクアセスメントを実施するために区分した製造し、または取り扱う場所と工程ごとに、当該作業場で作業に従事する者について、作業内容等を把握した上で、リスクアセスメントの対象とする労働者を特定します。定常作業に従事する者に加え、保守点検等の非定常作業に従事する者も、必要に応じてリスクアセスメントの対象としましょう。

なお、同じ作業を行う労働者が複数いる場合は、最もばく露が大きい思われる労働者が対象に必ず含まれるようにします。

【ステップ5】危険性・有害性情報の入手および危険性・有害性等の特定

ここではステップ3で得られた情報を基に、該当する化学物質の危険性・有害性情報

表2-6-2-1　製造し、または取り扱う化学物質のリストに記載する項目

商品名
化学物質名
成分および含有量
有害性の種類および程度
メーカー名および譲渡・提供者名
事業場内の取り扱い場所（保管・貯蔵場所）、取り扱いの目的および作業内容
取り扱い（貯蔵）数量
受け入れ、搬出（貯蔵）の方法
容器（包装）の概要

第2章　職場の化学品管理

表2-6-2-2　化学物質を取り扱う作業の種類の例

原料等の受け入れ／運搬／保管
開缶／開袋／調合、小分け
使用箇所への装入
袋詰め／缶詰
取り出し／運送
機器内部の清掃、機器開放、修理、改造等
作業場の清掃
サンプリング／品質検査
洗浄／拭き取り
研磨、切削、下地処理
粉砕、篩い分け
塗装／接着／印刷／めっき

表2-6-2-3　取り扱い場所および作業内容のリストに記載する項目の例

作業の名称
取り扱う化学物質等の名称
取り扱う目的
取り扱い場所（保管・貯蔵場所）
取り扱う設備
受け入れ、搬出（保管・貯蔵場所）の方法
取り扱い方法
作業従事者数
作業従事時間数
使用する保護具

を収集します。危険性・有害性の程度は、災害（危害）の起こりやすさおよびその重篤性の目安となるもので、引火性に関しては引火点、毒性では実験動物の半数致死量（LD$_{50}$）などが用いられます。

これらの危険性・有害性情報は基本的に安全データシート（SDS）から得られます。SDSに必要とされる情報が記載されていない場合には、供給者に問い合わせましょう。SDSだけでは必要とする情報が十分でない、あるいはさらに詳細な情報が必要になったときは、自ら化学物質の危険性・有害性についての情報を収集し、評価しなければなりません。そのような場合には「2-14 危険性・有害性データの検索」を参照してください。

危険性・有害性の種類は、大きく物理化学的危険性と健康有害性に分けることができます。それぞれに含まれる危険性・有害性には以下のようなものがありますが、これらの確認は国内関連法令（消防法、毒物及び劇物取締法、火薬類取締法、高圧ガス保安法など）やGHS分類が参考になります。

物理化学的危険性：爆発性、引火性／可燃性、エアゾール、酸化性、高圧ガス、自己反応性、自然発火性、水反応可燃性、有機化酸化物、金属腐食性、鈍感化爆発物など

健康有害性：急性毒性、皮膚腐食性／刺激性、眼に対する重篤な損傷性／眼刺激性、皮膚感作性、呼吸器感作性、生殖細胞変異原性、発がん性、生殖毒性、特定標的臓器毒性（神経毒性、肝毒性、腎毒性、血液毒性等）、吸引性呼吸器有害性など

現在日本の法令でSDSの交付が義務付けられている約1,500物質（リスクアセスメントが義務付けられる640物質も含む）については「2-12-2 日本におけるGHSの導入」で述べるように、GHSに基づいた危険性・有害性情報が公開されているので、これらを参照すればよいでしょう。

一般にSDSに記載されている物性定数や危険性・有害性は常温、常圧でのものなの

で、特別な温度や圧力の条件で化学物質を製造し、または取り扱う場合には、その条件下での危険性・有害性について調査しておく必要があります。

【ステップ6】化学物質のばく露の程度およびその評価

(1) このステップの概要

このステップは、これまで述べてきたステップ2からステップ5までの各過程で得られた情報に基づいて、化学物質のリスクの見積りを行うために、化学物質のばく露の程度および健康影響の評価を行うステップであり、リスクアセスメントの中心となるものです。

これまでの流れから、事業場では、各々の製造し、または取り扱う場所と工程の労働者について、取り扱う化学物質の種類ごとに評価を行うことになります。

(2) 基本的な考え方

リスクの見積りの目的は、化学物質へのばく露による健康障害のリスクを許容できる範囲内にすることです。

化学物質によるばく露の経路、すなわち化学物質が人体内に取り込まれる経路としては、吸入、経皮、経口がありますが、労働現場においては吸入による経路が最も重要です。吸入によるリスクの見積りで用いる指標としては、米国産業衛生専門家会議（American Conference of Governmental Industrial Hygienists：ACGIH）や公益社団法人日本産業衛生学会等が勧告しているばく露限界を用いることが一般的です。

ばく露限界（Threshold Limit Value：TLV）：ここではACGIHの時間加重平均ばく露限界（TLV-Time Weighted Average：TWA）、短時間ばく露限界（TLV-Short-Time Exposure Limit：STEL）、天井値ばく露限界（TLV-Ceiling：C）や日本産業衛生学会の許容濃度をいいます。（「2-8-2 個人ばく露モニタリング」参照）

したがって、製造し、または取り扱う化学物質のばく露の程度が、TLV-TWA、TLV-STEL、TLV-C、あるいは許容濃度のいずれより低いことが求められます。

ただし、ばく露の程度がばく露限界よりも低ければ、それで足りるとするのではなく、可能な限り、ばく露を少なくすることが望ましいことはいうまでもありません。

なお、蒸気圧等の物理化学的性質や発散のしやすさなどの性状は、人体に取り込まれる程度との関係が深いので、これらについても、有害性の種類や程度とともによく認識しておくことが必要です（「2-16 危険性・有害性の予測」参照）。

(3) ばく露の程度を推定する方法

ばく露の程度を推定するためには、いくつかの方法があり、その中から対象作業におけるばく露程度の推定に適した方法を選択して用います。多くの場合、複数の方法を組み合わせて、総合的に判断することにより、信頼の度合いを高めることができます。推定するための方法を**表2-6-2-4**に示します。

きわめて単純な例を「第1章 1-2-4-1 リスクの見積り方法の選択【定量的方法】」で紹介しました。

ばく露の程度の推定で最もよく使用されるのは気中濃度です。これには、ばく露を受ける労働者全ての個人ばく露測定、最も高濃度ばく露を受けていると思われる労働者を選定した個人ばく露測定、作業環境中の平均的な濃度を求めるための測定、最も高濃度と思われる場所や時間帯について行う測定などがあります。測定時間についても、労働時間8時間にわたって行う個人ばく露測定、短時間ばく露を想定した数分間の測定、作業環境測定のように単位作業場所についてのサンプリング総時間を一時間以上としたものなどさまざまです。

これらの測定方法は、その結果を比較しようとする指標に合わせて選定する必要があり

第2章　職場の化学品管理

表2-6-2-4　ばく露の程度を推定する方法の例

シミュレーション：化学物質の消費量、蒸気圧、換気速度等からの計算、発散量の推算、拡散式による
　　　　　計算、既存データの利用等によって、ばく露の程度の推定を行います。計算の方法には、きわ
　　　　　めて単純なものから、複雑なものまで多くの種類があります。
既存データからの類推：事業場内および同業他社等における作業内容が類似した作業場所の測定データ
　　　　　を収集・整理して類推します。
気中濃度の測定：作業環境に存在する化学物質の濃度の測定を行います。用いる機器としては、検知管
　　　　　ポータブルガスクロ（水素炎イオン化検出器FID、光イオン検出器PID）、デジタル粉じん計等
　　　　　のリアルタイム測定器や、他の分析機器による方法の中から適したものを選択します。また、
　　　　　測定のやり方には、作業環境の測定と個人ばく露濃度の測定とがあります。

作業におけるばく露の状況に応じて、これらの方法を的確に使い分ける必要があります。また、ばく露
の状態を把握するための手段として、生物学的モニタリングが有効なことがあります。

ます。例えば、ACGIHのTLV-TWAおよび日本産業衛生学会の許容濃度と比較するのであれば8時間個人ばく露測定を行う必要があり、管理濃度であれば作業環境測定の方法に従わなければなりません。

また、時間外労働などでばく露時間が長くなる場合、閉鎖空間で酸素欠乏が起こりうる場合、経口や経皮吸収が考えられる場合、化学物質の濃度変動が非常に大きい場合、重筋労働などで代謝が亢進しているような場合などは、ばく露測定結果や作業環境測定結果がそれぞれの指標値以下であっても、注意が必要です。

わが国では、作業環境測定法に基づいた測定を行い、その結果と管理濃度を比較することで作業環境の評価が行われてきました。これもリスクアセスメントには有用な情報です。管理区分が1、すなわち作業場所のほとんど（95%以上）の場所で気中有害物質の濃度が管理濃度を超えない状態においては労働者へのばく露が管理濃度を上回る確率は非常に小さいと考えられます。すなわち管理濃度とばく露限界が近い値を持つ化学物質については、管理区分が1であれば、ばく露限界を上回るばく露が起きる可能性は小さいものと考えて差し支えないでしょう。測定の結果が管理区分2、あるいは管理区分3になった場合には、ばく露の評価（推定）に注意が必要です。

管理濃度とばく露限界（TLV-TWAおよび

許容濃度）に隔たりがある場合の判断は容易ではありません。すなわち管理区分1であっても、ばく露がTLV-TWAを超えるような場合です。このような隔たりは、ベンゼン（管理濃度1ppm、許容濃度0.1ppm）などで起こりえます。技術的、経済的に可能であれば、許容濃度やTLV-TWAを目標にした管理がより好ましいでしょう。

さらに、ばく露レベルがTLV-TWAや許容濃度以下であっても、労働者によっては健康影響が出現することもあり、このような場合には個別の対策が必要になります。

【ステップ7】リスクの判定

ステップ6で実施したばく露の評価をばく露限界と比較することにより、個々の対象物質について、リスクの判定を行います。
結果は次の3種類に区分します。

①リスクが許容できると判定される：ステップ9へ
　工程、作業内容等の変更がない限り、ばく露を防止し、または低減するための措置に関しては、作業規程の作成等を除き原則として実施する必要はありません。

②リスクが許容できないと判定される：ステップ8へ
　ばく露を防止し、または低減する措置の実施を必要とします。

③今回実施したリスクの判定では、リスクが許容できるとも、許容できないとも判定できない：ステップ8へ

さらに詳細な判定を実施してリスクを判定するか、詳細な判定を実施しないで、ばく露を防止し、または低減する措置の実施を必要とします。

なお、公的なばく露限界が設定されていない物質については、入手できる有害性情報や類似の化学物質のばく露限界等を参考にして、社内の基準を設定し、この値を指標として暫定的にリスクの判定を行うことが考えられます。この場合、有害性情報が不足して、ばく露限界の設定ができない化学物質は、必要な有害性情報が入手できるまで、製造または取り扱いを避けるか、著しい有害性を有するものとして取り扱うことが必要でしょう。

危険性・有害性にはさまざまあり、その種類や程度によってリスクアセスメントの方策は異なります。したがってリスクマネジメントを念頭に、リスクアセスメントにおいては危険性・有害性の種類とその重大性を分類する必要があります。

リスクの程度は健康障害の重大（重篤）性と可能性を考慮して判定しますが、重大性はSDSなどからの情報により、可能性については、ばく露評価、事業場の特殊性あるいは作業現場の状況、これまでの事業場における災害事例等を考慮して検討します。

一般に、ある化学物質についての個人ばく露測定結果や作業環境測定結果あるいは推定結果が法令やガイドライン等の指標をクリアーしている場合には、測定した時点において、その化学物質のばく露による健康障害のリスクは大きくないということができるでしょう。しかし化学物質のリスクアセスメントは、包括的、定常的になされている必要があり、そのためリスクの判定もあらゆる場合を想定して実施しておかなければなりません。

以下、考慮すべき項目とそれらの程度の区分についての例を示します。

健康障害の重大性：

①高い有害性〔急性毒性の指標であるLD$_{50}$が低い（50mg/kg未満）、発がん性、生殖毒性、呼吸器感作性など〕

②中程度有害性〔急性毒性の指標であるLD$_{50}$が中程度（50mg/kg～2,000mg/kg）、麻酔性、皮膚感作性など〕

③低い有害性〔急性毒性の指標であるLD$_{50}$が高い（2,000mg/kg～5,000mg/kg）、弱い皮膚刺激性、弱い中枢神経症状など〕

④上記①～③に該当しない有害性

ばく露の程度：

①ばく露の程度がばく露限界を超える

②ばく露の程度がばく露限界の3分の2程度

③ばく露の程度がばく露限界の2分の1程度

④ばく露の程度がばく露限界の5分の1以下

⑤ばく露がほとんどゼロ

事業場の特殊性あるいは作業現場の状況による障害の可能性：

ばく露濃度または作業環境濃度、有害化学

表2-6-2-5　健康有害性とばく露を考慮したリスクの数値化の例

		ばく露の程度がばく露限界に対して				
		超える	2/3	1/2	1/5	ゼロ
健康有害性	高い	3	3	2	2	1
	中程度	3	3	2	1	1
	低い	3	2	2	1	1
	その他	2	2	1	1	1

3：高いリスク、　2：中程度のリスク、　1：低いリスク

物質に接する人数、局所排気装置等工学的対策の信頼性、設備および機器類の故障の可能性とその影響、これまでの災害統計、保護具を必要とする作業および保護具の使用率、不安全行動、教育訓練等の項目を総合的に考慮して、以下のような区分を作成します。

　　①確実である（かなり注意していても健康障害が起きる）
　　②可能性が高い（通常の注意力では健康障害につながる）
　　③可能性がある（うっかりしていると健康障害が起きる）
　　④ほとんどない（特別注意しなくても健康障害は起こらない）

　以上、「重大性」「ばく露の程度」「可能性」から下記のようなリスクの程度を判定します。これには重大性と可能性をそれぞれ点数化して判定する方法、点数化しない方法、リスクを序列化する方法などがあります。

　リスクの程度：
　　①直ちに解決すべき問題がある（直ちに中止または改善する）
　　②重大な問題がある（優先的に改善する）
　　③かなり問題がある（見直しを行う）
　　④多少問題がある（計画的に改善する）
　　⑤許容できるリスク

　①から④までは許容できないリスクであり、対策を講じる際に優先すべき順位は①、②、③、④です。

　健康障害の重大性や可能性の区分は、一通りではありません。したがってリスクの程度の区分も一様ではありません。これらは、事業場の管理体制、作業の種類、管理すべき化学物質の危険性・有害性の種類や区分などによって変わります。

　リスクの総合判定は、リスクアセスメントにおける最終段階で、危険性・有害性の特定、ばく露の評価、リスクの程度の判定までのプロセスを記述する過程です。これにより、各

作業場でのリスクの状況が明らかになり、対策への道筋ができます。

　リスクアセスメントにおいては、高いリスクにさらされる可能性のある労働者すなわち、身体に機能障害を持つ労働者、若年および高齢の労働者、妊婦と乳児の母、訓練を受けていないあるいは経験のない労働者、免疫不全症の労働者、気管支炎などの疾患を持つ労働者、抵抗力が弱くなる治療を受けている労働者なども把握しておき、必要に応じて個別にばく露の評価等を行う必要があります。

　さらに毒性作用に影響する因子はさまざまあります。遺伝的な要因が影響する有機溶剤の代謝、アルコール摂取が影響する有機溶剤の肝臓における代謝、有機溶剤の組み合わせによる経皮吸収量の増加、喫煙が影響する石綿の肺がん、さらに職場外でのばく露の可能性等はリスクの総合判定において考慮すべきものの例でしょう。

　　参考：ばく露の程度をばく露限界等の指標と比較（数値化）して、リスクを見積る方法はいろいろ考案されています。

　●*ばく露マージン（Margin of Exposure：MOE）（無毒性量÷ばく露量）を使用して次のようにリスクの見積りを行います。*

　　a　MOE≦1の場合には、詳細な検討を行う対象とします

　　b　1<MOE≦5の場合には、今後とも情報収集に努めます

　　c　MOE>5の場合には、判定の時点では原則として検討は必要ないと判定します

　●*導出無毒性量（Derived No-Effect Level：DNEL）（無毒性量÷アセスメント係数）は欧州REACHで使用されている指標です。アセスメント係数は不確実係数「2-7-3 閾値、ばく露限界、NOAEL」参照）と同様のものです。*

同じものは使いたくない？

無毒性量から「導出無毒性量」を求める場合には「アセスメント係数」を用いますが、無毒性量から「ばく露限界」を求める際には「不確実係数（安全係数）」を用いています。どちらも推定する方法は同じです。またGHSにおける発がん性の分類区分は1A、1B、2ですが、国際がん研究機関（IARC）では1、2A、2Bを使用しています。それぞれの1Aと1、1Bと2A、さらに2と2Bの間に定義の差はほとんどありません。これらはほんの一例ですが、概念はほとんど同じなのに、他で定義し使用しているものは避けるという傾向があります。実際に現場でこれらに対応しなければならない人々にとっては迷惑な話です。GHSにおける発がん性の分類区分を独自に決める際にも、大した道理はなかったように思います。

DNEL は閾値のある物質に対して適用されます。リスクの見積りはDNELとばく露量の比較で行います。

a　ばく露量<DNEL の場合には、リスクは十分に管理されている。

b　ばく露量>DNEL の場合には、リスクが管理されていない。

さらに発がん性のように閾値が無い物質に対しては導出最小毒性量（Derived Minimal Level：DMEL）を求め、これとばく露量との比較でリスクの見積りを行います。

a　ばく露量<DMEL の場合には、リスクは十分に低く管理されている。

b　ばく露量>DMEL の場合には、リスクが管理されていない。

【ステップ8】ばく露を防止し、または低減するための措置の検討

事業者は、ステップ7でリスクが許容できないと判定された場合は、ステップ8によりばく露を防止し、または低減するための措置、労働衛生教育、保管、貯蔵、運搬等、緊急事態への対応等の化学物質等による健康障害を防止するために必要な措置を検討して実施します。

また、リスクが、許容できると判定された場合には、作業規定の作成等を除き、ばく露を防止し、または低減するための措置は原則として実施する必要はありませんが、労働衛生教育の実施など他の健康障害防止措置は実施する必要があります。

なお、特定化学物質障害予防規則、有機溶剤中毒予防規則等の法令の適用がある化学物質については、各法令に基づく措置を講じる必要があります。

リスクの程度に応じて、ばく露の防止、または低減するための対策を行います。

対策は、出来る限り、(1) 危険有害な物質の使用中止あるいはより危険性・有害性の少ない物質への代替、(2) 工学的対策（工程の密閉化、危険有害な工程の分離、粉じん・ヒュームなどの発生抑制、局所排気装置の設置、十分な全体換気など）、(3) 作業管理（立ち入り禁止等によるばく露労働者数の削減、作業時間の制限、汚染された壁や床の清掃、排気装置などの保守、貯蔵や廃棄の安全など）、(4) 個人用保護具、の順序に従って行います。

〈ばく露が許容できないと判断された場合の実施事項〉

(1) ばく露を防止し、または低減するための措置

労働者の化学物質へのばく露を防止し、または低減するため、事業者における当該化学物質の製造量、取り扱い量、作業の頻度、作業時間、作業内容等を勘案し、次に掲げる作業環境管理に係る措置、作業管理に係る措置その他必要な措置を講じます。この場合、原則として作業環境管理を作業管理よりも優先

89

第2章　職場の化学品管理

して行います。

イ　作業環境管理

（イ）使用条件等の変更

- 当該化学物質の使用が避けられないものであるかどうか検討します。使用が避けられない場合には、有害作用が弱いものへの代替あるいは使用量の削減等を検討します。
- 代替の例としては、塗料や接着剤を用いたものから水生のものへの変更、洗浄剤を有機溶剤から水溶液のものへの変更などがあります。
- ロットサイズを大きくする等、小分け、計量、袋詰め等手作業の回数をできるだけ少なくし、ばく露回数を減らします。
- 粉じんの発生しやすい原料、製品等は、加湿、ペレット化、スラリー化等により粉じん発散を抑制します。

（ロ）作業工程の改善

- できるだけ化学物質を開放して取り扱わない工程や作業方法を採用します。例えば、工程全体をできるだけ機械化・自動化し、労働者が化学物質に直接触れる機会を減少させます。
- 化学物質が作業中に流出、漏洩しないように、設備や作業方法を改善します。例えば、液面、粉体のレベルの検尺、計量等では、化学物質に直接触れない計測手段を用います。
- その他の例として、スプレー塗装から静電塗装または浸漬塗装への変更、人力によるバッチ投入からホッパーを用いた自動供給への変更、乾式吹きつけ研磨から湿式研磨への変更、有機溶剤取り扱い温度を低くすることによる蒸発の抑制等があります。

（ハ）設備の密閉化

- 化学物質を製造し、または取り扱う設備を密閉化することにより、労働者の化学物質へのばく露をできるだけ少なくしま

す。この場合、密閉化した設備内を負圧に保てば、化学物質の発散抑制により効果的です。

（ニ）局所排気装置等の設置

- 設備の密閉化が困難であるか、または効果が十分でない場合には、局所排気装置またはプッシュプル型換気装置を設置します。
- 局所排気装置またはプッシュプル型換気装置を設置する場合は、発生源の把握、フードの型式、排風量、圧力損失、排風機の能力、用後処理方法等について十分検討します。
- 全体換気装置は、原則として局所排気装置の設置が困難な場合に検討すべきであり、また、建物の構造によっては、均一な空気の流れが得られにくく、局所的に高濃度の場所ができやすいことに注意が必要です。
- 屋内作業の場合、作業空間のガス、蒸気、粉じん等の拡散を一定範囲に制限するための仕切り等の設置も検討します。

ロ　作業管理

（イ）作業方法の改善

- 労働者の作業位置、作業姿勢または作業方法については、可能な限り化学物質へのばく露を低減できるようなものにします。例えば、風上で作業をする、顔をマンホールや点検口に近づけない、容器の蓋を開けたまま放置しない等です。

（ロ）呼吸用保護具その他の保護具の使用

- 作業環境管理に係る対策が困難な場合、効果が不十分な場合の補助的または臨時的な手段として、あるいは有害性の程度やリスクの判定結果から保護具の使用で差し支えないと判断された場合のみ、呼吸用保護具を使用します。その他の保護具についてもその使用だけでは十分な対策とならない場合があることに注意します。

（ハ）化学物質にばく露される時間の短縮

・化学物質の体内に取り込まれる量を低減するために、できるだけ作業時間を短縮してばく露される時間も短くします。また、作業に従事する労働者の数についても、安全上の問題等がなければできるだけ少なくします。

ハ　局所排気装置等の管理

局所排気装置等を設置した場合は、当該装置を有効に稼働させるとともに、定期的に保守点検を行うことにより、適切に管理します。

・局所排気装置については、一定以上の制御風速を保持するか、フードの外側における化学物質の濃度が一定以下となるように稼働させます。

・事業場内において、これらの装置等の管理責任者を定め、稼働状況、保守点検結果等についての記録を作成し、保管します。

・これらの装置等の点検、補修等の作業においては、残留物や堆積物のガス、蒸気、液体、粉じん等にばく露しないように注意します。

ニ　保護具の備え付け等

保護具については、同時に就業する労働者の人数分以上を備え付け、常時有効かつ清潔に保持するために、次の事項を定めて徹底させます。

・作業の種類ごとの保護具の使用基準

・保護具の点検方法および部品の取り替え方法

・保護具の保守管理方法

なお、使用頻度の高い保護具については個人ごとに支給することが望ましいでしょう。

また、呼吸用保護具の使用については、管理責任者を定め、有効な使用方法、性能の限界、顔面との密着性の確認、清潔の保持等について労働者を指導します。

ホ　作業規定の作成等

次の事項について作業規定を定め、これに基づき作業を行わせます。ここでいう作業規定には、「作業標準」「作業基準」「作業要領」等が含まれます。

（イ）設備、装置等の操作、調整および保守点検

・設備、装置等の運転開始作業、定常運転作業、運転停止作業等における操作、調整および保守点検に関して、作業の手順、留意すべき事項、禁止事項について、書面による作業規定を作成する必要があります。この作業規定の内容は、できるだけ具体的なものにするとともに、箇条書き、フローチャート、操作手順図等により、労働者が容易に理解でき、かつ誤解が生じないようにすることが必要です。

（ロ）異常な事態が発生した場合における応急の措置

・化学物質を製造し、または取り扱う設備（配管を含む）について、機能停止（停電、断水、計装用空気の停止等）、原料停止、異常反応、機器の故障、計測・制御装置の故障、漏えい、爆発、火災等の異常な事態が発生した場合に対応するために、これらの設備の緊急停止の方法、避難の方法、通報・連絡の方法等に関する作業規定を定めておきます。

（ハ）保護具の使用

・定常作業で保護具を使用する場合のみならず、異常事態が発生した場合に、労働者が関係作業に従事するため、または避難するために使用することが必要な保護具についても、その備え付け、使用方法等について、作業規定を定めておきます。

ヘ　その他労働者の化学物質へのばく露を防止し、または低減するための措置

製造し、または取り扱う化学物質の性状と作業内容等を勘案し、必要に応じて次の事項を実施します。

第2章　職場の化学品管理

（イ）作業環境測定の実施

・法令で義務付けられた化学物質のみならず、その他の化学物質についても、作業環境中濃度の測定が可能なものについては、必要に応じて作業環境測定を行い、その結果に基づいて施設、設備、作業工程、作業方法等を改善します、なお、作業環境測定は、作業環境管理の一部であり、ばく露の程度を推定するための一方法でもあります。

（ロ）非定常作業についての注意

・設備の清掃、点検、補修等の作業、異常な事態が発生した場合等の非定常では化学物質へのばく露の防止に特に注意します。

・開放、分解等を行う設備、機器等は、内部に残留した化学物質を容易に除去できる構造とします。

・設備、機器等の開放、分解等を行う前に、水洗、ガスパージ等により内部の残留物を除去します。

（ハ）整理、整頓、清掃

・作業場の整理、整頓、清掃を定期的に実施し、設備、床面等に付着または堆積した化学物質へのばく露を防止します。

・建屋の構造、床面の仕上げ、機器の配置等を整理、整頓、清掃が容易に行えるものにします。

・清掃の方法については、真空掃除機の仕様、湿潤化、水洗等の中から適切なものを選びます。

・空容器、袋、使用済みウェス等の処理については、付着または堆積した化学物質に労働者がばく露しないように注意します。

（ニ）その他

・関係労働者以外の者の作業場への立ち入りを禁止します。

・作業場における喫煙・飲食を禁止します。

・洗身設備、作業衣を洗濯する設備を設け、個人衛生を保持します。

(2) 労働衛生教育の実施

化学物質を製造し、または取り扱う作業に従事する労働者に対して、あらかじめラベル内容やSDS、作業規定等を活用し、次の事項について労働衛生教育を実施します。

イ　名称および物理化学的性質

・名称として事業場内の通称名、商品名等を用いている場合は、成分の化学名および含有量。

・物理化学的性質のうち、温度と蒸気圧の関係、蒸気の空気に対する比重、粉じんの発散のしやすさ等ばく露の程度に関係する性状は特に重要です。

ロ　ばく露することによって生じるおそれのある健康障害およびその予防法

・ばく露限界が定められているものについては、その数値およびその提案理由

・当該化学物質について、考えられるばく露の経路（吸入、経皮、経口等）

・ばく露することにより生じるおそれのある健康障害およびその徴候

・事業場において過去に発生した健康障害の例および外部での症例

・清潔を保持するための個人衛生対策

・原料投入、反応操作、製品取り出し、包装等の定常作業および点検、補修、廃棄物処理等の非定常作業における適切な作業方法

ハ　ばく露を防止し、または低減するための設備およびこれらの保守点検の方法

・密閉化した設備、局所排気装置等の運転および保守点検の方法ならびに異常時の対応の方法

ニ　保護具の種類、性能、使用方法および保守管理

・(1)のニ「保護具の備え付け等」で述べた事項

ホ　異常な事態が発生した場合の応急措置
　　・装置の故障、緊急停止等の際の対応の方
　　　法および化学物質へのばく露を避けるた
　　　めの方法
　　・事故により、化学物質が眼に入ったり、
　　　皮膚に付着したり、吸入されたり、飲み
　　　込まれたりした場合の応急措置の方法
ヘ　その他の物質による健康障害を防止する
　　ための必要な事項
　　・イからホまでに掲げるもののほか、関係
　　　法令等の内容等、化学物質による健康障
　　　害を防止するために必要な事項

(3) 化学物質の保管、貯蔵、運搬、盗用防止等
　次の事項について規定に定めるとともに、
労働者に知らせます。
イ　保管、貯蔵、運搬、盗用防止等
　　・化学物質の保管、貯蔵、運搬等において
　　　は、適切な構造および材質の容器の使用、
　　　容器の破損防止、確実な包装、混触の防
　　　止、限度量以下の貯蔵、安全な貯蔵場所
　　　の選定、安全な積み込み・積み降ろし、
　　　安全な輸送方法等について注意します。
　　・労働安全衛生法のみならず、毒物及び劇
　　　物取締法、高圧ガス保安法、消防法等の
　　　法令および国連勧告等の国際的な基準に
　　　も注意します。
ロ　盗用防止
　　・化学物質が盗用され、犯罪に用いられる
　　　のを防止するための措置の例としては、
　　　施錠した保管庫等に保管すること、監
　　　視人を置くこと、監視・警報システムを
　　　設置すること等があります。これらのう
　　　ち、当該事業場の状況に適した措置を講
　　　じます。また、管理責任者を指名し、受
　　　払い状況や在庫数量を記録しておきま
　　　しょう。

(4) 排気または排出する場合の事業場内外の
**　汚染の防止**
　事業場内における廃液または廃棄物の取り
扱いおよび保管については、その名称、来歴、

性状、処理の方法、保管場所、取り扱い上の
注意事項等を定めて、取り扱う労働者に周知
させるとともに必要な事項を容器等に表示し
ます。
　また、これらの処理を行う場合は、事業場
内外の環境汚染が生じることの無いよう、処
理除じん、排ガス処理、廃液処理等に関し適
切な方法を用いるとともに、運転上における
必要な監視を行います。
　さらに、廃棄物の清掃および処理に関する
法律その他の法令にも注意します。
　なお、廃棄物処理を外部に委託する場合は、
都道府県知事の許可を得た処理業者に委託す
るとともに、処理が適切に行われたことをマ
ニフェスト等により確認します。

(5) 溢出等の事故を防止するための措置
　化学物質を製造し、または取り扱う設備に
ついては、当該設備の爆発、火災、破裂等に
よる化学物質の溢出等の事故を防止するた
め、次の事項について設備の基準を定めると
ともに、必要な措置を講じます。
　　・化学物質を製造し、または取り扱う設備
　　　については、工程、当該化学物質の性状、
　　　運転の温度・圧力等に適した構造および
　　　材質とし、使用する各部材は十分な機械
　　　的強度、耐食性、耐熱性等を有するもの
　　　を使用します。
　　・設備を構成する装置、機器等の機能が維
　　　持されるよう、定期的な点検および検査
　　　を行うとともに、その結果に基づいて保
　　　守管理を行います。なお、点検および検
　　　査の結果は記録し、保管します。
　　・安全弁、緊急遮断弁、ガス漏えい検知
　　　警報装置、破裂板（ラプチャーデスク）、
　　　逃がし弁、ガス放出設備等の安全装置を、
　　　必要に応じて適切に設置する。

(6) 大量漏えい等の緊急事態への対応
　事故による化学物質の大量漏えい等が生じ
た場合において、労働者の当該化学物質への
ばく露による健康障害を防止するため、必要

第2章　職場の化学品管理

な措置を講じます。

イ　次の項目からなる緊急時に対応する計画
　を策定します。
　・事故による化学物質の大量漏えいの想定
　・指揮・命令系統と役割分担
　・関係者および関係機関への通報・連絡の
　　手順
　・各装置の緊急停止、初期消火、溢出物の
　　除去等の手順
　・労働者の避難経路と避難手順
　・医療、消防等について、外部の応援を求
　　める場合の手順
ロ　緊急事態に対応する機器等を備え付けて
　おくとともに保守管理を行います。
　・緊急用の呼吸用保護具等の保護具
　・洗眼・洗身設備
　・初期消火用機材
　・溢出物の拡散防止および除去のための
　　機材
ハ　応急措置の準備をしておきます。
　・応急措置担当者の氏名
　・救急用医薬品および被災者搬送用機材の
　　備え付けおよび保守管理
　・応急措置についての教育訓練
ニ　定期的に緊急事態に対応する教育訓練を
　行います。

【ステップ9】実施事項の特定および実施なら
　びにリスクアセスメントの結果の記録

　ステップ8で決定したばく露を防止し、ま
たは低減するための措置に加え、その他の健
康障害防止措置のうち該当するものを加え
て、実施事項を特定し、実施します。

　また、リスクアセスメントを実施した内容、
リスクの判定結果、特定した実施事項および
実施の状況、実施による効果等については、
必要な事項の記録を作成して保管します。リ
スクアセスメントの結果の記録は、リスクア
セスメントの再実施のためにも必要です。**表
2-6-2-6**にリスクアセスメントの記録項目の
例を示します。

　安全衛生の知識や技術は継承が難しいもの
のうちの一つです。それは事故や健康障害の
原因が多様であり、個人的な経験に基づいて
処理されることが多いからです。事業場で安
全衛生の知識や技術を継承するためには、記
録とその内容に関する情報の共有が不可欠で
す。その意味においてもこのステップは重要
です。

【ステップ10】リスクアセスメントの**再実施**

　健康障害を防止するための措置を変更した
とき、工程や作業内容が変化したとき、ある
いは、前回にリスクアセスメントを実施して

表2-6-2-6　リスクアセスメントの記録項目の例

・実施年月日／実施担当者名／責任者名
・製造し、または取り扱う場所／工程・作業の名称
・対象物質の商品名、化学物質名および組成
・製造し、または取り扱う化学物質の量
・対象とした作業者またはグループ（人数）／その作業従事時間数
・有害性情報の入手源と特定した有害性の種類および程度
・リスクの判定に用いたばく露限界
・ばく露の程度の推定に用いた手段とばく露の程度について得られた情報
・リスクの程度についての判定結果
さらに、以下の項目について、ばく露防止等の措置実施以降に追加
・特定したばく露防止または低減のための実施事項
・特定した健康障害防止措置の実施事項
・実施事項の実施状況
・再実施（見直し）の場合は、前回に実施した時期とばく露除去
または低減のために実施した事項
・衛生委員会等における審議の状況

から一定期間が経過したとき、職業性疾病が発生したとき等は、リスクアセスメントを再実施することが必要です。また、その結果に応じて化学物質管理計画の必要な見直しを行わなければなりません。

【リスクマネジメントおよびリスクアセスメントに関する資料】

労働環境の化学品のリスクマネジメントおよびリスクアセスメントの手順について記載している法令等には以下のようなものがあります。

① 欧州指令「職場における労働者の安全と健康の促進を進めるための措置の導入に関する理事会指令」（枠組み指令89/391/EEC）を実施するために発行された「職場のリスクアセスメントガイダンス」（Guidance on risk assessment at work、1996）

② ILO行動規範「職場での安全な化学物質使用」（ILO Code of practice, *Safety in the use of chemicals at work*, 1993）、「職場の気中有害要因」（ILO Code of practice, *Ambient factors in the workplace*, 2001）

③ 英国規格「労働安全衛生マネジメントシステムの指針、付属書D」（Guide to Occupational health and safety management systems、1996）

④ 英国HSE行動規範「健康に有害な物質の管理」（*Approved Codes of Practice, Control of Substances Hazards to Health*, 2000）

⑤ 労働省「化学プラントにかかるセーフティ・アセスメント」（昭和51年12月24日基発第905号、平成12年改正）

⑥ 厚生労働省「労働安全衛生マネジメントシステムに関する指針について」（平成11年4月30日労働省告示第53号）

⑦ 化学物質等による危険性または有害性等の調査等に関する指針（平成27年9月18日基発0918第3号、別添2）

⑧ 化学物質等による危険性または有害性等の調査等に関する指針について（平成27年9月18日　基発0918第3号）

2-7　無害と有害の境界

化学品が「有害である」とはどういうことでしょうか。一般には「生体にとって好ましくない変化を生じさせる能力」といってよいでしょう。しかしこれは概念としてはなんとなく理解できますが、実際に化学品を管理する立場からはもっと論理的、具体的に考える必要があります。

ルネサンス期の有名な科学者（医師）パルケルススは、「すべての物質は毒である。毒でない物質は存在しない。それが毒となるか薬となるかは用いる量に依存する。」といっており、有害性を服用量（ばく露量）でとらえています。彼は医師であったことから、治療薬として使われていた水銀化合物などがある量を超えると毒になるという診療体験から得られた知見と思われます。

ある化学品の有害性を調べる場合、量－影響関係および量－反応関係に着目します。

2-7-1　量－影響関係

量－影響関係とは、個体レベルでの用量（ばく露量）と影響の間の関係です。ばく露量の増加は影響の強さを増大させたり、別の重大な影響を生じさせたりします。量－影響関係は個体、細胞、分子レベルにおいてそれぞれ得られますが、人への影響を考える場合には一般に人あるいは動物の個体に関するデータを用います。

例として、**表2-7-1**に硫化水素の量－影響関係を示しました。人は硫化水素の濃度が非常に低くても臭いを感じますが、逆に高濃度になると臭いを感じなくなります。そしてこの臭いを感じなくなる濃度以上では呼吸困難

第2章　職場の化学品管理

となり死亡します。毎年のように廃棄物処理
などの作業で事故が起きています。

表2-7-1　硫化水素の量-影響関係

濃度（ppm）	影響
0.03	「卵の腐った臭い」を感じる
5.0	不快臭
50 ～ 100	気道刺激
100 ～ 200	嗅覚麻痺
200 ～ 300	1時間で亜急性麻痺
600	1時間で致命的麻痺
1,000 ～ 2,000	即死

2-7-2　量-反応関係

　ある特定の生体影響（硫化水素の例でいう
と「気道刺激」など）に着目した場合、ばく
露量が増加するとばく露を受ける集団のなか
で徐々に多数の個体（実験動物あるいは人）
が影響を受けるようになります。このばく露
量と影響が観察された個体の百分率（反応）
の関係を量-反応関係といいます。

　一般にこの関係は、**図2-7-3**のようにS字
状の曲線となることが知られています。ばく
露量が少ない場合には反応が検出されず、
ばく露量が増加するにつれて反応は急上昇
し、さらに量が増加すると反応は100%の個
体に見られます。この図で用量（ばく露量）
は対数目盛、例えば0.1、1、10、100、1,000、
10,000（ppm）になります。これは生体の反
応が物質の指数関数的濃度変化に対応（反応）
しているためです。

　動物実験での死を例にとると、ばく露濃度
ゼロでは1匹の動物も死にませんが、ある濃
度を超えると死ぬ動物が現れ、濃度が上昇
するにしたがってその割合が多くなり、さ
らに半数の動物が死ぬ濃度（半数致死濃度
50%Lethal Concentration：LC_{50}）を通り過ぎ、
ついには全ての実験動物が死ぬ濃度に達しま
す。半数致死濃度（吸入）あるいは半数致死
量（経口）は急性毒性の強さを現す指標とし
て使用されています。日本では毒物及び劇物

取締法がこの半数致死量を目安として、毒物
（経口、≦50mg/kg体重）あるいは劇物（経口、
≦300mg/kg体重）を指定しています。

2-7-3　閾値、ばく露限界、NOAEL

　量-影響関係と量-反応関係の発見は化学
品を管理する手法を大きく前進させました。
すなわち、「量-影響関係から重篤な疾病や
機能障害などに結びつかない影響に目標を定
め、この影響について量-反応関係を求め、
この関係から環境濃度やばく露量を設定して
化学品を管理すれば健康障害を防ぐことがで
きる」という理論的な基礎が確立されました。

　この考え方は現在化学品管理の基礎となっ
ています。反応率がゼロになるばく露量、す
なわちそれより低い量では検出可能な影響
は起こらないと思われる数値（閾値：しきい
ちまたはいきち）を超えなければ指標とした
健康障害は起きないはずです。そしてこの値
を、ばく露量を抑制するための理論的な指標
値（ばく露限界）とすればよいわけです。し
かし実際のばく露限界は、試験方法、分析技
術、工学的管理技術、社会的な要請等さまざ
まな要因がからみ、必ずしも閾値だけで決定
されるわけではありません。

　ある臓器に特異的な毒性、すなわち神経・
行動毒性、免疫学的毒性、生殖毒性、発生毒
性などには閾値があると考えられています。
一方、発がんおよび遺伝的影響については後
述のように別の考え方をします。

　閾値は理論的な数値であり、実際の実験で
閾値が明確になることはほとんどありませ
ん。そこで現実的には以下のような指標が用
いられています。

　無毒性量（NOAEL：no-observed adverse-
　　effect level）：毒性作用の発生率または
　　標的臓器重量の変化や組織病理学的変化
　　などが、統計的および生物学的評価から
　　判定すると、非ばく露群と有意に異なら

図2-7-3　用量−反応関係（試験データにおける無毒性量、最小毒性発現量とベンチマーク量の関係）
（「化学物質の健康リスク評価、111頁、丸善、2001」を改変）

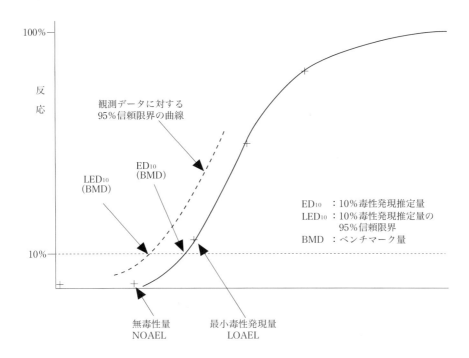

ない最高用量の推定値です。

最小毒性発現量（LOAEL：lowest-observed adverse-effect level）：ばく露群において、対象群と比べて統計的に有意に、有害な影響が認められた最少の用量です。

ベンチマーク量（BMD：benchmark dose）：対象群のレベル以上に毒性作用の発生率をある程度増加させる（例えば最大毒性反応の1％または5％）有効用量（またはその信頼限界の下限）のことで、実測範囲内でのデータをモデル化し、ある影響の発生率が定められた分だけ増加するのに相当する点（または信頼限界の上限）を曲線上に設定して求めます。

これらの関係を図2-7-3に示しました。

閾値あるいはその近似値と考えられる無毒性量を直接的に知ることが困難な場合には、LOAELあるいはBMDがNOAELを推定するために用いられます。理論的には、ばく露量がNOAEL以下であれば問題とする生体影響が現れることはないので、これを基準としてリスクアセスメントに用いられるばく露限界などの規制値を定めることができます。しかしこのような値が人に対して求められていることは多くはありません。動物実験から求められたNOAEL、LOAELあるいはBMDを不確実係数（安全係数）で割って、人に対するばく露限界を求めます。不確実係数としては、動物実験を人に外挿するための係数（10）、人の個人差に対する係数（10）、LOAELからNOAELへの外挿（3〜10）、ばく露期間（亜急性から亜慢性など）に対する係数（1〜10）等があり、最終的にはこれらを乗じて通常10〜10,000までの値とします。

動物実験の結果から人への外挿について最も簡単な例を紹介します。例えば、ラットでのトルエンの経口ばく露による亜慢性影響についての研究により、臨界影響（最も早く出る影響）は腎臓の重量で、LOAELが400mg/kg-dayと判明しているとします。こ

の場合仮に不確実係数（カッコ内の数字）として、動物から人への外挿（10）、LOAELからNOAELへの外挿（5）、試験期間13週間に対して（2）、さらに経口から吸入への外挿（2）を考慮して、計200（10×5×2×2）とします。人に対するトルエンの亜慢性毒性（経口）は（400÷200=2mg/kg-day）となり、これを人の標準体重50kg、一日8時間（労働時間）の標準吸入空気量10m³として、ばく露限界（吸入）を求めると、2×50÷10=10mg/m³（10×25.45÷92=2.7ppm）となります。これが唯一のデータの場合にはこの値を参考としてトルエンのばく露限界が定められる可能性もありますが、実際にはたくさんのデータが存在し、ばく露限界が設定されています。特に人でのデータが優先されることはいうまでもありません。

　現在トルエンの吸入による亜慢性および慢性の影響に関して多くの職業ばく露の研究があり、神経学的影響（色覚異常、聴覚障害、神経行動学的抑制、運動および感覚神経の伝達速度現象、頭痛、めまい）が最も鋭敏であることがわかっています。そしてこれらの影響に関してNOAELは25～50ppmであることが認められています。ACGIHのTLV-TWAは20ppm、日本産業衛生学会の許容濃度は50ppmとなっています。ここでは実際の人のデータによるNOAELですので不確実係数は考慮しません。

参考：作業環境では、ばく露限界が物質管理の指標となりますが、一般環境では別の指標が使われます。食品添加物に対しては一日摂取許容量（ADI：Acceptable Daily Intake）、農薬等の汚染物質に対しては耐容一日摂取量（TDI：Tolerable Daily Intake）があります。動物実験のデータからこれらを求める方法は基本的に上述のばく露限界を求める方法と同じですが、不確実係数として人の個体差を考慮する必要があります。一般の人々の中には子供や高齢者などばく露によるリスクが大きい（感受性が高い）と考えられる集団も含まれているからです。また、ばく露限界は労働時間一日8時間，週40時間を想定した値ですが、ADIおよびTDIは生涯にわたって摂取しても健康に影響が出ない量を体重1kg、一日当たりで示した値（mg/kg/day）です。

　発がん性物質に関する許容濃度等の規制値に対する考え方は一律ではなく、欧州と米国では異なります。米国の環境保護庁（Environmental Protection Agency：EPA）が設定している仮定は、閾値は存在しないこと（または、少なくとも閾値については何も実証できない）、したがってどのようなばく露でもいくらかリスクがあるとしています。これは一般に遺伝子毒性（DNAに損傷を与える）化合物に対する閾値なし仮説と呼ばれます。

個人差

　有害な物質による健康影響についてよく「個人差による」ということがあります。この「個人差」がまさに図2-7-3で示した用量－反応関係に示されています。用量すなわちばく露量が少ないと反応する個体も少なくなっています。つまり影響が現れる少しの個体と、影響が現れない多くの個体があります。この個人差に隠れて健康影響が見えにくい状態を、リスクが小さいともいうことができます。実際の臨床現場に置き換えると、リスクが小さいということは因果関係が明確にならない、あるいは明確にすることが困難であるということです。ばく露量が大きくなり健康影響が半数にも及べば、それは容易に確認されます。一般的に医師が職業がんなどを日常の診療の中で容易に発見できるのは、相対危険度が5以上になった場合といわれています。

欧州連合（European Union：EU）の加盟国の多くは、遺伝子毒性である発がん性物質と、非遺伝子毒性メカニズムによって腫瘍を作り出すと考えられている発がん物質とを区別しています。つまり非遺伝子毒性メカニズムによるものには閾値があると考えられています。遺伝子毒性発がん物質についても定量的な量－反応推定手順がとられますが、やはり閾値を想定していません。

閾値がないと考えられている遺伝子毒性のある発がん性に関する量－反応関係には、数学的なモデルにより、人で想定される摂取量またはばく露量におけるリスクを推定する定量的外挿などの手法が用いられています。しかしどのようなモデルに対してもデータが十分ではなく、これらのモデルの信頼性を確認する方法はありません。

2-7-4 例：ベンゼンのばく露限界

発がん性化学品のばく露限界は、それぞれの時代において社会的、技術的に達成可能な数値に設定されてきた経緯があり、時代と共に低くなる傾向にあります。例えば日本産業衛生学会の石綿に関する許容濃度は1965年に2mg/ m³（33本/cm³に相当）、1974年には2本/ cm³、2001年には0.15 本/cm³（クリソタイル）のように変わってきています。

ベンゼン（International Programme on Chemical Safety, Environmental Health Criteria 150：IPCS EHC 150）を参考にリスクアセスメントのための許容濃度の考え方の例を示します。ベンゼンのように災害事例や研究結果が多い場合には、人での量－影響関係も比較的明らかで、麻酔作用などの急性毒性や再生不良性貧血および白血病などの慢性毒性に関するデータもあります。さらに、動物実験結果や細胞実験結果は、毒性メカニズムの解明や、人からのデータの裏づけとなっています。

ベンゼンの発がん性について注目し、これによるばく露限界の導き方を示します。一般に発がん性のある物質に対するばく露限界は他の生体影響（急性毒性、免疫毒性など）に対するそれと比べて大幅に小さく設定されます。

【吸収】

ベンゼンの体内浸入は大部分吸入によります。代謝されないベンゼンは主として呼気から排出され、代謝物は尿から排出されます。

【生体影響】

血液毒性

100ppm ～300ppmのベンゼンに数週間ばく露されたラットやマウスで、白血球減少やヘマトクリットの減少、骨髄細胞の減少が認められます。マウスで血液学的な影響が見られたベンゼンの最低濃度として10ppm（一日6時間、週5日、178日）が報告されています。

150ppm ～650ppmのベンゼンに、慢性的に4ヶ月から15年間、ばく露された患者32名で再生不良性貧血が見られました。この他にも、11ppm ～1,069ppmで6ヶ月から60ヶ月働いた回転グラビア印刷労働者、30ppm ～210ppmに3ヶ月から17年間ばく露された靴工場労働者、最高500ppmにばく露されたゴム工場労働者等に血液毒性が見られました。一方、10ppm未満のばく露では血液学的な影響は認められていません。

表2-7-4にベンゼンばく露濃度と骨髄機能抑制および再生不良性貧血との関係を示します。

骨髄に対するベンゼンの影響は、代謝物の相互作用によると考えられています。代謝物の一つであるフェノールは単独では赤血球産生を減少させませんでしたが、ヒドロキノン、パラベンゾキノン、ムコンアルデヒドは赤血球産生を抑制しました。フェ

第2章　職場の化学品管理

表2-7-4　ベンゼンばく露濃度と骨髄機能抑制および再生不良性貧血が見られる割合

ばく露期間	ばく露濃度	骨髄機能抑制 (%)	再生不良性貧血 (%)
1年	320 mg/m^3 (100ppm)	90	10
	160 mg/m^3 (50ppm)	50	5
	32 mg/m^3 (10ppm)	1	0
	3.2 mg/m^3 (1ppm)	0	0
10年	320 mg/m^3 (100ppm)	99	50
	160 mg/m^3 (50ppm)	75	10
	32 mg/m^3 (10ppm)	5	0
	3.2 mg/m^3 (1ppm)	<1	0

ノールとヒドロキノン、フェノールとカテコールの組み合わせでは、より大きな赤血球合成に対する抑制が起きることが報告されています。

骨髄では、ベンゼン代謝物がさらに代謝される際の活性が結果的に毒性につながるのでしょう。例えば、骨髄の組織マクロファージ内で、フェノールは代謝されこの過程でマクロファージのRNA合成が阻害され、結果として血球産生因子が抑制される可能性があります。

ベンゼンによる骨髄の抑制作用のメカニズムは、肝臓で生成したベンゼンの代謝物が骨髄に運ばれ、そこでさらに代謝され活性化されることにより起きるのでしょう。つまり、新たに生成された代謝物は、おそらく代謝されていないベンゼンと協調して、幹細胞、始原細胞、結合組織細胞のような標的細胞に作用し、骨髄の抑制を起こすと考えられます。

発がん性

ベンゼンと白血病に関する疫学的研究は数多くあります。例えば、ベンゼンにばく露された労働者3,536名をその年間ばく露濃度で分類（15ppm未満、15ppm～60ppm、60ppm以上）し、ばく露の無い3,074名の労働者と、リンパ球系および赤血球系のがん発生について比較した結果では、標準化死亡比（10万人あたりの期待死亡数）が、ばく露無し35に対し、91、147、175とばく露濃度が大きくなるにしたがって増加していました。白血病のみに関する標準化死亡率は、ばく露無し0、97、78、275の順でした。これまでの研究をまとめた結果、ベンゼンに40ppm～200ppm—年（平均のばく露濃度に年数を乗じたもの、例えば4ppmで10年間ばく露を受けると40ppm—年）にばく露された労働者では白血病のリスクが3倍になり、200ppm～400ppm—年では12倍になりました。

わが国ではベンゼンが原因と見られる白血病はこれまでに18例報告されています。

【リスクアセスメントのための指標】

ベンゼンは引火性液体であり、健康障害については、ベンゼンばく露により急性毒性（人での死亡例、中枢神経系の抑制、心臓の期外収縮、呼吸器障害、視覚障害など）もありますが、ベンゼンによる健康有害性で最も重篤な影響と考えられているものは発がん作用であり、このリスクを小さくするためのばく露限界が決められています。日本産業衛生学会では通常労働40年間のベンゼンばく露による過剰発がん生涯リスクレベル〔通常の労働年数（約40年）を通じて有害な物質にばく露された人が、平均寿命に達するまでの間に当該物質に起因するがんで死亡するリスク〕に対応するベンゼンばく露濃度を示しており、過剰死亡リスクを10^{-3}以下（1,000人に1人

許容できるリスクの大きさとは

　自然災害で死亡するリスクは10^{-6}ぐらいといわれています。これは100万人当たり年間数人が死亡するということです。近年日本で大災害が起きなかった年に自然災害で死亡した人数は年間100〜300人ですが、これが10^{-6}のレベル（$200÷120,000,000＝1.7×10^{-6}$、人口を120,000,000と仮定）です。東日本大震災での死者は約21,000人で、これを人口（120,000,000）で割るとリスクとしては10^{-4}（$21,000÷120,000,000＝1.75×10^{-4}$）となります。ちなみに病気で亡くなるリスクは$10^{-2}$（100人当たり年間数名）と考えます。これは0歳から100歳までの集団を考えたときに数名は亡くなるからです。さて、日本産業衛生学会ではベンゼンによる過剰発がん生涯リスクレベルを10^{-3}以下に抑えるためのベンゼンばく露濃度を1ppmに設定していました。職域での発がん物質のばく露限界は必ずしも自然災害で死亡するリスクレベルと同じではありませんが、一般環境に適用される環境濃度は、自然災害で死亡するリスクとほぼ同程度になるように設定されているものが多いように思われます。これは社会として許容できるリスクレベルを考えるときに参考になります。

以下）に抑えるベンゼン濃度は1ppm、また10^{-4}以下（10,000人に1人以下）に抑える濃度は0.1ppmとしています。また、ACGIH のTLV-TWA（2015）は0.5ppm、厚生労働省が定めている管理濃度は1ppmです。

2-8　モニタリング

　モニタリングとはある状態を調査・監視することですが、ここでは物質の濃度を測定、評価する意味で用います。作業環境の物質濃度に対しては作業環境モニタリング、個人ばく露に関しては個人ばく露モニタリングと呼びます。

2-8-1　作業環境モニタリング

　有害な物質の作業者へのばく露量を少なくするための方策はいろいろありますが、物質の作業環境中濃度をできるだけ低くすることが対策の大きな柱の一つです。日本では作業環境中の物質濃度を測定・評価して対策に結びつけるために作業環境測定を行うように定められています（労働安全衛生法第65条）。
【作業環境測定】
　作業環境測定とは作業環境の実態を把握するため空気環境その他の作業環境について行

うデザイン、サンプリングおよび分析（解析を含む）をいいます。作業環境測定が義務付けられているのは2015年現在104物質（放射性物質は除いた数）です。
　作業環境測定を行うべき作業場と測定回数（労働安全衛生法施行令第21条）：
1. 土石、岩石、鉱物、金属または炭素の粉じんを著しく発散する屋内作業場（6月以内ごとに1回）
2. 暑熱、寒冷または多湿の屋内作業場（半月以内ごとに1回）
3. 著しい騒音を発する屋内作業場（6月以内ごとに1回）
4. 坑内作業場−炭酸ガス、通気量、気温（それぞれ1月、半月、半月以内ごとに1回）
5. 中央管理方式の空気調和設備を設けている建築物の室で、事務所の用に供されるもの（2月以内ごとに1回）
6. （1）放射線業務を行う管理区域（1月以内ごとに1回）
　（2）放射性物質取扱室（1月以内ごとに1回）
　（3）坑内核原料物質採掘場所（1月以内ごとに1回）
7. 第1類（製造設備の密閉化、作業規定の作成などの措置を条件とした製造の許可を必要とするもの、ジクロルベンジジンなど8

種）もしくは第2類（製造もしくは取り扱い設備の密閉化または局所排気装置などの措置を必要とするもの、アクリルアミドなど37種）の特定化学物質を製造し、または取り扱う屋内作業場（6月以内ごとに1回）

　　石綿を取り扱い、または試験研究のため製造する屋内作業場（6月以内ごとに1回）

8. 一定の鉛業務を行う屋内作業場（1年以内ごとに1回）
9. 酸素欠乏危険場所において作業を行う場合の当該作業場（その日の作業開始前）
10. 有機溶剤を製造し、または取り扱う屋内作業場（6月以内ごとに1回）

1、6（2）、7、8、10の作業場の測定は作業環境測定士または作業環境測定機関が行わなければならない

9の作業場の測定は酸素欠乏危険作業主任者に行わせること

　作業環境中の物質の濃度変動は非常に大きく（ゼロから数千あるいは数万ppmまで）、一般に対数正規分布（各濃度の対数をとってヒストグラムを見ると正規分布となる）に従うことが知られています。物質の測定方法や分析さらに結果の評価には専門的な知識が必要なことから、作業環境測定の専門家として作業環境測定士の資格が定められています（作業環境測定法）。作業環境の測定結果は管理濃度（資料編234頁　作業環境測定が義務付けられている物質　参照）と比較、評価され、それによって対策が取られます（**図2-8-1**参照）。

管理濃度：作業環境測定結果を評価するために、学会などのばく露限界や技術的な可能性などを考慮して行政的に決められた値で、2015年現在95物質（放射性物質は除いた数）について決められています。上記の測定が義務付けられている物質数は104であり、特定化学物質障害防止規則の9物質（インジウム化合物など）については管理濃度が示されていません。

作業環境測定に関わる技術的な指針は「作業環境測定基準」に示されています（ここでの詳細な説明は省略します）。

図2-8-1　作業環境測定結果の評価および措置

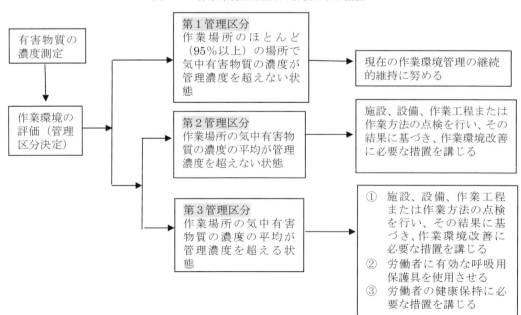

2-8-2　個人ばく露モニタリング

　有害な物質が生体内に取り込まれる経路として、経気道、経口、経皮がありますが、これらを通して体内に取り込まれる物質量を推定・評価する方法を個人ばく露モニタリングといいます。労働環境においては経気道が最も重要です。この経気道からのばく露量を推定するために呼吸域の空気（気体）を捕集し、対象物質の分析を行い、さらにばく露限界と比較して評価を行います。

　作業者個々人のばく露量に対する指標であるばく露限界（TLV）としては時間加重平均値（TWA）、短時間ばく露限界（STEL）、天井値（C）などがあります。これらについていくつかの国や機関でそれぞれの定義と基準値を設けていますが、ここでは日本産業衛生学会の許容濃度設定において参考にしている、米国産業衛生専門家会議（ACGIH）の定義を示します。ACGIHのばく露限界は約700物質について示されています。

　ばく露限界　時間加重平均値（TLV-TWA）：1日8時間、1週40時間の正規の労働時間中の時間加重平均濃度として表され、大多数の労働者がその条件に連日繰り返しばく露されても健康に悪影響を受けないと考えられています。

　ばく露限界　短時間ばく露限界（TLV-STEL）：たとえ8時間の1労働日中の時間加重平均濃度が時間加重平均値を超え

ない場合であっても、その中のどの15分間についても超えてはならない15分間の時間加重平均濃度。TLV-STELは短時間継続的にばく露されても、（1）刺激、（2）慢性的または非可逆的な生体組織の変化、（3）量に依存する毒作用、（4）麻酔作用による障害事故発生の危険性増加、自制心の喪失、または著しい作業能率の低下が起こらない濃度の限度と考えられています。時間加重平均値を超え短時間ばく露限界以下の高濃度は1回に15分を超えて継続してはならず、1労働日中に4回以上繰り返されてはいけません。また、1回の高濃度と次の高濃度のあいだに少なくとも60分間濃度の低い時間がなくてはなりません。

　ばく露限界　天井値（TLV-C）：たとえ瞬間的にでも超えてはならないピーク濃度。

　表2-8-2にこれらの例を示しました。

　作業環境中では有害な物質の作業者へのばく露が、これらTLV-TWA、TLV-STEL、TLV-Cなどの値を超えないような管理を目指します。

　個人ばく露測定に関しては日本産業衛生学会から「個人ばく露測定のガイドライン」（平成27年1月）が出ており、日本産業衛生学会のウェブサイトからダウンロードできますので、活用をお勧めします。<http://joh.sanei.or.jp/pdf/J57/J57_2_09.pdf>

表2-8-2　ばく露限界の例

物質名	時間加重平均値 （TLV-TWA）	短時間ばく露限界 （TLV-STEL）	天井値 （TLV-C）
アセトアルデヒド	－	－	25ppm
ベンゼン	0.5ppm	2.5ppm	－
ホルムアルデヒド	－	－	0.3ppm
トルエン	20ppm	－	－
トリクロロエチレン	10ppm	25ppm	－

「－」には該当する値が設定されていません。

2-8-3 生物学的モニタリング

血液や尿などの生体試料を用いて、物質へのばく露量や生体影響の程度を調べる目的で行われる測定を生物学的モニタリングといいます。これにより個人のばく露程度をより正確に知ることができます。現在の物質に関する生物学的モニタリングはすべてばく露の程度を調べる目的で使用されています。これの判断基準となっているのが生物学的ばく露指標（Biological Exposure Indices：BEIs ）と呼ばれるものです。これはあくまでも生体へのばく露量を評価して作業環境の改善のために使用するものであり、生体の影響評価（生物学的影響指標）に使用するものではないことに注意が必要です。ACGIHでは約50種類の物質についてBEIsを発表しています。BEIsは、当該物質の作業環境気中のばく露限界と同程度のばく露を受けたと同程度の値となるように定められています。しかし生体内に実際に取り込まれる物質量は肉体的な特徴や労働強度などによっても異なることか

ら、「2-8-2 個人ばく露モニタリング」における測定値とは多少異なります。

表2-8-3に日本で生体試料の測定が義務付けられている化学物質およびその関連生体試料を示します。前述のようにこれらの数値は、ばく露の程度（生体内取り込み量）を示すものであり、健康の影響を示すものではありません。分布1であれば当該物質の生体への取り込みは少なく、作業環境の現状維持が望ましく、分布2の場合は取り込みが比較的多いので職場改善が望まれ、分布3では取り込みが相当量に達しているので職場改善の措置が必要になります。分布は生体影響と直接的に関係はしていませんが、取り込み量が多い場合には、健康影響についての検査も注意深く行う必要があります。

2-8-4 各モニタリングの関係

日本では労働衛生管理を①作業環境管理、②作業管理、③健康管理の3つを柱として、これらを定期的に実施し、その結果を総合的

表2-8-3 日本で義務付けられている生物学的モニタリング

対象物質の検査区目					
対象物質名	検査項目	単位	分布		
			1	2	3
キシレン	尿中メチル馬尿酸	g/l	≦0.5	0.5<, ≦1.5	1.5<
スチレン	尿中マンデル酸	g/l	≦0.3	0.3<, ≦5	1<
トルエン	尿中馬尿酸	g/l	≦1	1<, ≦2.5	2.5<
N,N-ジメチルホルムアミド	尿中N-メチルホルムアミド	mg/l	≦10	10<, ≦40	40<
ノルマルヘキサン	尿中2,5-ヘキサンジオン	mg/l	≦2	5<, ≦5	5<
1,1,1-トリクロルエタン	総三塩化物	mg/l	≦10	10<, ≦40	40<
	尿中トリクロル酢酸	mg/l	≦3	3<, ≦10	10<
トリクロルエチレン	総三塩化物	mg/l	≦100	100<, ≦300	300<
	尿中トリクロル酢酸	mg/l	≦30	30<, ≦100	100<
テトラクロルエチレン	総三塩化物	mg/l	≦3	3<, ≦10	10<
	尿中トリクロル酢酸	mg/l	≦3	3<, ≦10	10<
鉛	血中鉛	μg/dl	≦20	20<, ≦40	40<
	尿中デルタアミノレブリン酸	mg/l	≦5	5<, ≦10	10<
	赤血球プロトポルフィリン	μg/dl全血	≦40	40<, ≦100	100<

に判断することにより、化学品を取り扱う労働者の健康確保をはかってきました。

これをモニタリングの視点で見ると、作業環境モニタリング（作業環境測定）は作業環境管理の一つの手法としての役割を担ってきたといえます。健康モニタリングは有機則、特化則、鉛則、四アルキル鉛則、石綿則等の対象物質を取り扱う労働者に対する特殊健康診断という形で健康管理の一部として確立しています。そしてこれらは労働安全衛生関連法令の中で規定されています。

一方、作業環境気中の有害物質に対する個人ばく露モニタリングは長年にわたり法令で制度化されたことはありませんでした。労働安全衛生法令の中で個人ばく露モニタリングが初めて登場したのは、屋外作業場等における作業環境管理に関するガイドライン」（平成17年3月31日付け基発第0331017号）です。このガイドラインでは、「屋外作業場等で個人サンプラーを用いて作業環境の測定を行い、その結果を管理濃度の値を用いて評価する」とあります。これは個人ばく露モニタリングで述べたものとは意味が少し異なります。また、個人ばく露モニタリングの一つとして、前項で述べたように、数種類の物質に対して生物学的モニタリングが行われています。

それぞれの管理には、状況を把握するための測定（あるいは検査）があり、その結果を評価する判断基準があり、それに基づいて対策を行うようになっています。そしてそれぞれの判断基準は単独でも機能しますが、これらを総合的に評価・判断することでより効果的なリスクアセスメントとなるようにしたいものです。

2-9　作業環境濃度およびばく露評価

ばく露の定量化

一般に、物質へのばく露（量）は以下の3つの方法のどれかで評価されます。

（1）個人ばく露測定：物質と生体との接触部位でばく露を実測する。ばく露濃度と接触時間からばく露量を算出する。

（2）推定によるばく露評価：ばく露濃度と接触時間を別々に推定し、これらをあわせてばく露を評価する。

（3）生物学的指標によるばく露評価：ばく露が起こった後で、内部ばく露指標（生物学的指標、生体負荷、排出量など）からばく露を評価する。

測定方法と指標の選択

化学品管理を目的とした濃度の指標はさまざまですが、これらを有効に活用するためにはそれぞれに適した測定法を選択する必要があります。ここでは特に最も関心が深いと思われるばく露濃度の測定および作業環境濃度の測定とそれらの評価方法について考えてみましょう。

作業環境の評価においても、ばく露濃度の推定においても、物質の気中濃度測定は重要な意味を持ちます。一般に物質の気中濃度は変動しており、これを正確に測定することは不可能であるといっても過言ではありません。その理由は測定技術の問題にあります。例えば作業環境中のある点での、特定の物質濃度あるいは労働者へのばく露濃度が時間と共に**図2-9**の折れ線のように変動していたと仮定します。これを現在の測定手法で正確に追随することは非常に困難です。気中濃度の測定は、環境からある一定量の試料を採取しそれを分析して濃度を算出しますが、それぞれに算出される濃度は採取された一定量の試料の平均濃度であり、連続的な気中濃度を正確には反映していないからです。逆にいうと、私たちは測定結果からのみ環境濃度を推定しており、これが実際の濃度にどれだけ近いかは確かめようがありません。一方、化学品管理の必要性からこの気中濃度をできるだけ正確に測定しようとする多くの努力

105

図2-9 物質の濃度変動とサンプリング

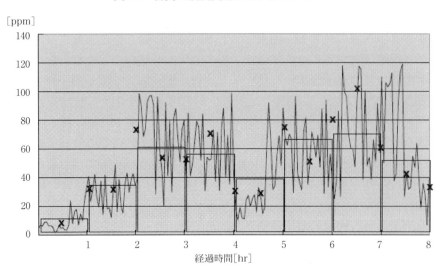

がなされてきました。そして測定の方法論は測定結果の評価方法と共に進歩してきたのです。

連続的な試料採取方法により、機器の特性に帰する原因はさておき、物質の濃度変化をある程度正確に捉えて算出された平均濃度は、ばく露濃度すなわち人が体内に取り込んだ量を反映する濃度に近い値であろうと仮定されています。しかし機器の制約等で全ての労働時間について連続的な測定が出来ない場合に、どのように一日の平均ばく露濃度を算出するかについてさまざまな方法が考えられてきました。

数十年前にはサンプラーの試料採取時間が限られていたことから、作業時間をいくつかの区分に分け、それらの時間ごとの平均ばく露濃度を求め、これらから一日8時間の平均ばく露濃度を求める手法（時間加重平均濃度：TWA）が確立され、これの指標としてACGIHのばく露限界TLV-TWAや日本産業衛生学会の許容濃度が使用されてきました。例えば、図2-9に示された棒線は一時間毎の平均ばく露濃度（実測値）を示していますが、これらからTWA（8時間）を求めることができます。

(10+35+61+58+39+67+70+52)/8=49（ppm）

その後、技術開発により一日労働時間中試料採取が可能な小型ポンプや拡散型サンプラーが開発され、図2-9の折れ線に示されるような8時間の濃度変動に対し、連続の測定が可能になりました。現在これら二つの方法は平均ばく露濃度を測定する最も直接的な方法と考えられています。（しかし一般にポンプには脈流があること、拡散型サンプラーは濃度変動に対してレスポンスが遅れることなどから、依然として気中濃度を正確に反映しているとはいえません。）この小型ポンプによる連続的な測定や拡散型サンプラーによる測定は、既に述べた時間加重平均濃度における時間間隔を非常に細かくしかも一定にした場合と考えることもできます。すなわちこの測定方法により得られた平均ばく露濃度はTLV-TWAや許容濃度と比較することができます。

一方、試料採取を断続（スポット）的に行う場合には別の方法により平均的な濃度を求めます。例えば、図2-9のような濃度変動がある物質を30分毎に断続的に16回測定した場合（図中の×印）、これらから平均ばく露濃度はどのようにすれば求められるでしょう

か。このような場合、平均ばく露濃度を求めるには気中濃度の分布を知らなければなりません。n個の測定値からなる濃度分布が正規分布を示す場合には、得られた値を算術平均（n個の測定値の和をnで割る）すれば平均濃度となります。しかし一般に環境気中濃度あるいはばく露濃度は対数正規分布になることが知られており、この場合には幾何標準偏差、幾何平均値を用いて、平均濃度を算出する必要があります（対数正規分布では幾何平均値は平均ばく露濃度とはならないことに注意）。すなわちスポット測定で得られた濃度やその平均値をTLV-TWAや許容濃度あるいは管理濃度と直接比較することは推奨できません。（ただし急性中毒を防止するための天井値などを指標とする場合には、スポット測定で得られた値が直接用いられます。）

　以上まとめると、個人ばく露濃度を評価する場合には、一日労働時間（8時間）において連続的なサンプリングを行い、これから得られる平均濃度をTLV-TWAや許容濃度と比較します。これは一日の測定時間（全作業時間）をいくつかに分けた場合（時間加重平均）も同様です。しかしスポット測定で得られたデータの場合にはその分布（おそらく対数正規分布）を調べ、分布関数にしたがった平均値を求め、これとTLV-TWAや許容濃度を比較する必要があります。これが現状で科学的に最も妥当なばく露平均値の求め方であると考えられます。これはスポット測定の結果を用いて評価を行う作業環境測定法と同様の考え方です。作業場における物質の環境気中濃度も対数正規分布になることが知られているので、その幾何標準偏差と幾何平均値を用いて、すなわち分布関数から平均濃度を求めています。

　実際には、得られたスポット測定のデータを算術平均して、TLV-TWAなどと比較してもそれほど大きな問題はない場合が多いと考えられます。それは一般に算術平均値の

ほうが大きな値となり、いわゆる安全サイドに評価されることが理由として挙げられます。また、幾何標準偏差が1を少し越えるぐらいであれば濃度の変動は小さく算術平均としても実際的な問題は生じません。2を超えるような場合には濃度の変動はかなり大きくなり、この場合には算術平均値と分布関数から求めた平均値との乖離も大きくなります。この説明に関する詳細は米国NIOSHから出版されている"Occupational Exposure Sampling Strategy Manual"（米国NIOSH、1977）、興重治著「作業環境評価数値表」（日本作業環境測定協会、1985）および熊谷信二著「作業環境評価　個人曝露評価」（労働科学研究所、2013)を参照することを勧めます。

　さて、日本の作業環境測定と米国で実施されている個人ばく露測定のメリット・デメリットについてはいろいろな議論がなされてきました。一つの大きな論点は、ばく露濃度と健康障害を関連付けるようなデータはどのようにすれば採取できるかということでした。日本の作業環境測定も米国の個人ばく露測定によるサンプリング・ストラテジーも、測定点あるいは測定対象者を絞り、統計的な処理を行って作業環境を評価し、この結果をばく露低減対策に生かすというものです。個人ばく露測定の結果と健康障害を結び付けるためには、個人の継続的なばく露測定結果あるいは大規模な集団でのばく露測定結果と健康障害に関するデータがそろっていなければなりませんが、現状では両国の測定データともそのような評価に耐えるようなものではないと思われます。

2-10　個人用保護具

　有害な物質へのばく露低減対策はさまざまな方法を組み合わせて行われます。製造等の禁止、作業工程の密閉化、局所排気装置の設置、作業場全体の換気、漏洩の防止、飲食等

第2章　職場の化学品管理

の禁止、個人用保護具の使用などです。これらの対策は労働安全衛生関連法令でも詳細に決められており、物質が持つ危険性・有害性の種類により行うべき対策が決められています。

ここでは労働者のみならず有害な物質を取扱う人が知っておいた方がよい個人用保護具、特に呼吸用保護具、化学防護手袋、保護めがね、化学防護服について記述します。これらの労働衛生保護具にはそれぞれ日本工業規格（JIS）がありますので必要に応じて参照してください。

2-10-1　呼吸用保護具

呼吸用保護具は粉じん、ヒューム、ミスト、有毒ガスなどの有害物質が発生する場合、あるいは酸素欠乏（酸素が18%未満となる状態）となる場合に使用されますが、さまざまな種類があります（**表2-10-1**参照）。作業環境の有害の程度によって呼吸用保護具を選択しなければなりませんが、おおまかには以下のように考えます（JIS T 8151、JIS T 8152等を参照）。

1. 有害物質の濃度が高く、短時間ばく露で生命・健康に危険がある場合：
   作業環境の酸素濃度の値にかかわらず、給気式のものを選択する
   呼吸のための空気が確実に供給され、面体内が常時陽圧に保たれ、着用者の顔面との密着性のよい全面形面体を持つもの
2. 有害物質の濃度が低く、短時間ばく露で生命・健康に危険がない場合
   ①酸素濃度が14%未満または酸素濃度が不明な環境：
   給気式の中から適切なものを選択する
   上記1の種類、あるいは呼吸のための空気が確実に供給され、全面形面体を持つもので有害物質の濃度に十分な防護性能を持つもの

②酸素濃度が14%以上、かつ18%未満の環境：
給気式の中から適切なものを選択する
有害物質の濃度に十分な防護性能を持つものであればよい
③酸素濃度が18%以上の環境：
給気式でもろ過式でもよい
有害物質の濃度に十分な防護性能を持つもの

ろ過式は捕集すべき対象によって大きく防じんマスクと防毒マスクに分けられます。防じんマスクは粒子捕集効率などによって等級が定められています。防じんマスクのろ過材は固体粒子あるいは液体粒子に対してのみ有効なので、有毒ガスが存在するところや酸素濃度が18%未満のところでは使用してはいけません。

防毒マスクは吸収缶により有毒ガスを除去し着用者が清浄な空気を吸入するようにしたものです。ガスの種類によって多くの種類の吸収缶があり、使用にあたっては細心の注意が必要です。また、防じんマスクも防毒マスクもその能力は有限であり、それぞれの能力に応じて適切に使用しなければなりません。防じんマスクは汚れや吸気抵抗の増加、防毒マスクは破過時間（除毒能力試験において、透過する有毒ガス濃度が最高許容透過濃度を超えた状態）の確認、臭いの漏れなどが交換の目安になります。また、呼吸用保護具は皮膚の接触面との間に隙間ができないように装着しないと効果が期待できないことがあるので注意が必要です。

2-10-2　その他の保護具

【化学防護手袋】
日常私たちは多くの化学品に触れる機会があり、時として皮膚に有害な化学品を扱わなければなりません。このときに使用する物質と手袋の性能を知っておくことは重要です。

表2-10-1　呼吸用保護具の種類

環境空気中の酸素濃度および有害物質		呼吸用保護具の種類 吸気式												
		送気マスク								自給式呼吸器				
		ホースマスク			エアラインマスク					空気呼吸器		循環式酸素呼吸器		
		肺力吸引形	手動送風形	電動送風形	一定流量形	デマンド形	プレッシャーデマンド形	複合式 デマンド形	複合式 プレッシャーデマンド形	デマンド形	プレッシャーデマンド形	圧縮酸素形 陰圧形	圧縮酸素形 陽圧形	酸素発生形
酸素濃度14%未満または不明	有害物質の濃度が高く、短時間ばく露で生命・健康に危険がある場合または不明の場合	×	×	×	×	×	○ c) d)	×	○ c)	×	○ c)	×	○	×
	有害物質の濃度が低く、短時間ばく露で生命・健康に危険が無い場合	×	×	×	○ c) d) e)	○ c) d) e)	○ c) d)	○ c) d)	○ c)	○ c) e)	○ c)	○ c) e)	○ c)	○ c) e)
酸素濃度14%以上18%未満	有害物質の濃度が高く、短時間ばく露で生命・健康に危険がある場合または不明の場合	×	×	×	×	×	○ c) d)	×	○ c)	×	○ c)	×	○ c)	×
	有害物質の濃度が低く、短時間ばく露で生命・健康に危険が無い場合	○ e)	○ e)	○ e)	○ e)	○ e)	○ e)	○ e)	○ e)	○ e)	○ e)	○ e)	○ e)	○ e)
酸素濃度18%以上	有害物質の濃度が高く、短時間ばく露で生命・健康に危険がある場合または不明の場合	×	×	×	×	×	○ c) e)	×	○ c)	×	○ c)	×	○ c)	×
	有害物質の濃度が低く、短時間ばく露で生命・健康に危険が無い場合　ガス・蒸気による汚染	○ e)	○ e)	○ e)	○ e)	○ e)	○ e)	○ e)	○ e)	○ e)	○ e)	○ e)	○ e)	○ e)
	粒子状物質による汚染	○ e)	○ e)	○ e)	○ e)	○ e)	○ e)	○ e)	○ e)	○ e)	○ e)	○ e)	○ e)	○ e)
	ガス・蒸気および粒子状物質による汚染	○ e)	○ e)	○ e)	○ e)	○ e)	○ e)	○ e)	○ e)	○ e)	○ e)	○ e)	○ e)	○ e)

注記　○：使用可（詳細についてはメーカーに紹介のこと）　　×：使用不可

注　a）電気を用いる呼吸用保護具を爆発のおそれのある環境で使用する場合は、防爆構造のものを使用してください。
　　b）表における酸素濃度は、大気圧下の状態を表します。気圧の低い場所では、換算して判断しなければなりません。
　　c）全面形面体を持つものでなければなりません。
　　d）緊急時給気切替警報装置付きでなければなりません。
　　e）防護係数が濃度倍率以上でなければなりません。
　　f）対象物質を除去できるものでなければなりません。
（「保護具ハンドブック」中央労働災害防止協会　2011　表5.2-1から引用）

ホースマスク：大気圧の空気を着用者に送る方式で、着用者の肺吸引力によるもの、手動送風機によるもの、電動送風機によるものがあります

エアラインマスク：圧縮空気を中圧ホースを通して着用者に送る方式で、一定量の空気を面体等に送気するもの（一定流量形）、着用者が吸気したときだけ空気が供給されるもの（デマンド形）、常に面体内を常圧に保ちながら着用者が吸気しただけ空気を供給するもの（プレッシャーデマンド形）、エアラインマスクに空気ボンベをくみあわせたもの（複合式）があります

PAPR：電動ファン付き呼吸用保護具

第2章　職場の化学品管理

表2-10-1　呼吸用保護具の種類（続き）

環境空気中の酸素濃度および有害物質			呼吸用保護具の種類								
			ろ過式								
			動力なし			動力付き					
			防塵マスク	防毒マスク		標準型PAPR			呼吸駆動型PAPR		
				防じん機能なし	防じん機能有り	粒子状物質用	有毒ガス用	有毒ガス・粒子状物質用	粒子状物質用	有毒ガス用	有毒ガス・粒子状物質用
酸素濃度14%未満または不明	有害物質の濃度が高く、短時間ばく露で生命・健康に危険がある場合または不明の場合		×	×	×	×	×	×	×	×	×
	有害物質の濃度が低く、短時間ばく露で生命・健康に危険が無い場合		×	×	×	×	×	×	×	×	×
酸素濃度14%以上18%未満	有害物質の濃度が高く、短時間ばく露で生命・健康に危険がある場合または不明の場合		×	×	×	×	×	×	×	×	×
	有害物質の濃度が低く、短時間ばく露で生命・健康に危険が無い場合		×	×	×	×	×	×	×	×	×
酸素濃度18%以上	有害物質の濃度が高く、短時間ばく露で生命・健康に危険がある場合または不明の場合		×	×	×	×	×	×	×	×	×
	有害物質の濃度が低く、短時間ばく露で生命・健康に危険が無い場合	ガス・蒸気による汚染	×	○ e)	○ e)	×	○ e)	○ e)	×	○ e)	○ e)
		粒子状物質による汚染	○ e) f)	×	○ e) f)	○ e) f)	×	○ e) f)	○ e) f)	×	○ e) f)
		ガス・蒸気および粒子状物質による汚染	×	×	○ e) f)	×	×	○ e) f)	×	×	○ e) f)

注記　○：使用可（詳細についてはメーカーに紹介のこと）　　　　×：使用不可
注　a) 電気を用いる呼吸用保護具を爆発のおそれのある環境で使用する場合は、防爆構造のものを使用してください。
　　b) 表における酸素濃度は、大気圧下の状態を表します。気圧の低い場所では、換算して判断しなければなりません。
　　c) 全面形面体を持つものでなければなりません。
　　d) 緊急時給気切替警報装置付きでなければなりません。
　　e) 防護係数が濃度倍率以上でなければなりません。
　　f) 対象物質を除去できるものでなければなりません。
（「保護具ハンドブック」中央労働災害防止協会　2011　表5.2-1から引用）
ホースマスク：大気圧の空気を着用者に送る方式で、着用者の肺吸引力によるもの、手動送風機によるもの、電動送風機によるものがあります
エアラインマスク：圧縮空気を中圧ホースを通して着用者に送る方式で、一定量の空気を面体等に送気するもの（一定流量形）、着用者が吸気したときだけ空気が供給されるもの（デマンド形）、常に面体内を常圧に保ちながら着用者が吸気しただけ空気を供給するもの（プレッシャーデマンド形）、エアラインマスクに空気ボンベをくみあわせたもの（複合式）があります
PAPR：電動ファン付き呼吸用保護具

代表的な手袋の材質と取扱物質の適否について**表2-10-2**に示しました（JIS T 8116 参照）。

【保護眼鏡・防災面】

眼や顔面を保護するために保護眼鏡や防災面があります。粉じんや液体飛沫を防ぐ目的では一般にゴーグルやサイドシールド付きの保護眼鏡が一般的ですが、作業の内容によっては顔面をカバーできる防災面の併用も考慮します（JIS T 8147 参照）。

【化学防護服】

化学防護服は酸、アルカリ、有機薬品、微粒子、アスベスト、PCB、ダイオキシンなど

の有害な物質に接触する危険性がある作業で着用します。日本工業規格（JIS T 8115）では防護服を「気密形」「密閉型」「開放型」の3種類に区分しており、さらに対象物質の種類やばく露状態による性能要件を定めています。

2-11　健 康 診 断

2-11-1　健康診断の種類

労働安全衛生法第66条（健康診断）を受け関連法令では、事業者が有害な業務に常時従

表2-10-2　化学防護手袋の種類と取り扱い可能物質

材質	取り扱いが出来る物質	取り扱いが出来ない物質	その他
天然ゴム	硫酸10%、硝酸20%、塩酸20%、アルカリ、アルコール類、ケトン類	油脂	柔軟性、耐摩耗性あり
クロロプレンゴム（ネオプレンゴム）	酸、アルカリ、油		耐摩耗性、耐熱性あり焼却でダイオキシンを発生する可能性
クロロスルホン化ポリエチレンゴム（パイロンゴム）	高濃度の無機酸（硫酸、塩酸、硝酸、王水）フッ酸		焼却でダイオキシンを発生する可能性
ニトリルゴム	油、低濃度の無機酸、アルカリ、アルコール、エーテル		
ポリウレタンゴム	油、有機溶剤	シクロヘキサノン、ジメチルホルムアミド、テトラヒドロフラン、塩素を含むトリクロロエチレン、塩化メチレン	耐摩耗性、耐引裂性あり
ブチルゴム	エステル、ケトン、アミン系溶剤	芳香族有機溶剤、塩素系有機溶剤	
フッ素ゴム	芳香族有機溶剤、塩素系有機溶剤	エステル、ケトン、アミド系溶剤メチルアルコール	
シリコンゴム	メタノール、メチルセロソルブ、エチルセロソルブ、ジメチルホルムアミド、Nメチルピロリドン		低毒性のため食品や医療用に使用
ポリ塩化ビニル	アルカリ、低濃度の酸、油		フタル酸エステル（環境ホルモン）を含むので食品には使用しない燃焼時にダイオキシンを発生する可能性
ポリビニルアルコール	有機溶剤	水を含むアルコール、ジメチルホルムアミド	水に弱い、75℃以上の温水に溶解する
ポリエチレン	いろいろな薬品、溶剤		破れやすい、熱に弱い、滑りやすい

事する作業者に対して、雇入れ時、配置替えの際および6か月以内ごとに1回（じん肺健診は管理区分に応じて1～3年以内ごとに1回）それぞれ特別の健康診断（特殊健康診断）を実施するよう定めています。また労働者はこれらの特殊健康診断を受ける義務があります。〔職場では、このほかに一般健康診断(雇入時の健康診断、定期健康診断、特定業務従事者の健康診断、海外派遣労働者の健康診断、給食従業員の検便、自発的健康診断）が実施されます。〕

物質に関する法定の特殊健康診断：
- じん肺健康診断（じん肺法第7条～第9条の2）
- 鉛健康診断（鉛則第53条）
- 四アルキル鉛健康診断(四アルキル鉛則22条)
- 有機溶剤等健康診断（有機則第29条）
- 特定化学物質健康診断（特化則第39条）
- 石綿健康診断（石綿則第40条）
- 歯科医師による健康診断（安衛則第48条）

これらの法令でカバーされておらず、しかも特殊健康診断が必要と思われる下記業務については行政指導（努力義務）による特殊健康診断を行うよう勧められています。

- マンガン化合物（塩基性酸化マンガンに限る。）を取り扱う業務またはそのガス、蒸気若しくは粉じんを発散する場所における業務
- 黄りんを取り扱う業務またはりんの化合物のガス、蒸気若しくは粉じんを発散する場所における業務
- 有機りん剤を取り扱う業務またはそのガス、蒸気若しくは粉じんを発散する場所における業務
- 亜硫酸ガスを発散する場所における業務
- 二硫化炭素を取り扱う業務またはそのガスを発散する場所における業務（有機溶剤業務に関わるものを除く。）
- ベンゼンのニトロアミド化合物を取り扱う業務またはそれらのガス、蒸気若しくは粉

じんを発散する場所における業務
- 脂肪族の塩化または臭化炭化水素（有機溶剤として法令に規定されている物を除く。）を取り扱う業務またはそのガス、蒸気若しくは粉じんを発散する場所における業務
- 砒素またはその化合物（三酸化砒素を除く。）を取り扱う業務またはそのガス、蒸気若しくは粉じんを発散する場所における業務
- フェニル水銀化合物を取り扱う業務またはそのガス、蒸気若しくは粉じんを発散する場所における業務
- アルキル水銀化合物（アルキル基がメチル基またはエチル基であるものを除く。）を取り扱う業務またはそのガス、蒸気若しくは粉じんを発散する場所における業務
- クロルナフタリンを取り扱う業務またはそのガス、蒸気若しくは粉じんを発散する場所における業務
- 沃素を取り扱う業務またはそのガス、蒸気若しくは粉じんを発散する場所における業務
- メチレンジフェニルイソシアネート(M.D.I)を取り扱う業務またはそのガス、蒸気若しくは粉じんを発散する場所における業務
- クロルプロマジン等フェノチアジン系薬剤を取り扱う業務

それぞれの物質に対応した特殊健康診断で診る症状や障害は資料編152頁「業務上の疾病一覧（化学物質）」に示すようなものです。物質により症状や障害が異なるので、実際の特殊健康診断の項目も物質により異なります。

以下に例として有機溶剤であるトルエンの健診項目を示します。
- 業務の経歴の調査
- 有機溶剤による健康障害の既往歴の調査
- 自覚症状および他覚症状の有無の検査
    頭重、頭痛、めまい、悪心、嘔吐、心悸亢進、不眠、不安感、焦燥感、視力低下、神経痛、しびれ感、四肢倦怠感、四肢の

知覚異常、膝蓋腱反射異常、握力減退、食欲不振、腹痛、体重減少、皮膚若しくは粘膜の異常等
・尿中タンパクの検査
・尿中代謝物の検査（「2-8-3 生物学的モニタリング」参照）
　　尿中馬尿酸量の測定
・診察

2-11-2　健康診断結果と措置

労働安全衛生法第66条の4、第66条の5の規定により、有害な物質を扱う労働者に対する健康診断結果とその措置を抜粋すると以下のようになります。「事業者は、健康診断の結果、医師等の意見を踏まえ、労働者の健康を保持するために必要があると認めるときは、当該労働者の実情を考慮して、就業場所の変更、作業の転換、労働時間の短縮等の措置を講じるほか、作業環境測定の実施、施設・設備の設置または整備、医師等の意見の衛生委員会もしくは安全衛生委員会等への報告その他の適切な措置を講じなければならない。」

健康診断後の措置は「健康診断結果に基づき事業者が講ずべき措置に関する指針」（改正平成20年1月31日公示）（資料編158頁）を参照してください。

2-12　危険性・有害性情報の伝達

2-12-1　化学品の分類および表示に関する世界調和システム（GHS）

化学品の種類や用途があまりに多様化し、行政や事業者だけではそれらの管理に十分に対応しきれなくなり、さらにオゾン層破壊、地球温暖化、難分解性物質による土壌や水の汚染などの問題が深刻化し、化学品のライフサイクル（製造、流通、使用、廃棄まで）を通して、全ての人が化学品を適切に管理するために行動することが必要になりました。ここで最も重要なことは危険性・有害性に関する情報の共有であり、これを実現するために国連勧告「化学品の分類および表示に関する世界調和システム Globally Harmonized System of Classification and Labelling of Chemicals（GHS）」が2003年に出されました。現在世界各国でGHSの導入が進んでいます。GHSは化学品の危険性・有害性を世界統一のシステムで分類し、その結果をラベルや安全データシート（SDS）に記載し、危険性・有害性を関係者に伝達することで事故を防ぎ、健康や環境の維持をはかろうとするものです。GHS策定の直接の推進力となったのは「第2章 2-1 化学品管理の国際的な潮流」で紹介したアジェンダ21ですが、化学品の危険性・有害性を伝えるという規制や勧告は既にありました。危険物輸送に関する勧告（RTDG）、ILO 170号条約（および177号勧告）、欧州理事会指令（67/548/EEC）、米国危険性・有害性周知基準（HCS）などです。実際これらがGHS策定の基礎となりました。

このGHSの導入により、従来から使用されてきた容器や包装の危険性・有害性情報に関するラベル内容やSDSの内容が変わります。たとえば、従来のラベルでは、法令対象物質の限られた危険性・有害性情報が文言（漢字）により表されていますが、GHSでは基本的にすべての危険性・有害性について記述すること、また絵表示等を用いて危険性・有害性の種類や程度を表すことが求められます。さらにGHSは化学品のリスクマネジメントに必要不可欠な危険性・有害性情報を提供するシステムでもあることから、これの理解は化学品管理に携わるものにとって重要です。

危険性や有害性の判定基準の詳細はGHS文書に記載されています。またその判定は試験結果に基づいて行われますが、試験方法の詳細は「危険物輸送に関する勧告」や「OECD（経

第2章　職場の化学品管理

済協力開発機構）テストガイドライン」等に定められています。（「2-15　危険性およびその試験方法、有害性およびその試験方法」参照）

基本的に化学品（製品）の危険性・有害性情報の提供は供給者（製造者や輸入業者）によって行われるべきものであり、したがってGHSに基づいた分類やラベルおよびSDSの作成は供給者が行います。

GHS文書には「GHSは強制力を持たない（non-mandatory）」という記述があるため、これらの順守の必要はないと考える事業者もいますが、これは間違いです。GHSは各国政府に対する国連勧告であり、国に対しての強制力はないという意味です。これが各国政府の法令に取り入れられて初めて国内で強制力を持つものになります。

2015年末現在、ニュージーランド、日本（労働安全衛生法、化管法の一部）、欧州、米国など多くの国がすでに法令にGHSを導入しています。日本ではGHSの具体的な内容は日本工業規格（JIS Z 7252：分類、JIS Z 7253：ラベルおよびSDS等による情報伝達）に取り入れられており、法令がJISを参照するようになっています。国際的なGHSの導入状況は国際連合欧州経済委員会のウェブサイト<http://www.unece.org/trans/danger/publi/ghs/implementation_e.html>で見ることができます。

GHSは特にわが国にとっては全く新しいシステムといってもよく、以下に少し詳しく紹介します。

2-12-1-1　GHSの目的、範囲、適用

GHSの最終的な目標は、化学品の危険性・有害性に関する情報を取扱者に正確に伝えることにより、人の安全と健康を確保し、環境を保護することにあります。さらにGHSの実施により、途上国等に化学品管理の枠組みが提供できる、試験データ等の共有ができる、さらに国際取引が促進されることなどが期待されています。

GHSには、化学品を物理化学的危険性および健康や環境に対する有害性に応じて分類するために調和された判定基準、およびラベルやSDSに関する要件とそれらの情報の伝達に関する事項を含みます。現在その分類対象となっている危険性・有害性クラス（種類）は以下の通りです。

物理化学的危険性：爆発物、可燃性（ガス、液体、固体）、エアゾール、酸化性（ガス、液体、固体）、高圧ガス、自己反応性化学品、自然発火性（液体、固体）、自己発熱性化学品、水反応可燃性化学品、有機過酸化物、金属腐食性物質、鈍感化爆発物

健康有害性：急性毒性、皮膚腐食性／刺激性、眼に対する重篤な損傷性／眼刺激性、呼吸器感作性または皮膚感作性、生殖細胞変異原性、発がん性、生殖毒性、特定標的臓器毒性（単回ばく露）、特定標的臓器毒性（反復ばく露）、吸引性呼吸器有害性
（特定標的臓器毒性は、例えば神経毒性、肝毒性など他の個別に定義されていない有害性を包含するために設けられています。単回ばく露と反復ばく露はデータ採

吸引性呼吸器有害性と誤嚥性肺炎

GHSでは"Aspiration Hazard"を「吸引性呼吸器有害性」と訳しています。医学的には「誤嚥性肺炎」といわれるものです。GHS初版を翻訳していた当時「誤嚥性肺炎」が正しく理解されるかどうかの懸念があったため、"Aspiration Hazard"を「吸引性呼吸器有害性」と訳しました。近年、高齢者による誤嚥性肺炎も話題となり、言葉の意味も浸透してきたのでそろそろ「誤嚥性肺炎」と訳してよいかもしれません。

取の実験方法によります。）

　環境有害性：水生環境有害性、オゾン層への有害性

　GHSはすべての危険・有害な化学品（純粋な物質、その希釈溶液、物質の混合物）に適用されます。ただし、「成形品」（例えば冷蔵庫の中の冷媒、自動車タンクのガソリン）は除かれます。また、医薬品、食品添加物、化粧品、あるいは食物中の残留農薬などは、それを認識しつつ体内に取り込むものであることから、ラベルの対象とはしません。危険性・有害性に関する情報提供の対象者としては消費者、労働者、輸送担当者、緊急時対応者などが含まれます。

2-12-1-2　危険性・有害性に関する分類

　GHSでは危険性・有害性クラスごとに、その重大性を判定する基準を設定しています。例として表2-12-1-2-1に引火性液体、表2-12-1-2-2に急性毒性に関する判定基準を示します。引火性液体では区分の数値が小さいほど低い温度でも引火し、急性毒性では区分の数値が小さいほどより少ない量で動物が死ぬことを意味しています。すなわちこれらの例では、区分の数値が小さいほど危険性・有害性は大きいといえます。ある危険性・有害性の種類について、化学品がその分類区分に該当しない場合（区分

外）には、当該危険性・有害性はないという判断がされます。例えば引火点が93℃を超える液体は引火性液体とはいいません。（資料編276頁「化学品の分類および表示に関する世界調和システム（GHS）」の判定基準参照。）

　実際、化学品をGHSの判定基準に従って分類する場合には、物質または混合物についての関連するデータを収集し、検討し、判定基準に従って分類します。

　GHSでは物理化学的な危険性については、基本的に試験による評価が推奨されています。一方、有害性については分類するための新たな試験データを求めていません。既存のデータを用いて分類を行うことを原則にしています。混合物においても、混合物そのもののデータがない場合には、類似の混合物あるいは混合物の成分のデータを利用して分類を行います（詳細はGHS文書参照）。

2-12-1-3　ラベル

　ラベルには、GHSでの各危険性・有害性の種類および区分に関する情報を伝達するために、注意喚起語、危険性・有害性情報、絵表示、注意書き、製品の化学的特定名および供給者の情報を記載します。

　以下にラベルに必要な項目について説明します。

表2-12-1-2-1　引火性液体の判定基準

区分	判定基準
区分1	引火点 < 23℃ かつ 初留点 ≤ 35℃
区分2	引火点 < 23℃ かつ初留点 > 35℃
区分3	23℃ ≤引火点≤ 60℃
区分4	60℃ ≤引火点≤ 93℃

表2-12-1-2-2　急性毒性（経口）の判定基準（LD_{50}）

	区分1	区分2	区分3	区分4
経口（mg/kg体重）	$LD_{50} \leq 5$	$5 < LD_{50} \leq 50$	$50 < LD_{50} \leq 300$	$300 < LD_{50} \leq 2{,}000$

　LD_{50}は実験動物の半数致死量

(a) 注意喚起語

注意喚起語には、「危険」と「警告」があります。「危険」はより重大な、「警告」は重大性の低い危険性・有害性および区分に用いられます。両方が該当する場合には「危険」のみ記載します。

(b) 危険性・有害性情報

製品の危険性・有害性の性質とその程度を示すものです（例、飲み込むと生命に危険）。使用すべき危険性・有害性情報はGHS文書に危険性・有害性の種類、区分ごとに記載されています。ラベル作成等における情報処理を容易にするためそれぞれの危険性・有害性情報にはコード（例H224　極めて引火性の高い液体および蒸気、図2-12-1-3-2 参照）が割り当てられていますが、このコードはラベルには記載しません。

(c) 絵表示（ピクトグラム）

図2-12-1-3-1にGHSで使用される絵表示と該当する危険性・有害性の種類を示します。

(d) 注意書きおよび絵表示

「注意書き」は、被害を防止するために取るべき措置について記述した文言および絵表示（保護具着用の絵など）をいい、「安全対策」「応急措置」「保管」「廃棄」に分かれています。「注意書き」の文言はGHS文書の附属書に危険性・有害性の種類、区分ごとに記載してあります。図2-12-1-3-2に引火性液体の区分1〜3に対応する注意書きを注意喚起語、危険性・有害性情報、絵表示とともに示しました。注意書きは、危険性・有害性の種類によって非常にたくさんになることもあるのでラベル作成者はこれらの文言から、製品の使用者を想定して、必要なものを選択する必要があります。また、保護具等の絵表示はGHSでは統一しておらず、各国独自のものが使用できます。注意書き

にもコード（例P210）が割り当てられていますが、このコードはラベルには記載しません。

(e) 製品の特定名

化学品の化学的特定名を記載しなければなりません。成分が営業秘密情報に関する所管官庁の判断基準を満たす場合は、その特定名をラベルに記載する必要はありません（これらの成分が示す危険性・有害性に関する情報は記載しなければなりません）。

(f) 供給者の特定

物質または混合物の製造業者または供給者の名前、住所および電話番号をラベルに示さなければなりません。

危険性・有害性を表す絵表示については、「どくろ」がある場合には「感嘆符」は使用しないというように優先順位が定められています。これはできるだけ記載の重複をなくし、わかりやすくするための工夫です。

GHSの特徴は表2-12-1-3で示したように、危険性・有害性の分類区分が決定されれば「絵表示」「注意喚起語」「危険性・有害性情報」「注意書き」等のラベル要素が自動的に決定されることです。これはラベルを作成する事業者にとってもメリットがあります。表2-12-1-3と同様にすべてのGHSで定める危険性・有害性について絵表示、注意喚起語、危険性・有害性情報を資料編276頁「化学品の分類および表示に関する世界調和システム（GHS）」に記載します。

GHSに基づいて作成したラベル例は図2-12-1-3-3に示しました。GHSは危険性・有害性に関係する情報の調和（統一）であり、これ以外の情報については規定していません。GHSに規定される情報の邪魔にならないように他の情報（補足情報）もラベルに記載することができます。この例では、使用上の注意や関連法令に関する記述がこれにあたります。

表2-12-1-3　急性毒性（経口）の区分とラベル項目（注意書きは省略）

	区分1	区分2	区分3	区分4
絵表示	☠	☠	☠	❗
注意喚起語	危険	危険	危険	警告
危険性・有害性情報	飲み込むと生命に危険	飲み込むと生命に危険	飲み込むと有毒	飲み込むと有害

図2-12-1-3-1　危険性・有害性を表す絵表示
（菱形枠は赤色、中のシンボルは黒色が用いられます。危険性・有害性の種類、
区分によって使用される絵表示が多少異なるので詳細はGHS文書を参照してください。）

爆発物
自己反応性
有機過酸化物

可燃性／引火性
自然発火性
自己反応性
自然発熱性
有機過酸化物

酸化性／支燃性

急性毒性（低毒性）
皮膚刺激性
眼刺激性
皮膚感作性
特定標的臓器毒性（単回ばく露）
特定標的臓器毒性（反復ばく露）
オゾン層への有害性

急性毒性（高毒性）

高圧ガス

皮膚腐食性
眼に対する重篤な損傷性
金属腐食性

呼吸器感作性
生殖細胞変異原性
発がん性
生殖毒性
特定標的臓器毒性（反復ばく露）
吸引性呼吸器有害性

水生環境有害性

117

第2章　職場の化学品管理

図2-12-1-3-2　引火性液体の分類区分1、2、3とラベル要素

危険性・有害性区分	危険性・有害性情報		シンボル
1		H224 極めて引火性の高い液体および蒸気	炎
2		H225 引火性の高い液体および蒸気	
3		H226 引火性液体および蒸気	

注意喚起語
危険
危険
警告

安全対策	応急措置	保管	廃棄
P210 熱／火花／裸火／高温のものような着火源から遠ざけること。－禁煙。 製造者／供給者または所管官庁が指定する着火源 P233 容器を密閉しておくこと。 P240 容器を接地すること／アースをとること。 - 静電気に敏感な物質を積みかえす場合 - 製品が危険な有害な気体を発生させるほど揮発性である場合 P241 防爆型の電気機器／換気装置／照明機器／…機器を使用すること。 …製造者／供給者または所管官庁が指定する他の機器 P242 火花を発生させない工具を使用すること。 P243 静電気放電に対する予防措置を講ずること。 P280 保護手袋／保護眼鏡／保護面を着用すること。 製造者／供給者または所管官庁が指定する用具の種類	P303 + P361 + P353 皮膚（または髪）にかかった場合：直ちに、汚染された衣類をすべて脱ぐこと／取り除くこと。皮膚を流水／シャワーで洗うこと。 P370 + P378 火災の場合：消火するために…を使用すること。 …製造者／供給者まだは所管官庁が指定する適当な手段。 一水がリスクを増大させる場合	P403 + P235 換気の良い場所で保管すること。涼しいところに置くこと。	P501 内容物／容器を…に廃棄すること。 …国際／国／都道府県／市町村の規則（明示する）に従って

118

2-12 危険性・有害性情報の伝達

図 2-12-1-3-3　GHS ラベルの例

ニセケミカル　Pseudo chemical	供給者名
CAS No.00-00-0	
日本 GHS 株式会社　　　成分：ニセケミカル　99％以上	製品の特定名
東京都千代田区神田駿河台 1-8　内容量　2kg	
電話：03-3259-0000	

危険　 　　　注意喚起語
　　　　　　　　　　　　　　　　　　　　　　　　　　　　　　　　　　　絵表示

引火性の高い液体および蒸気　　　　　　　　　　　　　　　　　　　　　危険性・有害性情報
吸入すると有毒
強い眼刺激
生殖能または胎児への悪影響のおそれ
飲み込み、気道に侵入すると有害のおそれ
長期的影響により水生生物に毒性

すべての安全注意を読み理解するまで取り扱わないこと　　　　　　　　　注意書き
火花のような着火源から遠ざけること－禁煙
保護手袋、保護眼鏡を着用すること
蒸気を吸入しないこと
屋外または換気の良い区域でのみ使用すること
取扱い後はよく手を洗うこと
吸入した場合、空気の新鮮な場所に移動し、呼吸しやすい姿勢で休息させ
ること
眼に入った場合、水で数分間注意深く洗うこと
　　　　コンタクトレンズを容易に外せる場合には外して洗うこと
飲み込んだ場合、直ちに医師に連絡すること　無理して吐かせないこと
涼しく換気の良いところで保管すること
環境への放出を避けること
内容物を、都道府県の規則に従って廃棄すること

医薬用外劇物
火気厳禁　危険物第四類引火性液体　特殊引火物　非水溶性液体　　　　　国内関連法令
　　　　　　　　　　　　　　　　　　　　　　　　　　　　　　　　　　に関する記述

119

第2章　職場の化学品管理

2-12-1-4　安全データシート（SDS）

　安全データシート（Safety Data Sheet：SDS）は、GHSに基づく物理化学的危険性や、人の健康または環境に対する有害性に関する統一された判定基準を満たす全ての物質および混合物について作成します。混合物のSDSを作成する目安として各有害性に対してカットオフ値が与えられています（**表2-12-1-4-1**参照）。例えば発がん性を示す成分が0.1％以上含まれていればSDSを発行する、ということです。

　表2-12-1-4-2にSDSに記載しなければならない大項目とそれに関連した小項目を示しました。項目の内容については「GHS文書附属書4 安全データシート（SDS）の作成指針」を参照してください。

　今後GHSに基づいたSDSが世界的に使用されます。GHS以前のSDSとの大きな違いは、大項目「2. 危険性・有害性の要約」に「注意書きも含むGHSラベル要素」が記載されていることです。もしこれの記載がない場合には化学品の供給者に対してGHSに基づいたSDSを要求すべきでしょう。

表2-12-1-4-1　健康および環境の各危険有害性クラスに対するカットオフ値

危険有害性クラス	カットオフ値
急性毒性	1.0％以上
皮膚腐食性／刺激性	1.0％以上
眼に対する重篤な損傷性／眼刺激性	1.0％以上
呼吸器感作性または皮膚感作性	0.1％以上
生殖細胞変異原性：区分1	0.1％以上
生殖細胞変異原性：区分2	1.0％以上
発がん性	0.1％以上
生殖毒性	0.1％以上
特定標的臓器毒性（単回ばく露）	1.0％以上
特定標的臓器毒性（反復ばく露）	1.0％以上
吸引性呼吸器有害性（区分1）	10%以上の区分1の物質かつ40℃での動粘性率が20.5mm²/s以下
吸引性呼吸器有害性（区分2）	10%以上の区分2の物質かつ40℃での動粘性率が14mm²/s以下
水生環境有害性	1.0％以上

表2-12-1-4-2　GHSに基づいたSDSに必要な最低限の情報

1.	物質または混合物および会社情報	(a) GHSの製品特定手段 (b) 他の特定手段 (c) 化学品の推奨用途と使用上の制限 (d) 供給者の詳細（社名、住所、電話番号など） (e) 緊急時の電話番号
2.	危険性・有害性の要約	(a) 物質／混合物のGHS分類と国／地域情報 (b) 注意書きも含むGHSラベル要素（危険性・有害性シンボルは、黒と白を用いたシンボルの図による記載またはシンボルの名前、例えば、「炎」、「どくろ」などとして示される場合がある） (c) 分類に関係しない（例「粉塵爆発危険性」）またはGHSで扱われない他の危険性・有害性

2-12 危険性・有害性情報の伝達

表2-12-1-4-2　GHSに基づいたSDSに必要な最低限の情報 (続き)

3.	組成および成分情報	物質 (a) 化学的特定名 (b) 慣用名、別名など (c) CAS番号およびその他の特定名 (d) それ自体が分類され、物質の分類に寄与する不純物および安定化添加物 混合物 GHS対象の危険性・有害性があり、カットオフ値以上で存在するすべての成分の化学名と濃度または濃度範囲 *注記：成分に関する情報については、製品の特定規則より営業秘密情報に関する所管官庁の規則が優先される。*
4.	応急措置	(a) 異なるばく露経路、すなわち吸入、皮膚や眼との接触、および経口摂取に従って細分された必要な措置の記述 (b) 急性および遅延性の最も重要な症状／影響 (c) 必要な場合、応急処置および必要とされる特別な処置の指示
5.	火災時の措置	(a) 適切な (および不適切な) 消火剤 (b) 化学品から生じる特定の危険性・有害性 (例えば、「有害燃焼生成物の性質」) (c) 消火作業者用の特別な保護具と予防措置
6.	漏出時の措置	(a) 人体に対する予防措置、保護具および緊急時措置 (b) 環境に対する予防措置 (c) 封じ込めおよび浄化方法と機材
7.	取扱いおよび保管上の注意	(a) 安全な取扱いのための予防措置 (b) 混触危険性等、安全な保管条件
8.	ばく露防止および人に対する保護措置	(a) 職業ばく露限界、生物学的限界値等の管理指標 (b) 適切な工学的管理 (c) 個人用保護具などの個人保護措置
9.	物理的および化学的性質	物理的状態； 色； 臭い； 融点／凝固点； 沸点または初留点および沸点範囲； 燃焼性； 爆発下限および上限／引火限界 引火点； 自然発火温度； 分解温度 pH 動粘性率； 溶解度； n-オクタノール／水分配係数 (log値) 蒸気圧； 密度および／または比重； 蒸気比重； 粒子特性；
10.	安定性および反応性	(a) 反応性 (b) 化学的安定性 (c) 危険有害反応性の可能性 (d) 避けるべき条件 (静電放電、衝撃、振動等) (e) 混触危険物質 (f) 危険性・有害性のある分解生成物

121

第2章　職場の化学品管理

表2-12-1-4-2　GHSに基づいたSDSに必要な最低限の情報（続き）

11.	有害性情報	種々の毒性学的（健康）影響の簡潔かつ完全で分かりやすい記述および次のような影響の特定に使用される利用可能なデータ： (a) 可能性の高いばく露経路（吸入、経口摂取、皮膚および眼接触）に関する情報 (b) 物理的、化学的および毒性学的特性に関係した症状 (c) 短期および長期ばく露による遅延および即時影響、ならびに慢性影響 (d) 毒性の数値的尺度（急性毒性推定値など）
12.	環境影響情報	(a) 生態毒性（利用可能な場合、水生および陸生） (b) 残留性と分解性 (c) 生物蓄積性 (d) 土壌中の移動度 (e) 他の有害影響
13.	廃棄上の注意	廃棄残留物の記述とその安全な取扱いに関する情報、汚染容器包装の廃棄方法を含む
14.	輸送上の注意	(a) 国連番号 (b) 国連品名 (c) 輸送における危険性・有害性クラス (d) 容器等級（該当する場合） (e) 海洋汚染物質（該当／非該当） (f) 大量輸送（MARPOL73／78付属書IIおよびIBCコードによる） (g) 使用者が構内もしくは構外の輸送または輸送手段に関連して知る必要がある、または従う必要がある特別の安全対策
15.	適用法令	当該製品に特有の安全、健康および環境に関する規則
16.	SDSの作成と改訂に関する情報を含むその他の情報	

2-12-2　日本におけるGHSの導入

　日本では危険性・有害性を包括的（物理化学的危険性、健康有害性、環境有害性などをまとめて）にわかりやすく知らせるシステムが存在しませんでした。これには大きく二つの問題があります。一つは全ての危険・有害な化学品（物質、混合物）を対象とする法令がないこと、もう一つは危険性・有害性を伝えるシステムが不十分なことです。

　前者については、予防というよりむしろ災害対策の措置に重点を置いた、物質を限定した規制の成り立ちに原因があります。労働安全衛生法を例に取ると、ラベルに危険性・有害性に関する情報の記載が義務付けられている物質数は2016年6月現在640です。しかもラベルによる包括的な危険性・有害性情報の提供を規定している法律は、化学品の分類およ

び表示に関連して30余りある法令の中で、この労働安全衛生法のみです。また、日本では危険性・有害性情報の伝達というと、ラベルよりもむしろSDSが取り上げられますが、SDSにしてもその交付を義務付けているのは労働安全衛生法、毒物及び劇物取締法、特定化学物質の環境への排出量の把握等及び管理の改善の促進に関する法律（化管法）で定められた約1,500物質だけです。さらにSDSは企業間での情報伝達として位置付けられたものであり、作業者や一般消費者が見ることはほとんどなく、しかもその情報は高度に専門的である等により作業者や一般消費者に対する情報伝達手段として役に立っているとはいえません。

　後者の問題には、情報伝達システムの不整備に加えて、現行制度でラベルに記載が求められている情報は、特定の法律に関する有資

格者に対してある措置を行わせるためのものであるという点も挙げられます。例えば毒物及び劇物取締法では劇物に対して「医薬用外劇物」の文字が、消防法では引火性液体に対して「火気厳禁」や「危険物第四類引火性液体」などの記載が求められますが、これらは誰にでも理解できるものではありません（図2-12-1-3-3参照）。

【*危険性・有害性情報と注意書きの違い*】
前項のGHSでも説明したように危険性・有害性情報と注意書きは目的が異なります。当然ながらそれらは情報の受け手にとっても意味が異なります。
例えば，「皮膚についたときは水で十分に洗い流す」という注意書きの源になっている危険性・有害性としては，急性毒性（皮膚に接触すると有害）、皮膚腐食性・刺激性（重篤な皮膚の薬傷、皮膚刺激）、アレルギー性皮膚炎（アレルギー反応を起こすおそれ）の3つが考えられますが、それぞれの毒性メカニズム（作用）は異なります。急性毒性や皮膚腐食性・刺激性の場合には、当然接触は避けるでしょうが、接触した場合でも素早く対処すれば重篤な障害を防ぐことができるでしょう。一方、アレルギー反応の恐れがある場合には、初めから極力触れないような努力をするでしょう。健康障害対策あるいは応急措置はそれぞれの毒性により異なります。注意書きだけでは情報として十分とはいえないのです。

さて2012年、危険性・有害性情報の伝達（ラベルとSDS）に関して大きな動きがありました。労働安全衛生規則第24条14、15、16（資料編166頁参照）と化管法に関する省令（指定化学物質等の性状および取扱いに関する情報の提供の方法等を定める省令）の改正があり、すべての危険・有害な化学品にはラベルの貼付およびSDSの添付が努力義務になり

ました（従来から義務になっているものはそのままです）。

【*GHSと消費者製品*】
上記の規制は事業者間での情報伝達に限られているため、消費者製品は規定外になっています。さらに消費生活用品安全法や家庭用品品質表示法にはGHSで規定しているような危険性・有害性に関するラベル表示システムはないので、消費者には十分な危険性・有害性情報は伝わらないということになっています。

労働安全衛生法では消費者製品については規定していないと書きましたが、これは消費者向けの最終的な製品についてであり、事業場内でその製造のために使用される化学品は労働安全衛生法、つまりJIS（GHS）の分類や表示（SDS、ラベル）の対象になります。

2014年には、「2-2-1-2 改正労働安全衛生法におけるリスクアセスメント」で紹介したように、労働安全衛生法が改正されラベルの貼付義務対象物質数を640（現SDS交付対象と同じ物質）にすることになりました。GHSで規定するようにすべての危険・有害な物質ではありませんが、ラベルの対象物質の義務化が一歩進みました。

表2-12-2にラベルとSDSを規定している関連法令とその対象物質を示しました。

日本にはGHSをそのまま導入できる法令が無かったこと、GHSは膨大な文書からなっていること、さらにGHSは2年毎に改訂されること等から、これを法ではなく日本工業規格（JIS）にして法令が参照するということが発案され、以下のようなJISが制定され、活用されています。

JIS Z 7250：2005　化学物質等安全データシート（MSDS）（2010年に改訂）

JIS Z 7251：2006　GHSに基づく化学物質等の表示（2010年に改訂）

JIS Z 7252：2009　GHSに基づく化学物質

第2章　職場の化学品管理

表2-12-2　ラベルとSDSを規定している関連法令とその対象物質

	ラベル【根拠条文等】	SDS【根拠条文等】
労働安全衛生法	640物質−義務【法第57条】 （平成28年6月1日施行） （平成29年3月1日　27物質追加）	640物質−義務 【法第57条の2】 （平成29年3月1日　27物質追加）
労働安全衛生規則	危険有害化学物質等−努力義務 【労働安全衛生規則第24条の14】	特定危険有害化学物質等−努力義務 【労働安全衛生規則第24条の15】
化管法関連	●指定化学物質（第1種462,第2種100）−努力義務 【指定化学物質等の性状および取扱いに関する情報の提供の方法等を定める省令】 ●指定化学物質以外−努力義務 【指定化学物質等取扱事業者が講ずべき第1種指定化学物質等および第2種指定化学物質等の管理に係る措置に関する指針】	●指定化学物質（第1種462,第2種100）−義務 【指定化学物質等の性状および取扱いに関する情報の提供の方法等を定める省令】 ●指定化学物質以外−努力義務 【指定化学物質等取扱事業者が講ずべき第1種指定化学物質等および第2種指定化学物質等の管理に係る措置に関する指針】

注記：労働安全衛生法関連および化管法関連法令では、ラベルおよびSDSの作成はJIS Z 7253に従って行えば、法令で定める記載要件を概ね満たすとしています。

等の分類方法（2014年に改訂）

JIS Z 7253：2012　GHSに基づく化学品の危険有害性情報の伝達方法（これによりJIS Z 7250およびJIS Z 7251は廃止）

これらの規格は日本規格協会（www.jsa.or.jp）のサイトで購入できます。

以上述べたように日本国内においてもGHSの導入が徐々に進んできましたが、事業者のGHS対応はSDSおよびラベル作成に偏重しているように思われます。つまりSDSおよびラベルに記載される内容がGHS（すなわちGHSを導入した法令）に合致しているかどうかが注目されているようです。GHSは化学品の危険性・有害性をわかりやすく作業者や消費者に伝えることを目的に開発されたものであり、事業者においては当然ながら自社の労働者に対する情報の提供および教育が第一に実行されていなければなりません。これは法制度の成り立ちにも関係しており、今後のわが国における大きな課題といえます。

日本でのGHSの法令への導入は欧米のようにはいきませんでしたが、GHSの普及に向けた活動は進んでいます。GHS文書英語版の邦訳出版、関連JISの策定、SDSの交付が義務付けられている約1,500物質の政府（厚生労働省、経済産業省、環境省）によるGHSに基づいた分類、この分類結果の公表（製品評価技術基盤機構NITEのウェブサイト*1）、さらにSDSやラベルの作成例の公表（厚生労働省職場のあんぜんサイト*2）、GHSに関する啓蒙・教育活動などです。政府による危険・有害な物質のGHSに基づいた分類およびその公表はさらに継続されており、2016年現在約3,000物質になっています。GHSに基づいた分類は世界に先駆けて行われたものでした。そしてこの分類結果の英訳版も公表（NITEウェブサイト*3）されており、これらの情報は世界各地で参照され活用されています。

上記の分類結果は単一の物質についてのものですが、化学製品のほとんどは混合物でありこれらの分類は簡単ではありません。そこで経済産業省では事業者を支援するために、混合物の分類ソフトを開発しこれを公開しています。使用を希望する人は「GHS混合物分類判定システム」*4からソフトウェアをダウンロードできるようになっています。

また筆者がGHSおよびRTDGに関連した下記の情報を掲載したサイト*5を開設していますので参考にしていただければ幸いです。

- 国連勧告GHS　最新改訂版（日本語、英語）
- 国連危険物輸送勧告　最新改訂版（日本語、英語）
- 国連危険物輸送勧告　試験および判定基準マニュアル　最新改訂版（日本語、英語）
- 欧州CLP規則（附属書は除く）（日本語、英語）
- 米国危険有害性周知基準（HCS）（日本語、英語）
- OECD毒性試験ガイドライン（日本語）
- GHSに関する教育用ツール（日本語、英語）
- GHS専門家小委員会報告書　最近報告（日本語、英語）
- ＊1　http://www.safe.nite.go.jp/ghs/ghs_index.html
- ＊2　http://anzeninfo.mhlw.go.jp/anzen_pg/GHS_MSD_FND.aspx
- ＊3　http://www.safe.nite.go.jp/english/ghs/ghs_download.html
- ＊4　http://www.meti.go.jp/policy/chemical_management/int/ghs_auto_classification_tool_ver4.html
- ＊5　http://jonai.medwel.cst.nihon-u.ac.jp

2-12-3　GHSに関する欧米の関連法規

2-12-3-1　欧州REACH

　2007年に欧州連合で、「化学品の登録、評価、認可および制限（Registration, Evaluation, Authorization and Restriction of Chemicals：REACH）に関する欧州議会および理事会規則」が発効しました。これは、①人の健康および環境の保護を確実なものにする、②化学品の流通を域内でより自由に行う、③化学品の危険性・有害性に関する評価方法の開発を促進する等の目的により、化学品の危険性・有害性および製造量あるいは輸入量にしたがって、登録、評価、認可、制限などの措置を行う制度です。

　年間1t以上を製造あるいは輸入する業者は当該化学品を欧州化学品庁に登録しなければなりません。登録しなければ上市（市場に出す）ができません。製造あるいは輸入量が大きくなるにしたがって提出すべき書類・項目が増大します。登録の届出書類には製造者・輸入者名、物質の特定、製造者あるいは使用者に関する情報、物質の分類およびラベル、有害性評価・リスクアセスメント（10 t以上）などについて記載しなければなりません。登録のスケジュールは製造・輸入量によって異なり、移行期間があります。

　欧州化学品庁は提出された書類について評価を行い、問題が無ければ販売が可能になり、高懸念化学品については認可が必要となります。高懸念化学品とは、発がん性・変異原性・生殖毒性の区分1および区分2のもの、残留性、蓄積性、毒性を有するもの、残留性および蓄積性が極めて高いものなど（附属書に記載）です。また評価の結果、リスク軽減措置が必要と判断された場合には製造、上市、使用が制限されます。

　このREACHが策定された背景には、化学品の危険性・有害性に関する情報収集が遅々として進まない現状がありました。1967年に制定された理事会指令によって、化学製品の包装にはその危険性・有害性に関する表示が義務化され、そのためのデータは新規物質の場合には事業者が取り、既存物質については行政の役割でした。1967年以降に登録された新規物質2,700物質には非常に多くの資源が投入され有害性評価がなされました。一方、既存物質は1981年当時10万を超えているにもかかわらず、行政の有害性評価が進まず、これらに関する情報が極めて不足する事態に陥りました。このような状況で、REACHでは製造・輸入業者に既存物質も含めて危険性・有害性等の情報提供の義務を課すことになりました。

　わが国でも化学物質審査規制法の改正が行われて、欧州におけるREACHと同様、既存

第2章　職場の化学品管理

物質のリスクアセスメントも供給者（製造者・輸入業者等）が行うようになりました（2010年）。

REACHではSDSを規定していて、SDSにはその化学製品の安全な使用方法や対策について記載しなければなりません。さらに高毒性の物質等一定の条件のもとでは、詳細な使用方法、安全対策さらにばく露シナリオをSDSに添付することが求められています。

2-12-3-2　欧州CLP規則

欧州では1970年代から化学品を市場に出す際には危険性・有害性をラベルに表示しなければならないという規制（理事会指令67/548/EEC）がありました。この中に日本でもなじみのあるリスク（R）フレーズやセイフティ（S）フレーズが決められています。この理事会指令はGHS策定の大きな柱の一つになっています。

2008年に新たにGHSを導入した欧州の規則（EC）No.1272/2008が公布されました。これはCLP規則（Regulation on Classification, Labelling and Packaging of substances and mixtures）とよばれ、分類、ラベルおよび包装について規定しています。つまりCLP規則にはGHSの分類とラベルに関する内容が含まれています（SDSはREACHに含まれます）。2010年以降に暫定期間を経てCLP規則が先の理事会指令にとって代わることになりました。

CLP規則では、理事会指令の化学品の危険性・有害性に関する分類および表示（リスクフレーズなど）に関するリストを受け継いで、GHS分類に書き換えています。このリストは約7,000物質に及び、欧州ではこのリストにしたがってSDSやラベルを作成する必要があります。

2-12-3-3　米国危険性・有害性周知基準（HCS）

米国では危険性・有害性の情報伝達に関連する規制として労働省労働安全衛生庁（OSHA）の危険性・有害性周知基準（Hazard Communication Standards：HCS）（1983年制定）があります。OSHAは長年にわたり労働者の「知る権利」を強調してきており、HCSはこの方針にしたがって策定されました。HCSは作業場が対象であるために、情報提供が事業者の労働者に対する義務として規定されています。HCSでは労働者への情報提供は定めていましたが、その内容および方法については詳細に定めていませんでした。

2012年にHCSはGHSを導入して改訂され、情報伝達の内容もGHSと同様に詳細に定められました。OSHAではGHS導入後、HCSの標語を「知る権利」から「理解する権利」に変更しました。これは情報を得る権利から、さらに進んで情報を理解し行動する権利に変わったといえます。GHSにより情報が誰でも理解可能になったという事と共に、政府も事業者もしっかり教育・訓練をする必要があるという事でもあります。

HCSは労働省の法令であるために、GHSで定義されている危険性・有害性のうち環境有害性は除かれていますが、これは環境保護庁（EPA）の法令でカバーされるでしょう。またHCSは危険性・有害性の情報伝達に関するものであり、欧州同様、具体的な化学品のリスクマネジメントに係る法令とは切り離されています。

またHCSでは、欧州連合とは異なり、危険性・有害性の種類や区分に関する強制的な物質リストはありません。

2-12-4　国連危険物輸送に関する勧告

化学品の物理化学的危険性については、国際連合から危険物輸送に関する勧告（Recommendations on the Transport of Dangerous Goods：RTDG）が1950年代にす

でに出されており、危険性の分類と表示に関して統一的な基準が世界的に導入されてきました。これも条約ではなく勧告ですが、世界各国で法令に導入されています。RTDGは各国間での危険物の輸送に大きな役割を果たしてきました。

このRTDGは改訂が重ねられ2015年現在第19版を数えます。この文書中には約3,000物質について危険性および急性毒性等に関する分類結果が示されており、これにより輸送中の包装要件が決まります。

RTDGはGHSのモデルにもなり、危険性についての判定基準はほぼGHSと一致しています

が、ラベル表示は絵表示（標札）のみであるなど輸送関係者に特化したシステムです。**図2-12-4**にRTDGで用いられる絵表示の例を示します。

日本でも船舶運送（危険物船舶運送および貯蔵規則）あるいは航空輸送（航空法施行規則）でRTDGが導入されています。陸上輸送では導入されていないので、これらの絵表示は一般にはなじみが薄いでしょう。なお、日本での陸上輸送では、毒物及び劇物取締法、消防法、高圧ガス保安法などが適用されています。

図2-12-4 危険物輸送に関する勧告で用いられる絵表示（標札）例

2-13　ハザードとリスク

　危険性・有害性（Hazard）とは、化学品がもともと持っている性質である危険性および有害性をいいます。この中には爆発や可燃性などの物理化学的危険性、急性毒性や発がん性などの健康有害性、さらに環境有害性などが含まれます。〔2-12-1 化学品の分類および表示に関する世界調和システム（GHS）参照〕

　リスク（Risk）とは、化学品が持つ危険性・有害性により労働者や消費者が受ける危害（事故災害や疾病）の可能性の大きさおよびその結果の大きさの程度です。

　このハザードとリスクの意味の違いおよびその利用方法の違いが明確になってきたのは1980年代のように思われます。そしてGHSの発行（2003年）以降さらにこれらの違いが認識されるようになりました。

　では、このハザード（危険性・有害性）とリスクは化学品管理の上ではどのように位置付けられ、どのように活用されているのでしょうか。

　GHSにおいて、ハザードに関する情報伝達の重要性が強調され、実践されています。情報伝達の目的は化学品の危険性・有害性の有無や重大性を直接作業者に知らせ災害を未然に防ぐことです。一方、リスクは危害の可能性ですが、その程度の見積りは第1章で見たようにリスクアセスメントにおける核心です。リスクの見積りには、定量的な方法と定性的な方法があること、そして定量的な方法では化学品の作業環境濃度（ばく露濃度）やばく露限界を用いて評価することを学びました。

　具体的にトルエンの健康有害性についてハザードとリスクの観点から見るとそれぞれ次のようになります；

<u>ハザード</u>（GHSによる分類結果−NITEウェブサイトの政府分類より抜粋）：
　ハザードを知ることは化学品管理の第一歩

です。GHSにおける危険性・有害性の分類においては、該当するそれら全てについて区分（重篤性）を決定し、それを情報伝達します。

・急性毒性（吸入）：ラットの4時間ばく露での半数致死濃度約4,000〜8,000ppm（区分4）

・皮膚腐食性／刺激性：ウサギの試験により中等度の刺激性と判断（区分2）

・眼に対する重篤な損傷性／眼刺激性：ウサギの試験により軽度の刺激性（区分2B）

・生殖毒性：人で高濃度または長期吸引した妊婦で早産、児に小頭、耳介低位、小顎、成長阻害などの報告、さらに少なくとも週3回のばく露で自然流産のオッズ比の増加（区分1A）、さらにトルエンは容易に胎盤を通過し母乳に分泌されるとの報告（追加区分：授乳に対するまたは授乳を介した影響）

・特定標的臓器毒性（単回ばく露）：人で750mg/m³を8時間の吸入ばく露で筋脱力、錯乱、協調障害、散瞳、3,000ppmでは重度の疲労、著しい嘔気、精神錯乱など、さらに重度の事故によるばく露では昏睡〔区分1（中枢神経系）〕
蒸気により意識を喪失した労働者の例やボランティアが低濃度のばく露で一過性の軽度上気道刺激を示したという報告〔区分3（麻酔作用、気道刺激性）〕

・特定標的臓器毒性（反復ばく露）：トルエンに平均29年間ばく露されていた印刷労働者30名と対照者72名の疫学調査研究で、疲労、記憶力障害、集中困難、情緒不安定、その他に神経衰弱性症状が対照群に比して印刷労働者に有意に多く、神経心理学的テストでも印刷労働者の方が有意に成績が劣った、トルエン嗜癖者に運動失調、共同運動障害、手足の振せん、大脳のびまん性萎縮が認められ、

MRI検査では大脳、小脳、脳幹部のびまん性萎縮、中枢神経系全般の灰白質と白質の差異の不鮮明化等が認められた、特に高濃度ばく露で中枢神経系の機能障害と同時に脳の萎縮、脳の白質の変化などの形態学的変化も生じることが報告されている、一方、嗜癖でトルエンを含有した溶剤を吸入していた19歳男性で、悪心嘔吐が続き入院し、腎生検で間質性腎炎が認められ腎障害を示した症例、トルエンの入った溶剤を飲んでいた26歳の男性で、急性腎不全を来たし、トルエンの腎毒性とみなされた症例など〔区分1（中枢神経系、腎臓）〕

・吸引性呼吸器有害性：炭化水素であり、動粘性率は0.86 mm²/s（40℃）（区分1）

リスク（日本産業衛生学会の許容濃度提案理由より抜粋）

トルエンの人および動物に対する生体影響に関しては多くの調査・研究があり、日本産業衛生学会では以下のようにまとめています。

・人での急性ばく露実験ではトルエン75ppmから100ppm以上のばく露濃度によって自覚症の増加と神経心理学的テストによる中枢神経機能の変化が生じる

・職場での慢性ばく露を受けている労働者の調査ではトルエン50ppmから80ppm以上のばく露濃度によって明らかな自覚症状の増加、神経心理学的テストによる中枢神経機能の変化が認められる

・嗜好者で高濃度のトルエンを吸入していたものでは中枢神経系の機能障害と同時に脳の萎縮、脳の白質の変化など中枢神経系の形態学的変化、腎の障害などが生じる

・動物実験では80ppmから100ppm以上のばく露濃度で視機能、脳波、睡眠の変化、海馬の組織形態学的変化、神経伝達物質等の変化が認められる

そしてこれらから許容濃度を50ppmと提案しています。許容濃度は「第1章 リス

ハザードとリスクの関係

　GHSの大きな役割はハザード（危険性・有害性）を伝えることですが、これはリスクを考えていないということではありません。そもそもハザードを分類するということはそれらに基づいてリスクの見積りをし、適正な管理を行うということです。ガスの急性毒性（気体）判断基準の設定において、このことを端的に示す興味深い議論がありました。GHS改訂初版まで急性毒性（気体）区分4の急性毒性推定値（ATE）は5,000ppmでした。つまりATEが5,000ppmを超えるガスには急性毒性をあらわす表示は不要ということになります。さて硫化水素の半数致死濃度を350ppmとして、この硫化水素の混合物に急性毒性に関する表示が不要になる濃度を求めると以下のようになります。

$$100 / ATEmix = C_{H_2S} / ATE_{H_2S}$$

$$C_{H_2S} = 100 \times ATE_{H_2S} / ATEmix = 100 \times 350 / 5,000$$

$$= 7 （\%）（70,000 \text{ ppm}）$$

つまり、硫化水素7%以下の混合物には急性毒性の表示は不要になります。半数致死濃度が350ppmなのに7%未満で表示不要はあまりに危険ではないか、という主張がありました。この結果、急性毒性（気体）区分4の急性毒性推定値（ATE）は改訂2版から20,000ppmになりました。この結果、硫化水素では1.75%（17,500 ppm）未満の混合物が急性毒性（気体）に関する表示が不要になったわけです。それにしても非常に高い濃度ですが、直接ボンベから吸入することは想定していません。

クアセスメント」でも見たように定量的なリスクの見積りに活用されます。

これらからわかるように一般に許容濃度のようなリスク管理のための指標は、比較的低濃度で現れる可逆的な生体影響に注目して設定されます。すなわちさまざまな生体影響を勘案して、一つの数値に収束させています。これは液体に接触して起きる刺激性皮膚炎や、吸引性呼吸器有害性（誤嚥性肺炎）などは許容濃度（ばく露限界）では考慮されていないという事でもあります。

また発がん物質や変異原性物質のばく露限界については考え方が異なるので、これについては「2-7-4 例：ベンゼンのばく露限界」を参照してください。

欧州ではハザードに関する情報伝達はCLP規則で、リスクアセスメントはREACHで規定されています。ハザードの情報伝達とリスクアセスメントは化学品管理における両輪なのです。

ハザードおよびリスクの情報を伝えその対応を考える手段をそれぞれハザードコミュニケーションおよびリスクコミュニケーションといいます。

ハザードコミュニケーションは、欧米の法令あるいはILO条約等で危険・有害な物質を扱う労働者に対する安全対策として重要視されてきました。労働者は危険性・有害性がわかれば適切に対処ができるように教育されているはずであるという前提があります。さらに法令による個別対応の管理には限界があることが多くの国や国際機関で指摘され、労働安全衛生マネジメントシステムの下に事業者の自主的管理に期待が寄せられるようになってきたという背景もあり、ハザードコミュニケーションの重要性が増しています。GHSは世界統一されたハザードコミュニケーションの一つの方法です。

一方、リスクコミュニケーションは、行政や企業が化学物質の危険性・有害性と利便性について市民と情報を共有し、共にその対応を考えること、といえます。実はリスクコミュニケーションは行政や企業が住民に対して与えるリスク、すなわち第三者に対して与えるリスクに理解を求める手段として発達してきました。これは化学品を扱う労働者はリスクを管理する立場にもあることの対比で考えると理解しやすいかもしれません。以上のような背景から、リスクコミュニケーションという言葉が事業場内の危険・有害な化学品管理の中で使用されることは少なかったように思います。今後、リスクアセスメントが義務化される中で、リスクコミュニケーションが労働者に対して使用される可能性があります。

2-14　危険性・有害性データの検索

危険性あるいは有害性に関する情報にはさまざまな種類およびデータの階層があります。危険性・有害性の種類にはGHSの分類の項で説明したように、爆発性、可燃性、急性毒性、発がん性、環境有害性などが挙げられます。また、データの階層には研究報告書、原著論文、総説、モノグラフ、総括情報、法令関連情報などがあります。この順序は実は物質の危険性・有害性についてあまり詳しくない人にとっては、取っ付き難い、つまりかなり専門的な知識が必要になる順です。逆に、法令関連情報、総括情報、モノグラフ、総説、原著論文、研究報告書の順序は比較的簡単に調べられる順でもあります。

物質の危険性・有害性に関するデータは膨大で、さらにその検索方法は目的により大きく異なるので、データ検索をこのような誌面で紹介することは非常に困難です。しかしデータの階層を知ることは、自分で出来ることと、出来ないこと（やってはい

けないこと）を判断するために非常に重要だと思いますので、データ階層を示す目的で、ベンゼンに関するデータ源を例示します。順序は、国内関連法令（特定化学物質障害予防規則）、総括情報（ICSC、RTDG、GHS）、モノグラフ（IPCS EHC）、原著論文（科学雑誌）です。これらを覗くと危険性・有害性情報のわかりやすさ、わかりにくさが理解できると思います。（膨大なデータの中から各階層の調べやすいものを選んでいます。）

1. 関連法令：特定化学物質障害予防規則
   http://law.e-gov.go.jp/htmldata/S47/S47F04101000039.html
   特定化学物質第2類一覧（労働安全衛生法施行令別表第3第2号）

2. 総括情報：
   ・国際化学物質安全性カードICSC
   http://www.nihs.go.jp/ICSC/icssj-c/icss0015c.html
   ・危険物輸送に関する勧告モデル規則第17版（オレンジブック）、726頁（ベンゼンの国連番号1114）－物理化学的危険性、輸送中の包装要件に関する情報
   ・ベンゼンのGHSに基づいた分類結果
   http://www.safe.nite.go.jp/japan/sougou/view/ComprehensiveInfoDisplay_jp.faces
   ・ベンゼンのGHSに基づいたラベルおよびSDS
   ラベル　http://anzeninfo.mhlw.go.jp/anzen/gmsds_label/lab0194.html
   SDS　http://anzeninfo.mhlw.go.jp/anzen_pg/GHS_MSD_DET.aspx

3. ベンゼンのモノグラフ
   http://www.inchem.org/documents/ehc/ehc/ehc150.htm

4. ベンゼンと発がんに関する疫学調査
   Yin S.-N., et al. "A cohort study of cancer among benzene-exposed workers in China：overall results", *Am J Ind Med*, 1996, 29：227-235.

実際にリスクアセスメントのために現場の担当者が利用できる情報源としては1、2が適当でしょう。3、4は生体影響（毒性）の専門家でなければ理解が困難だと思います。

ベンゼンのように危険性・有害性情報も比較的十分にある場合には、上記のようにそれぞれの階層のデータもあります。一方、法令対象物質でもなく、総括情報、モノグラフあるいは総説も見当たらないような物質の場合には、原著論文や実験報告書を検索しなければなりません。論文を読み、理解し、そこから化学品管理に必要な危険性・有害性情報を抽出することは簡単ではありません。専門家の協力が必要になります。

2-15　危険性およびその試験方法、有害性およびその試験方法

化学品の危険性や有害性を知るための重要な手段として試験がありますが、ここでは現在世界的に最もよく知られ、また活用されている試験方法が記載されている書籍およびサイトを紹介します。

危険性：危険物輸送に関する勧告　試験方法および判定基準のマニュアル第5版、2012年（化学工業日報社）
（本マニュアルは「2-12-4 国連危険物輸送に関する勧告」と対をなすものです。）

有害性：最新OECD毒性試験ガイドライン、2010年（化学工業日報社）
追録版最新OECD毒性試験ガイドライン、2011年（化学工業日報社）
OECDテストガイドラインは下記サイトで英語版が入手できます。
http://www.oecd.org/chemicalsafety/testing/oecdguidelinesforthetestingofchemicals.htm

2-16　危険性・有害性の予測

　物質の危険性・有害性に関するデータは、それを適切に管理するために必要不可欠ですが、数多くある物質のさまざまな危険性・有害性データをそろえることは容易ではありません。人も資金も膨大にかかる事業であり、また近年は動物愛護の観点から動物実験によるデータ採取が困難になっています。

　このような状況でさまざまな危険性・有害性に関して予測する技術あるいはデータベースの活用が不可欠になっています。以下、構造活性相関による分析、物質の性状に基づいた有害性に関する知見および混合危険について簡単に紹介します。

2-16-1　構造活性相関

　定量的構造活性相関（Quantitative Structure-Activity Relationship：QSAR）は化合物が持つ特徴的な部位（置換基）の電子的な性質、立体的な性質、疎水性（親水性）等を考慮して、同一または類似の化合物（誘導体や同族体）に共通の毒性を論理的に精度高く予測しようとするものです。対象となる生体影響としては、急性毒性、亜急性毒性、慢性毒性、刺激・アレルギー性、生殖・発生毒性、変異原性（遺伝毒性）、発がん性などです。

　これまでの研究で、例えば急性毒性ではオクタノール／水分配係数（水と油のどちらに良く溶けるかを示す係数、生体内蓄積性の目安となる）が、刺激性では水素イオン指数（pH）が、アレルギー性では化合物のたんぱく質（$-NH_2$、$-SH$）との反応性が、変異原性では物質（変異原）と遺伝子DNAの塩基やリン酸、関連タンパク質との親電子的反応による付加体の生成が相関を裏付ける要因の一つである事がわかってきました。

2-16-2　物質の性状

　物質の性状を理解しておくことで災害を未然に防ぐことができます。

【粉じんの粒径とじん肺】

　ある大きさの粒子は気道に吸入され、ある部位に沈着して有害な影響（刺激作用、アレルギー反応、じん肺など）を及ぼす可能性があります。粒子の動きはその大きさ、比重、形状、表面積、電荷などによりますが、じん肺の発生機序において最も重要な因子は粒子の大きさです。大きい粒子（$10 \sim 20\mu m$）は鼻と上気道に沈着し、それより小さい粒子（$5 \sim 10\mu m$）は気管と気管支に沈着し、そして$5\mu m$以下の粒子は、肺胞に届くことがあります。$0.5\mu m$以下の粒子は非常に小さく気体のようにふるまいます。典型的なじん肺である珪肺は、吸入しうる粒子の大きさ（流体力学直径：$0.5 \sim 5\mu m$）の二酸化ケイ素を多く含んだ粒子が肺胞まで侵入してできたものです。

　　μm（マイクロメータ）：100万分の1m、1,000分の1mm、ちなみに赤血球1個の大きさは約$8\mu m$

　　流体力学直径：実際の粉じんの形状はさまざまですが、粉じんの流体力学的な動態をモデル化し把握するために仮定した、粉じんを球形と仮定したときの直径をいいます。

　また、アスベスト（石綿）繊維は長径が$5\mu m$以上のものが肺内に侵入し健康障害（アスベスト肺、肺がん、悪性中皮腫など）に大きく関与するといわれています。これ以下の繊維の肺内滞留は少なくなります。労働衛生管理上も、長径が$5\mu m$以上、幅$3\mu m$以上、長さ対幅の比が3：1以上の繊維の制御（管理）を目標としています。

【ガスの比重とガス中毒あるいは窒息】

　有毒なガスを取り扱っているあるいは有毒なガスが発生する可能性のある職場では、それらのガスの比重を確認しておく必要があり

第2章　職場の化学品管理

ます。これによりガスによる中毒や窒息を未然に防ぐことができる可能性があります。ガスはその比重が空気よりも大きい場合には床面から充満し、小さい場合には天井付近から充満し始めます。しかし発生または漏えいしたガスの温度が周囲の空気温度と異なる場合には、その動きも標準状態の比重差によるものとは異なる場合があるので注意が必要です。ガスの比重の例を**表2-16-2-1**に示します。

【蒸気圧と有機溶剤中毒】

　蒸気圧が非常に高い物質は、その環境気中濃度が容易に高くなり、したがって呼吸器からの吸収も多くなり中毒が起こりやすくなり

ます。蒸気圧は物質管理を行う上で重要な指標の一つです。代表的な有機溶剤の蒸気圧を**表2-16-2-2**に示します。

【pHと皮膚や粘膜の腐食性／刺激性】

　pHは皮膚や粘膜の刺激性や腐食性の目安となります。

　人の皮膚は酸性側（pH 5.5～7.0）にあり、しかも緩衝作用（pHの変化を和らげる作用）がある事がわかっています。従って、一般にpH 4～8（中性域）の物質は、短時間の皮膚への接触であれば比較的安全だといえますが、pHがこれよりも大きく外れた場合には取り扱いに十分な注意が必要となります。

表2-16-2-1　ガスの比重の例〔0℃、1気圧で空気の密度（1.293 kg/Nm³）を1とした場合〕

名称	分子式	分子量	ガス比重
乾燥空気	*−*	*28.97*	*1*
ヘリウム	He	4.00	0.14
メタン	CH_4	16.04	0.55
一酸化炭素	CO	28.01	0.97
硫化水素	H_2S	34.08	1.19
アルゴン	Ar	39.95	1.38
二酸化炭素	CO_2	44.01	1.53
プロパン	C_3H_8	44.09	1.56
シアン	C_2N_2	52.04	1.81
ブタン	C_4H_{10}	58.12	2.09
ホスゲン	$COCl_2$	98.92	3.50

表2-16-2-2　有機溶剤の蒸気圧例

有機溶剤	蒸気圧（kPa, 20℃）
二硫化炭素	48
酢酸メチル	21.7
クロロホルム	21.2
ノルマルヘキサン	16
エチルアルコール	12.3
ベンゼン	10
トリクロロエチレン	7.8
トルエン	2.9
アセトン	2.0
p-キシレン	0.9
スチレン	0.7
ジエチレングリコールモノメチルエーテル	0.03

pH 2以下（強酸）あるいは11.5以上（強アルカリ）の物質は、GHSでは腐食性物質として分類されています。

【動粘性率と吸引性呼吸器障害】

物質が肺内に誤って吸引された場合、吸引性呼吸器障害（誤燕性肺炎）の原因となることがあります。これは原因物質が喉頭咽頭部分の上気道と上部消化官の岐路部分から肺内に吸引されて起きるものです。この原因物質としていくつかの炭化水素（石油留分）やテレピン油などが知られています。また、物質の動粘性率が吸引性呼吸器障害の原因の目安となることも知られており、GHSではこの目安を炭化水素系では20.5（mm²/s）（40℃）以下、その他の物質では14（mm²/s）（40℃）以下としています。

$$動粘性率（mm^2/s）＝粘性率（mPas）／密度（g/cm^3）$$

2-16-3　混合危険

2種またはそれ以上の物質が混合または接触して危険な状態となることを混合危険といいます。

混合危険としては以下のようなものがあります。

・混合により直ちに発火する。
・混合により爆発性混合物を生成する。
・混合により反応して、より危険な爆発性化合物を生成する。
・混合により反応して発熱する。
・混合により反応して危険なガスを発生する。
・混合により反応して有害または有毒な物質を生成する。

混合危険の例を**表2-16-3**に示します。

2-17　労働者教育

安全衛生に関する教育は労働者のみならず管理監督者、経営首脳者、安全衛生専門家などそれぞれの役割に応じた内容が体系化されていますが、ここでは労働者教育について説明します。（リスクアセスメントに特化した労働者教育は「第1章」および「2-6-2 リスクアセスメントの実施」【ステップ8】でも説明しています。）

労働安全衛生法第59条では、事業者に対して労働者の安全衛生教育を義務付けており、(1) 労働者を雇い入れたとき、(2) 作業内容を変更したとき、(3) 危険・有害な業務に就かせるときはこれを行わなければならない、としています。労働安全衛生法関連規則で規定されている化学物質を扱う業務では作業者教育が必要になりますが、これは雇入れ時に行わなければなりません。(3) に対しては石綿作業やある種の粉じん作業などが列挙されており、別に定めた特別の教育を行う必要があります。

雇入れ時に行う作業者教育の内容は以下の通りです（労働安全衛生規則第35条）。

一　機械等、原材料等の危険性または有害性およびこれらの取り扱い方法に関すること。

二　安全装置、有害物抑制装置または保護具の性能およびこれらの取り扱い方法に関すること。

三　作業手順に関すること。

四　作業開始時の点検に関すること。

五　当該業務に関して発生するおそれのある疾病の原因および予防に関すること。

六　整理、整頓（とん）および清潔の保持に関すること。

七　事故時等における応急措置および退避に関すること。

八　前各号に掲げるもののほか、当該業務に関する安全または衛生のために必要な事項。

ここで最も重要な点は、「一　機械等、原材料等の危険性または有害性およびこれらの

第2章　職場の化学品管理

表2-16-3　混合危険の組み合わせ例

物質A	物質B	可能性のある現象
爆発・発火等の危険		
酸化剤	可燃物	爆発性混合物の生成
塩素酸塩	酸	混触発火
亜塩素酸塩	酸	混触発火
次亜塩素酸塩	酸	混触発火
無水クロム酸	可燃物	混触発火
過マンガン酸カリウム	可燃物	混触発火
過マンガン酸カリウム	濃硫酸	爆発
四塩化炭素	アルカリ金属	爆発
ニトロ化合物	アルカリ	高感度物質の生成
ニトロソ化合物	アルカリ	高感度物質の生成
アルカリ金属	水	混触爆発
ニトロソアミン	酸	混触発火
過酸化水素水	アミン類	爆発
エーテル	空気	爆発性有機過酸化物の生成
オレフィン炭化水素	空気	爆発性有機過酸化物の生成
塩素酸塩	アンモニウム塩	爆発性アンモニウム塩の生成
亜硝酸塩	アンモニウム塩	不安定アンモニウム塩の生成
塩素酸カリウム	赤燐	打撃・摩擦に敏感な爆発物の生成
アセチレン	銅	打撃・摩擦に敏感な爆発物の生成
ピクリン酸	鉛	打撃・摩擦に敏感な爆発物の生成
濃硝酸	アミン類	混触発火
過酸化ナトリウム	可燃物	混触発火
有毒ガス等の発生		
亜硝酸塩	酸	亜硝酸ガスの発生
アジド	酸	アジ化水素の発生
シアン化合物	酸	シアン化水素の発生
次亜塩素酸塩	酸	塩素または次亜塩素酸ガスの発生
硝酸	銅などの金属	亜硝酸ガスの発生
硝酸塩	硫酸	亜硝酸ガスの発生
セレン化物	還元剤	セレン化水素の発生
テルル化物	還元剤	テルル化水素の発生
ヒ素化物	還元剤	ヒ化水素の発生
硫化物	酸	硫化水素の発生
リン	苛性カリ、還元剤	リン化水素の発生

（日本化学会編、化学便覧　応用化学編Iプロセス編p808、丸善、1991）
（化学同人編集部編、実験を安全に行うために　p22、化学同人、2005）

取り扱い方法に関すること」であると考えます。化学品を直接扱う作業者が危険性・有害性を知らなければ、あるいは知らされなければ、それを適切に扱うのは困難であり、健康障害予防対策も災害時の緊急対応もできないからです。ところが「2-12-2 日本におけるGHSの導入」でも述べたように、日本では限られた物質についてのみ危険性・有害性に関する情報伝達が義務化されています。つまり教育の根幹にかかわる部分が抜けていることになります。労働者教育は危険性・有害性が知られているすべての物質についてなされなければなりません。そして労働者に対するGHSラベルに関する教育が必要不可欠です。また、製品のラベルのみならず作業場内での表示も大切で、JIS Z 7253ではこれについて以下のように規定しています（詳細はJIS Z 7253 参照）。

5.3 作業場内の表示による情報伝達方法

5.3.1 一般

化学品を5.1 に従って分類した結果,危険性・有害性クラスおよび危険性・有害性区分に該当した化学品を作業場内で取り扱うときは,化学品の危険性・有害性に関する明確な情報の伝達が作業場内においても徹底しなければならない。また,作業場で用いられる化学品の危険性・有害性に関する情報の内容について,化学品を取り扱う者が理解できるよう周知されなければならない。

受領者が作業環境に関する特定の指示書を作成する場合には,関連するSDS に記載された事項を考慮することが望ましい。

5.3.2 作業場の容器への表示

受領者は,作業場に供給された容器に貼付されたラベルを作業場内でもそのまま貼付しておき,ラベルの情報を活用できるようにする。また,作業場に供給された容器以外の作業場内で使用する容器にもラベルの情報を活用できるようにする。

また、労働安全衛生法第97条には（労働者の申告）として以下の条文があります。日本においてはあまり一般的ではないように感じますが、労働者が自らの身を守る最後の手段でもあり、この条文を労働者に周知させるような事業者であってほしいと思います。

第九十七条　労働者は、事業場にこの法律またはこれに基づく命令の規定に違反する事実があるときは、その事実を都道府県労働局長、労働基準監督署長または労働基準監督官に申告して是正のため適当な措置をとるように求めることができる。

2　事業者は、前項の申告をしたことを理由として、労働者に対し、解雇その他不利益な取扱いをしてはならない。

「2-6-2 リスクアセスメントの実施【ステップ8】ばく露を防止し、または低減するための措置の検討」では労働衛生教育の実施についてその内容を具体的に述べていますので、そちらも参照してください。

2-18　労働安全衛生法関連の資格者

労働安全衛生法関連の化学物質に関係する資格者としては以下のようなものがあります。カッコ内は規定している法令および条項を示しています。

ガス溶接作業主任者（安衛則314、315、316）、ガス溶接作業者〔安衛令20 (10)〕

アーク溶接作業者〔安衛則36 (3)〕

発破技士〔安衛令20 (1)、安衛則318〕

酸素欠乏危険作業主任者（酸欠則11）、酸素欠乏危険作業者〔安衛則36 (26)、酸欠則12〕

特定粉じん作業者〔安衛則36 (29)、粉じん則22〕

核燃料物質等取扱い業務従事者〔安衛則36 (28-2)、(28-3)〕

特定化学物質作業主任者（特化則27、28）

鉛作業主任者（鉛則33、34）

四アルキル鉛等作業主任者（四アルキル鉛則14、15）、四アルキル鉛作業者〔安衛則36（25）、四アルキル鉛則21〕

有機溶剤作業主任者（有機則19、19-2）

廃棄物処理施設作業従事者〔安衛則36（34）、（35）、（36）〕

石綿作業主任者（石綿則19、20）

さらに健康管理や環境管理等に係る専門家として以下のものもあります。

産業医（安衛法13、安衛則13）

産業歯科医師（安衛則14）

衛生管理者（安衛法12）

安全衛生推進者、衛生推進者（安衛法12-2）

労働衛生コンサルタント（安衛法81）

作業環境測定士（作業環境測定法2）

引用・参考文献

- ILO産業安全保健エンサイクロペディア改訂4版、労働調査会、2001
- 労働科学研究所編、労働衛生ハンドブック、労働科学研究所、1988
- 安全の指標（平成27年度）、中央労働災害防止協会、20015
- 労働衛生のしおり（平成27年度）、中央労働災害防止協会、20015
- 久谷與四郎、事故と災害の歴史館、中央労働災害防止協会、2008
- 日本産業衛生学会、許容濃度提案理由書集、中央労働災害防止協会、2000
- 化学物質のリスクアセスメント・リスクマネジメントハンドブック、日本作業環境測定協会、2007
- 化学品の分類および表示に関する世界調和システム（GHS）改訂5版、化学工業日報社、2013
- United Nations Transport of dangerous goods-Model regulations-14th edition, 2005
- 産業医学シリーズ　有機溶剤、産業医学振興財団、1987
- 化学同人編集部編、実験を安全に行うために、化学同人、2005
- 中西準子、東野晴行編、化学物質リスクの評価と管理、丸善、2005
- リスクアセスメント担当者の実務、中央労働災害防止協会、2003
- 職場のリスクアセスメントの実際、中央労働災害防止協会、1999
- 畠中信夫、労働安全衛生法のはなし、中央労働災害防止協会、2001
- 作業環境測定のための労働衛生の知識、日本作業環境測定協会、1998
- 化学物質のリスクアセスメント・リスクマネジメントハンドブック、日本作業環境測定協会、2007
- 厚生労働省化学物質管理課　これからの化学物質の管理、中央労働災害防止協会、2000
- リスクアセスメント担当者の実務、中央労働災害防止協会、2001
- 社団法人日本保安用品協会編著　保護具ハンドブック、中央労働災害防止協会、2007
- 田中茂編著、そのまま使える安全衛生保護具チェックリスト集、中央労働災害防止協会、2006
- 日本保安用品協会編著、保護具ハンドブック、中央労働災害防止協会、2007
- 有機溶剤作業主任者テキスト、中央労働災害防止協会、2014
- 特定化学物質・四アルキル鉛等作業主任者テキスト、中央労働災害防止協会、2014
- WHO, Environmental Health Criteria 210, Principles for the Assessment of Risks to Human Health from Exposure Chemicals. WHO（日本語訳　化学物質の健康リスク評価、丸善、1999）
- WHO, Environmental Health Criteria 19 Hydrogen Sulfide, WHO, 1981
- WHO, Environmental Health Criteria 150 Benzene, WHO, 1993
- Ambient factors in the workplace, An ILO code of practice, ILO, 2001
- 2014 ACGIH TLVs and BEIs, ACGIH, 2014
- Hazard Communication in the 21st Century Workplace, March 2004 Executive Summary http://www.osha.gov/dsg/hazcom/finalmsdsreport.html
- ILO Control Banding, ILO safe work http://bravo.ilo.org/public/english/protection/safework/ctrl_banding/index.htm
- COSHHの必須事項やさしい化学物質管理（COSHH Essentials: Easy step to

control of chemicals) http://www.coshh-essentials.org.uk/
- 「アジェンダ21」第19章「危険有害物の不法な国際取引の防止を含む有害化学物質の適正な管理」http://www.un.org/esa/sustdev/agenda21chapter19.htm
- REACH日本語版 環境省仮訳 http://www.env.go.jp/chemi/reach/reach.html
- 城内博、化学物質とどうつきあうか、中央労働災害防止協会、2009
- GHS文書（http://www.mhlw.go.jp/new-info/kobetu/roudou/ghs/index.html）厚生労働省、（http://www.meti.go.jp/policy/chemical_management/kokusai/GHS/GHStexts/kariyaku.htm）経済産業省、（http://www.env.go.jp/chemi/ghs/kariyaku.html）環境省

資 料 編

【化学品管理関連法令】

消防法

目的：火災を予防し、警戒し及び鎮圧し、国民の生命、身体及び財産を火災から保護するとともに、火災又は地震等の災害に因る被害を軽減し、もつて安寧秩序を保持し、社会公共の福祉の増進に資することを目的とする。

内容：火災の予防、危険物、消防の設備、火災の警戒、消火の活動、火災の調査、救急業務等について規定している。危険物は以下のように分類されている。

第一類：酸化性固体（塩素酸塩類、無機過酸化物、重クロム酸塩類等）

第二類：可燃性固体（赤りん、硫黄、金属粉、マグネシウム、引火性固体等）

第三類：自然発火性物質及び禁水性物質（黄りん、アルカリ金属、金属の水素化物等）

第四類：引火性液体（石油類、アルコール類、動植物油類等）

第五類：自己反応性物質（有機過酸化物、硝酸エステル類、ニトロ化合物、ジアゾ化合物等）

第六類：酸化性液体（過塩素酸、過酸化水素、硝酸等）

化学物質の性質に応じて運搬容器の外部に「火気・衝撃注意」、「可燃物接触注意」、「禁水」、「火気厳禁」、「水溶性」などの注意表示がされる。

火薬類取締法

目的：火薬類の製造、販売、貯蔵、運搬、消費その他の取扱を規制することにより、火薬類による災害を防止し、公共の安全を確保することを目的とする。

内容：製造の許可、販売の許可、製造施設及び製造方法、貯蔵、運搬、廃棄等について規定している。

火薬類には、火薬（黒色火薬、無煙火薬など）、爆薬（アジ化鉛等起爆剤、ニトログリセリンなど）、火工品（工業雷管、導爆線、煙火等）がある。

鉄道では包装外部に「火薬」、「爆発」、「火工品」と赤書、道路輸送では外装に種類、数量などを標示する。

高圧ガス保安法

目的：高圧ガスによる災害を防止するため、高圧ガスの製造、貯蔵、販売、移動その他の取扱及び消費並びに容器の製造及び取扱を規制するとともに、民間事業者及び高圧ガス保安協会による高圧ガスの保安に関する自主的な活動を促進し、もつて公共の安全を確保することを目的とする。

内容：製造の許可、製造のための施設及び製造方法、貯蔵、危害予防規定、保安教育、保安統括者、販売主任者及び取扱主任者、火気等の制限、容器（製造、検査、刻印、表示、充填、付属品等）等について規定している。圧縮ガス及び液化ガスが対象となる。可燃性ガス（アセチレン、アンモニア、一酸化炭素、エチレン、水素、二硫化炭素、プロパンなど）には「燃」、毒性ガス（亜硫酸ガス、アルシン、アンモニア、一酸化炭素、塩素、シアン化水素、二硫化炭素、ベンゼン、ホスゲン、硫化水素など）には「毒」の文字が容器に記入される。毒性ガスとしては「じょ限量」（ACGIHの時間加重平均ばく露限界（TLV-TWA）と同等）で200ppm以下のものが目安とされている。

労働基準法

目的：労働条件は、労働者が人たるに値する生活を営むための必要を充たすべきものでなけれ

ばならない。この法律で定める労働条件の基準は最低のものであるから、労働関係の当
　　　事者は、この基準を理由として労働条件を低下させてはならないことはもとより、その
　　　向上を図るように努めなければならない。
　内容：厚生労働省令で定める健康上特に有害な業務の労働時間の延長は、一日について二時間
　　　を超えてはならない。満18歳未満の者、妊娠中の女性及び産後一年を経過しない女性
　　　の危険有害業務の制限が規定されている。妊娠中の女性に就かせてはならない業務に、
　　　鉛、水銀、クロム、砒素、黄りん、弗素、塩素、シアン化水素、アニリン等のガス、蒸
　　　気又は粉じんを発散する場所における業務が挙げられている。

労働安全衛生法

　目的：労働災害の防止のための危害防止基準の確立、責任体制の明確化及び自主的活動の促進
　　　の措置を講ずる等その防止に関する総合的計画的な対策を推進することにより職場にお
　　　ける労働者の安全と健康を確保するとともに、快適な職場環境の形成を促進することを
　　　目的とする。
　内容：安全管理体制（統括安全衛生責任者、安全衛生委員会等）、健康障害の防止措置（設備、
　　　保護具等）、有害物に関する規則（製造禁止、許可、表示、安全性情報の取得・提供等）、
　　　就業に当たっての措置（安全衛生教育、就業制限等）、健康管理（作業環境測定、健康診
　　　断等）、快適な職場環境の形成等の原則が述べられている。
　　　それぞれの措置の対象となる有害作業や物質は、特定化学物質障害予防規則、有機溶剤
　　　中毒予防規則、粉じん障害防止規則、鉛中毒予防規則、四アルキル鉛中毒予防規則、電
　　　離放射線障害防止規則、石綿障害予防規則で列挙されている。
　　　製品のラベルに危険有害性に関する情報を記載しなければならない物質、安全データ
　　　シート（SDS）交付が義務付けられている物質、リスクアセスメントが義務付けられて
　　　いる物質が640定められている。

建築物における衛生的環境の確保に関する法律

　目的：多数の者が使用し、又は利用する建築物の維持管理に関し環境衛生上必要な事項等を定
　　　めることにより、その建築物における衛生的な環境の確保を図り、もつて公衆衛生の向
　　　上及び増進に資することを目的とする。
　内容：建築物内の一酸化炭素、二酸化炭素、浮遊粉じん、ホルムアルデヒド等の測定及び評価
　　　を行う。

化学物質の審査及び製造等の規制に関する法律

　目的：難分解性の性状を有し、かつ、人の健康を損なうおそれ又は動植物の生息若しくは生育
　　　に支障を及ぼすおそれがある化学物質による環境の汚染を防止するため、新規の化学物
　　　質の製造又は輸入に際し事前にその化学物質が難分解性等の性状を有するかどうかを審
　　　査する制度を設けるとともに、その有する性状等に応じ、化学物質の製造、輸入、使用
　　　等について必要な規制を行うことを目的とする。
　内容：試験結果により、製造・輸入の原則禁止（第1種特定化学物質：PCB、DDT、ヘキサク
　　　ロロベンゼンなど31種）、製造・輸入予定数量の届出、技術上の指針遵守、表示義務等（第
　　　2種特定化学物質：トリクロロエチレン、テトラクロロエチレン、四塩化炭素、トリブ
　　　チルスズ＝メタクリラートなど23種）の規制を受ける。
　　　第2種特定化学物質あるいはそれらが使用されているものの容器、包装又は送り状には、

環境の汚染を防止するための措置等を表示する。

化学兵器の禁止及び特定物質の規制等に関する法律

目的：化学兵器の開発、生産、貯蔵及び使用の禁止並びに廃棄に関する条約の的確な実施を確保するため、化学兵器の製造、所持、譲渡し及び譲受けを禁止するとともに、特定物質の製造、使用等を規制することを目的とする。

内容：日本では化学兵器が存在しないことになっており、サリン等の特定物質の製造、使用についての許可制、その所持、廃棄にいたるまでの管理規定、化学兵器の原料となりうるもの（指定物質）の製造等の届出、条約に関連した届出を規定している。対象となる57物質がリストアップされている。

特定化学物質の環境への排出量の把握及び管理の改善の促進に関する法律（PRTR法）

目的：環境の保全に係る化学物質の管理に関する国際的協調の動向に配慮しつつ、化学物質に関する科学的知見及び化学物質の製造、使用その他の取扱いに関する状況を踏まえ、事業者及び国民の理解の下に、特定の化学物質の環境への排出量等の把握に関する措置並びに事業者による特定の化学物質の性状及び取扱いに関する情報の提供に関する措置等を講ずることにより、事業者による化学物質の自主的な管理の改善を促進し、環境の保全上の支障を未然に防止することを目的とする。

内容：一定の条件を満たす事業者が、指定された化学物質（2015年現在462物質）について、環境への排出量を大気、水域、土壌に分け、また廃棄物としての移動量を都道府県知事に届け出る制度である。人の健康を損なうおそれ、動植物の生息・生育に支障を生ずるおそれ、オゾン層を破壊し太陽紫外放射の地表に到達する量を増加させることにより、人の健康を損なうおそれがある等の物質が対象となり、24業種が指定されている。

また指定された化学物質（アクリルアミド、エチレンオキシド、有機スズ化合物、ベンゼン、ホスゲンなど（2015年現在562物質）を譲渡または提供する場合には、安全データシート（SDS）を交付しなければならない。

毒物及び劇物取締法

目的：毒物及び劇物について、保健衛生上の見地から必要な取締りを行うことを目的とする。

内容：急性毒性や皮膚刺激性を持つ、毒物及び劇物として指定された物質に関して、その製造、輸入、販売、取扱の段階を通じて規制している。取扱い、表示、譲渡手続き、廃棄、運搬・貯蔵、事故の際の措置等について規定されている。毒物の方が劇物よりもより少ない量で死に至らしめる、すなわち毒性が強い物質である。毒物（黄燐、クラーレ、シアン化水素、砒素など）と劇物（アンモニア、塩化水素、クロロホルム、硝酸など）合わせて約500種類の物質にSDSを添付することが求められる。

毒物には赤地に白文字で「医薬用外毒物」と、劇物には白字に赤文字で「医薬用外劇物」と表示する。

医薬品、医療機器等の品質、有効性及び安全性の確保等に関する法律（医薬品医療機器等法）

目的：医薬品、医薬部外品、化粧品及び医療機器の品質、有効性及び安全性の確保のために必要な規制を行うとともに、指定薬物の規制に関する措置を講ずるほか、医療上特にその必要性が高い医薬品及び医療機器の研究開発の促進のために必要な措置を講ずることにより、保健衛生の向上を図ることを目的とする。

内容：医薬品等の製造・販売業、医薬品等の基準及び検定、毒薬及び劇薬の取扱い、医薬品の

資　料　編

取扱い、医薬部外品の取扱い、化粧品の取扱い、医薬品等の広告等について規定している。

麻薬及び向精神薬取締法

目的：麻薬及び向精神薬の輸入、輸出、製造、製剤、譲渡し等について必要な取締りを行うとともに、麻薬中毒者について必要な医療を行う等の措置を講ずること等により、麻薬及び向精神薬の濫用による保健衛生上の危害を防止し、もつて公共の福祉の増進を図ることを目的とする。

内容：免許、禁止及び制限、取扱、業務に関する記録及び届出、麻薬中毒患者に対する措置、罰則等について規定している。

農薬取締法

目的：農薬について登録の制度を設け、販売及び使用の規制等を行なうことにより、農薬の品質の適正化とその安全かつ適正な使用の確保を図り、もつて農業生産の安定と国民の健康の保護に資するとともに、国民の生活環境の保全に寄与することを目的とする。

内容：製造、輸入、販売、防除業者に対して、殺虫剤、殺菌剤、成長抑制剤、発芽抑制剤等の公定規格（有効成分量や最大含有量）、登録、表示、虚偽の宣伝の禁止等について規制している。

食品衛生法

目的：食品の安全性の確保のために公衆衛生の見地から必要な規制その他の措置を講ずることにより、飲食に起因する衛生上の危害の発生を防止し、もつて国民の健康の保護を図ることを目的とする。

内容：使用しても良い食品添加物（2015年現在449品目）が定められている。また営業上使用する器具及び容器包装に関して、有毒な、若しくは有害な物質（鉛、カドミウム、塩化ビニル等）が含まれ人の健康を損なうことがあってはならないとされている。

核原料物質、核燃料物質及び原子炉の規制に関する法律

目的：原子力基本法の精神にのつとり、核原料物質、核燃料物質及び原子炉の利用が平和の目的に限られ、かつ、これらの利用が計画的に行われることを確保するとともに、これらによる災害を防止し、及び核燃料物質を防護して、公共の安全を図るために、製錬、加工、貯蔵、再処理及び廃棄の事業並びに原子炉の設置及び運転等に関する必要な規制を行うほか、原子力の研究、開発及び利用に関する条約その他の国際約束を実施するために、国際規制物資の使用等に関する必要な規制を行うことを目的とする。

内容：ウラン、トリウム、プルトニウム及びこれらの化合物を使用して製錬、加工等を行う場合の許認可、届出、設備基準、管理、測定、記録等について規定している。

放射性同位元素等による放射線障害の防止に関する法律

目的：原子力基本法の精神にのつとり、放射性同位元素の使用、販売、賃貸、廃棄その他の取扱い、放射線発生装置の使用及び放射性同位元素によつて汚染された物の廃棄その他の取扱いを規制することにより、これらによる放射線障害を防止し、公共の安全を確保することを目的とする。

内容：許可・届出（使用、使用の変更・廃止、放射線取扱主任者）、放射線障害予防規定の作成、安全管理上の基準の遵守、罰則等について規定している。

製造物責任法

目的：製造物の欠陥により人の生命、身体又は財産に係る被害が生じた場合における製造業者

等の損害賠償の責任について定めることにより、被害者の保護を図り、もって国民生活の安定向上と国民経済の健全な発展に寄与することを目的とする。

内容：製造業者等はその引き渡したものの欠陥により他人の生命、身体又は財産を侵害したときは、これによって生じた損害を賠償する責めに任ずる。損害賠償の請求権は、被害者又はその法定代理人が損害及び賠償義務者を知った時から三年間行わないときは、時効によって消滅する。その製造業者等が当該製造物を引き渡した時から十年を経過したときも、同様とする。身体に蓄積した場合に人の健康を害することとなる物質による損害又は一定の潜伏期間が経過した後に症状が現れる損害については、その損害が生じた時から起算する、などと規定している。

有害物質を含有する家庭用品の規制に関する法律

目的：有害物質を含有する家庭用品について保健衛生上の見地から必要な規制を行うことにより、国民の健康の保護に資することを目的とする。

内容：事業者の責務、販売等の禁止、回収命令、罰則等が規定されている。対象となる物質は塩化水素、水酸化ナトリウム、トリクロロエチレン、ホルムアルデヒド、有機水銀化合物、硫酸など20種類である。

消費生活用製品安全法

目的：消費生活用製品による一般消費者の生命又は身体に対する危害の防止を図るため、特定製品の製造及び販売を規制するとともに、製品事故に関する情報の収集及び提供等の措置を講じ、もって一般消費者の利益を保護することを目的とする。

内容：重大製品事故の中に一酸化炭素による中毒が含まれている。

家庭用品品質表示法

目的：家庭用品の品質に関する表示の適正化を図り、一般消費者の利益を保護することを目的とする。

内容：成分、性能、用途、貯法その他品質に関し表示すべき事項が定められている。対象となる家庭用品の中に、合成洗剤、住宅用ワックス、塗料、接着剤、衣料用・台所用又は住宅用の漂白剤などが含まれる。

環境基本法

目的：環境の保全について、基本理念を定め、並びに国、地方公共団体、事業者及び国民の責務を明らかにするとともに、環境の保全に関する施策の基本となる事項を定めることにより、環境の保全に関する施策を総合的かつ計画的に推進し、もって現在及び将来の国民の健康で文化的な生活の確保に寄与するとともに人類の福祉に貢献することを目的とする。

内容：大気の汚染、水質の汚濁、土壌の汚染に係る環境上の条件について、人の健康を保護し生活環境を保全するための基準を定めている。また、地球環境保全のための国際協力もうたっている。

大気汚染防止法

目的：工場及び事業場における事業活動並びに建築物等の解体等に伴うばい煙、揮発性有機化合物及び粉じんの排出等を規制し、有害大気汚染物質対策の実施を推進し、並びに自動車排出ガスに係る許容限度を定めること等により、大気の汚染に関し、国民の健康を保護するとともに生活環境を保全し、並びに大気の汚染に関して人の健康に係る被害が生

資 料 編

じた場合における事業者の損害賠償の責任について定めることにより、被害者の保護を
図ることを目的とする。

内容：ばい煙や揮発性有機化合物の排出、粉じん発生源対策、自動車排ガスの許容限度等につ
いて規定している。

水質汚濁防止法

目的：工場及び事業場から公共用水域に排出される水の排出及び地下に浸透する水の浸透を規
制するとともに、生活排水対策の実施を推進すること等によって、公共用水域及び地下
水の水質の汚濁（水質以外の水の状態が悪化することを含む。以下同じ。）の防止を図り、
もって国民の健康を保護するとともに生活環境を保全し、並びに工場及び事業場から排
出される汚水及び廃液に関して人の健康に係る被害が生じた場合における事業者の損害
賠償の責任について定めることにより、被害者の保護を図ることを目的とする。

内容：排出基準、総量規制基準の遵守義務、事故時の措置、地下水の水質浄化に係る措置命令
等が規定されている。カドミウム、鉛、水銀などの重金属、農薬、有機溶剤などが規制
対象となっている。

悪臭防止法

目的：工場その他の事業場における事業活動に伴って発生する悪臭について必要な規制を行い、
その他悪臭防止対策を推進することにより、生活環境を保全し、国民の健康の保護に資
することを目的とする。

内容：都道府県知事が「特定悪臭物質」の許容限度を定める責務、事業者の事故時の措置、市
町村長が大気中「特定悪臭物質」（アンモニア、メチルメルカプタン、硫化水素など）の
濃度を測定する義務、国民の悪臭発生防止に関する責務等について規定している。

農用地の土壌の汚染防止等に関する法律

目的：農用地の土壌の特定有害物質による汚染の防止及び除去並びにその汚染に係る農用地の
利用の合理化を図るために必要な措置を講ずることにより、人の健康をそこなうおそれ
がある農畜産物が生産され、又は農作物等の生育が阻害されることを防止し、もつて国
民の健康の保護及び生活環境の保全に資することを目的とする。

内容：カドミウムなどに汚染された農用地の利用に起因して人の健康を損なうおそれがある農
畜産物が生産され、あるいは農作物等の生育が阻害されると認められる場合、農用地土
壌汚染対策地域として指定し対策を講じる。

廃棄物の処理及び清掃に関する法律

目的：廃棄物の排出を抑制し、及び廃棄物の適正な分別、保管、収集、運搬、再生、処分等の
処理をし、並びに生活環境を清潔にすることにより、生活環境の保全及び公衆衛生の向
上を図ることを目的とする。

内容：廃棄物（ごみ、粗大ごみ、燃え殻、汚泥、ふん尿、廃油、廃酸、廃アルカリ、廃プラス
チック、動物の死体その他の汚物又は不要物であつて、固形状又は液状のもの）に関して、
国内処理の原則、国民の責務、国及び地方公共団体の責務等及び清潔の保持について規
定している。

ダイオキシン類対策特別措置法

目的：ダイオキシン類が人の生命及び健康に重大な影響を与えるおそれがある物質であること
にかんがみ、ダイオキシン類による環境の汚染の防止及びその除去等をするため、ダイ

オキシン類に関する施策の基本とすべき基準を定めるとともに、必要な規制、汚染土壌に係る措置等を定めることにより、国民の健康の保護を図ることを目的とする。

内容：ダイオキシン類の耐容一日摂取量、環境基準、排出基準、事故時の措置、廃棄物焼却炉に係るばいじん等の処理、ダイオキシン類による汚染の状況に関する調査、ダイオキシン類により汚染された土壌に係る措置等について規定している。

特定製品に係るフロン類の回収及び破壊の実施の確保等に関する法律

目的：人類共通の課題であるオゾン層の保護及び地球温暖化の防止に積極的に取り組むことが重要であることにかんがみ、オゾン層を破壊し又は地球温暖化に深刻な影響をもたらすフロン類の大気中への排出を抑制するため、特定製品からのフロン類の回収及びその破壊の促進等に関する指針及び事業者の責務等を定めるとともに、特定製品に使用されているフロン類の回収及び破壊の実施を確保するための措置等を講じ、もって現在及び将来の国民の健康で文化的な生活の確保に寄与するとともに人類の福祉に貢献することを目的とする。

内容：フロン類の回収や破壊を行う事業者の責務、製造業者の責務、国民の責務について規定している。

特定物質の規制等によるオゾン層の保護に関する法律

目的：国際的に協力してオゾン層の保護を図るため、オゾン層の保護のためのウィーン条約及びオゾン層を破壊する物質に関するモントリオール議定書の的確かつ円滑な実施を確保するための特定物質の製造の規制並びに排出の抑制及び使用の合理化に関する措置等を講じ、もつて人の健康の保護及び生活環境の保全に資することを目的とする。

内容：オゾン層を破壊する物質（特定物質：トリクロロフルオロメタン、ブロモクロロジフルオロメタン、四塩化炭素など）の製造等の規制、排出の抑制及び使用の合理化等に関して規定している。

地球温暖化対策の推進に関する法律

目的：地球温暖化が地球全体の環境に深刻な影響を及ぼすものであり、気候系に対して危険な人為的干渉を及ぼすこととならない水準において、大気中の温室効果ガスの濃度を安定化させ地球温暖化を防止することが人類共通の課題であり、すべての者が自主的かつ積極的にこの課題に取り組むことが重要であることにかんがみ、地球温暖化対策に関し、京都議定書目標達成計画を策定するとともに、社会経済活動その他の活動による温室効果ガスの排出の抑制等を促進するための措置を講ずること等により、地球温暖化対策の推進を図り、もって現在及び将来の国民の健康で文化的な生活の確保に寄与するとともに人類の福祉に貢献することを目的とする。

内容：京都議定書目標達成計画、地球温暖化対策推進本部、温室効果ガスの排出の抑制等のための施策、森林等による吸収作用の保全等について規定している。

ポリ塩化ビフェニル廃棄物の適正な処理の推進に関する特別措置法

目的：ポリ塩化ビフェニル（PCB）が難分解性の性状を有し、かつ、人の健康及び生活環境に係る被害を生ずるおそれがある物質であること並びに我が国においてポリ塩化ビフェニル廃棄物が長期にわたり処分されていない状況にあることにかんがみ、ポリ塩化ビフェニル廃棄物の保管、処分等について必要な規制等を行うとともに、ポリ塩化ビフェニル廃棄物の処理のための必要な体制を速やかに整備することにより、その確実かつ適正な

資　料　編

処理を推進し、もって国民の健康の保護及び生活環境の保全を図ることを目的とする。

内容：事業者の責務、製造者の責務、国及び地方公共団体の責務、廃棄物処理計画等について規定している。

特定有害廃棄物等の輸出入等の規制に関する法律

目的：有害廃棄物の国境を越える移動及びその処分の規制に関するバーゼル条約等の的確かつ円滑な実施を確保するため、特定有害廃棄物等の輸出、輸入、運搬及び処分の規制に関する措置を講じ、もって人の健康の保護及び生活環境の保全に資することを目的とする。

内容：経済産業大臣及び環境大臣の基本的事項の公表、輸出および輸入の承認、措置命令、罰則について規定している。具体的には医療系廃棄物、廃農薬など一定経路から排出される有害廃棄物18種類、水銀、カドミウムなど有害な物質を含む有害廃棄物27種類、及び家庭系廃棄物2種類、さらに各種金属スクラップ等有価物などが含まれる。

航空法

目的：国際民間航空条約の規定並びに同条約の附属書として採択された標準、方式及び手続に準拠して、航空機の航行の安全及び航空機の航行に起因する障害の防止を図るための方法を定め、並びに航空機を運航して営む事業の適正かつ合理的な運営を確保して輸送の安全を確保するとともにその利用者の利便の増進を図ることにより、航空の発達を図り、もって公共の福祉を増進することを目的とする。

内容：基本的に爆発物等危険物の航空機内への持ち込み、輸送が禁止されている。

道路法

目的：道路網の整備を図るため、道路に関して、路線の指定及び認定、管理、構造、保全、費用の負担区分等に関する事項を定め、もつて交通の発達に寄与し、公共の福祉を増進することを目的とする。

内容：道路管理者は、水底トンネルの構造を保全し、又は水底トンネルにおける交通の危険を防止するため、政令で定めるところにより、爆発性又は易燃性を有する物件その他の危険物を積載する車両の通行を禁止し、又は制限することができる。

鉄道営業法

目的：（記載なし）

内容：鉄道営業法には、「火薬其ノ他爆発質危険品ハ鉄道カ其ノ運送取扱ノ公告ヲ為シタル場合ノ外其ノ運送ヲ拒絶スルコトヲ得」とあり、また鉄道運輸規定には、「旅客ハ火薬類其ノ他ノ危険品、危害ヲ他ニ及ボスベキ虞アル物品又ハ臭気ヲ発シ若ハ不潔ナル物品ヲ手荷物トシテ託送スルコトヲ得ズ」とある。具体的には、消防法、火薬類取締法、毒物劇物取締法、高圧ガス保安法、核原料物質、核燃料物質及び原子炉の規制に関する法律、放射性同位元素等による放射線障害の防止に関する法律等の対象物質が規制を受ける。

危険物船舶運送及び貯蔵規則

目的：船舶による危険物の運送及び貯蔵並びに常用危険物の取扱い並びにこれらに関し施設しなければならない事項及びその標準については、他の命令の規定によるほか、この規則の定めるところによる。

内容：危険物（火薬類、高圧ガス、腐食性物質、毒物類、放射性物質類、引火性液体、可燃性物質類、有害性物質）の運送における要件（防火等の措置、積載方法、標札、容器・包装等）が規定されている。

港則法
  目的：港内における船舶交通の安全及び港内の整とんを図ることを目的とする。
  内容：爆発物その他の危険物を積載した船舶に関する措置を定めている。

海洋汚染及び海上災害の防止に関する法律
  目的：船舶、海洋施設及び航空機から海洋に油、有害液体物質等及び廃棄物を排出すること、海底の下に油、有害液体物質等及び廃棄物を廃棄すること、船舶から大気中に排出ガスを放出すること並びに船舶及び海洋施設において油、有害液体物質等及び廃棄物を焼却することを規制し、廃油の適正な処理を確保するとともに、排出された油、有害液体物質等、廃棄物その他の物の防除並びに海上火災の発生及び拡大の防止並びに海上火災等に伴う船舶交通の危険の防止のための措置を講ずることにより、海洋汚染等及び海上災害を防止し、あわせて海洋汚染等及び海上災害の防止に関する国際約束の適確な実施を確保し、もつて海洋環境の保全等並びに人の生命及び身体並びに財産の保護に資することを目的とする。
  内容：船舶、海洋施設、航空機等からの油、有害液体物質等、廃棄物の排出の規制、海洋の汚染及び海上災害の防止措置等について規定している。

郵便法
  目的：郵便の役務をなるべく安い料金で、あまねく、公平に提供することによつて、公共の福祉を増進することを目的とする。
  内容：爆発性、発火性、引火性、強酸類、毒薬、劇薬、毒物及び劇物、生きた病原体等は郵便物として差し出すことができない。

【労働基準法施行規則第35条及び別表第1の2（抜粋）】

○化学物質等による次に掲げる疾病
1　厚生労働大臣の指定する単体たる化学物質及び化合物（合金を含む。）にさらされる業務による疾病であつて、厚生労働大臣が定めるもの
2　弗素樹脂、塩化ビニル樹脂、アクリル樹脂等の合成樹脂の熱分解生成物にさらされる業務による眼粘膜の炎症又は気道粘膜の炎症等の呼吸器疾患
3　すす、鉱物油、うるし、テレビン油、タール、セメント、アミン系の樹脂硬化剤等にさらされる業務による皮膚疾患
4　蛋白分解酵素にさらされる業務による皮膚炎、結膜炎又は鼻炎、気管支喘息等の呼吸器疾患
5　木材の粉じん、獣毛のじんあい等を飛散する場所における業務又は抗生物質等にさらされる業務によるアレルギー性の鼻炎、気管支喘息等の呼吸器疾患
6　落綿等の粉じんを飛散する場所における業務による呼吸器疾患
7　石綿にさらされる業務による良性石綿胸水又はびまん性胸膜肥厚
8　空気中の酸素濃度の低い場所における業務による酸素欠乏症
9　1から8までに掲げるもののほか、これらの疾病に付随する疾病その他化学物質等にさらされる業務に起因することの明らかな疾病
○粉じんを飛散する場所における業務によるじん肺症又はじん肺法に規定するじん肺と合併したじん肺法施行規則第一条各号に掲げる疾病

資 料 編

○ がん原性物質若しくはがん原性因子又はがん原性工程における業務による次に掲げる疾病

1 　ベンジジンにさらされる業務による尿路系腫瘍

2 　ベーターナフチルアミンにさらされる業務による尿路系腫瘍

3 　四-アミノジフェニルにさらされる業務による尿路系腫瘍

4 　四-ニトロジフェニルにさらされる業務による尿路系腫瘍

5 　ビス（クロロメチル）エーテルにさらされる業務による肺がん

6 　ベリリウムにさらされる業務による肺がん

7 　ベンゾトリクロライドにさらされる業務による肺がん

8 　石綿にさらされる業務による肺がん又は中皮腫

9 　ベンゼンにさらされる業務による白血病

10 　塩化ビニルにさらされる業務による肝血管肉腫又は肝細胞がん

11 　一・二-ジクロロプロパンにさらされる業務による胆管がん

12 　ジクロロメタンにさらされる業務による胆管がん

13 　電離放射線にさらされる業務による白血病、肺がん、皮膚がん、骨肉腫、甲状腺がん、多発性骨髄腫又は非ホジキンリンパ腫

14 　オーラミンを製造する工程における業務による尿路系腫瘍

15 　マゼンタを製造する工程における業務による尿路系腫瘍

16 　コークス又は発生炉ガスを製造する工程における業務による肺がん

17 　クロム酸塩又は重クロム酸塩を製造する工程における業務による肺がん又は上気道のがん

18 　ニッケルの製錬又は精錬を行う工程における業務による肺がん又は上気道のがん

19 　砒素を含有する鉱石を原料として金属の製錬若しくは精錬を行う工程又は無機砒素化合物を製造する工程における業務による肺がん又は皮膚がん

20 　すす、鉱物油、タール、ピッチ、アスファルト又はパラフィンにさらされる業務による皮膚がん

21 　1から20までに掲げるもののほか、これらの疾病に付随する疾病その他がん原性物質若しくはがん原性因子にさらされる業務又はがん原性工程における業務に起因することの明らかな疾病

労働基準法施行規則別表第一の二第四号1の厚生労働大臣が指定する単体たる化学物質及び化合物（合金を含む。）は、次表に掲げる化学物質とし同号1の厚生労働大臣が定める疾病は、それぞれ同表に定める症状又は障害を主たる症状又は障害とする疾病とする。

化学物質		症状又は障害
無機の酸及びアルカリ	アンモニア	皮膚障害、前眼部障害又は気道・肺障害
	塩酸（塩化水素を含む。）	皮膚障害、前眼部障害、気道・肺障害又は歯牙酸蝕
	過酸化水素	皮膚障害、前眼部障害又は気道・肺障害
	硝酸	皮膚障害、前眼部障害、気道・肺障害又は歯牙酸蝕
	水酸化カリウム	皮膚障害、前眼部障害又は気道・肺障害
	水酸化ナトリウム	皮膚障害、前眼部障害又は気道・肺障害
	水酸化リチウム	皮膚障害、前眼部障害又は気道・肺障害
	弗化水素酸（弗化水素を含む。以下同じ。）	皮膚障害、前眼部障害又は気道・肺障害
	ペルオキソ二硫酸アンモニウム	皮膚障害又は気道障害
	ペルオキソ二硫酸カリウム	皮膚障害又は気道障害
	硫酸	皮膚障害、前眼部障害、気道・肺障害又は歯牙酸蝕

化学物質		症状又は障害
金属（セレン及び砒素を含む。）及びその化合物	亜鉛等の金属ヒューム	金属熱
	アルキル水銀化合物（アルキル基がメチル基又はエチル基である物に限る。以下同じ。）	四肢末端若しくは口囲の知覚障害、視覚障害、運動失調、平衡障害、構語障害又は聴力障害
	アンチモン及びその化合物	頭痛、めまい、嘔吐等の自覚症状、皮膚障害、前眼部障害、心筋障害又は胃腸障害
	インジウム及びその化合物	肺障害
	塩化亜鉛	皮膚障害、前眼部障害又は気道・肺障害
	塩化白金酸及びその化合物	皮膚障害、前眼部障害又は気道障害
	カドミウム及びその化合物	気道・肺障害、腎障害又は骨軟化
	クロム及びその化合物	皮膚障害、気道・肺障害、鼻中隔穿孔又は嗅覚障害
	コバルト及びその化合物	皮膚障害又は気道・肺障害
	四アルキル鉛化合物	頭痛、めまい、嘔吐等の自覚症状又はせん妄、幻覚等の精神障害
	水銀及びその化合物（アルキル水銀化合物を除く。）	頭痛、めまい、嘔吐等の自覚症状、振せん、歩行障害等の神経障害、焦燥感、記憶減退、不眠等の精神障害、口腔粘膜障害又は腎障害
	セレン及びその化合物（セレン化水素を除く。）	皮膚障害（爪床炎を含む。）、前眼部障害、気道・肺障害又は肝障害
	セレン化水素	頭痛、めまい、嘔吐等の自覚症状、前眼部障害又は気道・肺障害
	タリウム及びその化合物	頭痛、めまい、嘔吐等の自覚症状、皮膚障害又は末梢神経障害
	鉛及びその化合物（四アルキル鉛化合物を除く。）	頭痛、めまい、嘔吐等の自覚症状、造血器障害、末梢神経障害又は疝痛、便秘等の胃腸障害
	ニッケル及びその化合物（ニッケルカルボニルを除く。）	皮膚障害
	ニッケルカルボニル	頭痛、めまい、嘔吐等の自覚症状又は気道・肺障害
	バナジウム及びその化合物	皮膚障害、前眼部障害又は気道・肺障害
	砒化水素	血色素尿、黄疸又は溶血性貧血
	砒素及びその化合物（砒化水素を除く。）	皮膚障害、気道障害、鼻中隔穿孔、末梢神経障害又は肝障害
	ブチル錫	皮膚障害又は肝障害
	ベリリウム及びその化合物	皮膚障害、前眼部障害又は気道・肺障害
	マンガン及びその化合物	頭痛、めまい、嘔吐等の自覚症状又は言語障害、歩行障害、振せん等の神経障害
	ロジウム及びその化合物	皮膚障害又は気道障害
ハロゲン及びその無機化合物	塩素	皮膚障害、前眼部障害、気道・肺障害又は歯牙酸蝕
	臭素	皮膚障害、前眼部障害又は気道・肺障害
	弗素及びその無機化合物（弗化水素酸を除く。）	皮膚障害、前眼部障害、気道・肺障害又は骨硬化
	沃素	皮膚障害、前眼部障害又は気道・肺障害
りん、硫黄、酸素、窒素及び炭素並びにこれらの無機化合物	アジ化ナトリウム	頭痛、めまい、嘔吐等の自覚症状、前眼部障害、血圧降下又は気道障害
	一酸化炭素	頭痛、めまい、嘔吐等の自覚症状、昏睡等の意識障害、記憶減退、性格変化、失見当識、幻覚、せん妄等の精神障害又は運動失調、視覚障害、色視野障害、前庭機能障害等の神経障害
	黄りん	歯痛、皮膚障害、肝障害又は顎骨壊死
	カルシウムシアナミド	皮膚障害、前眼部障害、気道障害又は血管運動神経障害
	シアン化水素、シアン化ナトリウム等のシアン化合物	頭痛、めまい、嘔吐等の自覚症状、呼吸困難、呼吸停止、意識喪失又は痙攣
	二亜硫酸ナトリウム	皮膚障害又は気道障害
	二酸化硫黄	前眼部障害又は気道・肺障害
	二酸化窒素	前眼部障害又は気道・肺障害

資　料　編

化学物質			症状又は障害
脂肪族化合物	脂肪族炭化水素及びそのハロゲン化合物	二硫化炭素	せん妄、躁うつ等の精神障害、意識障害、末梢神経障害又は網膜変化を伴う脳血管障害若しくは腎障害
		ヒドラジン	頭痛、めまい、嘔吐等の自覚症状、皮膚障害、前眼部障害又は気道障害
		ホスゲン	頭痛、めまい、嘔吐等の自覚症状、皮膚障害、前眼部障害又は気道・肺障害
		ホスフィン	頭痛、めまい、嘔吐等の自覚症状又は気道・肺障害
		硫化水素	頭痛、めまい、嘔吐等の自覚症状、前眼部障害、気道・肺障害又は呼吸中枢機能停止
		塩化ビニル	頭痛、めまい、嘔吐等の自覚症状、皮膚障害、中枢神経系抑制、レイノー現象、指端骨溶解又は門脈圧亢進
		塩化メチル	頭痛、めまい、嘔吐等自覚症状、中枢神経系抑制、視覚障害、言語障害、協調運動障害等の神経障害又は肝障害
		クロロプレン	中枢神経系抑制、前眼部障害、気道・肺障害又は肝障害
		クロロホルム	頭痛、めまい、嘔吐等の自覚症状、中枢神経系抑制又は肝障害
		四塩化炭素	頭痛、めまい、嘔吐等の自覚症状、中枢神経系抑制又は肝障害
		1・2-ジクロルエタン（別名二塩化エチレン）	頭痛、めまい、嘔吐等の自覚症状、中枢神経系抑制、前眼部障害、気道・肺障害又は肝障害
		1・2-ジクロルエチレン（別名二塩化アセチレン）	頭痛、めまい、嘔吐等の自覚症状又は中枢神経系抑制
		ジクロルメタン	頭痛、めまい、嘔吐等の自覚症状、中枢神経系抑制、前眼部障害又は気道・肺障害
		臭化エチル	中枢神経系抑制又は気道・肺障害
		臭化メチル	頭痛、めまい、嘔吐等の自覚症状、皮膚障害、気道・肺障害、視覚障害、言語障害、協調運動障害、振せん等の神経障害、性格変化、せん妄、幻覚等の精神障害又は意識障害
		1・1・2・2-テトラクロルエタン（別名四塩化アセチレン）	頭痛、めまい、嘔吐等の自覚症状、中枢神経系抑制又は肝障害
		テトラクロルエチレン（別名パークロルエチレン）	頭痛、めまい、嘔吐等の自覚症状、中枢神経系抑制、前眼部障害、気道障害又は肝障害
		1・1・1-トリクロルエタン	頭痛、めまい、嘔吐等の自覚症状、中枢神経系抑制又は協調運動障害
		1・1・2-トリクロルエタン	頭痛、めまい、嘔吐等の自覚症状、前眼部障害又は気道障害
		トリクロルエチレン	頭痛、めまい、嘔吐等の自覚症状、中枢神経系抑制、前眼部障害、気道・肺障害、視神経障害、三叉神経障害、末梢神経障害又は肝障害
		ノルマルヘキサン	末梢神経障害
		1-ブロモプロパン	末梢神経障害
		2-ブロモプロパン	生殖機能障害
		沃化メチル	頭痛、めまい、嘔吐等の自覚症状、視覚障害、言語障害、協調運動障害等の神経障害、せん妄、躁状態等の精神障害又は意識障害
	アルコール、エーテル、アルデヒド、ケトン及びエステル	アルリル酸エチル	頭痛、めまい、嘔吐等の自覚症状、皮膚障害又は粘膜刺激
		アクリル酸ブチル	皮膚障害
		アクロレイン	皮膚障害、前眼部障害又は気道・肺障害
		アセトン	頭痛、めまい、嘔吐等の自覚症状又は中枢神経系抑制
		イソアミルアルコール（別名イソペンチルアルコール）	中枢神経系抑制、前眼部障害又は気道障害
		エチルエーテル	頭痛、めまい、嘔吐等の自覚症状又は中枢神経系抑制
		エチレンクロルヒドリン	頭痛、めまい、嘔吐等の自覚症状、前眼部障害、気道・肺障害、肝障害又は腎障害
		エチレングリコールモノメチルエーテル（別名メチルセロソルブ）	頭痛、めまい、嘔吐等の自覚症状、造血器障害、振せん、協調運動障害、肝障害又は腎障害

化学物質			症状又は障害
		2・3−エポキシプロピル＝フェニルエーテル	皮膚障害
		グルタルアルデヒド	皮膚障害、前眼部障害又は気道障害
		酢酸アミル	中枢神経系抑制、前眼部障害又は気道障害
		酢酸エチル	前眼部障害又は気道障害
		酢酸ブチル	前眼部障害又は気道障害
		酢酸プロピル	中枢神経系抑制、前眼部障害又は気道障害
		酢酸メチル	中枢神経系抑制、視神経障害又は気道障害
		2-シアノアクリル酸メチル	皮膚障害、気道障害又は粘膜刺激
		ニトログリコール	頭痛、めまい、嘔吐等の自覚症状、狭心症様発作又は血管運動神経障害
		ニトログリセリン	頭痛、めまい、嘔吐等の自覚症状又は血管運動神経障害
		2-ヒドロキシエチルメタクリレート	皮膚障害
		ホルムアルデヒド	皮膚障害、前眼部障害又は気道・肺障害
		メタクリル酸メチル	皮膚障害、気道障害又は末梢神経障害
		メチルアルコール	頭痛、めまい、嘔吐等の自覚症状、中枢神経系抑制、視神経障害、前眼部障害又は気道・肺障害
		メチルブチルケトン	頭痛、めまい、嘔吐等の自覚症状又は末梢神経障害
		硫酸ジメチル	皮膚障害、前眼部障害又は気道・肺障害
	その他の脂肪族化合物	アクリルアミド	頭痛、めまい、嘔吐等の自覚症状、皮膚障害、協調運動障害又は末梢神経障害
		アクリロニトリル	頭痛、めまい、嘔吐等の自覚症状、皮膚障害、前眼部障害又は気道障害
		エチレンイミン	皮膚障害、前眼部障害、気道・肺障害又は腎障害
		エチレンジアミン	皮膚障害、前眼部障害又は気道障害
		エピクロルヒドリン	皮膚障害、前眼部障害、気道障害又は肝障害
		酸化エチレン	頭痛、めまい、嘔吐等の自覚症状、皮膚障害、中枢神経系抑制、前眼部障害、気道・肺障害、造血器障害又は末梢神経障害
		ジアゾメタン	気道・肺障害
		ジメチルアセトアミド	肝障害又は消化器障害
		ジメチルホルムアミド	頭痛、めまい、嘔吐等の自覚症状、皮膚障害、前眼部障害、気道障害、肝障害又は胃腸障害
		ヘキサメチレンジイソシアネート	皮膚障害、前眼部障害又は気道・肺障害
		無水マレイン酸	皮膚障害、前眼部障害又は気道障害
脂環式化合物		イソホロンジイソシアネート	皮膚障害又は気道障害
		シクロヘキサノール	前眼部障害又は気道障害
		シクロヘキサノン	前眼部障害又は気道障害
		ジシクロヘキシルメタン-4・4´-ジイソシアネート	皮膚障害
芳香族化合物	ベンゼン及びその同族体	キシレン	頭痛、めまい、嘔吐等の自覚症状又は中枢神経系抑制
		スチレン	頭痛、めまい、嘔吐等の自覚症状、皮膚障害、前眼部障害、視覚障害、気道障害又は末梢神経障害
		トルエン	頭痛、めまい、嘔吐等の自覚症状又は中枢神経系抑制
		パラ-ターシャル-ブチルフェノール	皮膚障害
		ベンゼン	頭痛、めまい、嘔吐等の自覚症状、中枢神経系抑制又は再生不良性貧血等の造血器障害
	芳香族炭化水素のハロゲン化物	塩素化ナフタリン	皮膚障害又は肝障害
		塩素化ビフェニル（別名PCB）	皮膚障害又は肝障害
		ベンゼンの塩化物	前眼部障害、気道障害又は肝障害

資　料　編

化学物質		症状又は障害
芳香族化合物のニトロ又はアミノ誘導体	アニシジン	頭痛、めまい、嘔吐等の自覚症状、皮膚障害、溶血性貧血又はメトヘモグロビン血
	アニリン	頭痛、めまい、嘔吐等の自覚症状、溶血性貧血又はメトヘモグロビン血
	クロルジニトロベンゼン	皮膚障害、溶血性貧血又はメトヘモグロビン血
	4・4′-ジアミノジフェニルメタン	皮膚障害又は肝障害
	ジニトロフェノール	頭痛、めまい、嘔吐等の自覚症状、皮膚障害、代謝亢進、肝障害又は腎障害
	ジニトロベンゼン	溶血性貧血、メトヘモグロビン血又は肝障害
	ジメチルアニリン	中枢神経系抑制、溶血性貧血又はメトヘモグロビン血
	トリニトロトルエン（別名TNT）	皮膚障害、溶血性貧血、再生不良性貧血等の造血器障害又は肝障害
	2・4・6-トリニトロフェニルメチルニトロアミン（別名テトリル）	皮膚障害、前眼部障害又は気道障害
	トルイジン	溶血性貧血又はメトヘモグロビン血
	パラ-ニトロアニリン	頭痛、めまい、嘔吐等の自覚症状、溶血性貧血、メトヘモグロビン血又は肝障害
	パラ-ニトロクロルベンゼン	溶血性貧血又はメトヘモグロビン血
	ニトロベンゼン	頭痛、めまい、嘔吐等の自覚症状、溶血性貧血又はメトヘモグロビン血
	パラ-フェニレンジアミン	皮膚障害、前眼部障害又は気道障害
	フェネチジン	皮膚障害、溶血性貧血又はメトヘモグロビン血
その他の芳香族化合物	クレゾール	皮膚障害、前眼部障害又は気道・肺障害
	クロルヘキシジン	皮膚障害、気道障害又はアナフィラキシー反応
	トリレンジイソシアネート（別名TDI）	皮膚障害、前眼部障害又は気道・肺障害
	1・5-ナフチレンジイソシアネート	前眼部障害又は気道障害
	ビスフェノールA型及びF型エポキシ樹脂	皮膚障害
	ヒドロキノン	皮膚障害
	フェニルフェノール	皮膚障害
	フェノール（別名石炭酸）	頭痛、めまい、嘔吐等の自覚症状、皮膚障害、前眼部障害又は気道・肺障害
	オルト-フタロジニトリル	頭痛、めまい、嘔吐等の自覚症状又は意識喪失を伴う痙攣
	ベンゾトリクロライド	皮膚障害又は気道障害
	無水トリメリット酸	気道・肺障害又は溶血性貧血
	無水フタル酸	皮膚障害、前眼部障害又は気道・肺障害
	メチレンビスフェニルイソシアネート（別名MDI）	皮膚障害、前眼部障害又は気道障害
	4-メトキシフェノール	皮膚障害
	りん酸トリ-オルト-クレジル	末梢神経障害
	レゾルシン	皮膚障害、前眼部障害又は気道障害
複素環式化合物	1・4-ジオキサン	頭痛、めまい、嘔吐等の自覚症状、前眼部障害又は気道・肺障害
	テトラヒドロフラン	頭痛、めまい、嘔吐等の自覚症状又は皮膚障害
	ピリジン	頭痛、めまい、嘔吐等の自覚症状、皮膚障害、前眼部障害又は気道障害
	ヘキサヒドロ−1・3・5−トリニトロ−1・3・5−トリアジン	頭痛、めまい、嘔吐等の自覚症状又は意識喪失を伴う痙攣

化学物質	症状又は障害
農薬その他の薬剤の有効成分	有機りん化合物（ジチオリン酸O-エチル=S・S-ジフェニル（別名EDDP）、ジチオリン酸O・O-ジエチル=S-（2-エチルチオエチル）（別名エチルチオメトン）、チオリン酸O・O-ジエチル=O-2-イソプロピル-4-メチル-6-ピリミジニル（別名ダイアジノン）、チオリン酸O・O-ジメチル=O-4-ニトロ-メタ-トリル（別名MEP）、チオリン酸S-ベンジル=O・O-ジイソプロピル（別名IBP）、フェニルホスホノチオン酸O-エチル=O-パラ-ニトロフェニル（別名EPN）、りん酸2・2-ジクロルビニル=ジメチル（別名DDVP）及びりん酸パラ-メチルチオフェニル=ジプロピル（別名プロパホス））
	頭痛、めまい、嘔吐等の自覚症状、意識混濁等の意識障害、言語障害等の神経障害、錯乱等の精神障害、筋の線維束攣縮、痙攣等の運動神経障害又は縮瞳、流涎、発汗等の自律神経障害

化学物質	症状又は障害
カーバメート系化合物（メチルカルバミド酸オルト-セコンダリーブチルフェニル（別名BPMC）、メチルカルバミド酸メタ-トリル（別名MTMC）及びN-（メチルカルバモイルオキシ）チオアセトイミド酸S-メチル（別名メソミル））	頭痛、めまい、嘔吐等の自覚症状、意識混濁等の意識障害、言語障害等の神経障害、錯乱等の精神障害、筋の線維束攣縮、痙攣等の運動神経障害又は縮瞳、流涎、発汗等の自律神経障害
2・4-ジクロルフェニル=パラ-ニトロフェニル=エーテル（別名NIP）	前眼部障害
ジチオカーバメート系化合物（エチレンビス（ジチオカルバミド酸）亜鉛（別名ジネブ）及びエチレンビス（ジチオカルバミド酸）マンガン（別名マンネブ））	皮膚障害
N-（1・1・2・2-テトラクロルエチルチオ）-4-シクロヘキセン-1・2-ジカルボキシミド（別名ダイホルタン）	皮膚障害又は前眼部障害
テトラメチルチウラムジスルフィド	皮膚障害
トリクロルニトロメタン（別名クロルピクリン）	皮膚障害、前眼部障害又は気道・肺障害
N-（トリクロロメチルチオ）-1・2・3・6-テトラヒドロフタルイミド	皮膚障害
二塩化1・1′-ジメチル-4・4′-ビピリジニウム（別名パラコート）	皮膚障害又は前眼部障害
パラ-ニトロフェニル=2・4・6-トリクロルフェニル=エーテル（別名CNP）	前眼部障害
ブラストサイジンS	前眼部障害、気道・肺障害又は嘔吐、下痢等の消化器障害
6・7・8・9・10・10-ヘキサクロル-1・5・5a・6・9・9a-ヘキサヒドロ-6・9-メタノ-2・4・3-ベンゾジオキサチエピン3-オキシド（別名ベンゾエピン）	頭痛、めまい、嘔吐等の自覚症状、意識喪失等の意識障害、失見当識等の精神障害又は痙攣等の神経障害
ペンタクロルフェノール（別名PCP）	皮膚障害、前眼部障害、気道・肺障害又は代謝亢進
モノフルオル酢酸ナトリウム	頭痛、めまい、嘔吐等の自覚症状、不整脈、血圧降下等の循環障害、意識混濁等の意識障害、言語障害等の神経障害又は痙攣
硫酸ニコチン	頭痛、めまい、嘔吐等の自覚症状、流涎、呼吸困難、意識混濁、筋の線維束攣縮又は痙攣

備考　金属及びその化合物には、合金を含む。

資　料　編

健康診断結果に基づき事業者が講ずべき措置に関する指針

（平成 8 年 10 月 1 日　公示）

（改正　平成 12 年 3 月 31 日　公示）

（改正　平成 13 年 3 月 30 日　公示）

（改正　平成 14 年 2 月 25 日　公示）

（改正　平成 17 年 3 月 31 日　公示）

（改正　平成 18 年 3 月 31 日　公示）

（改正　平成 20 年 1 月 31 日　公示）

1　趣旨

　　産業構造の変化、働き方の多様化を背景とした労働時間分布の長短二極化、高齢化の進展等労働者を取り巻く環境は大きく変化してきている。その中で、脳・心臓疾患につながる所見を始めとして何らかの異常の所見があると認められる労働者が 5 割近くに及ぶ状況にあり、仕事や職場生活に関する強い不安、悩み、ストレスを感じる労働者の割合も年々増加している。さらに、労働者が業務上の事由によって脳・心臓疾患を発症し突然死等の重大な事態に至る「過労死」等の事案が増加する傾向にあり、社会的にも大きな問題となっていることから、平成 19 年の労働安全衛生規則（昭和 47 年労働省令第 32 号）改正において、脳・心臓疾患のリスクをより適切に評価する健康診断項目を追加するなどの措置を講じたところである。

　　このような状況の中で、労働者が職業生活の全期間を通して健康で働くことができるようにするためには、事業者が労働者の健康状態を的確に把握し、その結果に基づき、医学的知見を踏まえて、労働者の健康管理を適切に講ずることが不可欠である。そのためには、事業者は、健康診断（労働安全衛生法（昭和 47 年法律第 57 号）第 66 条の 2 の規定に基づく深夜業に従事する労働者が自ら受けた健康診断（以下「自発的健診」という。）及び労働者災害補償保険法（昭和 22 年法律第 50 号）第 26 条第 2 項第 1 号の規定に基づく二次健康診断（以下「二次健康診断」という。）を含む。）の結果、異常の所見があると診断された労働者について、当該労働者の健康を保持するために必要な措置について聴取した医師又は歯科医師（以下「医師等」という。）の意見を十分勘案し、必要があると認めるときは、当該労働者の実情を考慮して、就業場所の変更、作業の転換、労働時間の短縮、深夜業の回数の減少、昼間勤務への転換等の措置を講ずるほか、作業環境測定の実施、施設又は設備の設置又は整備、当該医師等の意見の衛生委員会若しくは安全衛生委員会（以下「衛生委員会等」という。）又は労働時間等設定改善委員会（労働時間等の設定の改善に関する特別措置法（平成 4 年法律第 90 号）第 7 条第 1 項に規定する労働時間等設定改善委員会をいう。以下同じ。）への報告その他の適切な措置を講ずる必要がある（以下、事業者が講ずる必要があるこれらの措置を「就業上の措置」という。）。

　　また、個人情報の保護に関する法律（平成 15 年法律第 57 号）の趣旨を踏まえ、健康診断の結果等の個々の労働者の健康に関する個人情報（以下「健康情報」という。）については、特にその適正な取扱いの確保を図る必要がある。

　　この指針は、健康診断の結果に基づく就業上の措置が、適切かつ有効に実施されるため、就業上の措置の決定・実施の手順に従って、健康診断の実施、健康診断の結果についての医師等からの意見の聴取、就業上の措置の決定、健康情報の適正な取扱い等についての留意事項を定

めたものである。

2　就業上の措置の決定・実施の手順と留意事項
(1)　健康診断の実施
　　事業者は、労働安全衛生法第66条第1項から第4項までの規定に定めるところにより、労働者に対し医師等による健康診断を実施し、当該労働者ごとに診断区分（異常なし、要観察、要医療等の区分をいう。以下同じ。）に関する医師等の判定を受けるものとする。
　　なお、健康診断の実施に当たっては、事業者は受診率が向上するよう労働者に対する周知及び指導に努める必要がある。
　　また、産業医の選任義務のある事業場においては、事業者は、当該事業場の労働者の健康管理を担当する産業医に対して、健康診断の計画や実施上の注意等について助言を求めることが必要である。
(2)　二次健康診断の受診勧奨等
　　事業者は、労働安全衛生法第66条第1項の規定による健康診断又は当該健康診断に係る同条第5項ただし書の規定による健康診断（以下「一次健康診断」という。）における医師の診断の結果に基づき、二次健康診断の対象となる労働者を把握し、当該労働者に対して、二次健康診断の受診を勧奨するとともに、診断区分に関する医師の判定を受けた当該二次健康診断の結果を事業者に提出するよう働きかけることが適当である。
(3)　健康診断の結果についての医師等からの意見の聴取
　　事業者は、労働安全衛生法第66条の4の規定に基づき、健康診断の結果（当該健康診断の項目に異常の所見があると診断された労働者に係るものに限る。）について、医師等の意見を聴かなければならない。
　イ　意見を聴く医師等
　　　事業者は、産業医の選任義務のある事業場においては、産業医が労働者個人ごとの健康状態や作業内容、作業環境についてより詳細に把握しうる立場にあることから、産業医から意見を聴くことが適当である。
　　　なお、産業医の選任義務のない事業場においては、労働者の健康管理等を行うのに必要な医学に関する知識を有する医師等から意見を聴くことが適当であり、こうした医師が労働者の健康管理等に関する相談等に応じる地域産業保健センター事業の活用を図ること等が適当である。
　ロ　医師等に対する情報の提供
　　　事業者は、適切に意見を聴くため、必要に応じ、意見を聴く医師等に対し、労働者に係る作業環境、労働時間、労働密度、深夜業の回数及び時間数、作業態様、作業負荷の状況、過去の健康診断の結果等に関する情報及び職場巡視の機会を提供し、また、健康診断の結果のみでは労働者の身体的又は精神的状態を判断するための情報が十分でない場合は、労働者との面接の機会を提供することが適当である。また、過去に実施された労働安全衛生法第66条の8及び第66条の9の規定に基づく医師による面接指導等の結果に関する情報を提供することも考えられる。
　　　また、二次健康診断の結果について医師等の意見を聴取するに当たっては、意見を聴く医師等に対し、当該二次健康診断の前提となった一次健康診断の結果に関する情報を提供する

資　料　編

　　ことが適当である。
　ハ　意見の内容
　　　事業者は、就業上の措置に関し、その必要性の有無、講ずべき措置の内容等に係る意見を
　　医師等から聴く必要がある。
　(イ)　就業区分及びその内容についての意見
　　　　当該労働者に係る就業区分及びその内容に関する医師等の判断を下記の区分(例)によっ
　　て求めるものとする。

就業区分		就業上の措置の内容
区　分	内　容	
通常勤務	通常の勤務でよいもの	
就業制限	勤務に制限を加える必要のあるもの	勤務による負荷を軽減するため、労働時間の短縮、出張の制限、時間外労働の制限、労働負荷の制限、作業の転換、就業場所の変更、深夜業の回数の減少、昼間勤務への転換等の措置を講じる。
要休業	勤務を休む必要のあるもの	療養のため、休暇、休職等により一定期間勤務させない措置を講じる。

　(ロ)　作業環境管理及び作業管理についての意見
　　　　健康診断の結果、作業環境管理及び作業管理を見直す必要がある場合には、作業環境測
　　定の実施、施設又は設備の設置又は整備、作業方法の改善その他の適切な措置の必要性に
　　ついて意見を求めるものとする。
　ニ　意見の聴取の方法と時期
　　　事業者は、医師等に対し、労働安全衛生規則等に基づく健康診断の個人票の様式中医師等
　　の意見欄に、就業上の措置に関する意見を記入することを求めることとする。
　　　なお、記載内容が不明確である場合等については、当該医師等に内容等の確認を求めてお
　　くことが適当である。
　　　また、意見の聴取は、速やかに行うことが望ましく、特に自発的健診及び二次健康診断に
　　係る意見の聴取はできる限り迅速に行うことが適当である。
(4)　就業上の措置の決定等
　イ　労働者からの意見の聴取等
　　　事業者は、(3)の医師等の意見に基づいて、就業区分に応じた就業上の措置を決定する場
　　合には、あらかじめ当該労働者の意見を聴き、十分な話合いを通じてその労働者の了解が得
　　られるよう努めることが適当である。
　　　なお、産業医の選任義務のある事業場においては、必要に応じて、産業医の同席の下に労
　　働者の意見を聴くことが適当である。
　ロ　衛生委員会等への医師等の意見の報告等
　　　衛生委員会等において労働者の健康障害の防止対策及び健康の保持増進対策について調査
　　審議を行い、又は労働時間等設定改善委員会において労働者の健康に配慮した労働時間等の
　　設定の改善について調査審議を行うに当たっては、労働者の健康の状況を把握した上で調査
　　審議を行うことが、より適切な措置の決定等に有効であると考えられることから、事業者は、
　　衛生委員会等の設置義務のある事業場又は労働時間等設定改善委員会を設置している事業場
　　においては、必要に応じ、健康診断の結果に係る医師等の意見をこれらの委員会に報告する

ことが適当である。

　なお、この報告に当たっては、労働者のプライバシーに配慮し、労働者個人が特定されないよう医師等の意見を適宜集約し、又は加工する等の措置を講ずる必要がある。

　また、事業者は、就業上の措置のうち、作業環境測定の実施、施設又は設備の設置又は整備、作業方法の改善その他の適切な措置を決定する場合には、衛生委員会等の設置義務のある事業場においては、必要に応じ、衛生委員会等を開催して調査審議することが適当である。

ハ　就業上の措置の実施に当たっての留意事項

　事業者は、就業上の措置を実施し、又は当該措置の変更若しくは解除をしようとするに当たっては、医師等と他の産業保健スタッフとの連携はもちろんのこと、当該事業場の健康管理部門と人事労務管理部門との連携にも十分留意する必要がある。また、就業上の措置の実施に当たっては、特に労働者の勤務する職場の管理監督者の理解を得ることが不可欠であることから、プライバシーに配慮しつつ事業者は、当該管理監督者に対し、就業上の措置の目的、内容等について理解が得られるよう必要な説明を行うことが適当である。

　また、労働者の健康状態を把握し、適切に評価するためには、健康診断の結果を総合的に考慮することが基本であり、例えば、平成19年の労働安全衛生規則の改正により新たに追加された腹囲等の項目もこの総合的考慮の対象とすることが適当と考えられる。しかし、この項目の追加によって、事業者に対して、従来と異なる責任が求められるものではない。

　なお、就業上の措置は、当該労働者の健康を保持することを目的とするものであって、当該労働者の健康の保持に必要な措置を超えた措置を講ずるべきではなく、医師等の意見を理由に、安易に解雇等をすることは避けるべきである。

　また、就業上の措置を講じた後、健康状態の改善が見られた場合には、医師等の意見を聴いた上で、通常の勤務に戻す等適切な措置を講ずる必要がある。

(5)　その他の留意事項

イ　健康診断結果の通知

　事業者は、労働者が自らの健康状態を把握し、自主的に健康管理が行えるよう、労働安全衛生法第66条の6の規定に基づき、健康診断を受けた労働者に対して、異常の所見の有無にかかわらず、遅滞なくその結果を通知しなければならない。

ロ　保健指導

　事業者は、労働者の自主的な健康管理を促進するため、労働安全衛生法第66条の7第1項の規定に基づき、一般健康診断の結果、特に健康の保持に努める必要があると認める労働者に対して、医師又は保健師による保健指導を受けさせるよう努めなければならない。この場合、保健指導として必要に応じ日常生活面での指導、健康管理に関する情報の提供、健康診断に基づく再検査又は精密検査、治療のための受診の勧奨等を行うほか、その円滑な実施に向けて、健康保険組合その他の健康増進事業実施者（健康増進法（平成14年法律第103号）第6条に規定する健康増進事業実施者をいう。）等との連携を図ること。

　深夜業に従事する労働者については、昼間業務に従事する者とは異なる生活様式を求められていることに配慮し、睡眠指導や食生活指導等を一層重視した保健指導を行うよう努めることが必要である。

　また、労働者災害補償保険法第26条第2項第2号の規定に基づく特定保健指導及び高齢者の医療の確保に関する法律（昭和57年法律第80号）第24条の規定に基づく特定保健指導

資 料 編

を受けた労働者については、労働安全衛生法第66条の7第1項の規定に基づく保健指導を行う医師又は保健師にこれらの特定保健指導の内容を伝えるよう働きかけることが適当である。

　なお、産業医の選任義務のある事業場においては、個々の労働者ごとの健康状態や作業内容、作業環境等についてより詳細に把握し得る立場にある産業医が中心となり実施されることが適当である。

ハ　再検査又は精密検査の取扱い

　事業者は、就業上の措置を決定するに当たっては、できる限り詳しい情報に基づいて行うことが適当であることから、再検査又は精密検査を行う必要のある労働者に対して、当該再検査又は精密検査受診を勧奨するとともに、意見を聴く医師等に当該検査の結果を提出するよう働きかけることが適当である。

　なお、再検査又は精密検査は、診断の確定や症状の程度を明らかにするものであり、一律には事業者にその実施が義務付けられているものではないが、有機溶剤中毒予防規則（昭和47年労働省令第36号）、鉛中毒予防規則（昭和47年労働省令第37号）、特定化学物質障害予防規則（昭和47年労働省令第39号）、高気圧作業安全衛生規則（昭和47年労働省令第40号）及び石綿障害予防規則（平成17年厚生労働省令第21号）に基づく特殊健康診断として規定されているものについては、事業者にその実施が義務付けられているので留意する必要がある。

ニ　健康情報の保護

　事業者は、雇用管理に関する個人情報の適正な取扱いを確保するために事業者が講ずべき措置に関する指針（平成16年厚生労働省告示第259号）に基づき、健康情報の保護に留意し、その適正な取扱いを確保する必要がある。就業上の措置の実施に当たって、関係者に健康情報を提供する必要がある場合には、その健康情報の範囲は、就業上の措置を実施する上で必要最小限とし、特に産業保健業務従事者（産業医、保健師等、衛生管理者その他の労働者の健康管理に関する業務に従事する者をいう。）以外の者に健康情報を取り扱わせる時は、これらの者が取り扱う健康情報が利用目的の達成に必要な範囲に限定されるよう、必要に応じて健康情報の内容を適切に加工した上で提供する等の措置を講ずる必要がある。

ホ　健康診断結果の記録の保存

　事業者は、労働安全衛生法第66条の3及び第103条の規定に基づき、健康診断結果の記録を保存しなければならない。記録の保存には、書面による保存及び電磁的記録による保存があり、電磁的記録による保存を行う場合は、厚生労働省の所管する法令の規定に基づく民間事業者等が行う書面の保存等における情報通信の技術の利用に関する省令（平成17年厚生労働省令第44号）に基づき適切な保存を行う必要がある。また、健康診断結果には医療に関する情報が含まれることから、事業者は安全管理措置等について「医療情報システムの安全管理に関するガイドライン」を参照することが望ましい。

　また、二次健康診断の結果については、事業者にその保存が義務付けられているものではないが、継続的に健康管理を行うことができるよう、保存することが望ましい。

　なお、保存に当たっては、当該労働者の同意を得ることが必要である。

【労働安全衛生法　第28条の2】

（事業者の行うべき調査等）

第二十八条の二　事業者は、厚生労働省令で定めるところにより、建設物、設備、原材料、ガス、蒸気、粉じん等による、又は作業行動その他業務に起因する危険性又は有害性等（第五十七条第一項の政令で定める物及び第五十七条の二第一項に規定する通知対象物による危険性又は有害性等を除く。）を調査し、その結果に基づいて、この法律又はこれに基づく命令の規定による措置を講ずるほか、労働者の危険又は健康障害を防止するため必要な措置を講ずるように努めなければならない。ただし、当該調査のうち、化学物質、化学物質を含有する製剤その他の物で労働者の危険又は健康障害を生ずるおそれのあるものに係るもの以外のものについては、製造業その他厚生労働省令で定める業種に属する事業者に限る。

2　厚生労働大臣は、前条第一項及び第三項に定めるもののほか、前項の措置に関して、その適切かつ有効な実施を図るため必要な指針を公表するものとする。

3　厚生労働大臣は、前項の指針に従い、事業者又はその団体に対し、必要な指導、援助等を行うことができる。

【労働安全衛生法　第57条】

（表示等）

第五十七条　爆発性の物、発火性の物、引火性の物その他の労働者に危険を生ずるおそれのある物若しくはベンゼン、ベンゼンを含有する製剤その他の労働者に健康障害を生ずるおそれのある物で政令で定めるもの又は前条第一項の物を容器に入れ、又は包装して、譲渡し、又は提供する者は、厚生労働省令で定めるところにより、その容器又は包装（容器に入れ、かつ、包装して、譲渡し、又は提供するときにあつては、その容器）に次に掲げるものを表示しなければならない。ただし、その容器又は包装のうち、主として一般消費者の生活の用に供するためのものについては、この限りでない。

一　次に掲げる事項
　イ　名称
　ロ　人体に及ぼす作用
　ハ　貯蔵又は取扱い上の注意
　ニ　イからハまでに掲げるもののほか、厚生労働省令で定める事項
二　当該物を取り扱う労働者に注意を喚起するための標章で厚生労働大臣が定めるもの

2　前項の政令で定める物又は前条第一項の物を前項に規定する方法以外の方法により譲渡し、又は提供する者は、厚生労働省令で定めるところにより、同項各号の事項を記載した文書を、譲渡し、又は提供する相手方に交付しなければならない。

（文書の交付等）

第五十七条の二　労働者に危険若しくは健康障害を生ずるおそれのある物で政令で定めるもの又は第五十六条第一項の物（以下この条及び次条第一項において「通知対象物」という。）を譲渡し、又は提供する者は、文書の交付その他厚生労働省令で定める方法により通知対象物に関する次の

資料編

事項（前条第二項に規定する者にあつては、同項に規定する事項を除く。）を、譲渡し、又は提供する相手方に通知しなければならない。ただし、主として一般消費者の生活の用に供される製品として通知対象物を譲渡し、又は提供する場合については、この限りでない。

一　名称

二　成分及びその含有量

三　物理的及び化学的性質

四　人体に及ぼす作用

五　貯蔵又は取扱い上の注意

六　流出その他の事故が発生した場合において講ずべき応急の措置

七　前各号に掲げるもののほか、厚生労働省令で定める事項

2　通知対象物を譲渡し、又は提供する者は、前項の規定により通知した事項に変更を行う必要が生じたときは、文書の交付その他厚生労働省令で定める方法により、変更後の同項各号の事項を、速やかに、譲渡し、又は提供した相手方に通知するよう努めなければならない。

3　前二項に定めるもののほか、前二項の通知に関し必要な事項は、厚生労働省令で定める。

（第五十七条第一項の政令で定める物及び通知対象物について事業者が行うべき調査等）

第五十七条の三　事業者は、厚生労働省令で定めるところにより、第五十七条第一項の政令で定める物及び通知対象物による危険性又は有害性等を調査しなければならない。

2　事業者は、前項の調査の結果に基づいて、この法律又はこれに基づく命令の規定による措置を講ずるほか、労働者の危険又は健康障害を防止するため必要な措置を講ずるように努めなければならない。

3　厚生労働大臣は、第二十八条第一項及び第三項に定めるもののほか、前二項の措置に関して、その適切かつ有効な実施を図るため必要な指針を公表するものとする。

4　厚生労働大臣は、前項の指針に従い、事業者又はその団体に対し、必要な指導、援助等を行うことができる。

（化学物質の有害性の調査）

第五十七条の四　化学物質による労働者の健康障害を防止するため、既存の化学物質として政令で定める化学物質（第三項の規定によりその名称が公表された化学物質を含む。）以外の化学物質（以下この条において「新規化学物質」という。）を製造し、又は輸入しようとする事業者は、あらかじめ、厚生労働省令で定めるところにより、厚生労働大臣の定める基準に従つて有害性の調査（当該新規化学物質が労働者の健康に与える影響についての調査をいう。以下この条において同じ。）を行い、当該新規化学物質の名称、有害性の調査の結果その他の事項を厚生労働大臣に届け出なければならない。ただし、次の各号のいずれかに該当するときその他政令で定める場合は、この限りでない。

一　当該新規化学物質に関し、厚生労働省令で定めるところにより、当該新規化学物質について予定されている製造又は取扱いの方法等からみて労働者が当該新規化学物質にさらされるおそれがない旨の厚生労働大臣の確認を受けたとき。

二　当該新規化学物質に関し、厚生労働省令で定めるところにより、既に得られている知見等に基づき厚生労働省令で定める有害性がない旨の厚生労働大臣の確認を受けたとき。

三　当該新規化学物質を試験研究のため製造し、又は輸入しようとするとき。

四　当該新規化学物質が主として一般消費者の生活の用に供される製品（当該新規化学物質を含有する製品を含む。）として輸入される場合で、厚生労働省令で定めるとき。

2　有害性の調査を行つた事業者は、その結果に基づいて、当該新規化学物質による労働者の健康障害を防止するため必要な措置を速やかに講じなければならない。

3　厚生労働大臣は、第一項の規定による届出があつた場合（同項第二号の規定による確認をした場合を含む。）には、厚生労働省令で定めるところにより、当該新規化学物質の名称を公表するものとする。

4　厚生労働大臣は、第一項の規定による届出があつた場合には、厚生労働省令で定めるところにより、有害性の調査の結果について学識経験者の意見を聴き、当該届出に係る化学物質による労働者の健康障害を防止するため必要があると認めるときは、届出をした事業者に対し、施設又は設備の設置又は整備、保護具の備付けその他の措置を講ずべきことを勧告することができる。

5　前項の規定により有害性の調査の結果について意見を求められた学識経験者は、当該有害性の調査の結果に関して知り得た秘密を漏らしてはならない。ただし、労働者の健康障害を防止するためやむを得ないときは、この限りでない。

第五十七条の五　厚生労働大臣は、化学物質で、がんその他の重度の健康障害を労働者に生ずるおそれのあるものについて、当該化学物質による労働者の健康障害を防止するため必要があると認めるときは、厚生労働省令で定めるところにより、当該化学物質を製造し、輸入し、又は使用している事業者その他厚生労働省令で定める事業者に対し、政令で定める有害性の調査（当該化学物質が労働者の健康障害に及ぼす影響についての調査をいう。）を行い、その結果を報告すべきことを指示することができる。

2　前項の規定による指示は、化学物質についての有害性の調査に関する技術水準、調査を実施する機関の整備状況、当該事業者の調査の能力等を総合的に考慮し、厚生労働大臣の定める基準に従つて行うものとする。

3　厚生労働大臣は、第一項の規定による指示を行おうとするときは、あらかじめ、厚生労働省令で定めるところにより、学識経験者の意見を聴かなければならない。

4　第一項の規定による有害性の調査を行つた事業者は、その結果に基づいて、当該化学物質による労働者の健康障害を防止するため必要な措置を速やかに講じなければならない。

5　第三項の規定により第一項の規定による指示について意見を求められた学識経験者は、当該指示に関して知り得た秘密を漏らしてはならない。ただし、労働者の健康障害を防止するためやむを得ないときは、この限りでない。

【労働安全衛生法　第59条】

（安全衛生教育）

第五十九条　事業者は、労働者を雇い入れたときは、当該労働者に対し、厚生労働省令で定めるところにより、その従事する業務に関する安全又は衛生のための教育を行なわなければならない。

2　前項の規定は、労働者の作業内容を変更したときについて準用する。

3　事業者は、危険又は有害な業務で、厚生労働省令で定めるものに労働者をつかせるときは、

資　料　編

厚生労働省令で定めるところにより、当該業務に関する安全又は衛生のための特別の教育を行なわなければならない。

【労働安全衛生法　第119条の3】

（罰則）

第百十九条　次の各号のいずれかに該当する者は、六月以下の懲役又は五十万円以下の罰金に処する。

三　第五十七条第一項の規定による表示をせず、若しくは虚偽の表示をし、又は同条第二項の規定による文書を交付せず、若しくは虚偽の文書を交付した者

【労働安全衛生規則　第24条の14、15、16】

（危険有害化学物質等に関する危険性又は有害性等の表示等）

第二十四条の十四　化学物質、化学物質を含有する製剤その他の労働者に対する危険又は健康障害を生ずるおそれのある物で厚生労働大臣が定めるもの（令第十八条　各号及び令別表第三第一号に掲げる物を除く。次項及び第二十四条の十六において「危険有害化学物質等」という。）を容器に入れ、又は包装して、譲渡し、又は提供する者は、その容器又は包装（容器に入れ、かつ、包装して、譲渡し、又は提供するときにあつては、その容器）に次に掲げるものを表示するように努めなければならない。

一　次に掲げる事項

　イ　名称

　ロ　人体に及ぼす作用

　ハ　貯蔵又は取扱い上の注意

　ニ　表示をする者の氏名（法人にあつては、その名称）、住所及び電話番号

　ホ　注意喚起語

　ヘ　安定性及び反応性

二　当該物を取り扱う労働者に注意を喚起するための標章で厚生労働大臣が定めるもの

2　危険有害化学物質等を前項に規定する方法以外の方法により譲渡し、又は提供する者は、同項各号の事項を記載した文書を、譲渡し、又は提供する相手方に交付するよう努めなければならない。

［参考］

平成24年3月26日　　厚生労働省告示　第150号

労働安全衛生規則の一部を改正する省令（平成二十四年厚生労働省令第九号）の施行に伴い、労働安全衛生規則（昭和四十七年労働省令第三十二号）第二十四条の十四第一項の規定に基づき、労働安全衛生規則第二十四条の十四第一項の規定に基づき厚生労働大臣が定める危険有害化学物質等を次のように定め、平成二十四年四月一日から適用する。

労働安全衛生規則第二十四条の十四第一項の規定に基づき厚生労働大臣が定める危険有害化学物質等

労働安全衛生規則第二十四条の十四第一項の厚生労働大臣が定める危険有害化学物質等は、日本工業規格Z七二五三（GHSに基づく化学品の危険有害性情報の伝達方─ラベル、作業場内の表示及び安全データシート（SDS））の附属書A（A.4を除く。）の定めにより危険有害性クラス、危険有害性区分及びラベル要素が定められた物理化学的危険性又は健康有害性を有するものとする。

第二十四条の十五　特定危険有害化学物質等（化学物質、化学物質を含有する製剤その他の労働者に対する危険又は健康障害を生じるおそれのある物で厚生労働大臣が定めるもの（法第五十七条の二第一項 に規定する通知対象物を除く。）をいう。以下この条及び次条において同じ。）を譲渡し、又は提供する者は、文書の交付又は相手方の事業者が承諾した方法により特定危険有害化学物質等に関する次に掲げる事項（前条第二項に規定する者にあつては、同条第一項に規定する事項を除く。）を、譲渡し、又は提供する相手方の事業者に通知するよう努めなければならない。
一　　名称
二　　成分及びその含有量
三　　物理的及び化学的性質
四　　人体に及ぼす作用
五　　貯蔵又は取扱い上の注意
六　　流出その他の事故が発生した場合において講ずべき応急の措置
七　　通知を行う者の氏名（法人にあつては、その名称）、住所及び電話番号
八　　危険性又は有害性の要約
九　　安定性及び反応性
十　　適用される法令
十一　　その他参考となる事項
2　　特定危険有害化学物質等を譲渡し、又は提供する者は、前項の規定により通知した事項に変更を行う必要が生じたときは、文書の交付又は相手方の事業者が承諾した方法により、変更後の同項各号の事項を、速やかに、譲渡し、又は提供した相手方の事業者に通知するよう努めなければならない。

第二十四条の十六　　厚生労働大臣は、危険有害化学物質等又は特定危険有害化学物質等の譲渡又は提供を受ける相手方の事業者の法第二十八条の二第一項の調査及び同項の措置の適切かつ有効な実施を図ることを目的として危険有害化学物質等又は特定危険有害化学物質等を譲渡し、又は提供する者が行う前二条の規定による表示又は通知を促進するため必要な指針を公表することができる。

【労働安全衛生規則　34条の2の7、2の8】

（調査対象物の危険性又は有害性等の調査の実施時期等）
第三十四条の二の七　　法第五十七条の三第一項の危険性又は有害性等の調査（主として一般消費者の生活の用に供される製品に係るものを除く。次項及び次条第一項において「調査」という。）は、次に掲げる時期に行うものとする。

資料編

一　令第十八条各号に掲げる物及び法第五十七条の二第一項に規定する通知対象物（以下この条及び次条において「調査対象物」という。）を原材料等として新規に採用し、又は変更するとき。

二　調査対象物を製造し、又は取り扱う業務に係る作業の方法又は手順を新規に採用し、又は変更するとき。

三　前二号に掲げるもののほか、調査対象物による危険性又は有害性等について変化が生じ、又は生ずるおそれがあるとき。

2　調査は、調査対象物を製造し、又は取り扱う業務ごとに、次に掲げるいずれかの方法（調査のうち危険性に係るものにあつては、第一号又は第三号（第一号に係る部分に限る。）に掲げる方法に限る。）により、又はこれらの方法の併用により行わなければならない。

一　当該調査対象物が当該業務に従事する労働者に危険を及ぼし、又は当該調査対象物により当該労働者の健康障害を生ずるおそれの程度及び当該危険又は健康障害の程度を考慮する方法

二　当該業務に従事する労働者が当該調査対象物にさらされる程度及び当該調査対象物の有害性の程度を考慮する方法

三　前二号に掲げる方法に準ずる方法

（調査の結果等の周知）

第三十四条の二の八　　事業者は、調査を行つたときは、次に掲げる事項を、前条第二項の調査対象物を製造し、又は取り扱う業務に従事する労働者に周知させなければならない。

一　当該調査対象物の名称

二　当該業務の内容

三　当該調査の結果

四　当該調査の結果に基づき事業者が講ずる労働者の危険又は健康障害を防止するため必要な措置の内容

2　前項の規定による周知は、次に掲げるいずれかの方法により行うものとする。

一　当該調査対象物を製造し、又は取り扱う各作業場の見やすい場所に常時掲示し、又は備え付けること。

二　書面を、当該調査対象物を製造し、又は取り扱う業務に従事する労働者に交付すること。

三　磁気テープ、磁気ディスクその他これらに準ずる物に記録し、かつ、当該調査対象物を製造し、又は取り扱う各作業場に、当該調査対象物を製造し、又は取り扱う業務に従事する労働者が当該記録の内容を常時確認できる機器を設置すること。

【国が行う化学物質等による労働者の健康障害防止に係るリスク評価実施要領の策定について】

（基安発第0511001号　平成18年5月11日）

　事業場では多くの種類の化学物質等が取り扱われており、かつ、これらの作業も多岐にわたっているものの、これらすべてについて自主的な化学物質管理が十分に行われているとは言い難い状況にあり、事業者が、有害性がある化学物質等のガス、蒸気又は粉じんにばく露するおそれのある作業に労働者を従事させる場合に適切な健康障害防止措置がとられるようにする必要がある。

このため、今般、新たに設けられた有害物ばく露作業報告（労働安全衛生規則第95条の6）を活用しつつ国が化学物質等に係るリスクの評価を行うこととし、昨年5月に労働者の健康障害防止に係るリスク評価検討会においてとりまとめられた報告書を踏まえ、別添のとおり「国が行う化学物質等による労働者の健康障害防止に係るリスク評価実施要領」を策定したところである。

　今後は本要領を基本として、順次化学物質等のリスクの評価を行うこととするので了知されたい。

（有害物ばく露作業報告）
第九十五条の六　事業者は、労働者に健康障害を生ずるおそれのある物で厚生労働大臣が定めるものを製造し、又は取り扱う作業場において、労働者を当該物のガス、蒸気又は粉じんにばく露するおそれのある作業に従事させたときは、厚生労働大臣の定めるところにより、当該物のばく露の防止に関し必要な事項について、様式第二十一号の七による報告書を所轄労働基準監督署長に提出しなければならない。

別添

国が行う化学物質等による労働者の健康障害防止に係るリスク評価実施要領

第1　趣旨等
　1　趣旨
　　　本実施要領は、化学物質等による労働者の健康障害の防止対策を効果的に推進するため、化学物質等の有害性及び労働者の当該化学物質等へのばく露状況から、健康障害の発生のおそれの高い作業に係るリスクの評価を行う方法等についてとりまとめたものである。
　2　用語の定義
　　　本実施要領における用語の定義は以下のとおりである。
　（1）量－反応関係（dose-respons）
　　　　化学物質等が生体に作用した量又は濃度と、当該化学物質等にばく露された集団内で、一定の健康への影響を示す個体の割合
　（2）ばく露限界（limit of exposure）
　　　　量－反応関係等から導かれる、ほとんどすべての労働者が連日繰り返しばく露されても健康に響を受けないと考えられている濃度又は量の閾（いき）値
　　　　日本産業衛生学会の提案している許容濃度及び米国産業衛生専門家会議が勧告している時間荷重平均で評価した場合の時間荷重平均濃度が含まれる。
　（3）ばく露レベル（exposure level）
　　　　化学物質等を発散する作業場内の労働者が呼吸する空気中の化学物質等の濃度
　（4）無毒性量（NOAEL；No Observed Adverse Effect Level）
　　　　毒性試験において有害な影響が認められなかった最高のばく露量
　（5）最小毒性量（LOAEL；Lowest Observed Adverse Effect Level）
　　　　毒性試験において有害な影響が認められた最低のばく露量
　（6）無影響量（NOEL；No Observed Effect Level）
　　　　毒性試験において影響が認められなかった最高のばく露量

169

資　料　編

(7) 最小影響量 (LOEL；Lowest Observed Effect Level)

　　毒性試験において何らかの影響が認められた最低のばく露量

(8) 半数致死量 (LD$_{50}$；Lethal Dose 50)

　　1回の投与で1群の実験動物の50％を死亡させると予想される投与量

(9) 半数致死濃度 (LC$_{50}$；Lethal Concentration 50)

　　短時間の吸入ばく露（通常1時間から4時間）で1群の実験動物の50％を死亡させると予想される濃度

(10) MOE；Margin of Exposure

　　ばく露レベルが人の無毒性量等（無毒性量、最小毒性量、無影響量及び最小影響量をいう。以下同じ。）に対してどれだけ離れているかを示す係数で、第2の4の (2) のアの (イ) に掲げるところにより算出する。

3　リスクの評価の概要

　化学物質等の有害性の種類及びその程度、当該化学物質等への労働者のばく露レベル等に応じて労働者に生じるおそれのある健康障害の可能性及びその程度の判断（以下「リスクの評価」という。）は、以下により行う。

(1) 有害性の種類及びその程度の把握

　　リスクの評価の対象とする化学物質等（以下「対象物質等」という。）の有害性の種類及びその程度を、信頼できる主要な文献（以下「主要文献」という。）から把握する。

　　また、必要に応じて、国際連合から勧告として公表された「化学品の分類及び表示に関する世界調和システム」（以下「GHS」という。）で示される有害性に係るクラス（有害性の種類）及び区分（有害性の程度）を把握する。

(2) 量－反応関係等の把握

　　主要文献から対象物質等に係る量－反応関係、ばく露限界等を把握する。

(3) ばく露状況の把握

　　労働安全衛生規則（昭和47年労働省令第32号）第95条の6の有害物ばく露作業報告（以下「ばく露作業報告」という。）等から、ばく露作業報告対象物を製造し、又は取り扱う作業（以下「取扱い作業等」という。）のうち、リスクが高いと推定されるものを把握する。

　　さらに、取扱い作業等のうちリスクが高いと推定されるものが行われている事業場において、作業環境の測定、個人ばく露濃度の測定等（以下「作業環境の測定等」という。）を行い、対象物質等に係るばく露レベルを把握する。

(4) リスクの判定

　　ばく露レベルとばく露限界又は無毒性量等との比較によりリスクを判定する。

4　留意事項

(1) 不確実性

　　リスクの評価においては、有害性又はばく露に関するデータには様々な要因に起因する不確実性が存在することを考慮するものとする。

(2) 科学的評価

　　リスクの評価を実施するに当たっては、科学的知見に基づいて実施することが重要であ

る。また、専門的に検討すべき事項を多く含むことから、必要に応じて学識経験者の意見を聴くものとする。

第2　リスクの評価の実施方法
1　有害性の種類及びその程度の把握
　　主要文献から、対象物質等の有害性の種類及びその程度を把握する。
　　把握する有害性の種類は、急性毒性、皮膚腐食性・刺激性、眼に対する重篤な損傷性・刺激性、　呼吸器感作性又は皮膚感作性、生殖細胞変異原性、発がん性、生殖毒性及び臓器毒性・全身毒性とする。

2　量－反応関係等の把握
　　ばく露限界、無毒性量等又はGHSで示される有害性に係る区分等を把握する。
　(1) 臓器毒性・全身毒性又は生殖毒性
　　　臓器毒性・全身毒性又は生殖毒性の有無及びばく露限界又は無毒性量等について把握する。
　ア　ばく露限界がある場合
　　　ばく露限界を把握する。
　イ　ばく露限界がない場合
　　　次により無毒性量等を把握する。
　(ア) 無毒性量等の選択
　　　主要文献から得られた無毒性量等のうち、最も信頼性のある値を評価に用いるものとして採用する。
　　　なお、信頼性に差がなく値の異なる複数の無毒性量等が得られた場合には、その中での最小値を採用するものとする。
　(イ) 無毒性量等の値の経口から吸入への変換
　　　人又は動物実験における吸入による無毒性量等で、信頼できるものが得られる場合には、それを採用するものとし、吸入による無毒性量等を得ることができず、経口による無毒性量等（mg/kg/day）から吸入による無毒性量等（mg/m³）へ変換する必要がある場合には、次の換算式により、呼吸量10m³/8時間、体重60キログラムとして計算するものとする。

　　　　吸入による無毒性量等＝経口による無毒性量等　×　体重/呼吸量

　(ウ) 不確実係数
　　　無毒性量等が動物実験から得られたものである場合、実験期間・観察期間が不十分な情報から得られた場合又は無毒性量若しくは無影響量を得ることができず適当な最小毒性量若しくは最小影響量が得られた場合の不確実係数は10とするものとする。
　　　なお、無毒性量等が動物実験から得られたものである場合には、当該実験におけるばく露期間、ばく露時間等の条件に応じて、当該無毒性量等の値を労働によるばく露に対応させるための補正を行うものとする。

資　料　編

(2) 急性毒性

　　GHSで示された急性毒性に係る区分、半数致死量又は半数致死濃度の値及び蒸気圧等
のばく露に関係する物理化学的性状について把握する。

(3) 皮膚腐食性・刺激性又は眼に対する重篤な損傷性・刺激性

　　皮膚に対する不可逆的な損傷の発生若しくは可逆的な刺激性又は眼に対する重篤な損傷
の発生若しくは刺激性の有無について把握する。

(4) 呼吸器感作性又は皮膚感作性

　　吸入の後に気道過敏症を誘発する性質又は当該物質との皮膚接触の後でアレルギー反応
を誘発する性質の有無について把握する。

(5) 生殖細胞変異原性

　　人の生殖細胞に遺伝する可能性のある突然変異を誘発する可能性を把握する。

(6) 発がん性

　　発がん性の有無及び当該発がん性に閾（いき）値がないと考えられている場合には必要
に応じてがんの過剰発生率を、閾（いき）値がないと考えられている場合以外の場合には
無毒性量等を把握する。

(7) データの信頼性の検討

　　有害性に係るデータについて、動物実験から得られたものと人から得られたものがある
場合には、原則として人のデータを優先して用いるものとする。

　　また、動物実験に基づくデータを使用する場合には、そのデータの信頼性について十分
検討するものとする。

3　ばく露状況の把握

(1) ばく露によるリスクが高いと推定される作業の把握

　　ばく露作業報告から、次の手順によりばく露によるリスクが高いと推定される取扱い作
業等を把握する。

　ア　取扱い作業等を作業の種類別に分類し、作業に従事する労働者数、作業ごとの換気設
　　備の設置状況、作業を行っている事業場数等を把握する。

　イ　アにおいて分類した作業を、換気設備の設置状況、化学物質等の性状、取扱い時の化
　　学物質等の温度、作業時間等を考慮して、想定されるばく露のレベルに応じて分類し、
　　労働者のばく露のレベルが高いと想定される作業を選定する。

　　　なお、ばく露のレベルが高いと想定される作業については、必要に応じて既存のばく
　　露に係るデータ、ばく露のレベルを推定するモデル等を活用して、当該作業に係るばく
　　露レベルを推定する。

　ウ　イにおいて選定した作業の中から、推定ばく露レベル、従事労働者数、用途、製造量
　　及び消費量、物質の性状等を勘案し、ばく露によるリスクが高いと推定される作業を把
　　握する。

(2) 作業環境の測定等の実施

　　ばく露レベルの把握のための作業環境の測定等は、次の手順により実施する。

　ア　リスクが高いと推定される作業が行われている事業場の中から、原則として無作為に
　　作業環境の測定等を実施する事業場を抽出する。なお、選定に当たっては、統計的な有

意性が確保されるようにするものとする。

イ　対象とした事業場の作業の実態を調査するとともに、リスクが高いと推定される作業に係る作業環境の測定等を実施する。

なお、作業環境の測定は、作業環境測定基準（昭和51年労働省告示第46号）におけるA測定及びB測定に準じた方法によるものとし、個人ばく露濃度の測定を行う場合には、ばく露レベルの値を適切に把握できる測定方法を用いるものとする。

(3) ばく露レベルの把握等

ア　ばく露レベルの把握

作業環境の測定等から得られたデータを検討・分析し、統計的な有意性に配慮してばく露レベルを把握する。

イ　ばく露レベルの推定

作業環境の測定等からばく露レベルを把握することができない場合には、次のような既存のばく露に関するデータを活用して、ばく露レベルを推定する。

なお、作業環境の測定等からばく露レベルを把握することができない場合で、既存のばく露に関するデータの活用が困難な場合には、ばく露を推定するモデルを利用するものとする。

(ア) 対象物質等の取扱い作業等に関する文献、災害事例等から把握したばく露レベルに関するデータ

(イ) 作業内容や物理化学的性状が類似した化学物質等の取扱い作業等についてのばく露レベルに関するデータ

(ウ) 一般環境について関連するデータがある場合には、当該データ

4　リスクの判定

(1) 判定の概要

ア　発がん性以外の有害性に係るリスクの判定は、原則として、作業に従事する労働者のばく露レベルと、ばく露限界又は人に対する無毒性量等を定量的に比較することにより行う。

なお、ばく露限界又は人に対する無毒性量等が存在する場合には、当該値を優先的に用い、これらの値が存在しない場合には、動物実験等から得られた値から推定した値を用いる。

イ　発がん性については、閾（いき）値がないと考えられている場合とそれ以外の場合とに分けてリスクを判定する。

ウ　リスクの判定は判定基準に従い、詳細な検討を行う対象等を把握する。

(2) 判定の方法

ア　発がん性以外の有害性に係る判定の方法

(ア)ばく露限界を把握できる場合

ばく露限界とばく露レベルを比較することにより行う。

(イ)ばく露限界を把握できないが、無毒性量等を把握できる場合

人に対する無毒性量等とばく露レベルを比較することにより行うものとし、次の式によりMOEを算定する。

資　料　編

　　　　MOE＝人に対する無毒性量等／ばく露レベル

　　　MOEの算定は、作業環境測定基準におけるA測定若しくはB測定又は個人ばく露濃
　　度の測定から算出したばく露レベルを用いて行うものとする。
　　　なお、無毒性量等が動物実験から得られたものである場合は、不確実係数で除し、第
　　2の2の（1）のイの（ウ）に掲げるところにより補正した値をMOEの算定に用いるもの
　　とする。
　イ　発がん性に係る判定の方法
　　　発がん性に係るリスクの評価においては、発がん性に関する閾（いき）値の有無を判
　　別する手法として、国際的に統一された標準的な手法は確立されておらず、また、閾（い
　　き）値がある前提のもとで評価を行う場合でも、評価方法の詳細については国により異
　　なる手法が用いられていることから、リスクの評価においては、情報収集を行って得ら
　　れた評価手法をすべて活用することとする。
　（ア）閾（いき）値がないと考えられている場合
　　　　国際機関等において得られた信頼性の高いユニットリスク（1μg/m³の物質に生涯ば
　　　く露した時のがんの過剰に発生する確率をいう。以下同じ。）が得られる場合にはこ
　　　れを用い、次の式によってがんの過剰発生率を計算する。

　　　　　がんの過剰発生率＝ユニットリスク（μg/m³）$^{-1}$×ばく露レベル（μg/m³）

　（イ）上記（ア）以外の場合
　　　　腫瘍発生に係る無毒性量等に関する主要文献から得られた知見を基に、発がん作用
　　　の閾（いき）値を設定し、当該値とばく露レベルとの比により判定する。
（3）判定基準
　リスクの判定の基準は次のとおりとする。
　ア　発がん性以外の有害性についての基準
　（ア）ばく露限界を把握できる場合
　　　a　ばく露レベルがばく露限界より大きいか又は等しい場合には、詳細な検討を行う
　　　　対象とする。
　　　b　ばく露レベルがばく露限界より小さい場合には、判定の時点では原則として検討
　　　　は必要ないと判定する。
　（イ）ばく露限界を把握できないが、無毒性量等を把握できる場合
　　　算出したMOEについて、次により判定するものとする。
　　　a　MOE≦1の場合には、詳細な検討を行う対象とする。
　　　b　1＜MOE≦5の場合には、今後とも情報収集に努める。
　　　c　MOE＞5の場合には、判定の時点では原則として検討は必要ないと判定する。
　（ウ）ばく露限界及び無毒性量等を把握できない場合
　　　　判定の時点では原則として定量的なリスクの判定はできないことから、リスクの総合
　　　的な判断を行う対象とする。
　イ　発がん性についての基準

174

（ア）閾（いき）値がないと考えられている場合

a　がんの過剰発生率が算定できる場合には、当該値が概ね1×10^{-4}を目安とし、これより大きい場合には、詳細な検討を行う対象とする。

b　がんの過剰発生率が算定できない場合には、判定の時点では原則として定量的なリスクの判定はできないことから、リスクの総合的な判断を行う対象とする。

（イ）上記（ア）以外の場合

アの（イ）の場合と同様とする。

5　判定結果の詳細な検討等

(1) 4の（3）のアの（ア）のa及び（イ）のa並びにイの（ア）のaの場合には、作業環境の測定等の結果やばく露限界値等のリスクを判定する根拠となった有害性のデータについて再確認のうえ、学識経験者の意見を聴き、リスクの判定結果の詳細な検討を行うものとする。

(2) 4の（3）のアの（ウ）及びイの（ア）のbの場合には、物理化学的性状、有害性、ばく露状況、ばく露労働者数等を勘案し、学識経験者の意見を聴き当該作業に係るリスクの総合的な判断を行う。

(3)（1）及び（2）以外の場合におけるリスクの判定結果についても、学識経験者の意見を聴くものとする。

(4)（1）から（3）までの結果は、原則として公開とするものとする。

第3　健康障害防止のための措置等

第2の5の詳細な検討等の結果健康障害の発生のおそれがある作業については、そのリスクの程度に応じて必要な健康障害防止のための措置の内容を検討するものとする。

なお、健康障害防止のための措置の内容の検討に当たっては、ばく露限界やGHSによる有害性の区分等の有害性に関すること、リスクの判定結果の根拠、用途の多様性や取り扱われる範囲、健康障害の発生状況、労働衛生工学的対策によるリスク低減の可能性、社会的有用性、代替品の有無等の事項を勘案するものとする。

【化学物質等による危険性又は有害性等の調査等に関する指針】

（平成27年9月18日　基発0918第3号　別添2）

1　趣旨等

本指針は、労働安全衛生法（昭和47年法律第57号。以下「法」という。）第57条の3第3項の規定に基づき、事業者が、化学物質、化学物質を含有する製剤その他の物で労働者の危険又は健康障害を生ずるおそれのあるものによる危険性又は有害性等の調査（以下「リスクアセスメント」という。）を実施し、その結果に基づいて労働者の危険又は健康障害を防止するため必要な措置（以下「リスク低減措置」という。）が各事業場において適切かつ有効に実施されるよう、リスクアセスメントからリスク低減措置の実施までの一連の措置の基本的な考え方及び具体的な手順の例を示すとともに、これらの措置の実施上の留意事項を定めたものである。

また、本指針は、「労働安全衛生マネジメントシステムに関する指針」（平成11年労働省告

資　料　編

示第53号）に定める危険性又は有害性等の調査及び実施事項の特定の具体的実施事項としても
位置付けられるものである。

2　適用

本指針は、法第57条の3第1項の規定に基づき行う「第57条第1項の政令で定める物及び通
知対象物」（以下「化学物質等」という。）に係るリスクアセスメントについて適用し、労働者
の就業に係る全てのものを対象とする。

3　実施内容

事業者は、法第57条の3第1項に基づくリスクアセスメントとして、（1）から（3）までに掲
げる事項を、労働安全衛生規則（昭和47年労働省令第32号。以下「安衛則」という。）第34条
の2の8に基づき（5）に掲げる事項を実施しなければならない。また、法第57条の3第2項に
基づき、法令の規定による措置を講ずるほか（4）に掲げる事項を実施するよう努めなければな
らない。

(1) 化学物質等による危険性又は有害性の特定
(2) (1) により特定された化学物質等による危険性又は有害性並びに当該化学物質等を取り扱う
　　作業方法、設備等により業務に従事する労働者に危険を及ぼし、又は当該労働者の健康障害
　　を生ずるおそれの程度及び当該危険又は健康障害の程度（以下「リスク」という。）の見積り
(3) (2) の見積りに基づくリスク低減措置の内容の検討
(4) (3) のリスク低減措置の実施
(5) リスクアセスメント結果の労働者への周知

4　実施体制等

(1) 事業者は、次に掲げる体制でリスクアセスメント及びリスク低減措置（以下「リスクアセス
メント等」という。）を実施するものとする。

ア　総括安全衛生管理者が選任されている場合には、当該者にリスクアセスメント等の実施
　　を統括管理させること。総括安全衛生管理者が選任されていない場合には、事業の実施を
　　統括管理する者に統括管理させること。

イ　安全管理者又は衛生管理者が選任されている場合には、当該者にリスクアセスメント等
　　の実施を管理させること。安全管理者又は衛生管理者が選任されていない場合には、職長
　　その他の当該作業に従事する労働者を直接指導し、又は監督する者としての地位にあるも
　　のにリスクアセスメント等の実施を管理させること。

ウ　化学物質等の適切な管理について必要な能力を有する者のうちから化学物質等の管理を
　　担当する者（以下「化学物質管理者」という。）を指名し、この者に、上記イに掲げる者の
　　下でリスクアセスメント等に関する技術的業務を行わせることが望ましいこと。

エ　安全衛生委員会、安全委員会又は衛生委員会が設置されている場合には、これらの委員
　　会においてリスクアセスメント等に関することを調査審議させ、また、当該委員会が設置
　　されていない場合には、リスクアセスメント等の対象業務に従事する労働者の意見を聴取
　　する場を設けるなど、リスクアセスメント等の実施を決定する段階において労働者を参画
　　させること。

オ　リスクアセスメント等の実施に当たっては、化学物質管理者のほか、必要に応じ、化学物質等に係る危険性及び有害性や、化学物質等に係る機械設備、化学設備、生産技術等についての専門的知識を有する者を参画させること。

カ　上記のほか、より詳細なリスクアセスメント手法の導入又はリスク低減措置の実施に当たっての、技術的な助言を得るため、労働衛生コンサルタント等の外部の専門家の活用を図ることが望ましいこと。

(2) 事業者は、(1) のリスクアセスメントの実施を管理する者、技術的業務を行う者等（カの外部の専門家を除く。）に対し、リスクアセスメント等を実施するために必要な教育を実施するものとする。

5　実施時期

(1) 事業者は、安衛則第34条の2の7第1項に基づき、次のアからウまでに掲げる時期にリスクアセスメントを行うものとする。

ア　化学物質等を原材料等として新規に採用し、又は変更するとき。

イ　化学物質等を製造し、又は取り扱う業務に係る作業の方法又は手順を新規に採用し、又は変更するとき。

ウ　化学物質等による危険性又は有害性等について変化が生じ、又は生ずるおそれがあるとき。具体的には、化学物質等の譲渡又は提供を受けた後に、当該化学物質等を譲渡し、又は提供した者が当該化学物質等に係る安全データシート（以下「SDS」という。）の危険性又は有害性に係る情報を変更し、その内容が事業者に提供された場合等が含まれること。

(2) 事業者は、(1) のほか、次のアからウまでに掲げる場合にもリスクアセスメントを行うよう努めること。

ア　化学物質等に係る労働災害が発生した場合であって、過去のリスクアセスメント等の内容に問題がある場合

イ　前回のリスクアセスメント等から一定の期間が経過し、化学物質等に係る機械設備等の経年による劣化、労働者の入れ替わり等に伴う労働者の安全衛生に係る知識経験の変化、新たな安全衛生に係る知見の集積等があった場合

ウ　既に製造し、又は取り扱っていた物質がリスクアセスメントの対象物質として新たに追加された場合など、当該化学物質等を製造し、又は取り扱う業務について過去にリスクアセスメント等を実施したことがない場合

(3) 事業者は、(1) のア又はイに掲げる作業を開始する前に、リスク低減措置を実施することが必要であることに留意するものとする。

(4) 事業者は、(1) のア又はイに係る設備改修等の計画を策定するときは、その計画策定段階においてもリスクアセスメント等を実施することが望ましいこと。

6　リスクアセスメント等の対象の選定

事業者は、次に定めるところにより、リスクアセスメント等の実施対象を選定するものとする。

(1) 事業場における化学物質等による危険性又は有害性等をリスクアセスメント等の対象とすること。

資 料 編

(2) リスクアセスメント等は、対象の化学物質等を製造し、又は取り扱う業務ごとに行うこと。ただし、例えば、当該業務に複数の作業工程がある場合に、当該工程を1つの単位とする、当該業務のうち同一場所において行われる複数の作業を1つの単位とするなど、事業場の実情に応じ適切な単位で行うことも可能であること。

(3) 元方事業者にあっては、その労働者及び関係請負人の労働者が同一の場所で作業を行うこと（以下「混在作業」という。）によって生ずる労働災害を防止するため、当該混在作業についても、リスクアセスメント等の対象とすること。

7　情報の入手等

(1) 事業者は、リスクアセスメント等の実施に当たり、次に掲げる情報に関する資料等を入手するものとする。

　　入手に当たっては、リスクアセスメント等の対象には、定常的な作業のみならず、非定常作業も含まれることに留意すること。

　　また、混在作業等複数の事業者が同一の場所で作業を行う場合にあっては、当該複数の事業者が同一の場所で作業を行う状況に関する資料等も含めるものとすること。

　ア　リスクアセスメント等の対象となる化学物質等に係る危険性又は有害性に関する情報（SDS等）

　イ　リスクアセスメント等の対象となる作業を実施する状況に関する情報（作業標準、作業手順書等、機械設備等に関する情報を含む。）

(2) 事業者は、(1)のほか、次に掲げる情報に関する資料等を、必要に応じ入手するものとすること。

　ア　化学物質等に係る機械設備等のレイアウト等、作業の周辺の環境に関する情報

　イ　作業環境測定結果等

　ウ　災害事例、災害統計等

　エ　その他、リスクアセスメント等の実施に当たり参考となる資料等

(3) 事業者は、情報の入手に当たり、次に掲げる事項に留意するものとする。

　ア　新たに化学物質等を外部から取得等しようとする場合には、当該化学物質等を譲渡し、又は提供する者から、当該化学物質等に係るSDSを確実に入手すること。

　イ　化学物質等に係る新たな機械設備等を外部から導入しようとする場合には、当該機械設備等の製造者に対し、当該設備等の設計・製造段階においてリスクアセスメントを実施することを求め、その結果を入手すること。

　ウ　化学物質等に係る機械設備等の使用又は改造等を行おうとする場合に、自らが当該機械設備等の管理権原を有しないときは、管理権原を有する者等が実施した当該機械設備等に対するリスクアセスメントの結果を入手すること。

(4) 元方事業者は、次に掲げる場合には、関係請負人におけるリスクアセスメントの円滑な実施に資するよう、自ら実施したリスクアセスメント等の結果を当該業務に係る関係請負人に提供すること。

　ア　複数の事業者が同一の場所で作業する場合であって、混在作業における化学物質等による労働災害を防止するために元方事業者がリスクアセスメント等を実施したとき。

　イ　化学物質等にばく露するおそれがある場所等、化学物質等による危険性又は有害性があ

る場所において、複数の事業者が作業を行う場合であって、元方事業者が当該場所に関するリスクアセスメント等を実施したとき。

8 危険性又は有害性の特定

　事業者は、化学物質等について、リスクアセスメント等の対象となる業務を洗い出した上で、原則としてア及びイに即して危険性又は有害性を特定すること。また、必要に応じ、ウに掲げるものについても特定することが望ましいこと。

　　ア　国際連合から勧告として公表された「化学品の分類及び表示に関する世界調和システム（GHS）」（以下「GHS」という。）又は日本工業規格Z7252に基づき分類された化学物質等の危険性又は有害性（SDSを入手した場合には、当該SDSに記載されているGHS分類結果）

　　イ　日本産業衛生学会の許容濃度又は米国産業衛生専門家会議（ACGIH）のTLV-TWA等の化学物質等のばく露限界（以下「ばく露限界」という。）が設定されている場合にはその値（SDSを入手した場合には、当該SDSに記載されているばく露限界）

　　ウ　ア又はイによって特定される危険性又は有害性以外の、負傷又は疾病の原因となるおそれのある危険性又は有害性。この場合、過去に化学物質等による労働災害が発生した作業、化学物質等による危険又は健康障害のおそれがある事象が発生した作業等により事業者が把握している情報があるときには、当該情報に基づく危険性又は有害性が必ず含まれるよう留意すること。

9 リスクの見積り

(1) 事業者は、リスク低減措置の内容を検討するため、安衛則第34条の2の7第2項に基づき、次に掲げるいずれかの方法（危険性に係るものにあっては、ア又はウに掲げる方法に限る。）により、又はこれらの方法の併用により化学物質等によるリスクを見積もるものとする。

　　ア　化学物質等が当該業務に従事する労働者に危険を及ぼし、又は化学物質等により当該労働者の健康障害を生ずるおそれの程度（発生可能性）及び当該危険又は健康障害の程度（重篤度）を考慮する方法。具体的には、次に掲げる方法があること。

　　　（ア）発生可能性及び重篤度を相対的に尺度化し、それらを縦軸と横軸とし、あらかじめ発生可能性及び重篤度に応じてリスクが割り付けられた表を使用してリスクを見積もる方法

　　　（イ）発生可能性及び重篤度を一定の尺度によりそれぞれ数値化し、それらを加算又は乗算等してリスクを見積もる方法

　　　（ウ）発生可能性及び重篤度を段階的に分岐していくことによりリスクを見積もる方法

　　　（エ）ILOの化学物質リスク簡易評価法（コントロール・バンディング）等を用いてリスクを見積もる方法

　　　（オ）化学プラント等の化学反応のプロセス等による災害のシナリオを仮定して、その事象の発生可能性と重篤度を考慮する方法

　　イ　当該業務に従事する労働者が化学物質等にさらされる程度（ばく露の程度）及び当該化学物質等の有害性の程度を考慮する方法。具体的には、次に掲げる方法があるが、このうち、（ア）の方法を採ることが望ましいこと。

　　　（ア）対象の業務について作業環境測定等により測定した作業場所における化学物質等の

資　料　編

気中濃度等を、当該化学物質等のばく露限界と比較する方法

　（イ）数理モデルを用いて対象の業務に係る作業を行う労働者の周辺の化学物質等の気中
濃度を推定し、当該化学物質のばく露限界と比較する方法

　（ウ）対象の化学物質等への労働者のばく露の程度及び当該化学物質等による有害性を相
対的に尺度化し、それらを縦軸と横軸とし、あらかじめばく露の程度及び有害性の程度
に応じてリスクが割り付けられた表を使用してリスクを見積もる方法

ウ　ア又はイに掲げる方法に準ずる方法。具体的には、次に掲げる方法があること。

　（ア）リスクアセスメントの対象の化学物質等に係る危険又は健康障害を防止するための
具体的な措置が労働安全衛生法関係法令（主に健康障害の防止を目的とした有機溶剤中
毒予防規則（昭和47年労働省令第36号）、鉛中毒予防規則（昭和47年労働省令第37号）、
四アルキル鉛中毒予防規則（昭和47年労働省令第38号）及び特定化学物質障害予防規則
（昭和47年労働省令第39号）の規定並びに主に危険の防止を目的とした労働安全衛生法
施行令（昭和47年政令第318号）別表第1に掲げる危険物に係る安衛則の規定）の各条項
に規定されている場合に、当該規定を確認する方法。

　（イ）リスクアセスメントの対象の化学物質等に係る危険を防止するための具体的な規定
が労働安全衛生法関係法令に規定されていない場合において、当該化学物質等のSDS
に記載されている危険性の種類（例えば「爆発物」など）を確認し、当該危険性と同種の
危険性を有し、かつ、具体的措置が規定されている物に係る当該規定を確認する方法

（2）事業者は、（1）のア又はイの方法により見積りを行うに際しては、用いるリスクの見積り
方法に応じて、7で入手した情報等から次に掲げる事項等必要な情報を使用すること。

ア　当該化学物質等の性状

イ　当該化学物質等の製造量又は取扱量

ウ　当該化学物質等の製造又は取扱い（以下「製造等」という。）に係る作業の内容

エ　当該化学物質等の製造等に係る作業の条件及び関連設備の状況

オ　当該化学物質等の製造等に係る作業への人員配置の状況

カ　作業時間及び作業の頻度

キ　換気設備の設置状況

ク　保護具の使用状況

ケ　当該化学物質等に係る既存の作業環境中の濃度若しくはばく露濃度の測定結果又は生物
学的モニタリング結果

（3）事業者は、（1）のアの方法によるリスクの見積りに当たり、次に掲げる事項等に留意する
ものとする。

ア　過去に実際に発生した負傷又は疾病の重篤度ではなく、最悪の状況を想定した最も重篤
な負傷又は疾病の重篤度を見積もること。

イ　負傷又は疾病の重篤度は、傷害や疾病等の種類にかかわらず、共通の尺度を使うことが
望ましいことから、基本的に、負傷又は疾病による休業日数等を尺度として使用すること。

ウ　リスクアセスメントの対象の業務に従事する労働者の疲労等の危険性又は有害性への付
加的影響を考慮することが望ましいこと。

（4）事業者は、一定の安全衛生対策が講じられた状態でリスクを見積もる場合には、用いるリ
スクの見積り方法における必要性に応じて、次に掲げる事項等を考慮すること。

ア　安全装置の設置、立入禁止措置、排気・換気装置の設置その他の労働災害防止のための機能又は方策（以下「安全衛生機能等」という。）の信頼性及び維持能力

イ　安全衛生機能等を無効化する又は無視する可能性

ウ　作業手順の逸脱、操作ミスその他の予見可能な意図的・非意図的な誤使用又は危険行動の可能性

エ　有害性が立証されていないが、一定の根拠がある場合における当該根拠に基づく有害性

10　リスク低減措置の検討及び実施

(1) 事業者は、法令に定められた措置がある場合にはそれを必ず実施するほか、法令に定められた措置がない場合には、次に掲げる優先順位でリスク低減措置の内容を検討するものとする。ただし、法令に定められた措置以外の措置にあっては、9 (1) イの方法を用いたリスクの見積り結果として、ばく露濃度等がばく露限界を相当程度下回る場合は、当該リスクは、許容範囲内であり、リスク低減措置を検討する必要がないものとして差し支えないものであること。

ア　危険性又は有害性のより低い物質への代替、化学反応のプロセス等の運転条件の変更、取り扱う化学物質等の形状の変更等又はこれらの併用によるリスクの低減

イ　化学物質等に係る機械設備等の防爆構造化、安全装置の二重化等の工学的対策又は化学物質等に係る機械設備等の密閉化、局所排気装置の設置等の衛生工学的対策

ウ　作業手順の改善、立入禁止等の管理的対策

エ　化学物質等の有害性に応じた有効な保護具の使用

(2) (1) の検討に当たっては、より優先順位の高い措置を実施することにした場合であって、当該措置により十分にリスクが低減される場合には、当該措置よりも優先順位の低い措置の検討まで要するものではないこと。また、リスク低減に要する負担がリスク低減による労働災害防止効果と比較して大幅に大きく、両者に著しい不均衡が発生する場合であって、措置を講ずることを求めることが著しく合理性を欠くと考えられるときを除き、可能な限り高い優先順位のリスク低減措置を実施する必要があるものとする。

(3) 死亡、後遺障害又は重篤な疾病をもたらすおそれのあるリスクに対して、適切なリスク低減措置の実施に時間を要する場合は、暫定的な措置を直ちに講ずるほか、(1) において検討したリスク低減措置の内容を速やかに実施するよう努めるものとする。

(4) リスク低減措置を講じた場合には、当該措置を実施した後に見込まれるリスクを見積もることが望ましいこと。

11　リスクアセスメント結果等の労働者への周知等

(1) 事業者は、安衛則第34条の2の8に基づき次に掲げる事項を化学物質等を製造し、又は取り扱う業務に従事する労働者に周知するものとする。

ア　対象の化学物質等の名称

イ　対象業務の内容

ウ　リスクアセスメントの結果

（ア）特定した危険性又は有害性

（イ）見積もったリスク

資 料 編

エ　実施するリスク低減措置の内容
(2)　(1) の周知は、次に掲げるいずれかの方法によること。
　　ア　各作業場の見やすい場所に常時掲示し、又は備え付けること
　　イ　書面を労働者に交付すること
　　ウ　磁気テープ、磁気ディスクその他これらに準ずる物に記録し、かつ、各作業場に労働者
　　　が当該記録の内容を常時確認できる機器を設置すること
(3)　法第59条第1項に基づく雇入れ時教育及び同条第2項に基づく作業変更時教育において
　　は、安衛則第35条第1項第1号、第2号及び第5号に掲げる事項として、(1) に掲げる事項を
　　含めること。
　　　なお、5の (1) に掲げるリスクアセスメント等の実施時期のうちアからウまでについては、
　　法第59条第2項の「作業内容を変更したとき」に該当するものであること。
(4)　リスクアセスメントの対象の業務が継続し (1) の労働者への周知等を行っている間は、事
　　業者は (1) に掲げる事項を記録し、保存しておくことが望ましい。

12　その他
　　　表示対象物又は通知対象物以外のものであって、化学物質、化学物質を含有する製剤その他
　　の物で労働者に危険又は健康障害を生ずるおそれのあるものについては、法第28条の2に基づ
　　き、この指針に準じて取り組むよう努めること。

【化学物質等による危険性又は有害性等の調査等に関する指針について】

（平成27年9月18日　基発0918第3号）

　　労働安全衛生法の一部を改正する法律（平成26年法律第82号。以下「改正法」という。）による
改正後の労働安全衛生法（昭和47年法律第57号）（以下「法」という。）第57条の3第3項の規定
に基づき、「化学物質等による危険性又は有害性等の調査等に関する指針」（以下「指針」という。）
を制定し、平成28年6月1日から適用するとともに、法第28条の2第2項の規定に基づく「化学
物質等による危険性又は有害性等の調査等に関する指針」（平成18年3月30日付け指針公示第2
号。以下「旧指針」という。）を廃止することとし、別添1のとおり平成27年9月18日付け官報に
公示した。
　　改正法をはじめとする今般の化学物質管理に係る法令改正は、人に対する一定の危険性又は有
害性が明らかになっている労働安全衛生法施行令別表第9に掲げる640の化学物質等について、
譲渡又は提供する際の容器又は包装へのラベル表示、安全データシート（SDS）の交付及び化学
物質等を取り扱う際のリスクアセスメントの3つの対策を講じることが柱となっている。
　　今般の指針の制定は、改正法により、化学物質等による危険性又は有害性等の調査（以下「リ
スクアセスメント」という。）の実施に係る主たる根拠条文が変更されたことに伴い、旧指針を廃
止し、新たに法第57条の3第3項に基づくものとして同名の指針を策定するものであり、内容と
しては、基本的に旧指針の構成を維持しつつ、改正法の内容等に合わせてその一部を見直したも
のである。
　　ついては、別添2のとおり指針を送付するので、労働安全衛生規則(昭和47年労働省令第32号。

以下「安衛則」という。）第34条の2の9において準用する第24条の規定により、都道府県労働局健康主務課において閲覧に供されたい。

また、その趣旨、内容等について、下記事項に留意の上、事業者及び関係事業者団体等に対する周知等を図られたい。

なお、平成18年3月30日付け基発第0330004号「化学物質等による危険性又は有害性等の調査等に関する指針について」は、旧指針の廃止に伴い本通達をもって廃止することとする。

記

1　趣旨等について
　(1)　指針の1は、本指針の趣旨及び位置付けを定めたものであること。
　(2)　指針の1の「危険性又は有害性」とは、ILO等において、「危険有害要因」、「ハザード（hazard）」等の用語で表現されているものであること。

2　適用について
　(1)　指針の2は、法第57条の3第1項の規定に基づくリスクアセスメントは、化学物質等のみならず、作業方法、設備等、労働者の就業に係る全てのものを含めて実施すべきことを定めたものであること。
　(2)　指針の2の「化学物質等」には、製造中間体（製品の製造工程中において生成し、同一事業場内で他の化学物質に変化する化学物質をいう。）が含まれること。

3　実施内容について
　(1)　指針の3は、指針に基づき実施すべき事項の骨子を定めたものであること。また、法及び関係規則の規定に従い、事業者に義務付けられている事項と努力義務となっている事項を明示したこと。
　(2)　指針の3（1）の「危険性又は有害性の特定」は、ILO等においては「危険有害要因の特定（hazard identification）」等の用語で表現されているものであること。

4　実施体制等について
　(1)　指針の4は、リスクアセスメント及びリスク低減措置（以下「リスクアセスメント等」という。）を実施する際の体制について定めたものであること。
　(2)　指針の4（1）アの「事業の実施を統括管理する者」には、統括安全衛生責任者等、事業場を実質的に統括管理する者が含まれること。
　(3)　指針の4（1）イの「職長その他の当該作業に従事する労働者を直接指導し、又は監督する者」には、職長のほか、作業主任者、班長、組長、係長等が含まれること。
　(4)　指針の4（1）ウの「化学物質管理者」は、事業場で製造等を行う化学物質等、作業方法、設備等の事業場の実態に精通していることが必要であるため、当該事業場に所属する労働者から指名されることが望ましいものであること。
　(5)　指針の4（1）エは、安全衛生委員会等において、安衛則第21条各号及び第22条各号に掲げる付議事項を調査審議するなど労働者の参画について定めたものであること。

資 料 編

(6) 指針の4 (1) オの「専門的知識を有する者」は、原則として当該事業場の実際の作業や設備に精通している内部関係者とすること。

(7) 指針の4 (1) カの「労働衛生コンサルタント等」の「等」には、労働安全コンサルタント、作業環境測定士、インダストリアル・ハイジニスト等の民間団体が養成しているリスクアセスメント等の専門家等が含まれること。

5 実施時期について

(1) 指針の5は、リスクアセスメントを実施すべき時期について定めたものであること。

(2) 化学物質等に係る建設物を設置し、移転し、変更し、若しくは解体するとき、又は化学設備等に係る設備を新規に採用し、若しくは変更するときは、それが指針の5 (1) ア又はイに掲げるいずれかに該当する場合に、リスクアセスメントを実施する必要があること。

(3) 指針の5 (1) ウの「化学物質等による危険性又は有害性等について変化が生じ、又は生ずるおそれがあるとき」とは、化学物質等による危険性又は有害性に係る新たな知見が確認されたことを意味するものであり、例えば、国連勧告の化学品の分類及び表示に関する世界調和システム（以下「GHS」という。）又は日本工業規格Z7252に基づき分類された化学物質等の危険性又は有害性の区分が変更された場合、日本産業衛生学会の許容濃度又は米国産業衛生専門家会議（ACGIH）が勧告するTLV-TWA等により化学物質等のばく露限界が新規に設定され、又は変更された場合などがあること。したがって、当該化学物質等を譲渡し、又は提供した者が当該化学物質等に係る安全データシート（以下「SDS」という。）の危険性又は有害性に係る情報を変更し、法第57条の2第2項の規定に基づき、その内容が事業者に提供された場合にリスクアセスメントを実施する必要があること。

(4) 指針の5 (2) は、安衛則第34条の2の7第1項に規定する時期以外にもリスクアセスメントを行うよう努めるべきことを定めたものであること。

(5) 指針の5 (2) イは、過去に実施したリスクアセスメント等について、設備の経年劣化等の状況の変化が当該リスクアセスメント等の想定する範囲を超える場合に、その変化を的確に把握するため、定期的に再度のリスクアセスメント等を実施するよう努める必要があることを定めたものであること。なお、ここでいう「一定の期間」については、事業者が設備や作業等の状況を踏まえ決定し、それに基づき計画的にリスクアセスメント等を実施すること。

また、「新たな安全衛生に係る知見」には、例えば、社外における類似作業で発生した災害など、従前は想定していなかったリスクを明らかにする情報が含まれること。

(6) 指針の5 (2) ウは、「既に製造し、又は取り扱っていた物質がリスクアセスメントの対象物質として新たに追加された場合」のほか、改正法のリスクアセスメント等の義務化に係る規定の施行日（平成28年6月1日）前から使用している物質を施行日以降、施行日前と同様の作業方法で取り扱う場合には、リスクアセスメントの実施義務が生じないものであるが、これらの既存業務について、過去にリスクアセスメント等を実施したことのない場合又はリスクアセスメント等の結果が残っていない場合は、実施するよう努める必要があることを定めたものであること。

(7) 指針の5 (4) は、設備改修等の作業を開始する前の施工計画等を作成する段階で、リスクアセスメント等を実施することで、より効果的なリスク低減措置の実施が可能となることから定めたものであること。また、計画策定時にリスクアセスメント等を行った後に指針の5

(1) の作業等を行う場合、同じ作業等を対象に重ねてリスクアセスメント等を実施する必要はないこと。

6　リスクアセスメント等の対象の選定について
　(1) 指針の6は、リスクアセスメント等の実施対象の選定基準について定めたものであること。
　(2) 指針の6 (3) の「同一の場所で作業を行うことによって生ずる労働災害」には、例えば、引火性のある塗料を用いた塗装作業と設備の改修に係る溶接作業との混在作業がある場合に、溶接による火花等が引火性のある塗料に引火することによる労働災害などが想定されること。

7　情報の入手等について
　(1) 指針の7は、調査等の実施に当たり、事前に入手すべき情報を定めたものであること。
　(2) 指針の7 (1) の「非定常作業」には、機械設備等の保守点検作業や補修作業に加え、工程の切替え（いわゆる段取替え）や緊急事態への対応に関する作業も含まれること。
　(3) 指針の7 (1) については、以下の事項に留意すること。
　　ア　指針の7 (1) アの「危険性又は有害性に関する情報」は、使用する化学物質のSDS等から入手できること。
　　イ　指針の7 (1) イの「作業手順書等」の「等」には、例えば、操作説明書、マニュアルがあり、「機械設備等に関する情報」には、例えば、使用する設備等の仕様書のほか、取扱説明書、「機械等の包括的な安全基準に関する指針」（平成13年6月1日付け基発第501号）に基づき提供される「使用上の情報」があること。
　(4) 指針の7 (2) については、以下の事項に留意すること。
　　ア　指針の7 (2) アの「作業の周辺の環境に関する情報」には、例えば、周辺の化学物質等に係る機械設備等の配置状況や当該機械設備等から外部へ拡散する化学物質等の情報があること。また、発注者において行われたこれらに係る調査等の結果も含まれること。
　　イ　指針の7 (2) イの「作業環境測定結果等」の「等」には、例えば、特殊健康診断結果、生物学的モニタリング結果があること。
　　ウ　指針の7 (2) ウの「災害事例、災害統計等」には、例えば、事業場内の災害事例、災害の統計・発生傾向分析、ヒヤリハット、トラブルの記録、労働者が日常不安を感じている作業等の情報があること。また、同業他社、関連業界の災害事例等を収集することが望ましいこと。
　　エ　指針の7 (2) エの「参考となる資料等」には、例えば、化学物質等による危険性又は有害性に係る文献、作業を行うために必要な資格・教育の要件、「化学プラントにかかるセーフティ・アセスメントに関する指針」（平成12年3月21日付け基発第149号）等に基づく調査等の結果、危険予知活動（KYT）の実施結果、職場巡視の実施結果があること。
　(5)　指針の7 (3) については、以下の事項に留意すること。
　　ア　指針の7 (3) アは、化学物質等による危険性又は有害性に係る情報が記載されたSDSはリスクアセスメント等において重要であることから、事業者は当該化学物質等のSDSを必ず入手すべきことを定めたものであること。
　　イ　指針の7 (3) イは、「機械等の包括的な安全基準に関する指針」、ISO、JISの「機械類の安全性」の考え方に基づき、化学物質等に係る機械設備等の設計・製造段階における安全対策が講じられるよう、機械設備等の導入前に製造者にリスクアセスメント等の実施を求

資　料　編

め、使用上の情報等の結果を入手することを定めたものであること。

　ウ　指針の7（3）ウは、使用する機械設備等に対する設備的改善は管理権原を有する者のみが行い得ることから、管理権原を有する者が実施したリスクアセスメント等の結果を入手することを定めたものであること。

　　また、爆発等の危険性のある物を取り扱う機械設備等の改造等を請け負った事業者が、内容物等の危険性を把握することは困難であることから、管理権原を有する者がリスクアセスメント等を実施し、その結果を関係請負人に提供するなど、関係請負人がリスクアセスメント等を行うために必要な情報を入手できることを定めたものであること。

(6) 指針の7（4）については、以下の事項に留意すること。

　ア　指針の7（4）アは、同一の場所で複数の事業者が混在作業を行う場合、当該作業を請け負った事業者は、作業の混在の有無や混在作業において他の事業者が使用する化学物質等による危険性又は有害性を把握できないので、元方事業者がこれらの事項について事前にリスクアセスメント等を実施し、その結果を関係請負人に提供する必要があることを定めたものであること。

　イ　指針の7（4）イは、化学物質等の製造工場や化学プラント等の建設、改造、修理等の現場においては、関係請負人が混在して作業を行っていることから、どの関係請負人がリスクアセスメント等を実施すべきか明確でない場合があるため、元方事業者がリスクアセスメント等を実施し、その結果を関係請負人に提供する必要があることを定めたものであること。

8　危険性又は有害性の特定について

(1) 指針の8は、危険性又は有害性の特定の方法について定めたものであること。

(2) 指針の8の「リスクアセスメント等の対象となる業務」のうち化学物質等を製造する業務には、当該化学物質等を最終製品として製造する業務のほか、当該化学物質等を製造中間体として生成する業務が含まれ、化学物質等を取り扱う業務には、譲渡・提供され、又は自ら製造した当該化学物質等を単に使用する業務のほか、他の製品の原料として使用する業務が含まれること。

(3) 指針の8ア及びイは、化学物質等の危険性又は有害性の特定は、まずSDSに記載されているGHS分類結果及び日本産業衛生学会等の許容濃度等のばく露限界を把握することによることを定めたものであること。なお、指針の8アのGHS分類に基づく化学物質等の危険性又は有害性には、別紙1に示すものがあること。

　　また、化学物質等の「危険性又は有害性」は、個々の化学物質等に関するものであるが、これらの化学物質等の相互間の化学反応による危険性又は有害性（発熱等の事象）が予測される場合には、事象に即してその危険性又は有害性にも留意すること。

(4) 指針の8ウにおける「負傷又は疾病の原因となるおそれのある化学物質等の危険性又は有害性」とは、SDSに記載された危険性又は有害性クラス及び区分に該当しない場合であっても、過去の災害事例等の入手しうる情報によって災害の原因となるおそれがあると判断される危険性又は有害性をいうこと。また、「化学物質等による危険又は健康障害のおそれがある事象が発生した作業等」の「等」には、労働災害を伴わなかった危険又は健康障害のおそれのある事象（ヒヤリハット事例）のあった作業、労働者が日常不安を感じている作業、過

去に事故のあった設備等を使用する作業、又は操作が複雑な化学物質等に係る機械設備等の操作が含まれること。

9　リスクの見積りについて

(1) 指針の9はリスクの見積りの方法等について定めたものであるが、その実施に当たっては、次に掲げる事項に留意すること。

ア　リスクの見積りは、危険性又は有害性のいずれかについて行う趣旨ではなく、対象となる化学物質等に応じて特定された危険性又は有害性のそれぞれについて行うべきものであること。したがって、化学物質等によっては危険性及び有害性の両方についてリスクを見積もる必要があること。

イ　指針の9(1)ア(ア)から(オ)まで、イ(ア)から(ウ)まで、並びにウ(ア)及び(イ)に掲げる方法は、代表的な手法の例であり、指針の9(1)ア、イ又はウの柱書きに定める事項を満たしている限り、他の手法によっても差し支えないこと。

(2) 指針の9(1)アに示す方法の実施に当たっては、次に掲げる事項に留意すること。

ア　指針の9(1)アのリスクの見積りは、必ずしも数値化する必要はなく、相対的な分類でも差し支えないこと。

イ　指針の9(1)アの「危険又は健康障害」には、それらによる死亡も含まれること。また、「危険又は健康障害」は、ISO等において「危害」(harm)、「危険又は健康障害の程度(重篤度)」は、ISO等において「危害のひどさ」(severity of harm) 等の用語で表現されているものであること。

ウ　指針の9(1)ア(ア)に示す方法は、危険又は健康障害の発生可能性とその重篤度をそれぞれ縦軸と横軸とした表（行列：マトリクス）に、あらかじめ発生可能性と重篤度に応じたリスクを割り付けておき、発生可能性に該当する行を選び、次に見積り対象となる危険又は健康障害の重篤度に該当する列を選ぶことにより、リスクを見積もる方法であること。（別紙2の例1を参照。）

エ　指針の9(1)ア(イ)に示す方法は、危険又は健康障害の発生可能性とその重篤度を一定の尺度によりそれぞれ数値化し、それらを数値演算（足し算、掛け算等）してリスクを見積もる方法であること。（別紙2の例2を参照。）

オ　指針の9(1)ア(ウ)に示す方法は、危険又は健康障害の発生可能性とその重篤度について、危険性への遭遇の頻度、回避可能性等をステップごとに分岐していくことにより、リスクを見積もる方法（リスクグラフ）であること。

カ　指針の9(1)ア(エ)の「コントロール・バンディング」は、ILOが開発途上国の中小企業を対象に有害性のある化学物質から労働者の健康を保護するため開発した簡易なリスクアセスメント手法である。厚生労働省では「職場のあんぜんサイト」ホームページにおいて、ILOが公表しているコントロール・バンディングのツールを翻訳、修正追加したものを「リスクアセスメント実施支援システム」として提供していること。（別紙2の例3参照）

キ　指針の9(1)ア(オ)に示す方法は、「化学プラントにかかるセーフティ・アセスメントに関する指針」（平成12年3月21日付け基発第149号）による方法等があること。

(3) 指針の9(1)イに示す方法は化学物質等による健康障害に係るリスクの見積りの方法について定めたものであるが、その実施に当たっては、次に掲げる事項に留意すること。

資　料　編

　ア　指針の9（1）イ（ア）は、化学物質等の気中濃度等を実際に測定し、ばく露限界と比較する手法であり、ばく露の程度を把握するに当たって指針の9（1）イ（イ）及び（ウ）の手法より確実性が高い手法であること。（別紙3の1参照）

　イ　指針の9（1）イ（ア）の「気中濃度等」には、作業環境測定結果の評価値を用いる方法、個人サンプラーを用いて測定した個人ばく露濃度を用いる方法、検知管により簡易に気中濃度を測定する方法等が含まれること。なお、簡易な測定方法を用いた場合には、測定条件に応じた適切な安全率を考慮する必要があること。また、「ばく露限界」には、日本産業衛生学会の許容濃度、ACGIH（米国産業衛生専門家会議）のTLV－TWA（Threshold Limit Value－Time Weighted Average 8時間加重平均濃度）等があること。

　ウ　指針の9（1）イ（ア）の方法による場合には、単位作業場所（作業環境測定基準第2条第1項に定義するものをいう。）に準じた区域に含まれる業務を測定の単位とするほか、化学物質等の発散源ごとに測定の対象とする方法があること。

　エ　指針の9（1）イ（イ）の数理モデルを用いてばく露濃度等を推定する場合には、推定方法及び推定に用いた条件に応じて適切な安全率を考慮する必要があること。

　オ　指針の9（1）イ（イ）の気中濃度の推定方法には、以下に掲げる方法が含まれること。

　　a　調査対象の作業場所以外の作業場所において、調査対象の化学物質等について調査対象の業務と同様の業務が行われており、かつ、作業場所の形状や換気条件が同程度である場合に、当該業務に係る作業環境測定の結果から平均的な濃度を推定する方法

　　b　調査対象の作業場所における単位時間当たりの化学物質等の消費量及び当該作業場所の気積から推定する方法並びにこれに加えて物質の拡散又は換気を考慮して推定する方法

　　c　欧州化学物質生態毒性・毒性センターが提供しているリスクアセスメントツール（ECETOC-TRA）を用いてリスクを見積もる方法（別紙3の例4参照）

　カ　指針の9（1）イ（ウ）は、指針の9（1）ア（ア）の方法の横軸と縦軸を当該化学物質等のばく露の程度と有害性の程度に置き換えたものであること。（別紙3の例5参照）

（4）指針の9（1）ウは、「準ずる方法」として、リスクアセスメント対象の化学物質等そのもの又は同様の危険性又は有害性を有する他の物質を対象として、当該物質に係る危険又は健康障害を防止するための具体的な措置が労働安全衛生法関係法令に規定されている場合に、当該条項を確認する方法があることを定めたものであり、次に掲げる事項に留意すること。

　ア　指針の9（1）ウ（ア）は、労働安全衛生法関係法令に規定する特定化学物質、有機溶剤、鉛、四アルキル鉛等及び危険物に該当する物質については、対応する有機溶剤中毒予防規則等の各条項の履行状況を確認することをもって、リスクアセスメントを実施したこととみなす方法があること。

　イ　指針の9（1）ウ（イ）に示す方法は、危険物ではないが危険物と同様の危険性を有する化学物質等（GHS又はJISZ7252に基づき分類された物理化学的危険性のうち爆発物、有機過酸化物、可燃性固体、支燃性/酸化性ガス、酸化性液体、酸化性固体、引火性液体又は可燃性/引火性ガスに該当する物）について、危険物を対象として規定された安衛則第4章等の各条項を確認する方法であること。

（5）指針の9（2）については、次に掲げる事項に留意すること。

　ア　指針の9（2）アの「性状」には、固体、スラッジ、液体、ミスト、気体等があり、例えば、

固体の場合には、塊、フレーク、粒、粉等があること。

イ　指針の9（2）イの「製造量又は取扱量」は、化学物質等の種類ごとに把握すべきものであること。また、タンク等に保管されている化学物質等の量も把握すること。

ウ　指針の9（2）ウの「作業」とは、定常作業であるか非定常作業であるかを問わず、化学物質等により労働者の危険又は健康障害を生ずる可能性のある作業の全てをいうこと。

エ　指針の9（2）エの「製造等に係る作業の条件」には、例えば、製造等を行う化学物質等を取り扱う温度、圧力があること。また、「関連設備の状況」には、例えば、設備の密閉度合、温度や圧力の測定装置の設置状況があること。

オ　指針の9（2）オの「製造等に係る作業への人員配置の状況」には、化学物質等による危険性又は有害性により、負傷し、又はばく露を受ける可能性のある者の人員配置の状況が含まれること。

カ　指針の9（2）カの「作業の頻度」とは、当該作業の1週間当たり、1か月当たり等の頻度が含まれること。

キ　指針の9（2）キの「換気設備の設置状況」には、例えば、局所排気装置、全体換気装置及びプッシュプル型換気装置の設置状況及びその制御風速、換気量があること。

ク　指針の9（2）クの「保護具の使用状況」には、労働者への保護具の配布状況、保護具の着用義務を労働者に履行させるための手段の運用状況及び保護具の保守点検状況が含まれること。

ケ　指針の9（2）ケの「作業環境中の濃度若しくはばく露濃度の測定結果」には、調査対象作業場所での測定結果が無く、類似作業場所での測定結果がある場合には、当該結果が含まれること。

(6) 指針の9（3）の留意事項の趣旨は次のとおりであること。

ア　指針の9（3）アの重篤度の見積りに当たっては、どのような負傷や疾病がどの作業者に発生するのかをできるだけ具体的に予測した上で、その重篤度を見積もること。また、直接作業を行う者のみならず、作業の工程上その作業場所の周辺にいる作業者等も検討の対象に含むこと。

化学物質等による負傷の重篤度又はそれらの発生可能性の見積りに当たっては、必要に応じ、以下の事項を考慮すること。

（ア）　反応、分解、発火、爆発、火災等の起こしやすさに関する化学物質等の特性（感度）

（イ）　爆発を起こした場合のエネルギーの発生挙動に関する化学物質等の特性（威力）

（ウ）　タンク等に保管されている化学物質等の保管量等

イ　指針の9（3）イの「休業日数等」の「等」には、後遺障害の等級や死亡が含まれること。

ウ　指針の9（3）ウは、労働者の疲労等により、危険又は健康障害が生ずる可能性やその重篤度が高まることを踏まえ、リスクの見積りにおいても、これら疲労等による発生可能性と重篤度の付加を考慮することが望ましいことを定めたものであること。なお、「疲労等」には、単調作業の連続による集中力の欠如や、深夜労働による居眠り等が含まれること。

(7) 指針の9（4）の安全衛生機能等に関する考慮については、次に掲げる事項に留意すること。

ア　指針の9（4）アの「安全衛生機能等の信頼性及び維持能力」に関して必要に応じ考慮すべき事項には、以下の事項があること。

（ア）安全装置等の機能の故障頻度・故障対策、メンテナンス状況、局所排気装置、全体

資 料 編

　　　換気装置の点検状況、密閉装置の密閉度の点検、保護具の管理状況、作業者の訓練状況等

　　（イ）立入禁止措置等の管理的方策の周知状況、柵等のメンテナンス状況

　イ　指針の9（4）イの「安全衛生機能等を無効化する又は無視する可能性」に関して必要に応じ考慮すべき事項には、以下の事項があること。

　　（ア）生産性が低下する、短時間作業である等の理由による保護具の非着用等、労働災害防止のための機能・方策を無効化させる動機

　　（イ）スイッチの誤作動防止のための保護錠が設けられていない、局所排気装置のダクトのダンパーが担当者以外でも操作できる等、労働災害防止のための機能・方策の無効化のしやすさ

　ウ　指針の9（4）ウの作業手順の逸脱等の予見可能な「意図的」な誤使用又は危険行動の可能性に関して必要に応じ考慮すべき事項には、以下の事項があること。

　　（ア）作業手順等の周知状況

　　（イ）近道行動（最小抵抗経路行動）

　　（ウ）監視の有無等の意図的な誤使用等のしやすさ

　　（エ）作業者の資格・教育等

　　　また、操作ミス等の予見可能な「非意図的」な誤使用の可能性に関して必要に応じ考慮すべき事項には、以下の事項があること。

　　（ア）ボタンの配置、ハンドルの操作方向のばらつき等の人間工学的な誤使用等の誘発しやすさ、化学物質等を入れた容器への内容物の記載手順

　　（イ）作業者の資格・教育等

　エ　指針の9（4）エは、健康障害の程度（重篤度）の見積りに当たっては、いわゆる予防原則に則り、有害性が立証されておらず、SDSが添付されていない化学物質等を使用する場合にあっては、関連する情報を供給者や専門機関等に求め、その結果、一定の有害性が指摘されている場合は、その有害性を考慮すること。

10　リスク低減措置の検討及び実施について

　(1) 指針の10 (1) については、次に掲げる事項に留意すること。

　ア　指針の10 (1) アの「危険性又は有害性のより低い物質への代替には、危険性又は有害性が低いことが明らかな化学物質等への代替が含まれ、例えば以下のものがあること。なお、危険性又は有害性が不明な化学物質等を、危険性又は有害性が低いものとして扱うことは避けなければならないこと。

　　（ア）ばく露限界がより高い化学物質等

　　（イ）GHS又は日本工業規格Z7252に基づく危険性又は有害性の区分がより低い化学物質等（作業内容等に鑑み比較する危険性又は有害性のクラスを限定して差し支えない。）

　イ　指針の10 (1) アの「併用によるリスクの低減」は、より有害性又は危険性の低い化学物質等に代替した場合でも、当該代替に伴い使用量が増加すること、代替物質の揮発性が高く気中濃度が高くなること、あるいは、爆発限界との関係で引火・爆発の可能性が高くなることなど、リスクが増加する場合があることから、必要に応じ化学物質等の代替と化学反応のプロセス等の運転条件の変更等とを併用しリスクの低減を図るべきことを定めたも

のであること。

ウ　指針の10（1）イの「工学的対策」とは、指針の10（1）アの措置を講ずることができず抜本的には低減できなかった労働者に危険を生ずるおそれの程度に対し、防爆構造化、安全装置の多重化等の措置を実施し、当該化学物質等による危険性による負傷の発生可能性の低減を図る措置をいうこと。

また、「衛生工学的対策」とは、指針の10（1）アの措置を講ずることができず抜本的には低減できなかった労働者の健康障害を生ずるおそれの程度に対し、機械設備等の密閉化、局所排気装置等の設置等の措置を実施し、当該化学物質等の有害性による疾病の発生可能性の低減を図る措置をいうこと。

エ　指針の10（1）ウの「管理的対策」には、作業手順の改善、立入禁止措置のほか、マニュアルの整備、ばく露管理、警報の運用、複数人数制の採用、教育訓練、健康管理等の作業者等を管理することによる対策が含まれること。

オ　指針の10（1）エの「有効な保護具」は、その対象物質及び性能を確認した上で、有効と判断される場合に使用するものであること。例えば、呼吸用保護具の吸収缶及びろ過材は、本来の対象物質と異なる化学物質等に対して除毒能力又は捕集性能が著しく不足する場合があることから、保護具の選定に当たっては、必要に応じてその対象物質及び性能を製造者に確認すること。なお、有効な保護具が存在しない又は入手できない場合には、指針の10（1）アからウまでの措置により十分にリスクを低減させるよう検討すること。

(2) 指針の10（2）は、合理的に実現可能な限り、より高い優先順位のリスク低減措置を実施することにより、「合理的に実現可能な程度に低い」（ALARP：As Low As Reasonably Practicable）レベルにまで適切にリスクを低減するという考え方を定めたものであること。

なお、死亡や重篤な後遺障害をもたらす可能性が高い場合等には、費用等を理由に合理性を判断することは適切ではないことから、措置を実施すべきものであること。

11　リスクアセスメント結果等の労働者への周知等について

(1) 指針の11（1）アからエまでに掲げる事項を速やかに労働者に周知すること。その際、リスクアセスメント等を実施した日付及び実施者についても情報提供することが望ましいこと。

(2) 指針の11（1）エの「リスク低減措置の内容」には、当該措置を実施した場合のリスクの見積り結果も含めて周知することが望ましいこと。

(3)　指針の11（4）は、指針の11（2）の周知を次回リスクアセスメント等を実施する時期まで継続して行うこととし、周知の内容が逸失しないよう、別途保存しておくことが望ましいこと。（別紙4参照）

12　その他について

指針の12は、本指針の制定により法第28条の2に基づく同名の指針が廃止されるが、同条に基づく化学物質のリスクアセスメント等を実施する際には、本指針に準じて適切に実施するよう努めるべきことを定めたものであること。

資　料　編

（別紙1）
　化学品の分類及び表示に関する世界調和システム（GHS）で示されている危険性又は有害性の
分類

1　物理化学的危険性
(1)　爆発物
(2)　可燃性／引火性ガス
(3)　エアゾール
(4)　支燃性／酸化性ガス
(5)　高圧ガス
(6)　引火性液体
(7)　可燃性固体
(8)　自己反応性化学品
(9)　自然発火性液体
(10)　自然発火性固体
(11)　自己発熱性化学品
(12)　水反応可燃性化学品
(13)　酸化性液体
(14)　酸化性固体
(15)　有機過酸化物
(16)　金属腐食性物質

2　健康有害性
(1)　急性毒性
(2)　皮膚腐食性／刺激性
(3)　眼に対する重篤な損傷性／眼刺激性
(4)　呼吸器感作性又は皮膚感作性
(5)　生殖細胞変異原性
(6)　発がん性
(7)　生殖毒性
(8)　特定標的臓器毒性（単回ばく露）
(9)　特定標的臓器毒性（反復ばく露）
(10)　吸引性呼吸器有害性

(別紙2)

<u>リスク見積りの例</u>

1　労働者の危険又は健康障害の程度（重篤度）

　　「労働者の危険又は健康障害の程度（重篤度）」については、基本的に休業日数等を尺度として使用するものであり、以下のように区分する例がある。

①　死亡：死亡災害

②　後遺障害：身体の一部に永久損傷を伴うもの

③　休業：休業災害、一度に複数の被災者を伴うもの

④　軽傷：不休災害やかすり傷程度のもの

2　労働者に危険又は健康障害を生ずるおそれの程度（発生可能性）

　　「労働者に危険又は健康障害を生ずるおそれの程度（発生可能性）」は、危険性又は有害性への接近の頻度や時間、回避の可能性等を考慮して見積もるものであり、以下のように区分する例がある。

①　（可能性が）極めて高い：日常的に長時間行われる作業に伴うもので回避困難なもの

②　（可能性が）比較的高い：日常的に行われる作業に伴うもので回避可能なもの

③　（可能性が）あ　　る　　：非定常的な作業に伴うもので回避可能なもの

④　（可能性が）ほとんどない：まれにしか行われない作業に伴うもので回避可能なもの

3　リスク見積りの例

　　リスク見積り方法の例には、以下の例1～3のようなものがある。

［例1：マトリクスを用いた方法］

※重篤度「②後遺障害」、発生可能性「②比較的高い」の場合の見積り例

		危険又は健康障害の程度（重篤度）			
		死亡	後遺障害	休業	軽傷
危険又は健康障害を生ずるおそれの程度（発生可能性）	極めて高い	5	5	4	3
	比較的高い	5	④	3	2
	可能性あり	4	3	2	1
	ほとんどない	4	3	1	1

リスク		優先度
4～5	高	直ちにリスク低減措置を講ずる必要がある。 措置を講ずるまで作業停止する必要がある。
2～3	中	速やかにリスク低減措置を講ずる必要がある。 措置を講ずるまで使用しないことが望ましい。
1	低	必要に応じてリスク低減措置を実施する。

193

資 料 編

[例2：数値化による方法]
※重篤度「②後遺障害」、発生可能性「②比較的高い」の場合の見積り例
(1) 危険又は健康障害の程度 (重篤度)

死亡	後遺障害	休業	軽傷
30点	20点	7点	2点

(2) 危険又は健康障害を生ずるおそれの程度 (発生可能性)

極めて高い	比較的高い	可能性あり	ほとんどない
20点	15点	7点	2点

20点 (重篤度「後遺障害」) +15点 (発生可能性「比較的高い」) =35点 (リスク)

リスク	優先度	
30点以上	高	直ちにリスク低減措置を講ずる必要がある。 措置を講ずるまで作業停止する必要がある。
10〜29点	中	速やかにリスク低減措置を講ずる必要がある。 措置を講ずるまで使用しないことが望ましい。
10点未満	低	必要に応じてリスク低減措置を実施する。

[例3：コントロールバンディングの概要]
　「化学物質リスク簡易評価法」（コントロール・バンディング）とは、簡易なリスクアセスメント手法であり、厚労省のホームページ内「職場のあんぜんサイト」で「リスクアセスメント実施支援システム」として提供している。

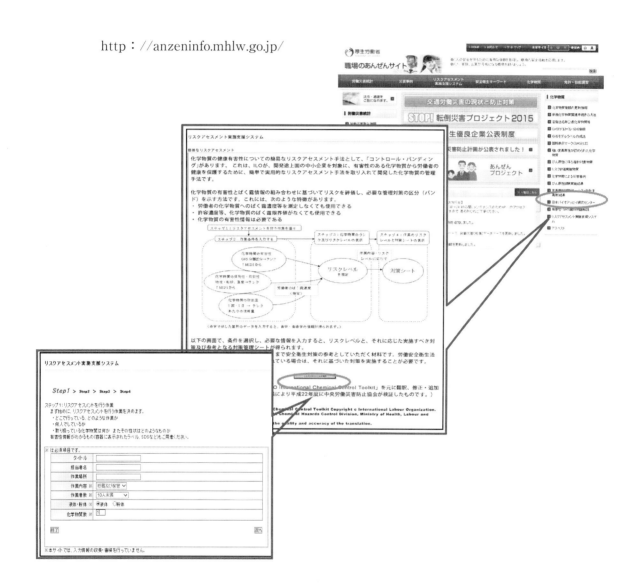

　必要な情報(作業内容(選択)、GHS区分(選択)、固液の別、取扱量(選択)、取扱温度、沸点等)を入力することによって、リスクレベルと参考となる対策管理シートが得られる。

資　料　編

(別紙3)
化学物質等による有害性に係るリスク見積りについて

1　定量的評価について
 (1) ばく露限界の設定がなされている化学物質等については、労働者のばく露量を測定又は推定し、ばく露限界と比較する。
　　作業環境測定の評価値（第一評価値又は第二評価値）、個人ばく露測定結果（8時間加重平均濃度）、検知管等による簡易な気中濃度の測定結果を、ばく露限界と比較する。その際、測定方法により濃度変動等の誤差を生じることから、必要に応じ、適切な安全率を考慮する必要がある。

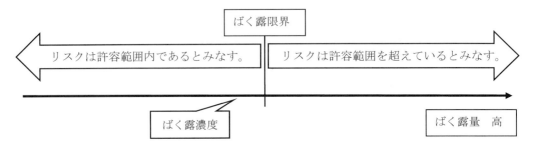

 (2) 数理モデルを用いて、対象の業務に従事する労働者の周辺の空気中濃度を定量的に推定する方法も用いられている。
　　主な数理モデルの例
　　・換気を考慮しない数理モデルを用いた空気中濃度の推定
　　　飽和蒸気圧モデルや完全蒸発モデルを用いた方法
　　・換気を考慮した数理モデルを用いた空気中濃度の推定
　　　発生モデルや分散モデルを用いた方法
　　欧州化学物質生態毒性・毒性センターのリスクアセスメントツールECETOC-TRAも数理モデルの一つである（例4参照）。

［例4：ECETOC-TRAの情報］
　　ECETOC-TRAは、欧州化学物質生態毒性・毒性センター（ECETOC）が、欧州におけるREACH規則に対応するスクリーニング評価を目的として、化学物質のばく露によるリスクの程度を定量化するために開発した数理モデルである。
　　ECETOCのホームページからEXCELファイルのマクロプログラムをダウンロードして入手する。（無償）
　　http：//www.ecetoc.org/tra（英語）

必要な入力項目
・対象物質の同定
・物理化学的特性（蒸気圧など）
・シナリオ名

・作業形態
・プロセスカテゴリー（選択）
・物質の性状（固液の別）（選択）
・ダスト発生レベル（選択）
・作業時間（選択）
・換気条件（選択）
・製品中含有量（選択）
・呼吸用保護具と除去率（選択）
・手袋の使用と除去率（選択）

　計算により推定ばく露濃度が算出されるので、これをばく露限界と比較することでリスクアセスメントを行う。

2　化学物質による有害性に係る定性的リスク評価
　定性的リスク評価の一例を例5として示す。

［例5：化学物質等による有害性に係るリスクの定性評価法の例］
(1)　化学物質等による有害性のレベル分け
　　化学物質等について、SDSのデータを用いて、GHS等を参考に有害性のレベルを付す。レベル分けは、有害性をAからEの5段階に分けた表のような例に基づき行う。
　　なお、この表はILOが公表しているコントロール・バンディング[1]に準拠しており、Sは皮膚又は眼への接触による有害性レベルであるので、(2)以降の見積り例では用いないが、参考として示したものである。
　　例えばGHS分類で急性毒性区分3とされた化学物質は、この表に当てはめ、有害性レベルCとなる。

有害性のレベル （HL：Hazard Level）	GHS分類における健康有害性クラス及び区分
A	・皮膚刺激性　区分2
	・眼刺激性　区分2
	・吸引性呼吸器有害性　区分1
	・他のグループに割り当てられない粉体、蒸気
B	・急性毒性　区分4
	・特定標的臓器毒性（単回ばく露）　区分2
C	・急性毒性　区分3
	・皮膚腐食性　区分1（細区分1A、1B、1C）
	・眼刺激性　区分1
	・皮膚感作性　区分1
	・特定標的臓器毒性（単回ばく露）　区分1
	・特定標的臓器毒性（反復ばく露）　区分2

[1] ILO(国際労働機関)の公表している International Chemical Control Toolkit
　http://www.ilo.org/legacy/english/protection/safework/ctrl_banding/toolkit/icct/（英語）

資　料　編

D	・急性毒性　区分1、2
	・発がん性　区分2
	・特定標的臓器毒性（反復ばく露）　区分1
	・生殖毒性　区分1、2
E	・生殖細胞変異原性　区分1、2
	・発がん性　区分1
	・呼吸器感作性　区分1
S（皮膚又は眼への接触）	・急性毒性（経皮）区分1、2、3、4
	・皮膚腐食性　区分1（細区分1A、1B、1C）
	・皮膚刺激性　区分2
	・眼刺激性　区分1、2
	・皮膚感作性　区分1
	・特定標的臓器毒性（単回ばく露）（経皮）区分1、2
	・特定標的臓器毒性（反復ばく露）（経皮）区分1、2

※国連のGHS分類においては、上記に加え急性毒性区分5、皮膚刺激性区分3、吸引性呼吸器有害性区分2を設定している。

(2) ばく露レベルの推定

作業環境レベルを推定し、それに作業時間等作業の状況を組み合わせ、ばく露レベルを推定する。アからウの3段階を経て作業環境レベルを推定する具体例を次に示す。

ア　作業環境レベル（ML）の推定

化学物質等の製造等の量、揮発性・飛散性の性状、作業場の換気の状況等に応じてポイントを付し、そのポイントを加減した合計数を表1に当てはめ作業環境レベルを推定する。労働者の衣服、手足、保護具に対象化学物質等による汚れが見られる場合には、1ポイントを加える修正を加え、次の式で総合ポイントを算定する。

A（取扱量ポイント）＋B（揮発性・飛散性ポイント）−C（換気ポイント）＋D（修正ポイント）

ここで、AからDのポイントの付け方は次のとおりである。

A：製造等の量のポイント

3　大量（トン、kl単位で計る程度の量）

2　中量（kg、l単位で計る程度の量）

1　少量（g、ml単位で計る程度の量）

B：揮発性・飛散性のポイント

3　高揮発性（沸点50℃未満）、高飛散性（微細で軽い粉じんの発生する物）

2　中揮発性（沸点50−150℃）、中飛散性（結晶質、粒状、すぐに沈降する物）

1　低揮発性（沸点150℃超過）、低飛散性（小球状、薄片状、小塊状）

C：換気のポイント

4　遠隔操作・完全密閉

3　局所排気

2　全体換気・屋外作業

1　換気なし

D：修正ポイント

1 労働者の衣服、手足、保護具が、調査対象となっている化学物質等による汚れが見られる場合

0 労働者の衣服、手足、保護具が、調査対象となっている化学物質等による汚れが見られない場合

表1 作業環境レベルの区分 （例）

作業環境レベル（ML）	a	b	c	d	e
A+B−C+D	6、5	4	3	2	1〜（−2）

イ 作業時間・作業頻度のレベル（FL）の推定

労働者の当該作業場での当該化学物質等にばく露される年間作業時間を次の表2に当てはめ作業頻度を推定する。

表2 作業時間・作業頻度レベルの区分 （例）

作業時間・作業頻度レベル（FL）	i	ii	iii	iv	v
年間作業時間	400時間超過	100〜40時間	25〜100時間	10〜25時間	10時間未満

ウ ばく露レベル（EL）の推定

アで推定した作業環境レベル（ML）及びイで推定した作業時間・作業頻度（FL）を次の表3に当てはめて、ばく露レベル（EL）を推定する。

表3 ばく露レベル（EL）の区分の決定 （例）

(FL) ＼ (ML)	a	b	c	d	e
i	V	V	IV	IV	III
ii	V	IV	IV	III	II
iii	IV	IV	III	III	II
iv	IV	III	III	II	II
v	III	II	II	II	I

(3) リスクの見積り

(1)で分類した有害性のレベル及び(2)で推定したばく露レベルを組合せ、リスクを見積もる。次に一例を示す。数字の値が大きいほどリスク低減措置の優先度が高いことを示す。

表4 リスクの見積り （例）

HL ＼ EL	V （高）	IV	III	II	I
E	5	5	4	4	1
D	5	4	4	3	2
C	4	4	3	3	2
B	4	3	3	2	2
A	3	2	2	2	1 （低）

リスク低減の優先順位

資　料　編

(別紙4)

記録の記載例

工場長	環境安全衛生部長	総務課長

調査等の対象	実施年月日	実施管理者	実施者
○○○○製造工場	平成○年○月○日	衛生管理者　○○○○	化学物質管理者　○○○○ 工務課 ○○○○保長

化学物質名：○○○
GHS分類等：酸化性固体・区分3・事業場内区分 s−C、皮膚刺激性・区分2・事業場内区分 h−C
荷姿：粉状、10kg紙袋、月200kg

No.	化学物質等の名称	危険性又は有害性は社内ランク	作業の種類	負傷が発生する可能性の度合又はばく露の程度 作業の状況 危険性又は有害性	取扱量	負傷又は疾病の発生可能性	リスク低減対策	採用したリスク低減対策	措置後のリスク
1	○○○	s−C h−C	倉庫搬入	パレット上の袋をフォークリフトで搬入 防じんマスク、保護手袋、保護眼鏡着用 1人での作業 破袋のおそれ	200kg／月 1回	IV	包装を袋をコンテナへ変更 粉状形態から粒状形態に変更 誘導者の配置 保護具着用の一層の徹底	粉状形態から粒状形態に変更 （納入者との協議開始） 保護具着用の一層の徹底	3

No.	物質	作業	作業内容	取扱量	リスクレベル	リスク低減措置	実施措置	優先度
2	同上	反応槽への投入	袋の上端を開封し、投入口から投入 1人での作業 全体換気装置あり 防じんマスク、保護眼鏡着用 袋、保護手袋 周辺に3名の持ち場 周辺への飛散のおそれ	10Kg／1日 1回	Ⅲ	包装を袋からコンテナへ変更 粉状形態から粒状形態に変更 局所排気装置の増設 保護具着用の一層の徹底		1
3	同上	空袋の処理	投入後空袋を折りたたんで所定の置き場へ 1人での作業 換気・保護具は同上 周辺に3名の持ち場 残留物の飛散のおそれ	1袋／1日 1回	Ⅲ	包装を袋からコンテナへ変更 粉状形態から粒状形態に変更 局所排気装置の増設 保護具着用の一層の徹底		2
4	同上	反応	物質Bとの反応。発熱反応。反応槽周囲5名の持ち場 温度で制御 制御失敗のおそれ	10Kg／1日 1回	Ⅰ	制御用温度センサーの二重化 現状リスクの受け入れ	制御用温度センサーの二重化	2

化学物質名：△△△
GHS分類等：急性毒性・区分4・事業場内区分h—D
荷姿：液体、500gビン入り 沸点 50℃

No.	物質	作業	作業内容	取扱量	リスクレベル	リスク低減措置	実施措置	優先度
5	△△△	h—D	製品Aの加工時付着油脂払拭	1人での作業 個人ばく露測定結果あり、MOEは3.4	10g/d 2h/d	＜ばく露限界	代替化学物質等の調査 現状の維持	現状の維持	1

資　料　編

【労働安全衛生令　第18条1〜5】

(名称等を表示すべき危険物及び有害物)
第十八条　法第五十七条第一項の政令で定める物は、次のとおりとする。

一　別表第九に掲げる物(イットリウム、インジウム、カドミウム、銀、クロム、コバルト、すず、タリウム、タングステン、タンタル、銅、鉛、ニッケル、白金、ハフニウム、フェロバナジウム、マンガン、モリブデン又はロジウムにあっては、粉状のものに限る。)

二　別表第九に掲げる物を含有する製剤その他の物で、厚生労働省令で定めるもの

三　別表第三第一号1から7までに掲げる物を含有する製剤その他の物（同号8に掲げる物を除く。）で、厚生労働省令で定めるもの

(名称等を通知すべき危険物及び有害物)
第十八条の二　法第五十七条の二第一項の政令で定める物は、次のとおりとする。

一　別表第九に掲げる物

二　別表第九に掲げる物を含有する製剤その他の物で、厚生労働省令で定めるもの

三　別表第三第一号1から7までに掲げる物を含有する製剤その他の物（同号8に掲げる物を除く。）で、厚生労働省令で定めるもの

(法第五十七条の四第一項の政令で定める化学物質)
第十八条の三　法第五十七条の四第一項の政令で定める化学物質は、次のとおりとする。

一　元素

二　天然に産出される化学物質

三　放射性物質

四　附則第九条の二の規定により厚生労働大臣がその名称等を公表した化学物質

(法第五十七条の四第一項 ただし書の政令で定める場合)
第十八条の四　法第五十七条の四第一項ただし書の政令で定める場合は、同項に規定する新規化学物質（以下この条において「新規化学物質」という。）を製造し、又は輸入しようとする事業者が、厚生労働省令で定めるところにより、一の事業場における一年間の製造量又は輸入量（当該新規化学物質を製造し、及び輸入しようとする事業者にあつては、これらを合計した量）が百キログラム以下である旨の厚生労働大臣の確認を受けた場合において、その確認を受けたところに従つて当該新規化学物質を製造し、又は輸入しようとするときとする。

(法第五十七条の五第一項 の政令で定める有害性の調査)
第十八条の五　法第五十七条の五第一項の政令で定める有害性の調査は、実験動物を用いて吸入投与、経口投与等の方法により行うがん原性の調査とする。

【労働安全衛生令　別表第1】

別表第一　危険物（第一条、第六条、第九条の三関係）

一　爆発性の物

  1　ニトログリコール、ニトログリセリン、ニトロセルローズその他の爆発性の硝酸エステル類

  2　トリニトロベンゼン、トリニトロトルエン、ピクリン酸その他の爆発性のニトロ化合物

  3　過酢酸、メチルエチルケトン過酸化物、過酸化ベンゾイルその他の有機過酸化物

  4　アジ化ナトリウムその他の金属のアジ化物

二　発火性の物

  1　金属「リチウム」

  2　金属「カリウム」

  3　金属「ナトリウム」

  4　黄りん

  5　硫化りん

  6　赤りん

  7　セルロイド類

  8　炭化カルシウム（別名カーバイド）

  9　りん化石灰

  10　マグネシウム粉

  11　アルミニウム粉

  12　マグネシウム粉及びアルミニウム粉以外の金属粉

  13　亜二チオン酸ナトリウム（別名ハイドロサルファイト）

三　酸化性の物

  1　塩素酸カリウム、塩素酸ナトリウム、塩素酸アンモニウムその他の塩素酸塩類

  2　過塩素酸カリウム、過塩素酸ナトリウム、過塩素酸アンモニウムその他の過塩素酸塩類

  3　過酸化カリウム、過酸化ナトリウム、過酸化バリウムその他の無機過酸化物

  4　硝酸カリウム、硝酸ナトリウム、硝酸アンモニウムその他の硝酸塩類

  5　亜塩素酸ナトリウムその他の亜塩素酸塩類

  6　次亜塩素酸カルシウムその他の次亜塩素酸塩類

四　引火性の物

  1　エチルエーテル、ガソリン、アセトアルデヒド、酸化プロピレン、二硫化炭素その他の引火点が零下三〇度未満の物

  2　ノルマルヘキサン、エチレンオキシド、アセトン、ベンゼン、メチルエチルケトンその他の引火点が零下三〇度以上零度未満の物

  3　メタノール、エタノール、キシレン、酢酸ノルマル―ペンチル（別名酢酸ノルマル―アミル）その他の引火点が零度以上三〇度未満の物

  4　灯油、軽油、テレビン油、イソペンチルアルコール（別名イソアミルアルコール）、酢酸その他の引火点が三〇度以上六五度未満の物

五　可燃性のガス（水素、アセチレン、エチレン、メタン、エタン、プロパン、ブタンその他の温度一五度、一気圧において気体である可燃性の物をいう。）

資　料　編

【労働安全衛生令　別表第9】

名称等を表示し、又は通知すべき危険物及び有害物（第18条、第18条の2関係）

政令番号	物　質　名	対象となる範囲（重量%）	
		ラベル	SDS
別表第3第1号〔特定化学物質等（第1類物質）〕			
1	ジクロルベンジジン及びその塩	0.1%以上	0.1%以上
2	アルファーナフチルアミン及びその塩	1%以上	1%以上
3	塩素化ビフェニル（別名PCB）	0.1%以上	0.1%以上
4	オルトートリジン及びその塩	1%以上	0.1%以上
5	ジアニシジン及びその塩	1%以上	0.1%以上
6	ベリリウム及びその化合物	0.1%以上	0.1%以上
7	ベンゾトリクロリド	0.1%以上	0.1%以上
別表第9			
1	アクリルアミド	0.1%以上	0.1%以上
2	アクリル酸	1%以上	1%以上
3	アクリル酸エチル	1%以上	0.1%以上
4	アクリル酸ノルマルーブチル	1%以上	0.1%以上
5	アクリル酸2－ヒドロキシプロピル	1%以上	0.1%以上
6	アクリル酸メチル	1%以上	0.1%以上
7	アクリロニトリル	1%以上	0.1%以上
8	アクロレイン	1%以上	1%以上
9	アジ化ナトリウム	1%以上	1%以上
10	アジピン酸	1%以上	1%以上
11	アジポニトリル	1%以上	1%以上
12	アセチルサリチル酸（別名アスピリン）	0.3%以上	0.1%以上
13	アセトアミド	1%以上	0.1%以上
14	アセトアルデヒド	1%以上	0.1%以上
15	アセトニトリル	1%以上	1%以上
16	アセトフェノン	1%以上	1%以上
17	アセトン	1%以上	0.1%以上
18	アセトンシアノヒドリン	1%以上	1%以上
19	アニリン	1%以上	0.1%以上
20	アミド硫酸アンモニウム	1%以上	1%以上
21	2－アミノエタノール	1%以上	0.1%以上
22	4－アミノ－6－ターシャリーブチル－3－メチルチオ－1, 2, 4－トリアジン－5（4H）－オン（別名メトリブジン）	1%以上	1%以上
23	3－アミノ－1H－1, 2, 4－トリアゾール（別名アミトロール）	1%以上	0.1%以上
24	4－アミノ－3, 5, 6－トリクロロピリジン　2－カルボン酸（別名ピクロラム）	1%以上	1%以上
25	2－アミノピリジン	1%以上	1%以上
26	亜硫酸水素ナトリウム	1%以上	1%以上
27	アリルアルコール	1%以上	1%以上
28	1－アリルオキシ－2, 3－エポキシプロパン	1%以上	0.1%以上
29	アリル水銀化合物	1%以上	0.1%以上

政令番号	物 質 名	対象となる範囲（重量%）	
		ラベル	SDS
30	アリル－ノルマル－プロピルジスルフィド	1%以上	0.1%以上
31	亜りん酸トリメチル	1%以上	1%以上
32	アルキルアルミニウム化合物	1%以上	1%以上
33	アルキル水銀化合物	0.3%以上	0.1%以上
34	3－（アルファ－アセトニルベンジル）－4－ヒドロキシクマリン(別名ワルファリン)	0.3%以上	0.1%以上
35	アルファ，アルファ－ジクロロトルエン	0.1%以上	0.1%以上
36	アルファ－メチルスチレン	1%以上	0.1%以上
37	アルミニウム水溶性塩	1%以上	0.1%以上
38	アンチモン及びその化合物(三酸化ニアンチモンを除く。)	1%以上	0.1%以上
39	アンモニア	0.2%以上	0.1%以上
40	3－イソシアナトメチル－3，5，5－トリメチルシクロヘキシル＝イソシアネート	1%以上	0.1%以上
41	イソシアン酸メチル	0.3%以上	0.1%以上
42	イソプレン	1%以上	0.1%以上
43	N－イソプロピルアニリン	1%以上	0.1%以上
44	N－イソプロピルアミノホスホン酸O－エチル－O－（3－メチル－4－メチルチオフェニル）（別名フェナミホス）	1%以上	0.1%以上
45	イソプロピルアミン	1%以上	1%以上
46	イソプロピルエーテル	1%以上	0.1%以上
47	3′－イソプロポキシ－2－トリフルオロメチルベンズアニリド(別名フルトラニル)	1%以上	1%以上
48	イソペンチルアルコール(別名イソアミルアルコール)	1%以上	1%以上
49	イソホロン	1%以上	0.1%以上
50	一塩化硫黄	1%以上	1%以上
51	一酸化炭素	0.3%以上	0.1%以上
52	一酸化窒素	1%以上	1%以上
53	一酸化二窒素	0.3%以上	0.1%以上
54	イットリウム及びその化合物	1%以上	1%以上
55	イプシロン－カプロラクタム	1%以上	1%以上
56	2－イミダゾリジンチオン	0.3%以上	0.1%以上
57	4，4′－（4－イミノシクロヘキサ－2，5－ジエニリデンメチル）ジアニリン塩酸塩(別名CＩベイシックレッド9)	1%以上	0.1%以上
58	インジウム	1%以上	1%以上
58	インジウム化合物	0.1%以上	0.1%以上
59	インデン	1%以上	1%以上
60	ウレタン	0.1%以上	0.1%以上
61	エタノール	0.1%以上	0.1%以上
62	エタンチオール	1%以上	1%以上
63	エチリデンノルボルネン	1%以上	0.1%以上
64	エチルアミン	1%以上	1%以上
65	エチルエーテル	1%以上	0.1%以上
66	エチル－セカンダリー－ペンチルケトン	1%以上	1%以上
67	エチル－パラ－ニトロフェニルチオノベンゼンホスホネイト(別名EPN)	1%以上	0.1%以上
68	O－エチル－S－フェニル＝エチルホスホノチオロチオナート(別名ホノホス)	1%以上	0.1%以上

資 料 編

政令番号	物　質　名	対象となる範囲（重量%）	
		ラベル	SDS
69	2−エチルヘキサン酸	0.3%以上	0.1%以上
70	エチルベンゼン	0.1%以上	0.1%以上
71	エチルメチルケトンペルオキシド	1%以上	1%以上
72	N−エチルモルホリン	1%以上	1%以上
73	エチレンイミン	0.1%以上	0.1%以上
74	エチレンオキシド	0.1%以上	0.1%以上
75	エチレングリコール	1%以上	1%以上
76	エチレングリコールモノイソプロピルエーテル	1%以上	1%以上
77	エチレングリコールモノエチルエーテル（別名セロソルブ）	0.3%以上	0.1%以上
78	エチレングリコールモノエチルエーテルアセテート（別名セロソルブアセテート）	0.3%以上	0.1%以上
79	エチレングリコールモノ−ノルマル−ブチルエーテル（別名ブチルセロソルブ）	1%以上	0.1%以上
80	エチレングリコールモノメチルエーテル（別名メチルセロソルブ）	0.3%以上	0.1%以上
81	エチレングリコールモノメチルエーテルアセテート	0.3%以上	0.1%以上
82	エチレンクロロヒドリン	0.1%以上	0.1%以上
83	エチレンジアミン	1%以上	0.1%以上
84	1, 1′−エチレン−2, 2′−ビピリジニウム＝ジブロミド（別名ジクアット）	1%以上	0.1%以上
85	2−エトキシ−2, 2−ジメチルエタン	1%以上	1%以上
86	2−（4−エトキシフェニル）−2−メチルプロピル＝3−フェノキシベンジルエーテル（別名エトフェンプロックス）	1%以上	1%以上
87	エピクロロヒドリン	0.1%以上	0.1%以上
88	1, 2−エポキシ−3−イソプロポキシプロパン	1%以上	1%以上
89	2, 3−エポキシ−1−プロパナール	1%以上	0.1%以上
90	2, 3−エポキシ−1−プロパノール	0.1%以上	0.1%以上
91	2, 3−エポキシプロピル＝フェニルエーテル	1%以上	0.1%以上
92	エメリー	1%以上	1%以上
93	エリオナイト	0.1%以上	0.1%以上
94	塩化亜鉛	1%以上	0.1%以上
95	塩化アリル	1%以上	0.1%以上
96	塩化アンモニウム	1%以上	1%以上
97	塩化シアン	1%以上	1%以上
98	塩化水素	0.2%以上	0.1%以上
99	塩化チオニル	1%以上	1%以上
100	塩化ビニル	0.1%以上	0.1%以上
101	塩化ベンジル	1%以上	0.1%以上
102	塩化ベンゾイル	1%以上	1%以上
103	塩化ホスホリル	1%以上	1%以上
104	塩素	1%以上	1%以上
105	塩素化カンフェン（別名トキサフェン）	1%以上	0.1%以上
106	塩素化ジフェニルオキシド	1%以上	1%以上
107	黄りん	1%以上	0.1%以上
108	4, 4′−オキシビス（2−クロロアニリン）	1%以上	0.1%以上

政令番号	物　質　名	対象となる範囲（重量%） ラベル	SDS
109	オキシビス(チオホスホン酸) O，O，O′，O′-テトラエチル(別名スルホテップ)	1%以上	0.1%以上
110	4，4′-オキシビスベンゼンスルホニルヒドラジド	1%以上	1%以上
111	オキシビスホスホン酸四ナトリウム	1%以上	1%以上
112	オクタクロロナフタレン	1%以上	1%以上
113	1，2，4，5，6，7，8，8-オクタクロロ-2，3，3a，4，7，7a-ヘキサヒドロ-4，7-メタノ-1H-インデン(別名クロルデン)	1%以上	0.1%以上
114	2-オクタノール	1%以上	1%以上
115	オクタン	1%以上	1%以上
116	オゾン	1%以上	0.1%以上
117	オメガ-クロロアセトフェノン	1%以上	0.1%以上
118	オーラミン	1%以上	0.1%以上
119	オルト-アニシジン	1%以上	0.1%以上
120	オルト-クロロスチレン	1%以上	1%以上
121	オルト-クロロトルエン	1%以上	1%以上
122	オルト-ジクロロベンゼン	1%以上	1%以上
123	オルト-セカンダリーブチルフェノール	1%以上	1%以上
124	オルト-ニトロアニソール	1%以上	0.1%以上
125	オルト-フタロジニトリル	1%以上	1%以上
126	過酸化水素	1%以上	0.1%以上
127	ガソリン	1%以上	0.1%以上
128	カテコール	1%以上	0.1%以上
129	カドミウム及びその化合物	0.1%以上	0.1%以上
130	カーボンブラック	1%以上	0.1%以上
131	カルシウムシアナミド	1%以上	1%以上
132	ぎ酸	1%以上	1%以上
133	ぎ酸エチル	1%以上	1%以上
134	ぎ酸メチル	1%以上	1%以上
135	キシリジン	1%以上	0.1%以上
136	キシレン	0.3%以上	0.1%以上
137	銀及びその水溶性化合物	1%以上	0.1%以上
138	クメン	1%以上	0.1%以上
139	グルタルアルデヒド	1%以上	0.1%以上
140	クレオソート油	0.1%以上	0.1%以上
141	クレゾール	1%以上	0.1%以上
142	クロム及びその化合物(クロム酸及びクロム酸塩並びに重クロム酸及び重クロム酸塩を除く。)	1%以上	0.1%以上
142	クロム酸及びクロム酸塩	0.1%以上	0.1%以上
143	クロロアセチル＝クロリド	1%以上	1%以上
144	クロロアセトアルデヒド	1%以上	0.1%以上
145	クロロアセトン	1%以上	1%以上
146	クロロエタン(別名塩化エチル)	1%以上	0.1%以上

207

資 料 編

政令番号	物　質　名	対象となる範囲（重量%）	
		ラベル	SDS
147	2－クロロ－4－エチルアミノ－6－イソプロピルアミノ－1，3，5－トリアジン（別名アトラジン）	1%以上	0.1%以上
148	4－クロロ－オルト－フェニレンジアミン	1%以上	0.1%以上
149	クロロジフルオロメタン（別名HCFC－22）	1%以上	0.1%以上
150	2－クロロ－6－トリクロロメチルピリジン（別名ニトラピリン）	1%以上	1%以上
151	2－クロロ－1，1，2－トリフルオロエチルジフルオロメチルエーテル（別名エンフルラン）	1%以上	0.1%以上
152	1－クロロ－1－ニトロプロパン	1%以上	1%以上
153	クロロピクリン	1%以上	1%以上
154	クロロフェノール	1%以上	0.1%以上
155	2－クロロ－1，3－ブタジエン	1%以上	0.1%以上
156	2－クロロプロピオン酸	1%以上	1%以上
157	2－クロロベンジリデンマロノニトリル	1%以上	1%以上
158	クロロベンゼン	1%以上	0.1%以上
159	クロロペンタフルオロエタン（別名CFC－115）	1%以上	1%以上
160	クロロホルム	1%以上	0.1%以上
161	クロロメタン（別名塩化メチル）	0.3%以上	0.1%以上
162	4－クロロ－2－メチルアニリン及びその塩酸塩	0.1%以上	0.1%以上
163	クロロメチルメチルエーテル	0.1%以上	0.1%以上
164	軽油	1%以上	0.1%以上
165	けつ岩油	0.1%以上	0.1%以上
166	ケテン	1%以上	1%以上
167	ゲルマン	1%以上	1%以上
168	鉱油	1%以上	0.1%以上
169	五塩化りん	1%以上	1%以上
170	固形パラフィン	1%以上	1%以上
171	五酸化バナジウム	0.1%以上	0.1%以上
172	コバルト及びその化合物	0.1%以上	0.1%以上
173	五弗化臭素	1%以上	1%以上
174	コールタール	0.1%以上	0.1%以上
175	コールタールナフサ	1%以上	1%以上
176	酢酸	1%以上	1%以上
177	酢酸エチル	1%以上	1%以上
178	酢酸1，3－ジメチルブチル	1%以上	1%以上
179	酢酸鉛	0.3%以上	0.1%以上
180	酢酸ビニル	1%以上	0.1%以上
181	酢酸ブチル	1%以上	1%以上
182	酢酸プロピル	1%以上	1%以上
183	酢酸ベンジル	1%以上	1%以上
184	酢酸ペンチル（別名酢酸アミル）	1%以上	0.1%以上
185	酢酸メチル	1%以上	1%以上
186	サチライシン	1%以上	0.1%以上

政令番号	物　質　名	対象となる範囲（重量%）	
		ラベル	SDS
187	三塩化りん	1%以上	1%以上
188	酸化亜鉛	1%以上	0.1%以上
189	酸化アルミニウム	1%以上	1%以上
190	酸化カルシウム	1%以上	1%以上
191	酸化チタン(IV)	1%以上	0.1%以上
192	酸化鉄	1%以上	1%以上
193	1, 2－酸化ブチレン	1%以上	0.1%以上
194	酸化プロピレン	0.1%以上	0.1%以上
195	酸化メシチル	1%以上	0.1%以上
	三酸化二アンチモン	0.1%以上	0.1%以上
196	三酸化二ほう素	1%以上	1%以上
197	三臭化ほう素	1%以上	1%以上
198	三弗化塩素	1%以上	1%以上
199	三弗化ほう素	1%以上	1%以上
200	次亜塩素酸カルシウム	1%以上	0.1%以上
201	N, N′－ジアセチルベンジジン	1%以上	0.1%以上
202	ジアセトンアルコール	1%以上	0.1%以上
203	ジアゾメタン	0.2%以上	0.1%以上
204	シアナミド	1%以上	0.1%以上
205	2－シアノアクリル酸エチル	1%以上	0.1%以上
206	2－シアノアクリル酸メチル	1%以上	0.1%以上
207	2, 4－ジアミノアニソール	1%以上	0.1%以上
208	4, 4′－ジアミノジフェニルエーテル	1%以上	0.1%以上
209	4, 4′－ジアミノジフェニルスルフィド	1%以上	0.1%以上
210	4, 4′－ジアミノ－3, 3′－ジメチルジフェニルメタン	1%以上	0.1%以上
211	2, 4－ジアミノトルエン	1%以上	0.1%以上
212	四アルキル鉛	－	0.1%以上
213	シアン化カリウム	1%以上	1%以上
214	シアン化カルシウム	1%以上	1%以上
215	シアン化水素	1%以上	1%以上
216	シアン化ナトリウム	1%以上	0.1%以上
217	ジイソブチルケトン	1%以上	1%以上
218	ジイソプロピルアミン	1%以上	1%以上
219	ジエタノールアミン	1%以上	0.1%以上
220	2－（ジエチルアミノ）エタノール	1%以上	1%以上
221	ジエチルアミン	1%以上	1%以上
222	ジエチルケトン	1%以上	1%以上
223	ジエチル－パラ－ニトロフェニルチオホスフェイト(別名パラチオン)	1%以上	0.1%以上
224	1, 2－ジエチルヒドラジン	1%以上	0.1%以上
225	ジエチレントリアミン	0.3%以上	0.1%以上
226	四塩化炭素	1%以上	0.1%以上

資 料 編

政令番号	物　質　名	対象となる範囲（重量%）	
		ラベル	SDS
227	1, 4－ジオキサン	1%以上	0.1%以上
228	1, 4－ジオキサン－2, 3－ジイルジチオビス（チオホスホン酸）O, O, O′, O′－テトラエチル（別名ジオキサチオン）	1%以上	1%以上
229	1, 3－ジオキソラン	1%以上	0.1%以上
230	シクロヘキサノール	1%以上	0.1%以上
231	シクロヘキサノン	1%以上	0.1%以上
232	シクロヘキサン	1%以上	1%以上
233	シクロヘキシルアミン	0.1%以上	0.1%以上
234	2－シクロヘキシルビフェニル	1%以上	0.1%以上
235	シクロヘキセン	1%以上	1%以上
236	シクロペンタジエニルトリカルボニルマンガン	1%以上	1%以上
237	シクロペンタジエン	1%以上	1%以上
238	シクロペンタン	1%以上	1%以上
239	ジクロロアセチレン	1%以上	1%以上
240	ジクロロエタン	1%以上	0.1%以上
241	ジクロロエチレン	1%以上	0.1%以上
242	3, 3′－ジクロロ－4, 4′－ジアミノジフェニルメタン	0.1%以上	0.1%以上
243	ジクロロジフルオロメタン（別名CFC－12）	1%以上	1%以上
244	1, 3－ジクロロ－5, 5－ジメチルイミダゾリジン－2, 4－ジオン	1%以上	1%以上
245	3, 5－ジクロロ－2, 6－ジメチル－4－ピリジノール（別名クロピドール）	1%以上	1%以上
246	ジクロロテトラフルオロエタン（別名CFC－114）	1%以上	1%以上
247	2, 2－ジクロロ－1, 1, 1－トリフルオロエタン（別名HCFC－123）	1%以上	1%以上
248	1, 1－ジクロロ－1－ニトロエタン	1%以上	1%以上
249	3－（3, 4－ジクロロフェニル）－1, 1－ジメチル尿素（別名ジウロン）	1%以上	1%以上
250	2, 4－ジクロロフェノキシエチル硫酸ナトリウム	1%以上	1%以上
251	2, 4－ジクロロフェノキシ酢酸	1%以上	0.1%以上
252	1, 4－ジクロロ－2－ブテン	0.1%以上	0.1%以上
253	ジクロロフルオロメタン（別名HCFC－21）	1%以上	0.1%以上
254	1, 2－ジクロロプロパン	0.1%以上	0.1%以上
255	2, 2－ジクロロプロピオン酸	1%以上	1%以上
256	1, 3－ジクロロプロペン	1%以上	0.1%以上
257	ジクロロメタン（別名二塩化メチレン）	1%以上	0.1%以上
258	四酸化オスミウム	1%以上	1%以上
259	ジシアン	1%以上	1%以上
260	ジシクロペンタジエニル鉄	1%以上	1%以上
261	ジシクロペンタジエン	1%以上	1%以上
262	2, 6－ジ－ターシャリ－ブチル－4－クレゾール	1%以上	0.1%以上
263	1, 3－ジチオラン－2－イリデンマロン酸ジイソプロピル（別名イソプロチオラン）	1%以上	1%以上
264	ジチオりん酸O－エチル－O－（4－メチルチオフェニル）－S－ノルマル－プロピル（別名スルプロホス）	1%以上	1%以上
265	ジチオりん酸O, O－ジエチル－S－（2－エチルチオエチル）（別名ジスルホトン）	1%以上	0.1%以上
266	ジチオりん酸O, O－ジエチル－S－エチルチオメチル（別名ホレート）	1%以上	0.1%以上

政令番号	物　質　名	対象となる範囲（重量%）	
		ラベル	SDS
267	ジチオりん酸O，O－ジメチル－S－［（4－オキソ－1，2，3－ベンゾトリアジン－3（4H）－イル）メチル］（別名アジンホスメチル）	1%以上	0.1%以上
268	ジチオりん酸O，O－ジメチル－S－1，2－ビス（エトキシカルボニル）エチル（別名マラチオン）	1%以上	0.1%以上
269	ジナトリウム＝4－［（2，4－ジメチルフェニル）アゾ］－3－ヒドロキシ－2，7－ナフタレンジスルホナート（別名ポンソーMX）	1%以上	0.1%以上
270	ジナトリウム＝8－［［3，3'－ジメチル－4'－［4－［［（4－メチルフェニル）スルホニル］オキシ］フェニル］アゾ］［1，1'－ビフェニル］－4－イル］アゾ］－7－ヒドロキシ－1，3－ナフタレンジスルホナート（別名CIアシッドレッド114）	1%以上	0.1%以上
271	ジナトリウム＝3－ヒドロキシ－4－［（2，4，5－トリメチルフェニル）アゾ］－2，7－ナフタレンジスルホナート（別名ポンソー3R）	1%以上	0.1%以上
272	2，4－ジニトロトルエン	1%以上	0.1%以上
273	ジニトロベンゼン	1%以上	0.1%以上
274	2－（ジ－ノルマル－ブチルアミノ）エタノール	1%以上	1%以上
275	ジ－ノルマル－プロピルケトン	1%以上	1%以上
276	ジビニルベンゼン	1%以上	0.1%以上
277	ジフェニルアミン	1%以上	0.1%以上
278	ジフェニルエーテル	1%以上	1%以上
279	1，2－ジブロモエタン（別名EDB）	0.1%以上	0.1%以上
280	1，2－ジブロモ－3－クロロプロパン	0.1%以上	0.1%以上
281	ジブロモジフルオロメタン	1%以上	1%以上
282	ジベンゾイルペルオキシド	1%以上	0.1%以上
283	ジボラン	1%以上	1%以上
284	N，N－ジメチルアセトアミド	1%以上	0.1%以上
285	N，N－ジメチルアニリン	1%以上	1%以上
286	［4－［［4－（ジメチルアミノ）フェニル］［4－［エチル（3－スルホベンジル）アミノ］フェニル］メチリデン］シクロヘキサン－2，5－ジエン－1－イリデン］（エチル）（3－スルホナトベンジル）アンモニウムナトリウム塩（別名ベンジルバイオレット4B）	1%以上	0.1%以上
287	ジメチルアミン	1%以上	0.1%以上
288	ジメチルエチルメルカプトエチルチオホスフェイト（別名メチルジメトン）	1%以上	0.1%以上
289	ジメチルエトキシシラン	1%以上	0.1%以上
290	ジメチルカルバモイル＝クロリド	0.1%以上	0.1%以上
291	ジメチル－2，2－ジクロロビニルホスフェイト（別名DDVP）	1%以上	0.1%以上
292	ジメチルジスルフィド	1%以上	0.1%以上
293	N，N－ジメチルニトロソアミン	0.1%以上	0.1%以上
294	ジメチル－パラ－ニトロフェニルチオホスフェイト（別名メチルパラチオン）	1%以上	0.1%以上
295	ジメチルヒドラジン	0.1%以上	0.1%以上
296	1，1'－ジメチル－4，4'－ビピリジニウム＝ジクロリド（別名パラコート）	1%以上	1%以上
297	1，1'－ジメチル－4，4'－ビピリジニウム2メタンスルホン酸塩	1%以上	1%以上
298	2－（4，6－ジメチル－2－ピリミジニルアミノカルボニルアミノスルホニル）安息香酸メチル（別名スルホメチュロンメチル）	1%以上	0.1%以上
299	N，N－ジメチルホルムアミド	0.3%以上	0.1%以上
300	1－［（2，5－ジメトキシフェニル）アゾ］－2－ナフトール（別名シトラスレッドナンバー2）	1%以上	0.1%以上

資　料　編

政令番号	物　質　名	対象となる範囲（重量%）	
		ラベル	SDS
301	臭化エチル	1%以上	0.1%以上
302	臭化水素	1%以上	1%以上
303	臭化メチル	1%以上	0.1%以上
	重クロム酸及び重クロム酸塩	0.1%以上	0.1%以上
304	しゆう酸	1%以上	0.1%以上
305	臭素	1%以上	1%以上
306	臭素化ビフェニル	1%以上	0.1%以上
307	硝酸	1%以上	1%以上
308	硝酸アンモニウム	―	―
309	硝酸ノルマル－プロピル	1%以上	1%以上
310	しよう脳	1%以上	1%以上
311	シラン	1%以上	1%以上
312	シリカ	0.1%以上	0.1%以上
313	ジルコニウム化合物	1%以上	1%以上
314	人造鉱物繊維	1%以上	1%以上
315	水銀及びその無機化合物	0.3%以上	0.1%以上
316	水酸化カリウム	1%以上	1%以上
317	水酸化カルシウム	1%以上	1%以上
318	水酸化セシウム	1%以上	1%以上
319	水酸化ナトリウム	1%以上	1%以上
320	水酸化リチウム	0.3%以上	0.1%以上
321	水素化リチウム	0.3%以上	0.1%以上
322	すず及びその化合物	1%以上	0.1%以上
323	スチレン	0.3%以上	0.1%以上
324	ステアリン酸亜鉛	1%以上	1%以上
325	ステアリン酸ナトリウム	1%以上	1%以上
326	ステアリン酸鉛	0.1%以上	0.1%以上
327	ステアリン酸マグネシウム	1%以上	1%以上
328	ストリキニーネ	1%以上	1%以上
329	石油エーテル	1%以上	1%以上
330	石油ナフサ	1%以上	1%以上
331	石油ベンジン	1%以上	1%以上
332	セスキ炭酸ナトリウム	1%以上	1%以上
333	セレン及びその化合物	1%以上	0.1%以上
334	２－ターシャリーブチルイミノ－３－イソプロピル－５－フェニルテトラヒドロ－４Ｈ－１，３，５－チアジアジン－４－オン（別名ブプロフェジン）	1%以上	1%以上
335	タリウム及びその水溶性化合物	0.1%以上	0.1%以上
336	炭化けい素	0.1%以上	0.1%以上
337	タングステン及びその水溶性化合物	1%以上	1%以上
338	タンタル及びその酸化物	1%以上	1%以上
339	チオジ（パラ－フェニレン）－ジオキシ－ビス（チオホスホン酸）Ｏ，Ｏ，Ｏ′，Ｏ′－テトラメチル（別名テメホス）	1%以上	1%以上

212

政令番号	物　質　名	対象となる範囲（重量%） ラベル	SDS
340	チオ尿素	1%以上	0.1%以上
341	4，4′－チオビス（6－ターシャリーブチル－3－メチルフェノール）	1%以上	1%以上
342	チオフェノール	1%以上	0.1%以上
343	チオりん酸O，O－ジエチル－O－（2－イソプロピル－6－メチル－4－ピリミジニル）（別名ダイアジノン）	1%以上	0.1%以上
344	チオりん酸O，O－ジエチル－エチルチオエチル（別名ジメトン）	1%以上	0.1%以上
345	チオりん酸O，O－ジエチル－O－（6－オキソ－1－フェニル－1，6－ジヒドロ－3－ピリダジニル）（別名ピリダフェンチオン）	1%以上	1%以上
346	チオりん酸O，O－ジエチル－O－（3，5，6－トリクロロ－2－ピリジル）（別名クロルピリホス）	1%以上	1%以上
347	チオりん酸O，O－ジエチル－O－［4－（メチルスルフィニル）フェニル］（別名フェンスルホチオン）	1%以上	1%以上
348	チオりん酸O，O－ジメチル－O－（2，4，5－トリクロロフェニル）（別名ロンネル）	1%以上	0.1%以上
349	チオりん酸O，O－ジメチル－O－（3－メチル－4－ニトロフェニル）（別名フェニトロチオン）	1%以上	1%以上
350	チオりん酸O，O－ジメチル－O－（3－メチル－4－メチルチオフェニル）（別名フェンチオン）	1%以上	0.1%以上
351	デカボラン	1%以上	1%以上
352	鉄水溶性塩	1%以上	1%以上
353	1，4，7，8－テトラアミノアントラキノン（別名ジスパースブルー1）	1%以上	0.1%以上
354	テトラエチルチウラムジスルフィド（別名ジスルフィラム）	1%以上	0.1%以上
355	テトラエチルピロホスフェイト（別名TEPP）	1%以上	1%以上
356	テトラエトキシシラン	1%以上	1%以上
357	1，1，2，2－テトラクロロエタン（別名四塩化アセチレン）	1%以上	0.1%以上
358	N－（1，1，2，2－テトラクロロエチルチオ）－1，2，3，6－テトラヒドロフタルイミド（別名キャプタフォル）	0.1%以上	0.1%以上
359	テトラクロロエチレン（別名パークロルエチレン）	0.1%以上	0.1%以上
360	4，5，6，7－テトラクロロ－1，3－ジヒドロベンゾ［c］フラン－2－オン（別名フサライド）	1%以上	1%以上
361	テトラクロロジフルオロエタン（別名CFC－112）	1%以上	1%以上
362	2，3，7，8－テトラクロロジベンゾ－1，4－ジオキシン	0.1%以上	0.1%以上
363	テトラクロロナフタレン	1%以上	1%以上
364	テトラナトリウム＝3，3′－［（3，3′－ジメチル－4，4′－ビフェニリレン）ビス（アゾ）］ビス［5－アミノ－4－ヒドロキシ－2，7－ナフタレンジスルホナート］（別名トリパンブルー）	1%以上	0.1%以上
365	テトラナトリウム＝3，3′－［（3，3′－ジメトキシ－4，4′－ビフェニリレン）ビス（アゾ）］ビス［5－アミノ－4－ヒドロキシ－2，7－ナフタレンジスルホナート］（別名CIダイレクトブルー15）	1%以上	0.1%以上
366	テトラニトロメタン	1%以上	0.1%以上
367	テトラヒドロフラン	1%以上	0.1%以上
368	テトラフルオロエチレン	1%以上	0.1%以上
369	1，1，2，2－テトラブロモエタン	1%以上	1%以上
370	テトラブロモメタン	1%以上	1%以上
371	テトラメチルこはく酸ニトリル	1%以上	1%以上
372	テトラメチルチウラムジスルフィド（別名チウラム）	0.1%以上	0.1%以上

資 料 編

政令番号	物 質 名	対象となる範囲（重量%）	
		ラベル	SDS
373	テトラメトキシシラン	1%以上	1%以上
374	テトリル	1%以上	0.1%以上
375	テルフェニル	1%以上	1%以上
376	テルル及びその化合物	1%以上	0.1%以上
377	テレビン油	1%以上	0.1%以上
378	テレフタル酸	1%以上	1%以上
379	銅及びその化合物	1%以上	0.1%以上
380	灯油	1%以上	0.1%以上
381	トリエタノールアミン	1%以上	0.1%以上
382	トリエチルアミン	1%以上	1%以上
383	トリクロロエタン	1%以上	0.1%以上
384	トリクロロエチレン	0.1%以上	0.1%以上
385	トリクロロ酢酸	1%以上	0.1%以上
386	1，1，2−トリクロロ−1，2，2−トリフルオロエタン	1%以上	1%以上
387	トリクロロナフタレン	1%以上	1%以上
388	1，1，1−トリクロロ−2，2−ビス（4−クロロフェニル）エタン（別名DDT）	0.1%以上	0.1%以上
389	1，1，1−トリクロロ−2，2−ビス（4−メトキシフェニル）エタン（別名メトキシクロル）	1%以上	0.1%以上
390	2，4，5−トリクロロフェノキシ酢酸	0.3%以上	0.1%以上
391	トリクロロフルオロメタン（別名CFC−11）	1%以上	0.1%以上
392	1，2，3−トリクロロプロパン	0.1%以上	0.1%以上
393	1，2，4−トリクロロベンゼン	1%以上	1%以上
394	トリクロロメチルスルフェニル＝クロリド	1%以上	1%以上
395	N−（トリクロロメチルチオ）−1，2，3，6−テトラヒドロフタルイミド（別名キャプタン）	1%以上	0.1%以上
396	トリシクロヘキシルすず＝ヒドロキシド	1%以上	1%以上
397	1，3，5−トリス（2，3−エポキシプロピル）−1，3，5−トリアジン−2，4，6（1H，3H，5H）−トリオン	0.1%以上	0.1%以上
398	トリス（N，N−ジメチルジチオカルバメート）鉄（別名ファーバム）	1%以上	0.1%以上
399	トリニトロトルエン	1%以上	0.1%以上
400	トリフェニルアミン	1%以上	1%以上
401	トリブロモメタン	1%以上	0.1%以上
402	2−トリメチルアセチル−1，3−インダンジオン	1%以上	1%以上
403	トリメチルアミン	1%以上	1%以上
404	トリメチルベンゼン	1%以上	1%以上
405	トリレンジイソシアネート	1%以上	0.1%以上
406	トルイジン	0.1%以上	0.1%以上
407	トルエン	0.3%以上	0.1%以上
408	ナフタレン	1%以上	0.1%以上
409	1−ナフチルチオ尿素	1%以上	1%以上
410	1−ナフチル−N−メチルカルバメート（別名カルバリル）	1%以上	1%以上
411	鉛及びその無機化合物	0.1%以上	0.1%以上

政令番号	物　質　名	対象となる範囲（重量%）	
		ラベル	SDS
412	二亜硫酸ナトリウム	1%以上	1%以上
413	ニコチン	1%以上	0.1%以上
414	二酸化硫黄	1%以上	1%以上
415	二酸化塩素	1%以上	1%以上
416	二酸化窒素	1%以上	0.1%以上
417	二硝酸プロピレン	1%以上	1%以上
418	ニッケル	1%以上	0.1%以上
418	ニッケル化合物	0.1%以上	0.1%以上
419	ニトリロ三酢酸	1%以上	0.1%以上
420	5−ニトロアセナフテン	1%以上	0.1%以上
421	ニトロエタン	1%以上	1%以上
422	ニトログリコール	1%以上	1%以上
423	ニトログリセリン	−	−
424	ニトロセルローズ	−	−
425	N−ニトロソモルホリン	1%以上	0.1%以上
426	ニトロトルエン	0.1%以上	0.1%以上
427	ニトロプロパン	1%以上	0.1%以上
428	ニトロベンゼン	1%以上	0.1%以上
429	ニトロメタン	1%以上	0.1%以上
430	乳酸ノルマル−ブチル	1%以上	1%以上
431	二硫化炭素	0.3%以上	0.1%以上
432	ノナン	1%以上	1%以上
433	ノルマル−ブチルアミン	1%以上	1%以上
434	ノルマル−ブチルエチルケトン	1%以上	1%以上
435	ノルマル−ブチル−2，3−エポキシプロピルエーテル	1%以上	0.1%以上
436	N−［1−（N−ノルマル−ブチルカルバモイル）−1H−2−ベンゾイミダゾリル］カルバミン酸メチル(別名ベノミル)	0.1%以上	0.1%以上
437	白金及びその水溶性塩	1%以上	0.1%以上
438	ハフニウム及びその化合物	1%以上	1%以上
439	パラ−アニシジン	1%以上	1%以上
440	パラ−クロロアニリン	1%以上	0.1%以上
441	パラ−ジクロロベンゼン	0.3%以上	0.1%以上
442	パラ−ジメチルアミノアゾベンゼン	1%以上	0.1%以上
443	パラ−ターシャリ−ブチルトルエン	0.3%以上	0.1%以上
444	パラ−ニトロアニリン	1%以上	0.1%以上
445	パラ−ニトロクロロベンゼン	1%以上	0.1%以上
446	パラ−フェニルアゾアニリン	1%以上	0.1%以上
447	パラ−ベンゾキノン	1%以上	1%以上
448	パラ−メトキシフェノール	1%以上	1%以上
449	バリウム及びその水溶性化合物	1%以上	1%以上
450	ピクリン酸	−	−

資　料　編

政令番号	物　質　名	対象となる範囲（重量%）	
		ラベル	SDS
451	ビス(2, 3-エポキシプロピル) エーテル	1%以上	1%以上
452	1, 3-ビス[(2, 3-エポキシプロピル) オキシ] ベンゼン	1%以上	0.1%以上
453	ビス(2-クロロエチル) エーテル	1%以上	1%以上
454	ビス(2-クロロエチル) スルフィド(別名マスタードガス)	0.1%以上	0.1%以上
455	N, N-ビス(2-クロロエチル) メチルアミン-N-オキシド	0.1%以上	0.1%以上
456	ビス(ジチオりん酸) S, S'-メチレン-O, O, O', O'-テトラエチル(別名エチオン)	1%以上	1%以上
457	ビス(2-ジメチルアミノエチル) エーテル	1%以上	1%以上
458	砒素及びその化合物	0.1%以上	0.1%以上
459	ヒドラジン	1%以上	0.1%以上
460	ヒドラジン一水和物	1%以上	0.1%以上
461	ヒドロキノン	0.1%以上	0.1%以上
462	4-ビニル-1-シクロヘキセン	1%以上	0.1%以上
463	4-ビニルシクロヘキセンジオキシド	1%以上	0.1%以上
464	ビニルトルエン	1%以上	1%以上
465	ビフェニル	1%以上	0.1%以上
466	ピペラジン二塩酸塩	1%以上	1%以上
467	ピリジン	1%以上	0.1%以上
468	ピレトラム	1%以上	0.1%以上
469	フェニルオキシラン	0.1%以上	0.1%以上
470	フェニルヒドラジン	1%以上	0.1%以上
471	フェニルホスフィン	1%以上	0.1%以上
472	フェニレンジアミン	1%以上	0.1%以上
473	フェノチアジン	1%以上	1%以上
474	フェノール	0.1%以上	0.1%以上
475	フェロバナジウム	1%以上	1%以上
476	1, 3-ブタジエン	0.1%以上	0.1%以上
477	ブタノール	1%以上	0.1%以上
478	フタル酸ジエチル	1%以上	0.1%以上
479	フタル酸ジ-ノルマル-ブチル	0.3%以上	0.1%以上
480	フタル酸ジメチル	1%以上	1%以上
481	フタル酸ビス(2-エチルヘキシル) (別名DEHP)	0.3%以上	0.1%以上
482	ブタン	1%以上	1%以上
483	1-ブタンチオール	1%以上	1%以上
484	弗化カルボニル	1%以上	1%以上
485	弗化ビニリデン	1%以上	1%以上
486	弗化ビニル	0.1%以上	0.1%以上
487	弗素及びその水溶性無機化合物	1%以上	0.1%以上
488	2-ブテナール	0.1%以上	0.1%以上
489	フルオロ酢酸ナトリウム	1%以上	1%以上
490	フルフラール	1%以上	0.1%以上
491	フルフリルアルコール	1%以上	1%以上

政令番号	物　質　名	対象となる範囲（重量%）	
		ラベル	SDS
492	1，3－プロパンスルトン	0.1%以上	0.1%以上
493	プロピオン酸	1%以上	1%以上
494	プロピルアルコール	1%以上	0.1%以上
495	プロピレンイミン	1%以上	0.1%以上
496	プロピレングリコールモノメチルエーテル	1%以上	1%以上
497	2－プロピン－1－オール	1%以上	1%以上
498	ブロモエチレン	0.1%以上	0.1%以上
499	2－ブロモ－2－クロロ－1，1，1－トリフルオロエタン(別名ハロタン)	1%以上	0.1%以上
500	ブロモクロロメタン	1%以上	1%以上
501	ブロモジクロロメタン	1%以上	0.1%以上
502	5－ブロモ－3－セカンダリーブチル－6－メチル－1，2，3，4－テトラヒドロピリミジン－2，4－ジオン(別名ブロマシル)	1%以上	0.1%以上
503	ブロモトリフルオロメタン	1%以上	1%以上
504	2－ブロモプロパン	0.3%以上	0.1%以上
505	ヘキサクロロエタン	1%以上	0.1%以上
506	1，2，3，4，10，10－ヘキサクロロ－6，7－エポキシ－1，4，4 a，5，6，7，8，8 a－オクタヒドロ－エキソ－1，4－エンド－5，8－ジメタノナフタレン(別名ディルドリン)	0.3%以上	0.1%以上
507	1，2，3，4，10，10－ヘキサクロロ－6，7－エポキシ－1，4，4 a，5，6，7，8，8 a－オクタヒドロ－エンド－1，4－エンド－5，8－ジメタノナフタレン(別名エンドリン)	1%以上	1%以上
508	1，2，3，4，5，6－ヘキサクロロシクロヘキサン(別名リンデン)	1%以上	0.1%以上
509	ヘキサクロロシクロペンタジエン	1%以上	0.1%以上
510	ヘキサクロロナフタレン	1%以上	1%以上
511	1，4，5，6，7，7－ヘキサクロロビシクロ［2，2，1］－5－ヘプテン－2，3－ジカルボン酸(別名クロレンド酸)	1%以上	0.1%以上
512	1，2，3，4，10，10－ヘキサクロロ－1，4，4 a，5，8，8 a－ヘキサヒドロ－エキソ－1，4－エンド－5，8－ジメタノナフタレン(別名アルドリン)	1%以上	0.1%以上
513	ヘキサクロロヘキサヒドロメタノベンゾジオキサチエピンオキサイド(別名ベンゾエピン)	1%以上	1%以上
514	ヘキサクロロベンゼン	0.3%以上	0.1%以上
515	ヘキサヒドロ－1，3，5－トリニトロ－1，3，5－トリアジン(別名シクロナイト)	1%以上	1%以上
516	ヘキサフルオロアセトン	1%以上	0.1%以上
517	ヘキサメチルホスホリックトリアミド	0.1%以上	0.1%以上
518	ヘキサメチレンジアミン	1%以上	0.1%以上
519	ヘキサメチレン＝ジイソシアネート	1%以上	0.1%以上
520	ヘキサン	1%以上	0.1%以上
521	1－ヘキセン	1%以上	1%以上
522	ベーターブチロラクトン	1%以上	0.1%以上
523	ベータープロピオラクトン	0.1%以上	0.1%以上
524	1，4，5，6，7，8，8－ヘプタクロロ－2，3－エポキシ－3 a，4，7，7 a－テトラヒドロ－4，7－メタノ－1 H－インデン(別名ヘプタクロルエポキシド)	0.3%以上	0.1%以上
525	1，4，5，6，7，8，8－ヘプタクロロ－3 a，4，7，7 a－テトラヒドロ－4，7－メタノ－1 H－インデン(別名ヘプタクロル)	0.3%以上	0.1%以上

217

資 料 編

政令番号	物 質 名	対象となる範囲（重量%）	
		ラベル	SDS
526	ヘプタン	1%以上	1%以上
527	ペルオキソ二硫酸アンモニウム	1%以上	0.1%以上
528	ペルオキソ二硫酸カリウム	1%以上	0.1%以上
529	ペルオキソ二硫酸ナトリウム	1%以上	0.1%以上
530	ペルフルオロオクタン酸アンモニウム塩	1%以上	0.1%以上
531	ベンゼン	0.1%以上	0.1%以上
532	1, 2, 4－ベンゼントリカルボン酸1, 2－無水物	1%以上	0.1%以上
533	ベンゾ［a］アントラセン	1%以上	0.1%以上
534	ベンゾ［a］ピレン	0.1%以上	0.1%以上
535	ベンゾフラン	1%以上	0.1%以上
536	ベンゾ［e］フルオラセン	0.1%以上	0.1%以上
537	ペンタクロロナフタレン	1%以上	1%以上
538	ペンタクロロニトロベンゼン	1%以上	0.1%以上
539	ペンタクロロフェノール（別名PCP）及びそのナトリウム塩	0.3%以上	0.1%以上
540	1－ペンタナール	1%以上	1%以上
541	1, 1, 3, 3, 3－ペンタフルオロ－2－（トリフルオロメチル）－1－プロペン（別名PFIB)	1%以上	1%以上
542	ペンタボラン	1%以上	1%以上
543	ペンタン	1%以上	1%以上
544	ほう酸ナトリウム	1%以上	0.1%以上
545	ホスゲン	1%以上	1%以上
546	（2－ホルミルヒドラジノ）－4－（5－ニトロ－2－フリル）チアゾール	1%以上	0.1%以上
547	ホルムアミド	0.3%以上	0.1%以上
548	ホルムアルデヒド	0.1%以上	0.1%以上
549	マゼンタ	1%以上	0.1%以上
550	マンガン	0.3%以上	0.1%以上
550	無機マンガン化合物	1%以上	0.1%以上
551	ミネラルスピリット（ミネラルシンナー、ペトロリウムスピリット、ホワイトスピリット及びミネラルターペンを含む。）	1%以上	1%以上
552	無水酢酸	1%以上	1%以上
553	無水フタル酸	1%以上	0.1%以上
554	無水マレイン酸	1%以上	0.1%以上
555	メターキシリレンジアミン	1%以上	0.1%以上
556	メタクリル酸	1%以上	1%以上
557	メタクリル酸メチル	1%以上	0.1%以上
558	メタクリロニトリル	0.3%以上	0.1%以上
559	メタージシアノベンゼン	1%以上	1%以上
560	メタノール	0.3%以上	0.1%以上
561	メタンスルホン酸エチル	0.1%以上	0.1%以上
562	メタンスルホン酸メチル	0.1%以上	0.1%以上
563	メチラール	1%以上	1%以上
564	メチルアセチレン	1%以上	1%以上

政令番号	物　質　名	対象となる範囲（重量%）	
		ラベル	SDS
565	N－メチルアニリン	1%以上	1%以上
566	2, 2′－[[4－（メチルアミノ）－3－ニトロフェニル]アミノ]ジエタノール(別名HCブルーナンバー1)	1%以上	0.1%以上
567	N－メチルアミノホスホン酸O－（4－ターシャリーブチル－2－クロロフェニル）－O－メチル(別名クルホメート)	1%以上	1%以上
568	メチルアミン	0.1%以上	0.1%以上
569	メチルイソブチルケトン	1%以上	0.1%以上
570	メチルエチルケトン	1%以上	1%以上
571	N－メチルカルバミン酸2－イソプロピルオキシフェニル(別名プロポキスル)	0.1%以上	0.1%以上
572	N－メチルカルバミン酸2, 3－ジヒドロ－2, 2－ジメチル－7－ベンゾ[b]フラニル(別名カルボフラン)	1%以上	1%以上
573	N－メチルカルバミン酸2－セカンダリーブチルフェニル(別名フェノブカルブ)	1%以上	1%以上
574	メチルシクロヘキサノール	1%以上	1%以上
575	メチルシクロヘキサノン	1%以上	1%以上
576	メチルシクロヘキサン	1%以上	1%以上
577	2－メチルシクロペンタジエニルトリカルボニルマンガン	1%以上	1%以上
578	2－メチル－4, 6－ジニトロフェノール	0.1%以上	0.1%以上
579	2－メチル－3, 5－ジニトロベンズアミド(別名ジニトルミド)	1%以上	1%以上
580	メチル－ターシャリーブチルエーテル(別名MTBE)	1%以上	0.1%以上
581	5－メチル－1, 2, 4－トリアゾロ[3, 4－b]ベンゾチアゾール(別名トリシクラゾール)	1%以上	1%以上
582	2－メチル－4－（2－トリルアゾ）アニリン	0.1%以上	0.1%以上
583	2－メチル－1－ニトロアントラキノン	1%以上	0.1%以上
584	N－メチル－N－ニトロソカルバミン酸エチル	1%以上	0.1%以上
585	メチル－ノルマル－ブチルケトン	1%以上	1%以上
586	メチル－ノルマル－ペンチルケトン	1%以上	1%以上
587	メチルヒドラジン	1%以上	0.1%以上
588	メチルビニルケトン	1%以上	0.1%以上
589	1－[（2－メチルフェニル）アゾ]－2－ナフトール(別名オイルオレンジSS)	1%以上	0.1%以上
590	メチルプロピルケトン	1%以上	1%以上
591	5－メチル－2－ヘキサノン	1%以上	1%以上
592	4－メチル－2－ペンタノール	1%以上	1%以上
593	2－メチル－2, 4－ペンタンジオール	1%以上	1%以上
594	2－メチル－N－[3－（1－メチルエトキシ）フェニル]ベンズアミド(別名メプロニル)	1%以上	1%以上
595	S－メチル－N－（メチルカルバモイルオキシ）チオアセチミデート(別名メソミル)	1%以上	1%以上
596	メチルメルカプタン	1%以上	1%以上
597	4, 4′－メチレンジアニリン	1%以上	0.1%以上
598	メチレンビス（4, 1－シクロヘキシレン）＝ジイソシアネート	1%以上	0.1%以上
599	メチレンビス（4, 1－フェニレン）＝ジイソシアネート(別名MDI)	1%以上	0.1%以上
600	2－メトキシ－5－メチルアニリン	1%以上	0.1%以上
601	1－（2－メトキシ－2－メチルエトキシ）－2－プロパノール	1%以上	1%以上
602	メルカプト酢酸	1%以上	0.1%以上

資　料　編

政令番号	物　質　名	対象となる範囲（重量%）	
		ラベル	SDS
603	モリブデン及びその化合物	1%以上	0.1%以上
604	モルホリン	1%以上	1%以上
605	沃化メチル	1%以上	1%以上
606	沃素	1%以上	0.1%以上
607	ヨードホルム	1%以上	1%以上
608	硫化ジメチル	1%以上	1%以上
609	硫化水素	1%以上	1%以上
610	硫化水素ナトリウム	1%以上	1%以上
611	硫化ナトリウム	1%以上	1%以上
612	硫化りん	1%以上	1%以上
613	硫酸	1%以上	1%以上
614	硫酸ジイソプロピル	1%以上	0.1%以上
615	硫酸ジエチル	0.1%以上	0.1%以上
616	硫酸ジメチル	0.1%以上	0.1%以上
617	りん化水素	1%以上	1%以上
618	りん酸	1%以上	1%以上
619	りん酸ジーノルマルーブチル	1%以上	1%以上
620	りん酸ジーノルマルーブチル＝フェニル	1%以上	1%以上
621	りん酸1，2－ジブロモ－2，2－ジクロロエチル＝ジメチル（別名ナレド）	1%以上	0.1%以上
622	りん酸ジメチル＝（E）－1－（N，N－ジメチルカルバモイル）－1－プロペン－2－イル（別名ジクロトホス）	1%以上	1%以上
623	りん酸ジメチル＝（E）－1－（N－メチルカルバモイル）－1－プロペン－2－イル（別名モノクロトホス）	1%以上	1%以上
624	りん酸ジメチル＝1－メトキシカルボニル－1－プロペン－2－イル（別名メビンホス）	1%以上	1%以上
625	りん酸トリ（オルトートリル）	1%以上	1%以上
626	りん酸トリス（2，3－ジブロモプロピル）	0.1%以上	0.1%以上
627	りん酸トリーノルマルーブチル	1%以上	1%以上
628	りん酸トリフェニル	1%以上	1%以上
629	レソルシノール	1%以上	0.1%以上
630	六塩化ブタジエン	1%以上	0.1%以上
631	ロジウム及びその化合物	1%以上	0.1%以上
632	ロジン	1%以上	0.1%以上
633	ロテノン	1%以上	1%以上

※「－」は裾切り値の設定がないことを示す

【労働安全衛生令　　別表第9への追加対象物質】

亜硝酸イソブチル	N-ビニル-2-ピロリドン
アセチルアセトン	ブテン
アルミニウム	プロピオンアルデヒド
エチレン	プロペン
エチレングリコールモノブチルエーテルアセタート	1-ブロモプロパン
クロロ酢酸	3-ブロモ-1-プロパン（別名臭化アリル）
O-3-クロロ-4-メチル-2-オキソ-2H-クロメン-7-イル=O' O"-ジエチル＝ホスホロチオアート	ヘキサフルオロアルミン酸三ナトリウム
三弗化アルミニウム	ヘキサフルオロプロペン
N,N-ジエチルヒドロキシルアミン	ペルフルオロオクタン酸
ジエチレングリコールモノブチルエーテル	メチルナフタレン
ジクロロ酢酸	2-メチル-5-ニトロアニリン
ジメチル＝2,2,2-トリクロロ-1-ヒドロキシエチルホスホナート（別名DEP）	N-メチル-2-ピロリドン
水素化ビス（2-メトキシエトキシ）アルミニウムナトリウム	沃化物
テトラヒドロメチル無水フタル酸	

【労働安全衛生規則　　第2編　　第4章】

第二節　危険物等の取扱い等
（危険物を製造する場合等の措置）

第二百五十六条　事業者は、危険物を製造し、又は取り扱うときは、爆発又は火災を防止するため、次に定めるところによらなければならない。

一　爆発性の物（令別表第一第一号に掲げる爆発性の物をいう。）については、みだりに、火気その他点火源となるおそれのあるものに接近させ、加熱し、摩擦し、又は衝撃を与えないこと。

二　発火性の物（令別表第一第二号に掲げる発火性の物をいう。）については、それぞれの種類に応じ、みだりに、火気その他点火源となるおそれのあるものに接近させ、酸化をうながす物若しくは水に接触させ、加熱し、又は衝撃を与えないこと。

三　酸化性の物（令別表第一第三号に掲げる酸化性の物をいう。以下同じ。）については、みだりに、その分解がうながされるおそれのある物に接触させ、加熱し、摩擦し、又は衝撃を与えないこと。

四　引火性の物（令別表第一第四号に掲げる引火性の物をいう。以下同じ。）については、みだりに、火気その他点火源となるおそれのあるものに接近させ、若しくは注ぎ、蒸発させ、又は加熱しないこと。

五　危険物を製造し、又は取り扱う設備のある場所を常に整理整とんし、及びその場所に、みだりに、可燃性の物又は酸化性の物を置かないこと。

2　労働者は、前項の場合には、同項各号に定めるところによらなければならない。

（作業指揮者）

第二百五十七条　事業者は、危険物を製造し、又は取り扱う作業（令第六条第二号又は第八号に掲げる作業を除く。）を行なうときは、当該作業の指揮者を定め、その者に当該作業を指揮さ

資　料　編

せるとともに、次の事項を行なわせなければならない。

一　危険物を製造し、又は取り扱う設備及び当該設備の附属設備について、随時点検し、異常を認めたときは、直ちに、必要な措置をとること。

二　危険物を製造し、又は取り扱う設備及び当該設備の附属設備がある場所における温度、湿度、遮光及び換気の状態等について随時点検し、異常を認めたときは、直ちに、必要な措置をとること。

三　前各号に掲げるもののほか、危険物の取扱いの状況について、随時点検し、異常を認めたときは、直ちに、必要な措置をとること。

四　前各号の規定によりとつた措置について、記録しておくこと。

（ホースを用いる引火性の物等の注入）

第二百五十八条　事業者は、引火性の物又は可燃性ガス（令別表第一第五号に掲げる可燃性のガスをいう。以下同じ。）で液状のものを、ホースを用いて化学設備（配管を除く。）、タンク自動車、タンク車、ドラムかん等に注入する作業を行うときは、ホースの結合部を確実に締め付け、又ははめ合わせたことを確認した後でなければ、当該作業を行つてはならない。

2　労働者は、前項の作業に従事するときは、同項に定めるところによらなければ、当該作業を行なつてはならない。

（ガソリンが残存している設備への灯油等の注入）

第二百五十九条　事業者は、ガソリンが残存している化学設備（危険物を貯蔵するものに限るものとし、配管を除く。次条において同じ。）、タンク自動車、タンク車、ドラムかん等に灯油又は軽油を注入する作業を行うときは、あらかじめ、その内部について、洗浄し、ガソリンの蒸気を不活性ガスで置換する等により、安全な状態にしたことを確認した後でなければ、当該作業を行つてはならない。

2　労働者は、前項の作業に従事するときは、同項に定めるところによらなければ、当該作業を行なつてはならない。

（エチレンオキシド等の取扱い）

第二百六十条　事業者は、エチレンオキシド、アセトアルデヒド又は酸化プロピレンを化学設備、タンク自動車、タンク車、ドラムかん等に注入する作業を行うときは、あらかじめ、その内部の不活性ガス以外のガス又は蒸気を不活性ガスで置換した後でなければ、当該作業を行つてはならない。

2　事業者は、エチレンオキシド、アセトアルデヒド又は酸化プロピレンを化学設備、タンク自動車、タンク車、ドラムかん等に貯蔵するときは、常にその内部の不活性ガス以外のガス又は蒸気を不活性ガスで置換しておかなければならない。

（通風等による爆発又は火災の防止）

第二百六十一条　事業者は、引火性の物の蒸気、可燃性ガス又は可燃性の粉じんが存在して爆発又は火災が生ずるおそれのある場所については、当該蒸気、ガス又は粉じんによる爆発又は火災を防止するため、通風、換気、除じん等の措置を講じなければならない。

（通風等が不十分な場所におけるガス溶接等の作業）

第二百六十二条　　事業者は、通風又は換気が不十分な場所において、可燃性ガス及び酸素（以下この条及び次条において「ガス等」という。）を用いて溶接、溶断又は金属の加熱の作業を行なうときは、当該場所におけるガス等の漏えい又は放出による爆発、火災又は火傷を防止するため、次の措置を講じなければならない。

一　　ガス等のホース及び吹管については、損傷、摩耗等によるガス等の漏えいのおそれがないものを使用すること。

二　　ガス等のホースと吹管及びガス等のホース相互の接続箇所については、ホースバンド、ホースクリップ等の締付具を用いて確実に締付けを行なうこと。

三　　ガス等のホースにガス等を供給しようとするときは、あらかじめ、当該ホースに、ガス等が放出しない状態にした吹管又は確実な止めせんを装着した後に行なうこと。

四　　使用中のガス等のホースのガス等の供給口のバルブ又はコツクには、当該バルブ又はコツクに接続するガス等のホースを使用する者の名札を取り付ける等ガス等の供給についての誤操作を防ぐための表示をすること。

五　　溶断の作業を行なうときは、吹管からの過剰酸素の放出による火傷を防止するため十分な換気を行なうこと。

六　　作業の中断又は終了により作業箇所を離れるときは、ガス等の供給口のバルブ又はコツクを閉止してガス等のホースを当該ガス等の供給口から取りはずし、又はガス等のホースを自然通風若しくは自然換気が十分な場所へ移動すること。

2　　労働者は、前項の作業に従事するときは、同項各号に定めるところによらなければ、当該作業を行なつてはならない。

（ガス等の容器の取扱い）

第二百六十三条　　事業者は、ガス溶接等の業務（令第二十条第十号に掲げる業務をいう。以下同じ。）に使用するガス等の容器については、次に定めるところによらなければならない。

一　　次の場所においては、設置し、使用し、貯蔵し、又は放置しないこと。

イ　通風又は換気の不十分な場所

ロ　火気を使用する場所及びその附近

ハ　火薬類、危険物その他の爆発性若しくは発火性の物又は多量の易燃性の物を製造し、又は取り扱う場所及びその附近

二　容器の温度を四十度以下に保つこと。

三　転倒のおそれがないように保持すること。

四　衝撃を与えないこと。

五　運搬するときは、キヤツプを施すこと。

六　使用するときは、容器の口金に付着している油類及びじんあいを除去すること。

七　バルブの開閉は、静かに行なうこと。

八　溶解アセチレンの容器は、立てて置くこと。

九　使用前又は使用中の容器とこれら以外の容器との区別を明らかにしておくこと。

（異種の物の接触による発火等の防止）

第二百六十四条　　事業者は、異種の物が接触することにより発火し、又は爆発するおそれのあ

資　料　編

るときは、これらの物を接近して貯蔵し、又は同一の運搬機に積載してはならない。ただし、接触防止のための措置を講じたときは、この限りでない。

（火災のおそれのある作業の場所等）
第二百六十五条　　事業者は、起毛、反毛等の作業又は綿、羊毛、ぼろ、木毛、わら、紙くずその他可燃性の物を多量に取り扱う作業を行なう場所、設備等については、火災防止のため適当な位置又は構造としなければならない。

（自然発火の防止）
第二百六十六条　　事業者は、自然発火の危険がある物を積み重ねるときは、危険な温度に上昇しない措置を講じなければならない。

（油等の浸染したボロ等の処理）
第二百六十七条　　事業者は、油又は印刷用インキ類によつて浸染したボロ、紙くず等については、不燃性の有がい容器に収める等火災防止のための措置を講じなければならない。

【化学プラントにかかるセーフテイ・アセスメントに関する指針】

目　次

1. 序文
2. 安全性の事前評価の概要
   (1) 適用範囲
   (2) 安全性の事前評価の手法の概要
3. 安全性の事前評価の具体的手法
   (1) 関係資料の収集・作成（第1段階）
   (2) 定性的評価（第2段階）
      イ　設計関係
      　（イ）立地条件
      　（ロ）工場内の配置
      　（ハ）建造物
      　（ニ）消防用設備等
      ロ　運転関係
      　（イ）原材料、中間体、製品等
      　（ロ）プロセス
      　（ハ）輸送、貯蔵等
      　（ニ）プロセス機器
      ハ　その他
   (3) 定量的評価（第3段階）

(4) プロセス安全性評価（第4段階）
(5) 安全対策の確認等（第5段階）
　イ　設備等に係る対策
　ロ　管理的対策
　　（イ）適正な人員配置
　　（ロ）教育訓練
　　（ハ）非定常作業
　ハ　最終チェック

1　序文

　「化学プラントにかかるセーフテイ・アセスメントに関する指針」は、昭和40年代の後半に、石油コンビナートにおいて相次いで爆発・火災が発生し、その要因としてプラント設計段階における不備、オペレーターの誤操作、日常点検の欠陥、保全におけるミス等が指摘されたことから、化学プラントの新設、変更等の際に安全性の事前評価を行うための手法として、昭和51年に策定したものである。

　その後、関係事業場においてはこの指針に基づいた安全性の事前評価が行われ、労働災害の防止に大きな役割を果たしてきたが、指針の策定後20年以上が経過し、この間、化学プラントにかかる技術も進歩し、また、様々な安全性評価手法が開発され、関係事業場においてもそれらの導入が進んできている。

　このようなことから、今般、指針の内容を見直すこととし、新たな安全性評価手法の導入、評価項目の見直し等を行った。

　この指針に基づく安全性の評価は、化学プラントの試運転開始までに行うこととしており、関係資料の収集・作成、定性的評価、定量的評価、プロセス安全性評価及び安全対策の確認等の5つの段階により行うものである。

　なお、この指針は、あくまでも関係事業場が行うべき必要最低限の目安を示したものであり、評価の結果、安全対策の妥当性が確認された設備であっても、機械の誤作動・反応条件の設定ミス、物質の誤った取扱い等により、予期せぬ大災害を招くことも懸念されることから、関係事業場においては、この指針に基づく評価に加えて、事業場の特性等を加味した安全性評価を行うことが望ましい。

　また、関係事業場においては、この指針をもとに設備等の改善を行うとともに、さらに一歩進めて労働安全衛生マネジメントシステムの導入等システム化された安全衛生管理を行うことにより、爆発・火災等の災害の発生を未然に防止し、もって、労働者の安全衛生の確保に万全を期すことが肝要である。

2　安全性の事前評価の概要

(1)　適用範囲

　この指針は、化学物質の製造、取扱い、貯蔵等を行うことを目的とした化学プラントの新設、変更等を行う場合に適用する。

(2)　安全性の事前評価の手法の概要

　本評価は、次の5段階により行う。

225

資　料　編

　　　　第1段階　関係資料の収集・作成
　　　　第2段階　定性的評価−診断項目による診断
　　　　第3段階　定量的評価
　　　　第4段階　プロセス安全性評価
　　　　第5段階　安全対策の確認等
　各段階の概略は以下のとおりである。
　イ　第1段階関係資料の収集・作成
　　この段階では、化学プラントの安全性の事前評価を行うために、必要な資料の収集・作成
　を行う。このうち、工程系統図、プロセス機器リスト、安全設備の種類とその設置場所等
　の資料の作成に際しては、
　（イ）　誤作動防止対策
　（ロ）　異常に際して確実に安全側に作動する方式
　　　等の基本的な安全設計が、組み込まれるように配慮しなければならない。
　ロ　第2段階　定性的評価
　　この段階では、診断項目により、化学プラントの安全性にかかる定性的評価を行う。この
　結果、プラントの安全性を確保するため改善すべき事項があれば、設計変更等を行う。
　ハ　第3段階　定量的評価
　　この段階では、物質、エレメントの容量、温度、圧力及び操作の5項目により、総合的に化
　学プラントの安全性にかかる定量的な評価を行う。
　　この評価に当たっては、災害の起こりやすさ及び災害が発生した場合のその大きさとを同時
　に評価するものとし、上記5項目に均等に比重をかけて定量化を行い、危険度ランクを付ける。
　なお、毒性については、配点、ランク付けは行わないが、「毒性を考慮すべきもの」（**毒性評**
　価表参照）については、関係事業別において種々の情報等を収集し、必要な対策を検討する。
　ニ　第4段階　プロセス安全性評価
　　この段階では、第3段階での危険度ランクとプロセス固有の特性等に応じ、適切な安全性
　評価手法を用いて潜在危険の洗い出しを行い、妥当な安全対策を決定する。
　ホ　第5段階　安全対策の確認等
　　この段階では、第4段階でのプロセス安全性評価結果に基づき、設備等にかかる対策の確
　認等を行うとともに、これまでの評価結果について総合的に検討し、更に改善すべき点が
　ないか最終的なチェックを行う。

3　安全性の事前評価の具体的手法

　化学プラントの安全性の事前評価に当たっては、はじめに、プラントに係る関係資料の収集・
作成を行い、プラントの特性を十分把握したうえで、診断項目による安全の定性的評価を行っ
て、一般的な安全性を確保する。次に、物質の持つ危険性、エレメントの容量、温度、圧力等
の操作条件の危険性を総合的に勘案した定量的評価を行い、そこで得られた危険度ランクとプ
ロセス固有の特性等に応じ、適切な評価手法を用いて潜在危険を洗い出し、妥当な安全対策を
決定する。最後にプラント全体としての安全対策について整理・確認するとともに、最終チェッ
クを行い評価を終了する。
（1）　関係資料の収集・作成（第1段階）

収集・作成すべき資料は、次のものである。

   [1] 立地条件

   [2] プラント配置図

   [3] ストラクチャーの平面図及び立面図

   [4] 計器室及び電気室の平面図

   [5] 原材料、中間体、製品等の物理的、化学的性質及び人体に及ぼす影響

   [6] 起こり得る反応

   [7] 製造工程概要

   [8] 工程系統図

   [9] プロセス機器リスト

   [10] 配管・計装系統図

   [11] 安全設備の種類と設置場所

   [12] 類似装置、類似プロセスの災害事例

   [13] 運転要領

   [14] 要員配置計画

   [15] 緊急時の連絡体制

   [16] 安全教育訓練計画

   [17] その他の関係資料

(2)　定性的評価（第2段階）

定性的評価は診断項目、関係法令等を参照してプラントの安全性評価を行うものである。必要と考えられる診断項目の一例を示すと次のとおりである。

イ　設計関係

  （イ）　立地条件

    a　立地する地域の以下の自然条件の調査結果に照らして対策は十分か

      [1] 地盤（強度、高さ）

      [2] 過去最大の地震強度

      [3] 最大降雨量

      [4] 最大風速

      [5] 最高及び最低気温

    b　水、電気、ガス等のユーティリティは、最大使用量以上の量が確保されているか

    c　鉄道、空港等の公共施設、市街地等に対する安全を考慮しているか

    d　近接工場からの災害の波及防止に対して考慮しているか

  （ロ）　工場内の配置

    a　工場内には、適正なさくや門が設けられているか

    b　プラントは、境界から安全な距離が保たれているか、特に、貯蔵タンクは境界から十分離れた場所に配置されているか、また、相互の間隔は近すぎないか、貯蔵タンクの周囲には防液堤が設けられているか、又は埋設により防護されているか

    c　製造施設地区は、居住区、倉庫、事務所、研究所等から十分離れているか、また、発火源から十分離れているか

    d　計器室の安全は、確保されているか

資 料 編

　　e　装置間のスペースは、物質の性質、量、操作条件、緊急措置、消火活動等を考慮したものになっているか

　　f　荷積み、荷卸し地区は、プラントから十分離れているか、また、発火源から十分離れているか

　　g　廃棄物処理施設は居住区から十分離れているか、また、風向きを考慮しているか

（ハ）　建造物

　　a　耐震設計がなされているか

　　b　全荷重に対する基礎及び地盤の強度は十分か

　　c　構造物の部材及び支柱の強度は十分か

　　d　床、壁等の材料は、不燃性のものでできているか

　　e　エレベーター、空調設備及び換気ダクトの開口部のような火災拡大要因は、最小限度に押さえられているか

　　f　危険なプロセスは、防火壁又は防爆壁によって隔離されているか

　　g　屋内に危険有害物質が漏えいするおそれがある場合、換気対策は十分か

　　h　避難口及び非常用通路は十分か、また、明瞭に表示されているか

　　i　建造物内の排水設備は十分か

（ニ）　消防用設備等

　　a　消火用水は十分に確保されているか

　　b　散水設備等の機能及び配置は適切か

　　c　散水設備等は、点検、整備しやすいようになっているか

ロ　運転関係

（イ）　原材料、中間体、製品等

　　a　原材料は、プラントの危険性の低い地区に安全な方法で持ち込まれているか

　　b　原材料の受入れ時の作業規程はあるか

　　c　原材料、中間体、製品等の物理的、化学的性質が正しく把握されているか

　　d　原材料、中間体、製品等について、爆発性、発火性等の危険性及び人体に及ぼす影響が把握されているか

　　e　原材料、中間体、製品等について、腐食性の有無が把握されているか

　　f　不純物の存在が、原材料、中間体、製品等に及ぼす影響についての検討がなされているか

　　g　危険性の高い物質の所在及び量が把握されているか

（ロ）　プロセス

　　a　研究開発段階から基本設計段階までの問題点を集録し、生かしているか

　　b　類似装置、類似プロセスの過去の災害事例を調査し、設計及び規程類等に反映しているか

　　c　プロセス内部に保有する危険性の高い物質は必要最小になっているか

　　d　プロセスは、反応式やフローシートにより適正に表示されているか

　　e　プロセス運転のための作業規程はあるか

　　f　下記の事項を防止する対策がとられているか

　　　[1] 温度異常

[2] 圧力異常

[3] 反応異常

[4] 振動・衝撃

[5] 原材料の供給の異常

[6] 原材料の流動の異常

[7] 水又は汚染物質の混入

[8] 装置からの漏えい又は流出

[9] 静電気

g　起こり得る不安定な反応は確認されているか

（ハ）　輸送、貯蔵等

a　輸送時の作業規程はあるか

b　取り扱われている物質の潜在的危険性は、十分に把握されているか

c　危険性物質の不時放出に対する予防対策がとられているか

d　不安定物質の取扱いの際、熱、圧力、摩擦等の刺激要因を最小限に押さえる対策がとられているか

e　タンク、配管等の材質は十分な耐腐食性を有しているか

f　すべての輸送作業について、オペレーターの安全が確保されているか

g　配管内の流速条件が明確に規定されているか

h　ドレン、残液等の廃棄物処理対策は十分か

i　荷役設備の近くに、シャワー、洗眼設備等が設けられているか

（ニ）　プロセス機器

a　プロセス機器の選定に際しては、安全面での検討が行われているか

b　プロセス機器は、オペレーターが監視又は措置しやすいように設置されているか

c　プロセス機器は、誤操作防止のための人間工学的配慮がなされているか

d　プロセス機器は、それぞれ詳細な点検項目を備えているか

e　プロセス機器は、十分な安全制御ができるよう設計されているか

f　プロセス機器の設計及び配置に当たり、検査及び保全がしやすいように配慮されているか

g　プロセス機器は、異常時において安全側に作動するようになっているか

h　検査及び保全計画は、十分かつ適正であるか

i　予備品は十分か

j　安全装置は、危険から十分保護されているか

k　重要設備の照明は十分か、また、停電時の予備照明も十分確保されているか

ハ　その他

（イ）　緊急時に際して、消防、病院等の防災救急機関の支援体制は、確保されているか

（ロ）　消火活動のための体制は、整備されているか

(3)　定量的評価（第3段階）

定量的評価を行うに当たっては、プラントを数個のエレメントを含むブロックに分割し、各ブロックのあらゆるエレメントについて定量化を行い、これらエレメントの危険度のうち、最も大きいものを当該ブロックの危険度とする。

資　料　編

この定量化の方法としては、評価表（**表−1**参照）により、物質、エレメントの容量、温度、圧力及び操作の5項目についてA，B，C及びDの4段階に分類し、それぞれに点数を付与することにより、危険性の評価を行い、危険度として表すものである。すなわち、A（10点）、B（5点）、C（2点）及びD（0点）の各点数を与え、前記5項目に関してそれらの和を求め、次のように危険度のランク付けを行うものとする。

16点以上	ランクⅠ	危険度が高い
11〜15点	ランクⅡ	周囲の状況、他の設備との関連で評価
1〜10点	ランクⅢ	危険度が低い

なお、毒性については、配点、危険度ランク付けは行わないが、「毒性を考慮すべきもの」については、種々の情報等を収集し、必要な対策を検討する。

(4)　プロセス安全性評価（第4段階）

第3段階の危険度ランクがⅠのプラントについては、プロセス固有の特性等を考慮し、フォルト・トリー、HAZOP，FMEA手法等により、危険度ランクがⅡのプラントについては、What-if手法等により、潜在危険の洗い出しを行い、妥当な安全対策を決定する。

また、危険度ランクがⅢに該当するプラントについては、第2段階での定性的評価で基本的対策がなされていることを確認し、さらに、プロセスの特性を考慮した簡便な方法で安全対策を再確認する。

(5)　安全対策の確認等（第5段階）

この段階では、第4段階における評価に基づき、設備的対策を確認するとともに、管理的対策についても検討した後、これまでの評価結果について最終的なチェックを行う。

イ　設備的対策

第4段階における評価の結果、明らかとなった暴走反応、圧力上昇等プロセスの潜在危険に対して、プラント全体として安全対策がとられていることを整理・確認するとともに、不測の事態により災害が発生した場合の拡大防止対策について検討する。

この際、これらの対策について、少なくとも**表−2**で示した危険度ランクに応じた安全対策がなされていることを確認する。

ロ　管理的対策

（イ）　適正な人員配置

化学プラントの人員配置は、緊急時に必要な措置が十分とれるものとし、また、関係法令に基づく必要な資格者の配置については、それらの者の職務の遂行が可能な組織とする。また、修理のための要員等の配置についても配慮する。

（ロ）　教育訓練

化学プラントの安全を確保するためには、オペレーター等関係者に対する知識、技能の向上を図ることが必要である。このため、プラントに関する知識教育、運転操作実技訓練、化学物質に関する教育等を繰り返し計画的に実施し、定期的にそれらの修得状況を把握するとともに、これらの知識、技能の伝承を確実に行う等関係者全員のレベルアップを図る。

（ハ）　非定常作業

「化学設備の非定常作業における安全衛生対策のためのガイドライン」等を参照し、非定常作業における対応マニュアルをあらかじめ策定し関係者に周知徹底する。

ハ　最終チェック

以上の評価を終了した段階で、これまでの評価結果を総合的に検討し、更に改善すべき箇所が発見されれば、設計内容、管理方法等に所要の修正を加え、当該プラントにおける安全性評価が完了していることを確認して評価を終わる。

毒性評価表

<table>
<tr><td colspan="2">a.毒性を考慮すべきもの</td><td>b.毒性が弱いもの</td></tr>
<tr><td rowspan="2">毒性</td><td>次に示す基準を参考にして、各社で毒性を考慮すべきと判断するもの。

＜判定基準参考例＞
1) 各種法令で、毒性あるいは有害性があるとして規制されているもの
・労働安全衛生法第57条の2第1項の政令で定める名称等を通知すべきもの
・労働安全衛生法特定化学物質障害予防規則の特定化学物質等、有機溶剤中毒予防規則の有機溶剤等、鉛中毒予防規則の鉛等、四アルキル鉛中毒予防規則の四アルキル鉛
・毒物及び劇物取締法の毒物及び劇物
・高圧ガス保安法一般高圧ガス保安規則の毒性ガス

2) その他のもの
・急性毒性については、毒性及び劇毒物取締法において、中央薬事審議会が内規としている判定値
経口：LD_{50}が、300mg/kg以下のもの
経皮：LD_{50}が、1,000mg/kg以下のもの
吸入：LC_{50}が、2,000mg/kg以下のもの
・発ガン性については、
[1] 日本産業衛生学会の勧告値
第1群　人間に対して発ガン性のある物質
第2群　人間に対しておそらく発ガン性があると考えられている物質
[2] IARC (Intetnational Agency for Research on Cancer)：国際ガン研究機関) の分類
グループ1
この作用物質は、人に対して発ガン性を示す。
暴露環境の場合は、人に対して発ガン性を示すような暴露を引き起こす。
グループ2
このカテゴリーに含まれる作用物質、混合物、暴露環境は、一方の極端な例としては、人に対する発ガン性の証拠の度合いが、殆ど十分なものであり、もう一方の極端な例としては、人のデータはないが、動物実験で発ガン性の証拠があるものである。</td><td>1) 毒性区分が、aに該当しないもの</td></tr>
</table>

（注）
LC_{50}：経気道における半数致死濃度 (空気中容積濃度)
LD_{50}：経気道以外の投与で一群の実験動物の50%を致死させると推定される投与量 (投与量/体重)

定量的評価表 (表－1)

<table>
<tr><td></td><td>A (10点)</td><td>B (5点)</td><td>C (2点)</td><td>D (0点)</td></tr>
<tr><td>1.
物質</td><td>1) 労働安全衛生法施行令 (以下「令」という) 別表第1に掲げる爆発性の物
2) 同、発火性の物のうち、金属「リチウム」、金属「ナトリウム」、金属「カリウム」、黄りん
3) 同、可燃性のガスのうち、圧力0.2Mpa以上のアセチレン
4) 1) ～3) と同程度の危険性を有する物、例えばアルキルアルミニウム</td><td>1) 令別表第1に掲げる発火性の物のうち、硫化りん、赤りん、マグネシウム粉、アルミニウム粉
2) 同、酸化性の物
3) 同、引火性の物のうち、引火点が30℃未満の物質
4) 同、可燃性のガス (Aのものを除く)
5) 1) ～4) と同程度の危険性を有する物</td><td>1) 令別表第1に掲げる発火性の物のうち、セルロイド類、炭化カルシウム、りん化石灰、マグネシウム粉及びアルミニウム粉以外の金属粉
2) 同、引火性の物のうち、引火点が30℃以上65℃未満の物質
3) 1) ～2) と同程度の危険性を有する物</td><td>A、B、Cのいずれにも属さない物</td></tr>
<tr><td colspan="5">ここでいう物とは、原料、中間体及び生成物のうち、最も危険度の大きいものをいう。</td></tr>
</table>

2. エレメントの容量	気体で取り扱う場合	10,000m³以上	5,000m³以上10,000m³未満	1,000m³以上5,000m³未満	1,000m³未満
	液体で取り扱う場合	100m³以上	50m³以上100m³未満	10m³以上50m³未満	10m³未満

・触媒等を充填した反応装置等に関しては、充填物を除いた空間体積とする。
・気液混合系における反応装置に関しては、反応形式に応じ、精製装置に関しては、精製形態に応じて、上記のいずれかを選ぶものとする。
・化学反応の起こらない精製装置及び貯蔵装置に関しては、1ランク下げたランクで評価する。ただしDランクのものはそのままとする。

3. 温度	取扱い温度が、1,000℃以上の場合	取扱い温度が、500℃以上1,000℃未満の場合	取扱い温度が、250℃以上500℃未満の場合	取扱い温度が、250℃未満の場合
4. 圧力	100Mpa以上	20Mpa以上100Mpa未満	1Mpa以上20Mpa未満	1Mpa未満
5. 操作	爆発範囲内またはその付近での操作	1) $Qr/Cp\rho V$ 値が400℃/min以上の操作 2) 運転条件が通常の条件から25%変化すると1)の条件になる。 3) バッチ式でオペレーターの判断で操作が行われるもの。 4) 系内に空気等の不純物が入り、危険な反応を起こす可能性のある操作 5) 粉じん爆発を起こすおそれのあるダストもしくはミストを取り扱う操作 6) 1)～5)と同程度の危険度を有する操作	1) $Qr/Cp\rho V$ 値が4℃/min以上400℃/min未満の操作 2) 運転条件が通常の条件から25%変化すると1)の状態になる操作 3) バッチ式でその操作があらかじめ機械にプログラミングされているもの 4) 精製操作のうち、化学反応を伴うもの 5) 1)～4)と同程度の危険性を有するもの	1) $Qr/Cp\rho V$ 値が4℃/min未満の操作 2) 運転条件が通常の条件から25%変化すると1)の状態になる操作 3) 反応容器内に70%以上の水が入っている場合 4) 精製操作のうち、化学反応を伴わない操作及び貯蔵 5) 1)～4)のほか、A、B及びCのいずれにも属さない操作

注)
・$Qr/Cp\rho V$：温度上昇速度（℃/min）
・Qr：反応による発熱速度（kcal/min）
・Cp：エレメント内の物質の比熱（kcal/kg℃）
・ρ：エレメント内の物質の密度（kg/m³）
・V：エレメント内の容量（m³）

設備的対策分類表（表—2）

	設備的対策	ランクⅠ	ランクⅡ	ランクⅢ
※1	消火用水及び散水設備	消火用屋外給水施設の能力は総放水能力により120分継続放水できること。散水設備としては、水噴霧設備、スプリンクラー及びこれらと同等以上の散水効果のあるものを設置すること。散水量は関係法規の要求量を満たすこと。また、停電時にも使用可能のものとすること。	消火用屋外給水施設の能力は総放水能力により120分継続放水できること。散水設備としては、水噴霧設備、スプリンクラー等の中から適当なものを設置すること。散水量は関係法規の要求量を満たすこと。また、停電時にも使用可能のものとすること。	消火用屋外給水施設の能力は総放水能力により120分継続放水できること。散水設備としては、水噴霧設備、スプリンクラー等の中から適当なものを設置すること。散水量は関係法規の要求量を満たすこと。（ただし5点以下には適用しない）
2	建物等の耐火構造	可燃物を製造若しくは取り扱う機器、装置等の支持部の加熱等級を2時間とすること。可燃物が指定数量以上存在する建物では2時間以上の加熱等級とすること。ただし、スプリンクラーがあり支柱を耐火構造とした場合はこの限りでないこと。	可燃物を製造若しくは取り扱う機器、装置等の支持部の加熱等級を1時間とすること。可燃物が指定数量以上存在する建物では30分以上の加熱等級とすること。ただし、スプリンクラーがあり支柱を耐火構造とした場合はこの限りでないこと。	可燃物を製造又は取り扱う機器、装置等及び可燃物が存在する建物は不燃性構造のものとすること。
3	特殊な計装又は設備	火災の揚合に、可燃物の流出を止めるか、又は最小とする方法をとること。反応器、塔、槽類にあっては異常反応による危険を防止するか、又は最小とする方法をとること。これらには二重方式又は補強方式の計装設備とすること。計装用空気、電源は30分間のバックアップ源を持つこと。特に、緊急停止回路には独立電源を用意すること。	火災の場合に、可燃物の流出を止めるか又は最小とする方法をとること。反応器、塔、槽類にあっては異常反応による危険を防止するか又は最小とする方法をとること。	
4	廃棄設備、ブローダウン設備	製造施設地区から危険物を取り除くか、危険な状態下のものを安全な状態に戻すような特別な設備（ブローダウンタンク、フレアースタック、ベントスタック、冷却設備等）を設けること。ブローダウン弁は遠隔操作方式とすること。	屋内で可燃物を取り扱う場合は、火災等瞽の際に建物から可燃物を取り除くか、安全な状態にするような特別な設備を設けること。	
5	容器内の爆発防止設備	特別な計装設備（調節弁のフェイル・セーフ機構、緊急しゃ断弁の設置等）を設けるか又は容器内の不活性ガス送入に対する補強方式等を採用すること。	特別な計装設備、又は不活性ガスシール設備等を設けること。屋内にあっては、爆圧を建物の外に逃がすような設備を設けること。	フレームアレスターの設置、若しくは静電気防止対策を取ること。
※6	遠隔操作	遠隔操作、監視装置を設置すること。	遠隔換作、監視装置の設備に関して検討を行い、必要があれば設置すること。	
※7	警報装置	緊急事態発生時の警報装置（サイレン、ブザー、拡声機等）を設置すること。特に必要な場合には自動及び連動方式のものとすること。	緊急事態発生時の警報装置を設置すること。	

資　料　編

※8	ガス検知設備	可燃性物質の漏えいのおそれのあるところには、可燃性ガスの検知器を設けること。特に必要な場合にはプラントの停止、消火設備との連動方式のものとすること。	可燃牲物質の漏えいのおそれのあるところには、可燃性ガスの検知器を設置すること。	
9	爆風からの保護対策	爆風による被害から防消火用水主管及び主管に取り付けられた操作弁を保護するために、離すか、埋設するか又は防爆壁を設けること。離す場合の距離は30m以上とすること。	爆風による被害から防消火用水主管及び主管に取り付けられた操作弁を保護するために、離すか、埋設するか又は防爆壁を設けること。離す場合の距離は15m以上とすること。	
※10	排気設備	煙、熱、可燃性ガス、粉じん等の有害性物質の排気設備を設けること。	同左	同左
※11	非常用電源	可燃物の製造施設の保安確保に必要な次の設備に対しては、非常用電源（通常の電源が停止した時にも電力を供給できる電源、以下同じ）を準備しておくこと。防消火設備、冷却水ポンプ非常照明設備、緊急しゃ断装置、ガス漏えい検知警報設備、除害設備、通報設備	可燃物の製造施設の保安確保に必要な次の設備に対しては、非常用電源を準備しておくこと。防消火設備、非常照明設備、緊急しゃ断装置、ガス漏えい検知警報設備、通報設備	

【注】※はプラントとして適用すること。

【管理濃度（作業環境評価基準表）】

作業環境測定が義務付けられている物質とその管理濃度

	物質名	管理濃度
1	土石,岩石,鉱物,金属または炭素の粉じん	次の式により算定される値 $E=3.0/(1.19Q+1)$ E：管理濃度 (mg/m^3) Q：当該粉じんの遊離けい酸含有率 (%)
2	アクリルアミド	$0.1mg/m^3$
3	アクリロニトリル	2ppm
4	アルキル水銀化合物（アルキル基がメチル基またはエチル基である物に限る）	水銀として $0.01mg/m^3$
4の2	エチルベンゼン	20ppm
5	エチレンイミン	0.05ppm
6	エチレンオキシド	1ppm
7	塩化ビニル	2ppm
8	塩素	0.5ppm
9	塩素化ビフェニル（別名：PCB）	$0.01mg/m^3$
9の2	オルトーフタロジニトリル	$0.01mg/m^3$
10	カドミウムおよびその化合物	カドミウムとして $0.05mg/m^3$
11	クロム酸およびその塩	クロムとして $0.05mg/m^3$
11の2	クロロホルム	3ppm
12	五酸化バナジウム	バナジウムとして $0.03mg/m^3$
12の2	コバルト及びその無機化合物	コバルトとして $0.02mg/m^3$
13	コールタール	ベンゼン可溶性成分として $0.2mg/m^3$

13の2	酸化プロピレン	2ppm
14	シアン化カリウム	シアンとして3mg/m³
15	シアン化水素	3ppm
16	シアン化ナトリウム	シアンとして3mg/m³
16の2	四塩化炭素	5ppm
16の3	1,4-ジオキサン	10ppm
16の4	1,2-ジクロロエタン（別名：二塩化エチレン）	10ppm
17	3,3'-ジクロロ-4,4'-ジアミノジフェニルメタン	0.005mg/m³
17の2	1,2-ジクロロプロパン	1ppm
17の3	ジクロロメタン（別名：二塩化メチレン）	50ppm
17の4	ジメチル-2,2-ジクロロビニルホスフェイト（別名：DDVP）	0.1mg/m³
17の5	1,1-ジメチルヒドラジン	0.01ppm
18	臭化メチル	1ppm
19	重クロム酸およびその塩	クロムとして0.05mg/m³
20	水銀およびその無機化合物（硫化水銀を除く）	水銀として0.025mg/m³
20の2	スチレン	20ppm
20の3	1,1,2,2-テトラクロロエタン（別名：四塩化アセチレン）	1ppm
20の4	テトラクロロエチレン（別名：パークロロエチレン）	*25ppm
20の5	トリクロロエチレン	10ppm
21	トリレンジイソシアネート	0.005ppm
21の2	ナフタレン	10ppm
21の3	ニッケル化合物（ニッケルカルボニルを除き,粉状のもに限る）	ニッケルとして0.1mg/m³
22	ニッケルカルボニル	0.001ppm
23	ニトログリコール	0.05ppm
24	パラーニトロクロルベンゼン	0.6mg/m³
24の2	砒素およびその化合物（アルシンおよび砒化ガリウムを除く）	砒素として0.003mg/m³
25	弗化水素	0.5ppm
26	ベータープロピオラクトン	0.5ppm
27	ベリリウムおよびその化合物	ベリリウムとして0.001mg/m³
28	ベンゼン	1ppm
28の2	ベンゾトリクロリド	0.05ppm
29	ペンタクロルフェノール（別名：PCP）およびそのナトリウム塩	ペンタクロルフェノールとして0.5mg/m³
29の2	ホルムアルデヒド	0.1ppm
30	マンガンおよびその化合物（塩基性酸化マンガンを除く）	マンガンとして0.2mg/m³
30の2	メチルイソブチルケトン	20ppm
31	沃化メチル	2ppm
31の2	リフラクトリーセラミックファイバー	5μm以上の繊維として0.3本/cm³
32	硫化水素	1ppm
33	硫酸ジメチル	0.1ppm
33の2	石綿	5μm以上の繊維として0.15本/cm³
34	鉛およびその化合物	鉛として0.05mg/m³
35	アセトン	500ppm
36	イソブチルアルコール	50ppm

資　料　編

37	イソプロピルアルコール	200ppm
38	イソペンチルアルコール（別名：イソアミルアルコール）	100ppm
39	エチルエーテル	400ppm
40	エチレングリコールモノエチルエーテル（別名：セロソルブ）	5ppm
41	エチレングリコールモノエチルエーテルアセテート（別名：セロソルブアセテート）	5ppm
42	エチレングリコールモノーノルマルーブチルエーテル（別名：ブチルセロソルブ）	25ppm
43	エチレングリコールモノメチルエーテル（別名：メチルセロソルブ）	0.1ppm
44	オルトージクロルベンゼン	25ppm
45	キシレン	50ppm
46	クレゾール	5ppm
47	クロルベンゼン	10ppm
48	酢酸イソブチル	150ppm
49	酢酸イソプロピル	100ppm
50	酢酸イソペンチル（別名：酢酸イソアミル）	50ppm
51	酢酸エチル	200ppm
52	酢酸ノルマルーブチル	150ppm
53	酢酸ノルマループロピル	200ppm
54	酢酸ノルマルーペンチル（別名：酢酸ノルマルーアミル）	50ppm
55	酢酸メチル	200ppm
56	シクロヘキサノール	25ppm
57	シクロヘキサノン	20ppm
58	1,2ージクロルエチレン（別名：二塩化アセチレン）	150ppm
59	N,Nージメチルホルムアミド	10ppm
60	テトラヒドロフラン	50ppm
61	1,1,1ートリクロルエタン	200ppm
62	トルエン	20ppm
63	二硫化炭素	1ppm
64	ノルマルヘキサン	40ppm
65	1ーブタノール	25ppm
66	2ーブタノール	100ppm
67	メタノール	200ppm
68	メチルエチルケトン	200ppm
69	メチルシクロヘキサノール	50ppm
70	メチルシクロヘキサノン	50ppm
71	メチルーノルマルーブチルケトン	5ppm

*20の4　テトラクロロエチレン　25ppmは平成28年10月1日から適用。

作業環境測定は義務付けられているものの、管理濃度が示されていない物質として以下のものがあります。

アルファーナフチルアミン及びその塩、インジウム化合物、オーラミン、オルトートリジン及びその塩、クロロメチルメチルエーテル、ジアニシジン及びその塩、ジクロルベンジジン及びその塩、パラージメチルアミノアゾベンゼン、マゼンタ

【女性労働基準規則　第2条の18】

(危険有害業務の就業制限の範囲等)

十八　次の各号に掲げる有害物を発散する場所の区分に応じ、それぞれ当該場所において行われる当該各号に定める業務

イ　塩素化ビフエニル（別名PCB）、アクリルアミド、エチルベンゼン、エチレンイミン、エチレンオキシド、カドミウム化合物、クロム酸塩、五酸化バナジウム、水銀若しくはその無機化合物（硫化水銀を除く。）、塩化ニツケル（II）（粉状の物に限る。）、スチレン、テトラクロロエチレン（別名パークロルエチレン）、トリクロロエチレン、砒素化合物（アルシン及び砒化ガリウムを除く。）、ベーター―プロピオラクトン、ペンタクロルフエノール（別名 PCP）若しくはそのナトリウム塩又はマンガンを発散する場所　次に掲げる業務（スチレン、テトラクロロエチレン（別名パークロルエチレン）又はトリクロロエチレンを発散する場所において行われる業務にあつては (2) に限る。）

(1)　特定化学物質障害予防規則（昭和四十七年労働省令第三十九号）第二十二条第一項、第二十二条の二第一項又は第三十八条の十四第一項第十一号ハ若しくは第十二号ただし書に規定する作業を行う業務であつて、当該作業に従事する労働者に呼吸用保護具を使用させる必要があるもの

(2)　(1)の業務以外の業務のうち、安衛令第二十一条第七号に掲げる作業場(石綿等を取り扱い、若しくは試験研究のため製造する屋内作業場又はコークス炉上において若しくはコークス炉に接してコークス製造の作業を行う場合の当該作業場を除く。）であつて、特定化学物質障害予防規則第三十六条の二第一項の規定による評価の結果、第三管理区分に区分された場所における作業を行う業務

ロ　鉛及び安衛令別表第四第六号の鉛化合物を発散する場所　次に掲げる業務

(1)　鉛中毒予防規則（昭和四十七年労働省令第三十七号）第三十九条ただし書の規定により呼吸用保護具を使用させて行う臨時の作業を行う業務又は同令第五十八条第一項若しくは第二項に規定する業務若しくは同条第三項に規定する業務（同項 に規定する業務にあつては、同令第三条各号に規定する業務及び同令第五十八条第三項ただし書の装置等を稼働させて行う同項の業務を除く。）

(2)　(1)の業務以外の業務のうち、安衛令第二十一条第八号に掲げる作業場であつて、鉛中毒予防規則第五十二条の二第一項の規定による評価の結果、第三管理区分に区分された場所における業務

ハ　エチレングリコールモノエチルエーテル（別名セロソルブ）、エチレングリコールモノエチルエーテルアセテート（別名セロソルブアセテート）、エチレングリコールモノメチルエーテル（別名メチルセロソルブ）、キシレン、N・N―ジメチルホルムアミド、スチレン、テトラクロロエチレン(別名パークロルエチレン)、トリクロロエチレン、トルエン、二硫化炭素、メタノール又はエチルベンゼンを発散する場所　次に掲げる業務

(1)　有機溶剤中毒予防規則（昭和四十七年労働省令第三十六号）第三十二条第一項第一号若しくは第二号又は第三十三条第一項第二号から第七号まで（特定化学物質障害予防規則第三十八条の八においてこれらの規定を準用する場合を含む。）に規定する業務（有機溶剤中毒予防規則第

資 料 編

二条第一項（特定化学物質障害予防規則第三十八条の八において準用する場合を含む。）の規定により、これらの規定が適用されない場合における同項の業務を除く。）

(2) (1)の業務以外の業務のうち、安衛令第二十一条第七号又は第十号に掲げる作業場であつて、有機溶剤中毒予防規則第二十八条の二第一項（特定化学物質障害予防規則第三十六条の五において準用する場合を含む。）の規定による評価の結果、第三管理区分に区分された場所における業務

十九　多量の高熱物体を取り扱う業務

二十　著しく暑熱な場所における業務

二十一　多量の低温物体を取り扱う業務

二十二　著しく寒冷な場所における業務

二十三　異常気圧下における業務

二十四　さく岩機、鋲打機等身体に著しい振動を与える機械器具を用いて行う業務

2　法第六十四条の三第一項の規定により産後一年を経過しない女性を就かせてはならない業務は、前項第一号から第十二号まで及び第十五号から第二十四号までに掲げる業務とする。ただし、同項第二号から第十二号まで、第十五号から第十七号まで及び第十九号から第二十三号までに掲げる業務については、産後一年を経過しない女性が当該業務に従事しない旨を使用者に申し出た場合に限る。

化学物質を取扱う事業場の皆さまへ

労働災害を防止するため リスクアセスメントを実施しましょう
労働安全衛生法が改正されました（平成28年6月1日施行）

一定の危険有害性のある化学物質（640物質）について
1. 事業場における**リスクアセスメント**が義務づけられました。
2. 譲渡提供時に容器などへの**ラベル表示**が義務づけられました。

＜リスクアセスメントとは＞

化学物質やその製剤の持つ危険性や有害性を特定し、それによる労働者への危険または健康障害を生じるおそれの程度を見積もり、リスクの低減対策を検討することをいいます。

＜対象となる事業場は＞

業種、事業場規模にかかわらず、対象となる化学物質の製造・取扱いを行うすべての事業場が対象となります。

製造業、建設業だけでなく、清掃業、卸売・小売業、飲食店、医療・福祉業など、さまざまな業種で化学物質を含む製品が使われており、労働災害のリスクがあります。

＜リスクアセスメントの実施義務の対象物質＞

事業場で扱っている製品に、対象物質が含まれているかどうか確認しましょう。対象は安全データシート（SDS）の交付義務の対象である**640物質**です。

640物質は以下のサイトで公開しています。
http://anzeninfo.mhlw.go.jp/anzen_pg/GHS_MSD_FND.aspx

| 職場のあんぜんサイト　SDS | 検 索 |

対象物質に当たらない場合でも、リスクアセスメントを行うよう努めましょう。

あなたの職場でも化学物質を使っていませんか？
リスクアセスメントのやり方を見ていきましょう

 厚生労働省・都道府県労働局・労働基準監督署

資 料 編

1．リスクアセスメントの実施時期　　（安衛則第34条の2の7第1項）

施行日(平成28年6月1日)以降、該当する場合に実施します。

＜法律上の実施義務＞

1. 対象物を原材料などとして**新規に採用**したり、**変更したりするとき**
2. 対象物を製造し、または取り扱う業務の**作業の方法や作業手順を新規に採用したり変更したりするとき**
3. 前の２つに掲げるもののほか、対象物による**危険性または有害性などについて変化が生じたり、生じるおそれがあったりするとき**

    ※新たな危険有害性の情報が、SDSなどにより提供された場合など

＜指針による努力義務＞

1. 労働災害発生時

    ※過去のリスクアセスメント（RA）に問題があるとき
2. 過去のRA実施以降、機械設備などの経年劣化、労働者の知識経験などリスクの状況に変化があったとき
3. **過去にRAを実施したことがないとき**

    ※施行日前から取り扱っている物質を、施行日前と同様の作業方法で取り扱う場合で、過去にRAを実施したことがない、または実施結果が確認できない場合

2．リスクアセスメントの実施体制

リスクアセスメントとリスク低減措置を実施するための体制を整えます。
安全衛生委員会などの活用などを通じ、労働者を参画させます。

担当者	説　明	実施内容
総括安全衛生管理者など	事業の実施を統括管理する人（事業場のトップ）	リスクアセスメントなどの実施を統括管理
安全管理者または衛生管理者作業主任者、職長、班長など	労働者を指導監督する地位にある人	リスクアセスメントなどの**実施を管理**
化学物質管理者	化学物質などの適切な管理について必要な能力がある人の中から指名	リスクアセスメントなどの**技術的業務を実施**
専門的知識のある人	必要に応じ、化学物質の危険性と有害性や、化学物質のための機械設備などについての専門的知識のある人	対象となる化学物質、機械設備のリスクアセスメントなどへの参画
外部の専門家	労働衛生コンサルタント、労働安全コンサルタント、作業環境測定士、インダストリアル・ハイジニストなど	より詳細なリスクアセスメント手法の導入など、**技術的な助言を得るために活用が望ましい**

※事業者は、上記のリスクアセスメントの実施に携わる人（外部の専門家を除く）に対し、必要な教育を実施するようにします。

3．リスクアセスメントの流れ

リスクアセスメントは以下のような手順で進めます。

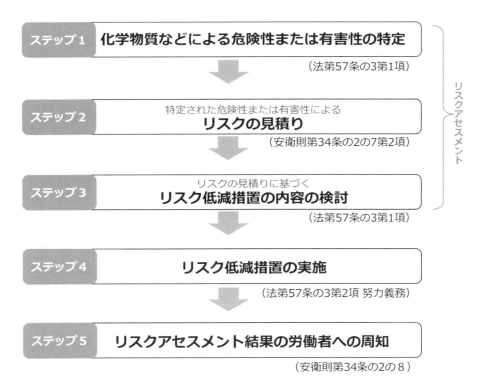

「ラベルでアクション」運動実施中！職場で扱っている製品のラベル表示を確認しましょう

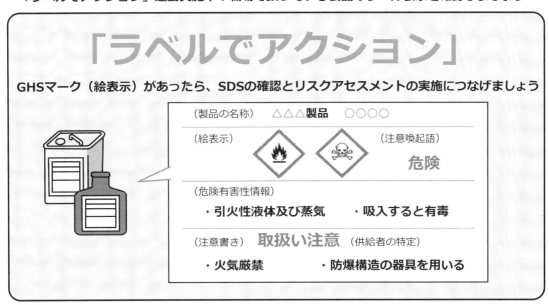

資料編

> **ステップ1** 化学物質などによる危険性または有害性の特定

化学物質などについて、リスクアセスメントなどの対象となる業務を洗い出した上で、**SDSに記載されているGHS分類**などに即して危険性または有害性を特定します。

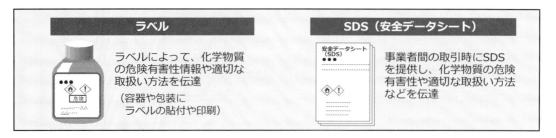

＜危険有害性クラスと区分（強さ）に応じた絵表示と注意書き＞

【炎】	可燃性／引火性ガス 引火性液体 可燃性固体 自己反応性化学品 など	【円上の炎】	支燃性／酸化性ガス 酸化性液体・固体	【爆弾の爆発】	爆発物 自己反応性化学品 有機過酸化物
【腐食性】	金属腐食性物質 皮膚腐食性 眼に対する重大な損傷性	【ガスボンベ】	高圧ガス	【どくろ】	急性毒性 （区分1～3）
【感嘆符】	急性毒性（区分4） 皮膚刺激性（区分2） 眼刺激性（区分2A） 皮膚感作性 特定標的臓器毒性 （区分3） など	【環境】	水生環境有害性	【健康有害性】	呼吸器感作性 生殖細胞変異原性 発がん性 生殖毒性 特定標的臓器毒性 （区分1，2） 吸引性呼吸器有害性

＜ＧＨＳ国連勧告に基づくＳＤＳの記載項目＞

1	化学品および会社情報	9	物理的および化学的性質 （引火点、蒸気圧など）
2	**危険有害性の要約（GHS分類）**	10	**安定性および反応性**
3	組成および成分情報 （CAS番号、化学名、含有量など）	11	**有害性情報（LD_{50}値、IARC区分など）**
4	応急措置	12	環境影響情報
5	火災時の措置	13	廃棄上の注意
6	漏出時の措置	14	輸送上の注意
7	取扱いおよび保管上の注意	15	適用法令（安衛法、化管法、消防法など）
8	ばく露防止および保護措置 （**ばく露限界値**、保護具など）	16	その他の情報

ステップ2	リスクの見積り

リスクアセスメントは、対象物を製造し、または取り扱う業務ごとに、次のア～ウのいずれか
の方法またはこれらの方法の併用によって行います。（危険性についてはアとウに限る）

ア．対象物が労働者に危険を及ぼし、または健康障害を生ずるおそれの程度（発生可能性）と、危険または健康障害の程度（重篤度）を考慮する方法

具体的には以下のような方法があります。

マトリクス法	発生可能性と重篤度を相対的に尺度化し、それらを縦軸と横軸とし、あらかじめ発生可能性と重篤度に応じてリスクが割り付けられた表を使用してリスクを見積もる方法
数値化法	発生可能性と重篤度を一定の尺度によりそれぞれ数値化し、それらを加算または乗算などしてリスクを見積もる方法
枝分かれ図を用いた方法	発生可能性と重篤度を段階的に分岐していくことによりリスクを見積もる方法
コントロール・バンディング	**化学物質リスク簡易評価法（コントロール・バンディング）**などを用いてリスクを見積もる方法
災害のシナリオから見積もる方法	化学プラントなどの化学反応のプロセスなどによる災害のシナリオを仮定して、その事象の発生可能性と重篤度を考慮する方法

イ．労働者が対象物にさらされる程度（ばく露濃度など）とこの対象物の有害性の程度を考慮する方法

具体的には以下のような方法があります。このうち実測値による方法が望ましいです。

実測値による方法	対象の業務について**作業環境測定などによって測定した**作業場所における化学物質などの**気中濃度**などを、その化学物質などの**ばく露限界**（日本産業衛生学会の許容濃度、米国産業衛生専門家会議（ACGIH）のTLV-TWAなど）**と比較する方法**
使用量などから推定する方法	**数理モデルを用いて**対象の業務の作業を行う労働者の周辺の化学物質などの**気中濃度を推定**し、その化学物質の**ばく露限界と比較する方法**
あらかじめ尺度化した表を使用する方法	対象の化学物質などへの労働者の**ばく露の程度**とこの化学物質などによる**有害性を相対的に尺度化**し、これらを縦軸と横軸とし、あらかじめばく露の程度と有害性の程度に応じて**リスクが割り付けられた表を使用してリスクを見積もる方法**

ウ．その他、アまたはイに準じる方法

危険または健康障害を防止するための具体的な措置が労働安全衛生法関係法令の各条項に規定
されている場合に、これらの規定を確認する方法などがあります。

①特別則（労働安全衛生法に基づく化学物質等に関する個別の規則）の対象物質（特定化学物質、有機溶剤など）については、特別則に定める具体的な措置の状況を確認する方法
②安衛令別表1に定める危険物および同等のGHS分類による危険性のある物質について、安衛則第四章などの規定を確認する方法

資料編

例1：マトリクスを用いた方法

※発生可能性「②比較的高い」、重篤度「②後遺障害」の場合の見積り例

		危険または健康障害の程度（重篤度）			
		死亡	後遺障害	休業	軽傷
危険または健康障害を生じるおそれの程度（発生可能性）	極めて高い	5	5	4	3
	比較的高い	5 →	④	3	2
	可能性あり	4	3	2	1
	ほとんどない	4	3	1	1

リスク		優先度
4～5	高	直ちにリスク低減措置を講じる必要がある。措置を講じるまで作業停止する必要がある。
2～3	中	速やかにリスク低減措置を講じる必要がある。措置を講じるまで使用しないことが望ましい。
1	低	必要に応じてリスク低減措置を実施する。

例2：化学物質などの有害性とばく露の量を相対的に尺度化し、リスクを見積もる方法の例

①SDSを用い、GHS分類などを参照して有害性のレベルを区分する。

有害性のレベル	GHS分類における健康有害性クラスと区分	
A	・皮膚刺激性 ・眼刺激性 ・吸引性呼吸器有害性 ・その他のグループに分類されない粉体、蒸気	区分2 区分2 区分1
B	・急性毒性 ・特定標的臓器（単回ばく露）	区分4 区分2
C	・急性毒性 ・皮膚腐食性 ・眼刺激性 ・皮膚感作性 ・特定標的臓器（単回ばく露） ・特定標的臓器（反復ばく露）	区分3 区分1 区分1 区分1 区分1 区分2
D	・急性毒性 ・発がん性 ・特定標的臓器（反復ばく露） ・生殖毒性	区分1, 2 区分2 区分1 区分1, 2
E	・生殖細胞変異原性 ・発がん性 ・呼吸器感作性	区分1, 2 区分1 区分1

②作業環境レベルと作業時間などから、ばく露レベルを推定する。
（作業レベルは以下のような式で算出）

作業環境レベル ＝(取扱量)＋(揮発性・飛散性)－(換気)

取扱量	揮発性・飛散性	換気
多量：3 中量：2 少量：1	高：3 中：2 低：1	遠隔操作・完全密閉：4 局所排気：3 全体換気・屋外作業：2 換気なし：1

ばく露レベル		作業環境レベル				
		5以上	4	3	2	1以下
年間作業時間	400時間超過	V	V	IV	IV	III
	100～400時間	V	IV	IV	III	II
	25～100時間	IV	IV	III	III	II
	10～25時間	IV	III	III	II	II
	10時間未満	III	II	II	II	I

③有害性のレベルとばく露レベルからリスクを見積る。

		ばく露レベル				
		V	IV	III	II	I
有害性のレベル	E	5	5	4	4	3
	D	5	4	4	3	2
	C	4	4	3	3	2
	B	4	3	3	2	2
	A	3	2	2	2	1

※これらの表はリスクの見積り方を例示するものであり、有害性のレベル分け、ばく露レベルの推定は仮のものです。

例3：実測値を用いる方法

実際に、化学物質などの気中濃度を測定し、ばく露限界値と比較する方法は、最も基本的な方法として推奨されます。

例4：コントロール・バンディングを用いた方法

「コントロール・バンディング」は簡易なリスクアセスメント手法です。
これは、ILO（国際労働機関）が、開発途上国の中小企業を対象に、有害性のある化学物質から労働者の健康を守るために、簡単で実用的なリスクアセスメント手法を取り入れて開発した化学物質の管理手法です。

厚生労働省のホームページ「職場のあんぜんサイト」で、支援システムを提供しており、サイト上で必要な情報を入力すると、リスクレベルと、それに応じた実施すべき対策と参考となる対策シートが得られます。

http://anzeninfo.mhlw.go.jp/ras/user/anzen/kag/ras_start.html

なお、対策シートはリスク低減措置の検討の参考としていただく材料です。
換気設備、保護具などの必要性について検討いただくとともに、より詳細なリスクアセスメントに向けたスクリーニングとしても使用することが可能です。

例5：ECETOC-TRA（ばく露推定モデルの一つ）を用いた方法

欧州化学物質生態毒性・毒性センター（ECETOC）が提供するリスクアセスメントツール（ECETOC-TRA）は定量的評価が可能なツールとして普及しています。

http://www.ecetoc.org/tra　（英語）

化学物質の物理化学的性状、作業工程（プロセスカテゴリー）、作業時間、換気条件などを入力することによって、推定ばく露濃度が算出されます。

その他

危険物については、化学プラントのセーフティ・アセスメントなどの方法があります。

資料編

ステップ3　リスク低減措置の内容の検討

リスクアセスメントの結果に基づき、労働者の危険または健康障害を防止するための措置の内容を検討してください。

- ◆労働安全衛生法に基づく労働安全衛生規則や特定化学物質障害予防規則などの特別則に規定がある場合は、その措置をとる必要があります。
- ◆次に掲げる優先順位でリスク低減措置の内容を検討します。

    ア．危険性または有害性のより低い物質への代替、化学反応のプロセスなどの運転条件の変更、取り扱う化学物質などの形状の変更など、またはこれらの併用によるリスクの低減

    ※危険有害性の不明な物質に代替することは避けるようにしてください。

    イ．化学物質のための機械設備などの防爆構造化、安全装置の二重化などの工学的対策または化学物質のための機械設備などの密閉化、局所排気装置の設置などの衛生工学的対策

    ウ．作業手順の改善、立入禁止などの管理的対策

    エ．化学物質などの有害性に応じた有効な保護具の使用

ステップ4　リスク低減措置の実施

検討したリスク低減措置の内容を速やかに実施するよう努めます。

死亡、後遺障害または重篤な疾病のおそれのあるリスクに対しては、暫定的措置を直ちに実施してください。

リスク低減措置の実施後に、改めてリスクを見積もるとよいでしょう。

リスク低減措置の実施には、例えば次のようなものがあります。

- ◆危険有害性の高い物質から低い物質に変更する。

    物質を代替する場合には、その代替物の危険有害性が低いことを、GHS区分やばく露限界値などをもとに、しっかり確認します。
    確認できない場合には、代替すべきではありません。危険有害性が明らかな物質でも、適切に管理して使用することが大切です。

- ◆温度や圧力などの運転条件を変えて発散量を減らす。
- ◆化学物質などの形状を、粉から粒に変更して取り扱う。
- ◆衛生工学的対策として、蓋のない容器に蓋をつける、容器を密閉する、局所排気装置のフード形状を囲い込み型に改良する、作業場所に拡散防止のためのパーテーション（間仕切り、ビニールカーテンなど）を付ける。
- ◆全体換気により作業場全体の気中濃度を下げる。
- ◆発散の少ない作業手順に見直す、作業手順書、立入禁止場所などを守るための教育を実施する。
- ◆防毒マスクや防じんマスクを使用する。

    使用期限（破過など）、保管方法に注意が必要です。

ステップ5　リスクアセスメント結果の労働者への周知

リスクアセスメントを実施したら、以下の事項を労働者に周知します。

1 周知事項
　① 対象物の名称
　② 対象業務の内容
　③ リスクアセスメントの結果（特定した危険性または有害性、見積もったリスク）
　④ 実施するリスク低減措置の内容
2 周知の方法は以下のいずれかによります。　　※SDSを労働者に周知する方法と同様です。
　① 作業場に常時掲示、または備え付け
　② 書面を労働者に交付
　③ 電子媒体で記録し、作業場に常時確認可能な機器（パソコン端末など）を設置
3 法第59条第1項に基づく雇入れ時の教育と同条第2項に基づく作業変更時の教育において、上記の周知事項を含めるものとします。
4 リスクアセスメントの対象の業務が継続し、上記の労働者への周知などを行っている間は、それらの周知事項を記録し、保存しておきましょう。

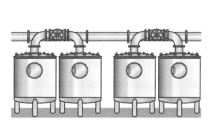
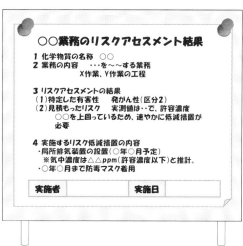

その他

法に基づくリスクアセスメント義務の対象とならない化学物質などであっても、法第28条の2に基づき、リスクアセスメントを行う努力義務がありますので、上記に準じて取り組むように努めてください。

資　料　編

4．労働安全衛生法・関係法令

労働安全衛生法（平成26年6月25日改正）

第57条の3

　　事業者は、厚生労働省令で定めるところにより、第57条第1項の政令で定める物及び通知対象物による危険性又は有害性等を調査しなければならない。

　2　事業者は、前項の調査の結果に基づいて、この法律又はこれに基づく命令の規定による措置を講ずるほか、労働者の危険又は健康障害を防止するため必要な措置を講ずるように努めなければならない。

　3　厚生労働大臣は、第28条第1項及び第3項に定めるもののほか、前二項の措置に関して、その適切かつ有効な実施を図るため必要な指針を公表するものとする。

　4　厚生労働大臣は、前項の指針に従い、事業者又はその団体に対し、必要な指導、援助等を行うことができる。

労働安全衛生規則（平成27年6月23日改正）

第34条の2の7

法第57条の3第1項の危険性又は有害性等の調査（主として一般消費者の生活の用に供される製品に係るものを除く。次項及び次条第1項において「調査」という。）は、次に掲げる時期に行うものとする。

　一　令第18条各号に掲げる物及び法第57条の2第1項に規定する通知対象物（以下この条及び次条において「調査対象物」という。）を原材料等として新規に採用し、又は変更するとき。

　二　調査対象物を製造し、又は取り扱う業務に係る作業の方法又は手順を新規に採用し、又は変更するとき。

　三　前二号に掲げるもののほか、調査対象物による危険性又は有害性等について変化が生じ、又は生ずるおそれがあるとき。

　2　調査は、調査対象物を製造し、又は取り扱う業務ごとに、次に掲げるいずれかの方法（調査のうち危険性に係るものにあつては、第一号又は第三号（第一号に係る部分に限る。）に掲げる方法に限る。）により、又はこれらの方法の併用により行わなければならない。

　一　当該調査対象物が当該業務に従事する労働者に危険を及ぼし、又は当該調査対象物により当該労働者の健康障害を生ずるおそれの程度及び当該危険又は健康障害の程度を考慮する方法

　二　当該業務に従事する労働者が当該調査対象物にさらされる程度及び当該調査対象物の有害性の程度を考慮する方法

　三　前二号に掲げる方法に準ずる方法

第34条の2の8

事業者は、調査を行つたときは、次に掲げる事項を、前条第2項の調査対象物を製造し、又は取り扱う業務に従事する労働者に周知させなければならない。

　一　当該調査対象物の名称

　二　当該業務の内容

　三　当該調査の結果

　四　当該調査の結果に基づき事業者が講ずる労働者の危険又は健康障害を防止するため必要な措置の内容

　2　前項の規定による周知は、次に掲げるいずれかの方法により行うものとする。

　一　当該調査対象物を製造し、又は取り扱う各作業場の見やすい場所に常時掲示し、又は備え付けること。

　二　書面を、当該調査対象物を製造し、又は取り扱う業務に従事する労働者に交付すること。

　三　磁気テープ、磁気ディスクその他これらに準ずる物に記録し、かつ、当該調査対象物を製造し、又は取り扱う各作業場に、当該調査対象物を製造し、又は取り扱う業務に従事する労働者が当該記録の内容を常時確認できる機器を設置すること。

化学物質等による危険性又は有害性等の調査等に関する指針（平成27年9月18日公示）

1 趣旨等

本指針は、労働安全衛生法（昭和47年法律第57号。以下「法」という。）第57条の3第3項の規定に基づき、事業者が、化学物質、化学物質を含有する製剤その他の物で労働者の危険又は健康障害を生ずるおそれのあるものによる危険性又は有害性等の調査（以下「リスクアセスメント」という。）を実施し、その結果に基づいて労働者の危険又は健康障害を防止するため必要な措置（以下「リスク低減措置」という。）が各事業場において適切かつ有効に実施されるよう、リスクアセスメントからリスク低減措置の実施までの一連の措置の基本的な考え方及び具体的な手順の例を示すとともに、これらの措置の実施上の留意事項を定めたものである。

また、本指針は、「労働安全衛生マネジメントシステムに関する指針」（平成11年労働省告示第53号）に定める危険性又は有害性等の調査及び実施事項の特定の具体的実施事項としても位置付けられるものである。

2 適用

本指針は、法第57条の3第1項の規定に基づき行う「第57条第1項の政令で定める物及び通知対象物」（以下「化学物質等」という。）に係るリスクアセスメントについて適用し、労働者の就業に係る全てのものを対象とする。

3 実施内容

事業者は、法第57条の3第1項に基づくリスクアセスメントとして、(1)から(3)に掲げる事項を、労働安全衛生規則（昭和47年労働省令第32号。以下「安衛則」という。）第34条の2の8に基づき(5)に掲げる事項を実施しなければならない。また、法第57条の3第2項に基づき、法令の規定による措置を講ずるほか(4)に掲げる事項を実施するよう努めなければならない。

(1) 化学物質等による危険性又は有害性の特定
(2) (1)により特定された化学物質等による危険性又は有害性並びに当該化学物質等を取り扱う作業方法、設備等により業務に従事する労働者に危険を及ぼし、又は当該労働者の健康障害を生ずるおそれの程度及び当該危険又は健康障害の程度（以下「リスク」という。）の見積り
(3) (2)の見積りに基づくリスク低減措置の内容の検討
(4) (3)のリスク低減措置の実施
(5) リスクアセスメント結果の労働者への周知

4 実施体制等

(1) 事業者は、次に掲げる体制でリスクアセスメント及びリスク低減措置（以下「リスクアセスメント等」という。）を実施するものとする。
ア 総括安全衛生管理者が選任されている場合には、当該者にリスクアセスメント等の実施を統括管理させること。総括安全衛生管理者が選任されていない場合には、事業の実施を統括管理する者に統括管理させること。
イ 安全管理者又は衛生管理者が選任されている場合には、当該者にリスクアセスメント等の実施を管理させること。安全管理者又は衛生管理者が選任されていない場合には、職長その他の当該作業に従事する労働者を直接指導し、又は監督する者としての地位にあるものにリスクアセスメント等の実施を管理させること。
ウ 化学物質等の適切な管理について必要な能力を有する者のうちから化学物質等の管理を担当する者（以下「化学物質管理者」という。）を指名し、この者に、上記イに掲げる者の下でリスクアセスメント等に関する技術的業務を行わせることが望ましいこと。
エ 安全衛生委員会、安全委員会又は衛生委員会が設置されている場合には、これらの委員会においてリスクアセスメント等に関することを調査審議させ、また、当該委員会

が設置されていない場合には、リスクアセスメント等の対象業務に従事する労働者の意見を聴取する場を設けるなど、リスクアセスメント等の実施を決定する段階において労働者を参画させること。
オ リスクアセスメント等の実施に当たっては、化学物質管理者のほか、必要に応じ、化学物質等に係る危険性及び有害性や、化学物質等に係る機械設備、化学設備、生産技術等についての専門的知識を有する者を参画させること。
カ 上記のほか、より詳細なリスクアセスメント手法の導入又はリスク低減措置の実施に当たっての、技術的な助言を得るため、労働衛生コンサルタント等の外部の専門家の活用を図ることが望ましいこと。
(2) 事業者は、(1)のリスクアセスメントの実施を管理する者、技術的業務を行う者等（カの外部の専門家を除く。）に対し、リスクアセスメント等を実施するために必要な教育を実施するものとする。

5 実施時期

(1) 事業者は、安衛則第34条の2の7第1項に基づき、次のアからウまでに掲げる時期にリスクアセスメントを行うものとする。
ア 化学物質等を原材料等として新規に採用し、又は変更するとき。
イ 化学物質等を製造し、又は取り扱う業務に係る作業の方法又は手順を新規に採用し、又は変更するとき。
ウ 化学物質等による危険性又は有害性等について変化が生じ、又は生ずるおそれがあるとき。具体的には、化学物質等の譲渡又は提供を受けた後に、当該化学物質等を譲渡し、又は提供した者が当該化学物質等に係る安全データシート（以下「SDS」という。）の危険性又は有害性に係る情報を変更し、その内容が事業者に提供された場合等が含まれること。
(2) 事業者は、(1)のほか、次のアからウまでに掲げる場合にもリスクアセスメントを行うよう努めること。
ア 化学物質等に係る労働災害が発生した場合であって、過去のリスクアセスメント等の内容に問題がある場合
イ 前回のリスクアセスメント等から一定の期間が経過し、化学物質等に係る機械設備等の経年による劣化、労働者の入れ替わり等に伴う労働者の安全衛生に係る知識経験の変化、新たな安全衛生に係る知見の集積等があった場合
ウ 既に製造し、又は取り扱っていた物質がリスクアセスメントの対象物質として新たに追加された場合など、当該化学物質等を製造し、又は取り扱う業務について過去にリスクアセスメント等を実施したことがない場合
(3) 事業者は、(1)のア又はイに掲げる作業を開始する前に、リスク低減措置を実施することが必要であることに留意するものとする。
(4) 事業者は、(1)のア又はイに係る設備改修等の計画を策定するときは、その計画策定段階においてもリスクアセスメント等を実施することが望ましいこと。

6 リスクアセスメント等の対象の選定

事業者は、次に定めるところにより、リスクアセスメント等の実施対象を選定するものとする。
(1) 事業場における化学物質等による危険性又は有害性等をリスクアセスメント等の対象とすること。
(2) リスクアセスメント等は、対象の化学物質等を製造し、又は取り扱う業務ごとに行うこと。ただし、例えば、当該業務に複数の作業工程がある場合に、当該工程を1つの単位とする、当該業務のうち同一場所において行われる複数の作業を1つの単位とするなど、事業場の実情に応じ適切な単位で行うことも可能であること。

資 料 編

（3）元方事業者にあっては、その労働者及び関係請負人の労働者が同一の場所で作業を行うこと（以下「混在作業」という。）によって生ずる労働災害を防止するため、当該混在作業についても、リスクアセスメント等の対象とすること。

7　情報の入手等

(1) 事業者は、リスクアセスメント等の実施に当たり、次に掲げる情報に関する資料等を入手するものとする。
入手に当たっては、リスクアセスメント等の対象には、定常的な作業のみならず、非定常作業も含まれることに留意すること。
また、混在作業等複数の事業者が同一の場所で作業を行う場合にあっては、当該複数の事業者が同一の場所で作業を行う状況に関する資料等も含めるものとすること。
ア　リスクアセスメント等の対象となる化学物質等に係る危険性又は有害性に関する情報（SDS等）
イ　リスクアセスメント等の対象となる作業を実施する状況に関する情報（作業標準、作業手順書等、機械設備等に関する情報を含む。）
(2) 事業者は、(1)のほか、次に掲げる情報に関する資料等を、必要に応じ入手するものとすること。
ア　化学物質等に係る機械設備等のレイアウト等、作業の周辺の環境に関する情報
イ　作業環境測定結果等
ウ　災害事例、災害統計等
エ　その他、リスクアセスメント等の実施に当たり参考となる資料等
(3) 事業者は、情報の入手に当たり、次に掲げる事項に留意するものとする。
ア　新たに化学物質等を外部から取得等しようとする場合には、当該化学物質等を譲渡し、又は提供する者から、当該化学物質等に係るSDSを確実に入手すること。
イ　化学物質等に係る新たな機械設備等を外部から導入しようとする場合には、当該機械設備等の製造者に対し、当該設備等の設計・製造段階においてリスクアセスメントを実施することを求め、その結果を入手すること。
ウ　化学物質等に係る機械設備等の使用又は改造等を行おうとする場合に、自らが当該機械設備等の管理権原を有しないときは、管理権原を有する者等が実施した当該機械設備等に対するリスクアセスメントの結果を入手すること。
(4) 元方事業者は、次に掲げる場合には、関係請負人におけるリスクアセスメントの円滑な実施に資するよう、自ら実施したリスクアセスメント等の結果を当該業務に係る関係請負人に提供すること。
ア　複数の事業者が同一の場所で作業する場合であって、混在作業における化学物質等による労働災害を防止するために元方事業者がリスクアセスメント等を実施したとき。
イ　化学物質等にばく露するおそれがある場所等、化学物質等による危険性又は有害性がある場所において、複数の事業者が作業を行う場合であって、元方事業者が当該場所に関するリスクアセスメント等を実施したとき。

8　危険性又は有害性の特定

事業者は、化学物質等について、リスクアセスメント等の対象となる業務を洗い出した上で、原則としてア及びイに即して危険性又は有害性を特定すること。また、必要に応じ、ウに掲げるものについても特定することが望ましいこと。
ア　国際連合から勧告として公表された「化学品の分類及び表示に関する世界調和システム（GHS）」（以下「GHS」という。）又は日本工業規格Z7252に基づき分類された化学物質等の危険性又は有害性（SDSを入手した場合には、当該SDSに記載されているGHS分類結果）

イ　日本産業衛生学会の許容濃度又は米国産業衛生専門家会議（ACGIH）のTLV-TWA等の化学物質等のばく露限界（以下「ばく露限界」という。）が設定されている場合にはその値（SDSを入手した場合には、当該SDSに記載されているばく露限界）
ウ　ア又はイによって特定される危険性又は有害性以外の、負傷又は疾病の原因となるおそれのある危険性又は有害性。この場合、過去に化学物質等による労働災害が発生した作業、化学物質等による危険又は健康障害のおそれがある事象が発生した作業等により事業者が把握している情報があるときには、当該情報に基づく危険性又は有害性が必ず含まれるよう留意すること。

9　リスクの見積り

(1) 事業者は、リスク低減措置の内容を検討するため、安衛則第34条の2の7第2項に基づき、次に掲げるいずれかの方法（危険性に係るものにあっては、ア又はウに掲げる方法に限る。）により、又はこれらの方法の併用により化学物質等によるリスクを見積もるものとする。
ア　化学物質等が当該業務に従事する労働者に危険を及ぼし、又は化学物質等により当該労働者の健康障害を生ずるおそれの程度（発生可能性）及び当該危険又は健康障害の程度（重篤度）を考慮する方法。具体的には、次に掲げる方法があること。
(ｱ)　発生可能性及び重篤度を相対的に尺度化し、それらを縦軸と横軸とし、あらかじめ発生可能性及び重篤度に応じてリスクが割り付けられた表を使用してリスクを見積もる方法
(ｲ)　発生可能性及び重篤度を一定の尺度によりそれぞれ数値化し、それらを加算又は乗算等してリスクを見積もる方法
(ｳ)　発生可能性及び重篤度を段階的に分岐していくことによりリスクを見積もる方法
(ｴ)　ILOの化学物質リスク簡易評価法（コントロール・バンディング）等を用いてリスクを見積もる方法
(ｵ)　化学プラント等の化学反応のプロセス等による災害のシナリオを仮定して、その事象の発生可能性と重篤度を考慮する方法
イ　当該業務に従事する労働者が化学物質等にさらされる程度（ばく露の程度）及び当該化学物質等の有害性の程度を考慮する方法。具体的には、次に掲げる方法があるが、このうち、(ｱ)の方法を採ることが望ましいこと。
(ｱ)　対象の業務について作業環境測定等により測定した作業場所における化学物質等の気中濃度等を、当該化学物質等のばく露限界と比較する方法
(ｲ)　数理モデルを用いて対象の業務に係る作業を行う労働者の周辺の化学物質等の気中濃度を推定し、当該化学物質等のばく露限界と比較する方法
(ｳ)　対象の化学物質等への労働者のばく露の程度及び当該化学物質等による有害性を相対的に尺度化し、それらを縦軸と横軸とし、あらかじめばく露の程度及び有害性の程度に応じてリスクが割り付けられた表を使用してリスクを見積もる方法
ウ　ア又はイに掲げる方法に準ずる方法。具体的には、次に掲げる方法があること。
(ｱ)　リスクアセスメントの対象の化学物質等に係る危険又は健康障害を防止するための具体的な措置が労働安全衛生法関係法令（主に健康障害の防止を目的とした有機溶剤中毒予防規則（昭和47年労働省令第36号）、鉛中毒予防規則（昭和47年労働省令第37号）、四アルキル鉛中毒予防規則（昭和47年労働省令第38号）及び特定化学物質障害予防規則（昭和47年労働省令第39号）の規定並びに主に危険の防止を目的とした労働安全衛生法施行令（昭和47年政令第318号）別表第1に掲げる危険物に係る安衛則の規定）の各条項に規定されている場合に、当該規定を確認する方法。

250

(1) リスクアセスメントの対象の化学物質等に係る危険を防止するための具体的な規定が労働安全衛生法関係法令に規定されていない場合において、当該化学物質等のSDSに記載されている危険性の種類（例えば「爆発物」など）を確認し、当該危険性と同種の危険性を有し、かつ、具体的措置が規定されている物に係る当該規定を確認する方法

(2) 事業者は、(1)のア又はイの方法により見積りを行うに際しては、用いるリスクの見積り方法に応じて、7で入手した情報等から次に掲げる事項等必要な情報を使用すること。

ア　当該化学物質等の性状

イ　当該化学物質等の製造量又は取扱量

ウ　当該化学物質等の製造又は取扱い（以下「製造等」という。）に係る作業の内容

エ　当該化学物質等の製造等に係る作業の条件及び関連設備の状況

オ　当該化学物質等の製造等に係る作業への人員配置の状況

カ　作業時間及び作業の頻度

キ　換気設備の設置状況

ク　保護具の使用状況

ケ　当該化学物質等に係る既存の作業環境中の濃度若しくはばく露濃度の測定結果又は生物学的モニタリング結果

(3) 事業者は、(1)のアの方法によるリスクの見積りに当たり、次に掲げる事項等に留意するものとする。

ア　過去に実際に発生した負傷又は疾病の重篤度ではなく、最悪の状況を想定した最も重篤な負傷又は疾病の重篤度を見積もること。

イ　負傷又は疾病の重篤度は、傷害や疾病等の種類にかかわらず、共通の尺度を使うことが望ましいことから、基本的に、負傷又は疾病による休業日数等を尺度として使用すること。

ウ　リスクアセスメントの対象の業務に従事する労働者の疲労等の危険性又は有害性への付加的影響を考慮することが望ましいこと。

(4) 事業者は、一定の安全衛生対策　が講じられた状態でリスクを見積もる場合には、用いるリスクの見積り方法における必要性に応じて、次に掲げる事項等を考慮すること。

ア　安全装置の設置、立入禁止措置、排気・換気装置の設置その他の労働災害防止のための機能又は方策（以下「安全衛生機能等」という。）の信頼性及び維持能力

イ　安全衛生機能等を無効化する又は無視する可能性

ウ　作業手順の逸脱、操作ミスその他の予見可能な意図的・非意図的な誤使用又は危険行動の可能性

エ　有害性が立証されていないが、一定の根拠がある場合における当該根拠に基づく有害性

10　リスク低減措置の検討及び実施

(1) 事業者は、法令に定められた措置がある場合にはそれを必ず実施するほか、法令に定められた措置がない場合には、次に掲げる優先順位でリスク低減措置の内容を検討するものとする。ただし、法令に定められた措置以外の措置にあっては、9 (1)イの方法を用いたリスクの見積り結果として、ばく露濃度等がばく露限界を相当程度下回る場合は、当該リスクは、許容範囲内であり、リスク低減措置を検討する必要がないものとして差し支えないものであること。

ア　危険性又は有害性のより低い物質への代替、化学反応のプロセス等の運転条件の変更、取り扱う化学物質等の形状の変更等又はこれらの併用によるリスクの低減

イ　化学物質等に係る機械設備等の防爆構造化、安全装置の二重化等の工学的対策又は化学物質等に係る機械設備等の密閉化、局所排気装置の設置等の衛生工学的対策

ウ　作業手順の改善、立入禁止等の管理的対策

エ　化学物質等の有害性に応じた有効な保護具の使用

(2) (1)の検討に当たっては、より優先順位の高い措置を実施することにした場合であって、当該措置により十分にリスクが低減される場合には、当該措置よりも優先順位の低い措置の検討まで要するものではないこと。また、リスク低減に要する負担がリスク低減による労働災害防止効果と比較して大幅に大きく、両者に著しい不均衡が発生する場合であって、措置を講ずることを求めることが著しく合理性を欠くと考えられるときを除き、可能な限り高い優先順位のリスク低減措置を実施する必要があるものとする。

(3) 死亡、後遺障害又は重篤な疾病をもたらすおそれのあるリスクに対して、適切なリスク低減措置の実施に時間を要する場合は、暫定的な措置を直ちに講ずるほか、(1)において検討したリスク低減措置の内容を速やかに実施するよう努めるものとする。

(4) リスク低減措置を講じた場合には、当該措置を実施した後に見込まれるリスクを見積もることが望ましいこと。

11　リスクアセスメント結果等の労働者への周知等

(1) 事業者は、安衛則第34条の2の8に基づき次に掲げる事項を化学物質等を製造し、又は取り扱う業務に従事する労働者に周知するものとする。

ア　対象の化学物質等の名称

イ　対象業務の内容

ウ　リスクアセスメントの結果

(ア)　特定した危険性又は有害性

(イ)　見積もったリスク

エ　実施するリスク低減措置の内容

(2) (1)の周知は、次に掲げるいずれかの方法によること。

ア　各作業場の見やすい場所に常時掲示し、又は備え付けること

イ　書面を労働者に交付すること

ウ　磁気テープ、磁気ディスクその他これらに準ずる物に記録し、かつ、各作業場に労働者が当該記録の内容を常時確認できる機器を設置すること

(3) 法第59条第1項に基づく雇入れ時教育及び同条第2項に基づく作業変更時教育においては、労働安全衛生規則第35条第1項第1号、第2号及び第5号に掲げる事項として、(1)に掲げる事項を含めること。

なお、5の(1)に掲げるリスクアセスメント等の実施時期のうちアからウまでについては、法第59条第2項の「作業内容を変更したとき」に該当するものであること。

(4) リスクアセスメントの対象の業務が継続し(1)の労働者への周知等を行っている間は、事業者は(1)に掲げる事項を記録し、保存しておくことが望ましい。

12　その他

表示対象物又は通知対象物以外のものであって、化学物質、化学物質を含有する製剤その他の物で労働者に危険又は健康障害を生ずるおそれのあるものについては、法第28条の2に基づき、この指針に準じて取り組むよう努めること。

資料編

5. リスクアセスメント実施に対する相談窓口、専門家による支援

1．法令、通知に関する相談窓口

都道府県労働局または労働基準監督署の健康主務課

所在案内：http://www.mhlw.go.jp/kouseiroudoushou/shozaiannai/roudoukyoku/

2．支援事業

※平成27年度の例

1）相談窓口（コールセンター）を設置し、電話やメールなどで相談を受付

SDSやラベルの作成、リスクアセスメント（「化学物質リスク簡易評価法（コントロール・バンディング）」の使い方など）について相談できます。

※コントロール・バンディングの支援サービス：コールセンターが入力を支援し、評価結果をメールなどで通知

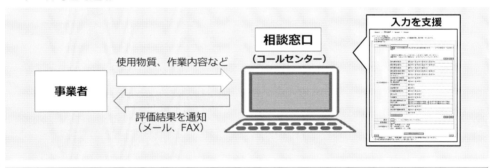

▶化学物質や化学品の危険性や有害性を調べる方法をご紹介します
▶GHSラベルやSDSの読み方をお教えします
▶化学物質のリスクアセスメントの仕方を説明します
▶リスクアセスメント結果の内容を説明します
▶リスクを低減するための対策をアドバイスします

2）専門家によるリスクアセスメントの訪問支援

相談窓口における相談の結果、事業場の要望に応じて専門家を派遣、リスクアセスメントの実施を支援

コールセンターの番号や訪問支援の問い合わせ先は、厚生労働省ホームページでお知らせしています。

厚生労働省　化学物質管理　相談窓口　検索

ラベル（表示）を作成する譲渡提供者（メーカーなど）の皆さまへ

ラベル（表示）は、安衛令別表第9に掲げる640の化学物質などが対象です

化学物質などを譲渡提供する際には、次の事項を記載したラベルを容器に貼付します。

①名称
②注意喚起語
③人体に及ぼす作用、安定性、反応性
④貯蔵または取扱い上の注意
⑤標章（絵表示）
⑥表示をする人の氏名、住所、電話番号

注）「成分」の表示については、平成28年6月1日以降、記載義務がなくなりますが、適切と考えられる
　　成分の表示を行うことが望まれます。

ラベル（表示）に関する固形物の適用除外（令第18条および安衛則第30条関係）

純物質	金属*については、粉状以外（塊、板、棒、線など）の場合は適用除外 *イットリウム、インジウム、カドミウム、銀、クロム、コバルト、すず、タリウム、タングステン、タンタル、銅、鉛、ニッケル、白金、ハフニウム、フェロバナジウム、マンガン、モリブデン、ロジウム
混合物	640物質に掲げる物を含有する製剤のうち、**運搬中や貯蔵中で固体以外の状態にならず、かつ、粉状*にならない物**は適用除外 *粉状とは、流体力学的粒子径が0.1mm以下のインハラブル（吸入性）粒子を含むものをいいます。 ***具体的には、鋼材、ワイヤ、プラスチックのペレットなどは原則適用除外**となります。

＜適用除外とならない危険物または皮膚腐食性のあるもの＞

以下のものは適用除外となりません。

1　危険物（安衛令別表第一に掲げるもの）
2　可燃性の物等爆発または火災の原因となるおそれのある物
3　皮膚に対して腐食の危険を生ずるもの（例えば酸化カルシウム、水酸化ナトリウムなどを含む製剤）

※具体的には、GHS分類の危険有害性クラスで物理化学的危険性または皮膚腐食性を有するもの

ラベル（表示）の適用除外　（一般消費者の生活の用）

主として一般消費者の生活の用に供するための製品は除きます。
これには以下のものが含まれます。

◆「医薬品、医療機器等の品質、有効性及び安全性の確保等に関する法律」（昭和35年法律第145号）に
　定められている**医薬品、医薬部外品、化粧品**

◆「農薬取締法」（昭和23年法律第125号）に定められている**農薬**

◆**労働者による取扱いの過程で固体以外の状態にならず、かつ、粉状または粒状にならない製品**

◆**表示対象物が密封された状態で取り扱われる製品**

◆**一般消費者のもとに提供される段階の食品**
　ただし、水酸化ナトリウム、硫酸、酸化チタンなどが含まれた食品添加物、エタノールなどが含まれた
　酒類など、表示対象物が含まれているものであって、譲渡・提供先において、労働者がこれらの食品添加
　物を添加し、または酒類を希釈するなど、**労働者が表示対象物にばく露するおそれのある作業が予定され
　るものについては、**「主として一般消費者の生活の用に供するためのもの」には**該当しない**こと。

注）**固形物の適用除外は、ラベル表示のみです。**
　　固形物の場合も、SDSの交付はこれまでどおり必要です。

注）ラベル作成の詳細、裾切値については、関係法令、JISZ7253などを参照してください。

資　料　編

化学物質のSDS活用＆リスクアセスメント自主点検票

事業場名	点検実施日
責任者名（衛生管理者など）	担当者職氏名

1.事業場内で化学物質を取り扱っていますか。 ※塗料、洗浄剤、加工材など、身近なものにも化学物質が使われています。	□はい　□いいえ ⇒いいえの場合、点検終了
2.その製品にSDS（安全データシート）は添付されていますか。	□はい　□いいえ ⇒いいえの場合、納入元から 　入手してください
3.その化学物質は何ですか。法令上①〜③のどれに当てはまりますか。 　①特定化学物質・有機溶剤　②①以外のSDS対象物　③その他 　化学物質名　　　　　　　　　　　CAS番号(SDSに記載) 　（　　　　　　　　　　）（　　　　　　　　　　） 　（　　　　　　　　　　）（　　　　　　　　　　） 　（　　　　　　　　　　）（　　　　　　　　　　） 　（　　　　　　　　　　）（　　　　　　　　　　）	⇒SDSの「15.適用法令」の 　欄を確認！または「職場の 　あんぜんサイト」などで検索！ □①　□②　□③ □①　□②　□③ □①　□②　□③ □①　□②　□③
4.その化学物質の取扱い業務について、リスクアセスメントを実施 　したことはありますか。	□はい　□いいえ
はいの場合、その結果を確認することはできますか。 　⇒はいの場合、6.へ 　⇒いいえの場合、 　　**リスクアセスメントを実施しましょう**	□はい　□いいえ
いいえの場合、 　　**リスクアセスメントを実施しましょう**	□はい　□いいえ
5.リスクアセスメントの方法を選択しましょう。（詳しくは5ページ） 　SDSのGHS分類による危険有害性情報を参照して確認します。 　危険性についての方法　→□災害シナリオを想定して見積もる方法 　　　　　　　　　　　　　　　（マトリクス法など） 　　　　　　　　　　　　　□法令規定を確認する方法　　□その他 　有害性についての方法　→□ばく露濃度の測定（実測） 　　　　　　　　　　　　　□コントロール・バンディング 　　　　　　　　　　　　　□ECETOC-TRAなど　　　□その他	□危険性　□有害性
6.リスクアセスメントの結果を労働者に周知していますか。	□はい　□いいえ ⇒いいえの場合、改善しましょう
7.SDSの内容を労働者に周知していますか。 　※作業場に備付け、各労働者に配布、パソコンなどで閲覧などの方法があります。	□はい　□いいえ ⇒いいえの場合、改善しましょう
8.SDS対象物（3.の①または②）に当たる場合、納入された容器などに 　ラベル表示がされていますか。 　⇒はいの場合、事業場内でもラベル表示したままにしましょう 　⇒いいえの場合、納入元にラベル表示について照会しましょう	□はい　□いいえ

＜化学物質管理に関する相談窓口＞

　SDSの活用やリスクアセスメントの実施について、専門家に相談することができます。
　問い合わせ先は、厚生労働省のホームページでお知らせしています。

厚生労働省　化学物質管理　相談窓口	検索

（平成27年9月作成）

健康障害防止のための

化学物質リスクアセスメントのすすめ方

このパンフレットにおける化学物質リスクアセスメントのすすめ方は、「化学物質管理支援事業」の一環として実施した「化学物質リスクアセスメントのモデル事業場指導」（健康障害防止関係）で用いた方法です。

また、この方法は、同事業に関連して設置した専門委員会「モデル事業場指導結果検討委員会」において、平成 18 年 3 月 30 日付け公示「化学物質等による危険性又は有害性等の調査等に関する指針」が示す健康障害防止に関する事項を具備するよう検討したものです。

平成 21 年 3 月

中央労働災害防止協会

資　料　編

健康障害防止のための化学物質リスクアセスメントのすすめ方

　　事業者は、健康障害防止のための化学物質リスクアセスメントの実施について方針を明らかにし、化学物質管理組織・体制を構築しましょう。

✪リスクアセスメントの手順

| ステップ　1 | リスクアセスメントを実施する担当者を決定する |

| ステップ　2 | リスクアセスメントを実施する単位に区分（製造工程、取扱い工程、取扱い場所など）する |

| ステップ　3 | ステップ2の単位区分ごとに使用している「化学物質」を特定するまた、作業内容も把握する |

| ステップ　4 | ステップ2で切り出した取扱い場所等における労働者を特定する |

| ステップ　5 | 「化学物質」の有害性情報（MSDS）を入手し、有害性等を格付けし、特定する＝〈ハザード評価の実施〉（このとき、MSDS の内容が GHS 対応であることを確認する） |

ステップ　6　「化学物質」によるばく露の程度を特定する＝〈ばく露評価の実施〉
　　①　実測値がある場合　作業環境測定値、個人ばく露濃度測定値
　　　　　　　　　　　　　　又は生物学的モニタリング値から特定する
　　②　実測値がない場合　化学物質の取扱量、揮発性などの作業環
　　　　　　　　　　　　　　境濃度レベルと作業時間、作業頻度などの
　　　　　　　　　　　　　　作業条件とで総合判断する

ステップ　7　リスクレベルを判定する＝〈リスクレベルの決定〉

リスクレベル

Ⅴ　耐えられないリスク	Ⅱ　許容可能なリスク
Ⅳ　大きなリスク	Ⅰ　些細なリスク
Ⅲ　中程度のリスク	
S　眼と皮膚に対するリスク	

| ステップ　8 | ばく露の防止、又は低減するための措置を検討するステップ7で決定されたリスクレベルに応じた対策の検討 |

| ステップ　9 | ステップ 8 の検討結果に基づく実施及びリスクアセスメント結果を記録する |

| ステップ　10 | リスクアセスメントを再実施（見直し）する＝〈PDCA サイクル〉 |

健康障害防止のための化学物質リスクアセスメントの実施例

　本例は、「健康障害防止のための化学物質リスクアセスメントのモデル事業場指導」結果に基づいたもので、ばく露評価の方法について、作業環境測定値を使用した例及び実測値がない場合の例を掲載しました。

　なお、「健康障害防止のための化学物質リスクアセスメントのモデル事業場指導」は、ステップ 8 までの実施としています。

```
　1　作業環境測定値を用いた例 ： 化粧品製造工程における使用機械
　　　　　　　　　　　　　　　　の洗浄作業（化学工業）
```

1　**ステップ 1** から**ステップ 4** までにおける把握した情報の概要
　　a 使用物質等　アセトンを用いた洗浄作業　　b シフト内接触時間　7 時間 ／ 日
　　c 作業頻度　5 日 ／ 週　　d 取扱量 120 リットル ／ 日　　e 対象作業者　2 名

2　**ステップ 5** の実施（ MSDS の入手とハザード評価）
　◎　「ハザード評価」の手順
　　a　アセトンの MSDS（参考資料　1）を入手し、「健康に対する有害性」に対応する GHS 区分を調べる。
　　b　参考資料 2 の「GHS 区分によるハザードレベル（HL）決定表」により、a で調べたGHS 区分の各項目に格付けを行う。

アセトンの GHS 区分とハザード格付

GHS 分類名	区　　　分	格　付
急性毒性（経口）	区分外	1
急性毒性（経皮）	区分外	1
急性毒性（ガス）	分類対象外	―
急性毒性（蒸気）	区分外	1
急性毒性（粉じん）	分類対象外	―
急性毒性（ミスト）	分類できない	―
皮膚腐食性 ／ 刺激性	区分外	1
眼に対する重篤な 損傷性 ／ 眼刺激性	区分 2B	1&Ⓢ
呼吸感作性	分類できない	―
皮膚感作性	区分外	1

資　料　編

生殖細胞変異原性	区分外	1
発がん性	区分外	1
生殖毒性	区分2	④
特定標的臓器毒性 ／（単回ばく露）	区分3 （麻酔作用、気道刺激）	3 （気道刺激）
特定標的臓器毒性 ／（反復ばく露）	区分2 （血液）	3
吸引性呼吸器有害性	区分2	1

　　　　上表から、格付けの最大数　　　4　　　Sは単独で格付

✪　したがって、アセトンのハザード格付け(HL)は　［　4　＆　　S　］

3　**ステップ6** の実施（ばく露評価）

　◎　ばく露評価（EL1）の手順

　①　作業環境濃度レベル（WL）を求める。

　　a　アセトンによる洗浄作業の作業環境測定値　71.9ppm（A測定の算術平均値）

　　　　〈なお、B測定値がある場合にはB測定値と比べ、高い値を用いる。〉

　　b　管理濃度がある場合には管理濃度に対する倍数を、また管理濃度がない場合には

　　　　許容濃度（日本産業衛生学会またはアメリカのACGIH）に対する倍数を算出する。

　　　　　71.9　/　500（アセトンの管理濃度500ppm)≒0.14

　　c　次表より作業環境濃度レベル（WL）を求める。

W　L	e	d	c	b	a
管理濃度等に 対する倍数	1.5倍以上 5倍未満	1.0倍上 1.5倍未満	0.5倍上 1.0倍未満	0.1倍以上 0.5倍未満	0.1倍 未満

✪したがって、　0.14=　b・・・作業環境濃度レベル（WL）

注) 1　管理濃度等に対する倍数が5倍以上の場合は、EL1 = 5　とする。

　　2　混合物の場合において、作業者が複数の化学物質にばく露しており、それらの化学

　　　物質が互いに独立して作用しているか否かが不明なときには、それらは相加的に作用

　　　するものとして扱い、「加算管理濃度等 = 1.0 」を用いる。

　　　　混合物の管理濃度等 = C1 / 管理濃度等1 + C2 / 管理濃度等2 + ・・・Cn / 管理濃度等

　②　作業時間・作業頻度レベル（FL）を求める。

　　a　1回の勤務シフト内で当該化学物質と接触する時間数、あるいは労働者の当該作

　　　業の年間時間数と、この算定期間における労働時間から当該化学物質との接触時

　　　間を求める。

なお、週1回以上の作業を行う場合は、「シフト内の接触時間割合」を使用する。

　　　労働時間　7時間 / 日　　　作業頻度　5日 / 週

　　　シフト内接触時間　7時間 / 日　　　シフト内接触割合　(100%)

　b　次表より作業時間・作業頻度レベル（FL）を求める。

FL	(ⅴ)	ⅳ	ⅲ	ⅱ	ⅰ
シフト内の 接触時間割合	87.5% 以上	50%以上 87.5%未満	25%以上 50%未満	12.5%以上 25%未満	12.5% 未満
年間作業時間	400h 以上	100h 以上 400h 未満	25h 以上 100h 未満	10h 以上 25h 未満	10h 未満

❂したがって、シフト内接触割合 100% ＝ ⅴ ・・・・作業時間・作業頻度レベル（FL）

③　アセトンの洗浄作業のばく露レベル（EL）を求める。

　作業環境濃度レベル（WL）＝ b　　　　　作業時間・作業頻度レベル（FL）＝ ⅴ

　次表から、ばく露レベル（EL）を求める。

WL ＼ FL	e	d	c	(b)	a
(ⅴ)	5	4	3	(2)	2
ⅳ	5	4	3	2	2
ⅲ	5	3	3	2	2
ⅱ	4	3	2	2	1
ⅰ	3	2	2	1	1

❂したがって、b　と　ⅴ　の交点 ＝ 2・・・・ばく露レベル（EL）

4　**ステップ7** の実施（リスクの決定）

①　リスクレベル（RL）を求める。

　　ステップ5で得たハザード格付け（HL）とステップ6で得たばく露レベル（EL）により、
次表から、リスクレベル（RL）を求める。

EL ＼ HL	5	4	3	(2)	1
5	Ⅴ	Ⅴ	Ⅳ	Ⅲ	Ⅱ
(4)	Ⅴ	Ⅳ	Ⅲ	(Ⅲ)	Ⅱ
3	Ⅳ	Ⅳ	Ⅲ	Ⅱ	Ⅱ
2	Ⅳ	Ⅲ	Ⅲ	Ⅱ	Ⅰ
1	Ⅳ	Ⅲ	Ⅲ	Ⅱ	Ⅰ

❂したがって、EL ＝ 2　と　HL ＝ 4　の交点 ＝ Ⅲ・・・・リスクレベル（RL）

259

資　料　編

② リスクレベルの決定

次表より、リスクレベルの意味を求める。

Ⅴ　耐えられないリスク	Ⅱ　許容可能なリスク
Ⅳ　大きなリスク	Ⅰ　些細なリスク
Ⅲ　中程度のリスク	

また、アセトンのハザード格付けは[　4　&　S　]であることから、

[　S　]は、眼と皮膚に対するリスクとして、単独に評価する。

❂したがって、アセトンのリスクは　[リスクレベルⅢ]　中程度のリスク

[リスクレベルS]　眼と皮膚に対するリスク

となる。

5　ステップ8 の実施

ばく露の防止、又は低減措置を検討する（「リスクレベル別対策の考え方」参照）。

Q：「実測値がない場合の例」のばく露評価の実施について質問します。

「化学物質等による危険性又は有害性等の調査等に関する指針について」（平成18年3月30日基発第0330004号）の別添4-2の「例4　化学物質等による有害性に係るリスクの定性評価法の例」では、ばく露レベルの推定に換気のポイントを設定していますが、このすすめ方では換気のポイントが考慮されていません、なぜですか。

A：モデル事業場指導結果検討委員会では、局所排気装置等の設置とばく露レベルについて、次のように判断しました。

① 実測値がない場合において、設備を設置していたとしてもその有効性等の状態の判断がないまま、すなわち単に設備の設置の方式等のみでポイントを設定し、ばく露レベルを推定するものではないと判断し、ステップ6で換気のポイントを要素としなかったものです。

② なお、実測値を使用している場合には、その値を使用することで、局排等の有無にかかわらず、作業環境濃度レベルではすでに換気の要素は評価されているものです。

（参考）　実測が技術的に難しい化学物質について、リスクレベルがⅢ以上になった場合は、特定化学物質障害予防規則等で決められている性能要件を具備した局排等が設置されていて、定期自主検査指針における判定基準のすべてを満足していればリスクレベルをⅡとしてもよい、と考えています（新設する場合も同様）。

| 2　実測値がない場合の例 ： アセトンを容器に注入する作業（化学工業） |

1　**ステップ1** から **ステップ4** までにおける把握した情報の概要
　　a 使用物質　アセトンを容器に注入する作業　　b シフト内接触時間　6時間 ／ 日
　　c 作業頻度　7日 ／ 月　　d 取扱量　1.4 キロリットル ／ 日　　e 対象作業者　7名

2　**ステップ5** の実施（MSDS の入手とハザード評価）
　　前記事例と同様に、MSDS の「健康に対する有害性」に対応する GHS 区分を調べ、格付けを行う。
　　✪　アセトンのハザード格付け(HL)は　[　4　&　S　]

3　**ステップ6** の実施（ばく露評価）
　　◎　ばく露評価(EL4)の手順
　　①　推定作業環境濃度レベル(EWL)を求める。
　　　　推定作業環境濃度レベル(EWL)は、取扱量、揮発性および作業者の汚染状況による修正の各ポイントをもとに求める。
　　　a 取扱量ポイント(A)
　　　アセトンの使用量　1.4 キロリットル/ 日
　　　連続作業は1日の使用量、バッチ作業では1回の使用量

ポイント	液　体	粉　体
3（大量）	kL	ton
2（中量）	L	kg
1（少量）	mL	g

　✪　液体、大量から、取扱量ポイント ＝ 3

　　　b 揮発性・飛散性ポイント(B)
　　　アセトンの沸点　56.5°C　（MSDS の物理的及び化学的性質から判断）

ポイント	液体の揮発性 粉体の飛散性	液体	粉体
		沸点	物理的形状
3	高	50℃未満	微細な軽い粉体 （例　セメント）
2	中	50℃以上 150℃未満	結晶状・顆粒状 （例　衣料用洗剤）
1	小	150℃以上	壊れないペレット （例　錠剤）

　✪　アセトンの沸点から、揮発性ポイント ＝ 2　　常温を超える温度で使用する場合の揮発性については、参考の図を用いる。

261

資　料　編

　　　c 修正ポイント（C）

　　　作業者の作業方法によっての汚染の状況により修正

ポイント	状　　　況
1（修正あり）	作業者の作業服、手足、保護具が、アセスメントの対象となっている物質による汚染が見られる場合
0（修正なし）	作業者の作業服、手足、保護具が、アセスメントの対象となっている物質による汚染が見られない場合

　✪　作業者の汚染なし　　修正ポイント ＝ 0

　　　d 各ポイントの合計から推定作業環境濃度レベル（EWL）を求める。

　　　　　EWL ＝ A ＋ B ＋ C ＝ 3 ＋ 2 ＋ 0 ＝ 5

EWL	e	d	c	b	a
A ＋ B ＋ C	7〜6	5	4	3	2

　✪　したがって、5 ＝ d‥‥推定作業環境濃度レベル（EWL）

②　作業時間・作業頻度レベル（FL）の推定

　　a 接触時間割合を求める。

　　　　作業時間　　　6h ／ 日　　　　　7day ／ 月

　　　　年間作業時間　　6h x 7 日 ＝ 42 h　　42h x 12 月 ＝ 504h

　　b　次表より作業時間・作業頻度レベル（FL）を求める。

FL	v	iv	iii	ii	i
シフト内の接触時間割合	87.5%以上	50%以上87.5%未満	25%以上50%未満	12.5%以上25%未満	12.5%未満
年間作業時間	400h以上	100h 以上400h 未満	25h 以上100h 未満	10h 以上25h 未満	10h未満

✪したがって、シフト内接触割合 504h　＝ v‥‥・作業時間・作業頻度レベル（FL）

③　アセトンを容器に入れる作業のばく露レベル（EL4）を求める。

　　推定作業環境濃度レベル（EWL）＝ d　　　　　作業時間・作業頻度レベル（FL）＝ v

次表から、ばく露レベル（EL）を求める。

EWL／FL	e	d	c	b	a
v	5	④	4	3	2
iv	5	4	3	3	2
iii	5	3	3	2	2
ii	4	3	2	2	1
i	3	2	2	1	1

❂したがって、d　と　v　の交点＝4・・・・ばく露レベル（EL）

4　ステップ7の実施（リスクの決定）

① リスクレベル（RL）を求める。

ステップ5で得たハザード格付け（HL）とステップ6で得たばく露レベル（EWL）により、次表から、リスクレベル（RL）を求める。

EL／HL	5	4	3	2	1
5	Ⅴ	Ⅴ	Ⅳ	Ⅳ	Ⅲ
④	Ⅴ	Ⅳ	Ⅳ	Ⅲ	Ⅲ
3	Ⅳ	Ⅳ	Ⅲ	Ⅱ	Ⅱ
2	Ⅳ	Ⅲ	Ⅲ	Ⅱ	Ⅱ
1	Ⅳ	Ⅲ	Ⅲ	Ⅱ	Ⅰ

❂したがって、EL＝4　と　HL＝4　の交点＝Ⅳ・・・・リスクレベル（RL）

② リスクレベルの決定

次表より、リスクレベルの意味を求める。

Ⅴ	耐えられないリスク	Ⅱ	許容可能なリスク
Ⅳ	大きなリスク	Ⅰ	些細なリスク
Ⅲ	中程度のリスク		

また、アセトンのハザード格付けは[　4　&　S　]であることから、

[　S　]は、眼と皮膚に対するリスクとして、単独に評価する。

❂したがって、アセトンのリスクは　　リスクレベルⅣ　　大きなリスク

リスクレベルS　　眼と皮膚に対するリスク

となる。

5　ステップ8の実施

ばく露の防止、又は低減措置を検討する（「リスクレベル別対策の考え方」参照）。

資 料 編

☞ ステップ 8 におけるリスクレベル別対策の考え方

①リスクレベルに基づく措置

リスクレベル（ＲＬ）Ⅴ ＝ 耐えられないリスク

・ リスクが低減されるまで、業務を原則禁止する必要があります。

・ 十分な経営資源を用いてリスクを低減することが必要です。それが不可能な場合、業務の禁止を継続しなければなりません。

・ 実測値を使用しない場合でリスクレベルが Ⅴ になったときは、作業環境測定等の測定を行い、実測値のデータを使用して再アセスメントを行う必要があります。

・ リスク低減対策を行う場合はリスクレベルⅡ以下になるように計画を立てます。

・ 実際にリスク低減対策を行った場合は、実測値を使用した再アセスメントを行い、再アセスメント結果がリスクレベルⅡ以下になっているかを確認することが重要です。

リスクレベル（ＲＬ）Ⅳ ＝ 大きなリスク

・ 大きなリスクが低減されるまで業務を開始することは望ましくありません。また、やむを得ず業務を行う場合で、適切なリスク低減措置の実施に時間を要する場合には、暫定的な措置を直ちに講じることが必要です。

・ リスク低減のために、多くの経営資源を投入しなければならない場合があります。

・ 実測値を使用しない場合でリスクレベルがⅣになったときは、作業環境測定等の測定を行い、実測値のデータを使用して再アセスメントを行う必要があります。

・ 実際にリスク低減対策を行った場合は、実測値を使用した再アセスメントを行い、再アセスメント結果がリスクレベルⅡ以下になっているかを確認することが重要です。

リスクレベル（ＲＬ）Ⅲ ＝ 中程度のリスク

・ リスク低減対策を実施する期限を決め、期限内に実行します。

・ リスク低減対策にみあった費用が必要となります。

・ 実測値を使用しない場合でリスクレベルがⅢになったときは、作業環境測定等の測定を行い、実測値のデータを使用して再アセスメントを行うことが望ましいです。

・ 実際にリスク低減対策を行った場合は、実測値を使用した再アセスメントを行い、再アセスメント結果がリスクレベルⅡ以下になっているかを確認することが重要です。

リスクレベル（ＲＬ）Ⅱ ＝ 許容可能なリスク

・ 追加的リスク低減措置は不要ですが、コスト効果の優れた解決策、又はコスト増加がない改善については実施します。

・ 現状のリスクレベルを確実に維持するための設備の点検・保守・管理を行う必要があ

ります。

　リスクレベル（ＲＬ）　Ⅰ　＝　些細なリスク
・　追加的管理は不要ですが、コストをかけなくても実施可能なリスク削減対策は実施します。
・　現状のリスクレベルを確実に維持するための設備の点検・保守・管理を行う必要があります。

　リスクレベル（RL）　S＝　眼と皮膚に対するリスク
・　適切な個人用保護具で対応します。

②リスク低減措置の検討及び実施
　　リスクアセスメントの結果、リスク低減が必要と判断した場合、以下に示すような手法でリスクの低減を図ります。当該物質に対して、法令の適用がある場合には、各法令に基づく措置を確実に実施します。
（ア）有害性が高い化学物質等の使用中止又は有害性のより低い物質への代替
　・使用している化学物質について、可能であるならば使用を止めます。あるいはよりハザードの格付けの低い化学物質に代替することを検討します。
（イ）化学反応のプロセス等の運転条件の変更、形状の変更等による、ばく露の低減
　・形状が液体である場合には、取扱い温度を低くして蒸発を抑制し、労働者のばく露レベルを下げます。
　・形状が粉体である場合、粒状化、フレーク化、あるいは湿潤化するなど、取扱う形状の改善により飛散を抑制し、労働者のばく露レベルを下げます。
（ウ）化学物質等に係る機械設備等の密閉化、局所排気装置の設置等の衛生工学的対策によるばく露の低減
　・化学物質を密閉系で取り扱うことができるよう設備や作業方法を改善します。
　・発生源に対し、局所排気装置やプッシュ・プル型換気装置などの設備対策を行います。
　・全体換気装置により化学物質濃度を希釈します。
（エ）マニュアルの整備等の管理的対策
　・作業時間を短くするか、あるいは作業頻度を減らすことでばく露レベルを下げます。
（オ）個人保護具の使用
　・作業者のばく露が避けられない場合には、状況に適した保護具を使用します。

資　料　編

（参考資料1）

製品安全データシート（抄）　　　　　　　　　作成日 2003 年 12 月 05 日
アセトン　　　　　　　　　　　　　　　　改定日 2005 年 12 月 01 日

1. 化学物質等及び会社情報

　　化学物質等の名称：　　　　アセトン

　　　　　　　　　　　　　　（中略）

2. 危険有害性の要約

　　GHS分類

物理化学的危険性	火薬類	分類対象外
	可燃性・引火性ガス	分類対象外
	可燃性・引火性エアゾール	分類対象外
	支燃性・酸化性ガス	分類対象外
	（中略）	
健康に対する有害性	急性毒性（経口）	区分外
	急性毒性（経皮）	区分外
	急性毒性（吸入：ガス）	分類対象外
	急性毒性（吸入：蒸気）	区分外
	急性毒性（吸入：粉じん）	分類対象外
	急性毒性（吸入：ミスト）	分類できない
	皮膚腐食性・刺激性	区分外
	眼に対する重篤な損傷・眼刺激性	区分 2B
	呼吸器感作性	分類できない
	皮膚感作性	区分外
	生殖細胞変異原性	区分外
	発がん性	区分外
	生殖毒性	区分 2
	特定標的臓器・全身毒性 （単回ばく露）	区分 3（麻酔作用、気道刺激）
	特定標的臓器・全身毒性 （反復ばく露）	区分 2（血液）
	吸引性呼吸器有害性	区分 2
環境に対する有害性	水生環境急性有害性	区分外
	水生環境慢性有害性	区分外
	（中略）	

9. 物理的及び化学的性質

	物理的状態、形状、色など：	無色透明液体
	（中略）	
	沸点、初留点及び沸騰範囲：	56.5℃（沸点）
	（以下略）	

（参考資料2） GHS区分によるハザードレベル（HL）決定表

1	2	3	4	5
急性毒性(全ての経路)： 区分5	急性毒性(経口)： 区分4 急性毒性(皮膚)： 区分4 急性毒性(経気) ＜エアロゾル＆粉体＞： 区分4 ＜ガス＆蒸気＞： 区分3、4	急性毒性(経口)： 区分3 急性毒性(皮膚)： 区分2、3 急性毒性(経気) ＜エアロゾル＆粉体＞： 区分3 ＜ガス＆蒸気＞： 区分2	急性(経口) 区分1、2 急性毒性(皮膚)： 区分1 急性毒性(経気) ＜エアロゾル＆粉体＞： 区分1、2 ＜ガス＆蒸気＞： 区分1	発がん性： 区分1A、1B、2
眼に対する重篤な損傷/ 眼の刺激性： 区分2A、2B		眼に対する重篤な損傷/ 眼の刺激性： 区分1		呼吸器感作性： 区分1
皮膚腐食性/刺激性： 区分2、3		皮膚腐食性/刺激性： 区分1A、1B、1C 皮膚感作性： 区分1	生殖毒性： 区分1A、1B、2	生殖細胞変異原性： 区分1A、1B、2
特定標的臓器毒性 (単回ばく露)： 区分3 (呼吸器系以外) 吸引性呼吸器有害性： 区分1、2 格付け2～5に分類されていない全てのGHS分類(区分外も含む)	特定標的臓器毒性 (単回ばく露)： 区分2 (呼吸器系以外)	特定標的臓器毒性 (単回ばく露)： 区分2、区分3 (呼吸器系) 特定標的臓器毒性 (反復ばく露)：区分2	特定標的臓器毒性 (単回ばく露) 区分1 特定標的臓器毒性 (反復ばく露)：区分1	

ハザードレベルS					
眼に対する重篤な損傷/ 眼の刺激性： 全ての区分	皮膚腐食性/刺激性： 全ての区分	皮膚感作性： 全ての区分	急性毒性(皮膚)： 全ての区分	

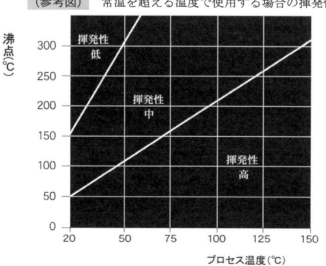

（参考図） 常温を超える温度で使用する場合の揮発性

資 料 編

◎ 「化学物質リスクアセスメントのモデル事業場指導」（健康障害防止関係）
と「モデル事業場指導結果検討委員会」の概要

「化学物質リスクアセスメントのモデル事業場指導」（健康障害防止関係）とは、化学物質のリスクアセスメントの普及・促進を図るため、平成20年度に厚生労働省が新規に行った委託事業のひとつで、化学物質のリスクアセスメントの導入や取り組みの充実を計画している事業場を対象に、一定の研修等を修了した労働衛生コンサルタント等の専門家を個別指導（3回程度）による支援のために派遣し、事業場の担当者に対して現場における演習を実施させることにより、リスクアセスメントの実施手法を習熟させるものです。

平成20年度は、中央労働災害防止協会が実施した公募案内により自主応募した19事業場及び関係機関の勧奨により応募した27事業場の計46事業場（34都道府県）を指導の対象としました。

また「モデル事業場指導結果検討委員会」は、指導を担当する専門家（社団法人日本労働安全衛生コンサルタント会主催の「化学物質リスクアセスメント研修」を修了した労働衛生コンサルタント等で、原則として事業場の所在都道府県から選定し、委嘱した27名）にさらに個別指導レベルの斉一性を担保するための研修で使用する「モデル事業場化学物質リスクアセスメントマニュアル（健康障害防止用）」を作成するとともに、リスクアセスメント結果及び指導内容結果の検討を行いました。

◎ 「化学物質リスクアセスメントのモデル事業場指導」（健康障害防止関係）
結果の概要

---

1 都道府県別事業場数（事業場指導結果報告書より。以下、2、3及び4において同じ。）

ブロック（都道府県数）	都道府県名（事業場数）
北海道・東北ブロック　　（4）	北海道（3）　秋田（1）　宮城（1）　福島（1）
関東甲信越地域ブロック（9）	茨城（2）　群馬（2）　栃木（2）　埼玉（1）　千葉（1） 東京（2）　神奈川（2）　　長野（1）　新潟（2）
東海北陸ブロック　　　　（5）	静岡（1）　愛知（2）　富山（1）　石川（1）　岐阜（1）
近畿ブロック　　　　　　（5）	三重（1）　滋賀（1）　京都（1）　大阪（2）　兵庫（2）
中国四国ブロック　　　　（6）	広島（1）　山口（1）　鳥取（1）　島根（1）　香川（1） 愛媛（1）
九州ブロック　　　　　　（5）	福岡（1）　佐賀（1）　熊本（2）　大分（1）　宮崎（1）
計　　　（34）	（46）

なお、指導事業場のうち5事業場において近接の工場等が参加してるので、実質指導数は51事業場となっている。

2 業種別事業場数

業　種　名	事業場数	（%）
化学工業	22	（47.8）
機械器具製造業（業務用、生産用、電気）	6	（13.1）
金属製品製造業	4	（8.7）
繊維工業	4	（8.7）
電子部品・デバイス・電子回路製造業	2	（4.3）
プラスチック製品製造業	2	（4.3）
上記以外の製造業（非鉄金属、窯業・土石他）	5	（10.9）
上記以外の業種	1	（2.2）
:計	46	（100）

3 規模別事業場数

労働者数	~50人未満	50人~99人	100人~299人	300人以上
事業場数	6 （13.1%）	11 （23.9%）	20 （43.5%）	9 （19.5%）

4 研修参加者数　　　　　576 名

5 指導の理解度（事業場アンケート（45事業場分）から。以下、6及び7同じ）

［　理　解　度　］	［事 業 場 数］	（　%　）
よく理解できた	28	（62.2）
概ね理解できた	17	（37.8）
あまり理解できなかった	0	

6 指導後における自主展開の可能性

［　可　能　性　］	［事 業 場 数］	（　%　）
可能	19	（42.2）
概ね可能	24	（53.3）
困難	2	（4.5）

7 指導後における全社展開の実施

［　状　況　］	［事業場数］	（%）	［　　備　　　　　考　　］
実施した	2	（4.5）	
実施する	21	（46.7）	20年度中（14）　21年中（5）　22年中（2）
未定	22	（48.8）	

資 料 編

✥ モデル事業場指導をうけて　　事業場アンケートより

1　「モデル事業場指導」の方法等について
　◎　指導回数や指導時間について指導担当者と調整ができ、指導方式としてよかった。
　◎　資料、内容ともわかり易くてよかった。
　◎　リスクアセスメントに取り組みたいと考えていたが、なかなか進められずにいたが非常に良い機会を得られた。
　◎　昨年から化学物質の取扱い作業について作業環境改善を行ったが、今回の指導を受けた後に設備改善を行えば、少ない投資額で効果を上げることができたと考えられる。
　◎　今回の指導はたいへん参考となった。化学物質リスクアセスメントに対する理解を深めることができた。
　◎　指導内容、回数、期間、時間数とも良かった。3ヶ月という期間は、4半期計画の中に盛り込むことができ、うまく進めることができた。
　◎　事業場内で指導を受けることから時間の損失が少なく、また集中することができた。
2　リスクアセスメントの手法について
　◎　評価手法自体は理解できたが、実際に評価するうえでは手間がかかる。例えば、必要項目を入力すると結果が表示されるような簡単なソフトを開発してほしい。
　◎　実測値無しでアセスメントを実施してリスクレベルが高い場合、局排等を整備し作業環境濃度を低くしてもリスク評価は変わらないので、設備の設置等を行った場合のリスク評価を設定してほしい。
3　指導後の効果について
　◎　外部指導者からのアドバイスを受けたことにより、職長クラスに作業環境改善に対する意識変化を感じた。
　◎　リスクアセスメントの実施の重要性、必要性を実感した。化学物質のリスクアセスメントだけでなく、社内にある危険有害要因について、改めて計画をたて、対策に取り組んでいきたい。
　◎　MSDSから有害性を調査することにより、少量使用の作業であっても化学物質の有害性を改めて認識し、対策を検討しようとする意識改革ができた。
　◎　たいへん参考になった。今後、化学物質だけでなく安全を含めてリスクアセスメントを活用していきたい。

　➡➡➡　このパンフレットは、「化学物質リスクアセスメントモデル事業場指導」（健康障害防止関係）結果について、モデル事業場指導結果検討委員会が周知・広報用の報告書としてとりまとめたものです。

化学品の分類および表示に関する世界調和システム（GHS）抜粋

〈用語の定義〉

第1部　序
第1.2章
定義および略語（抜粋）

GHSの目的のため：

合金（Alloy）とは、機械的手段で容易に分離できないように結合した2つ以上の元素から成る巨視的にみて均質な金属体をいう。合金は、GHSによる分類では混合物とみなされる。

誤嚥（aspiration）とは、液体または固体の化学品が口または鼻腔から直接、または嘔吐によって間接的に、気管および下気道へ侵入することをいう。（訳者注：Aspiration Hazardは「吸引性呼吸器有害性」と訳している）

BCFとは、「生物濃縮係数」（bioconcentration factor）をいう。

BOD/CODとは、「生物化学的酸素要求量／化学的酸素要求量」（biochemical oxygen demand/chemical oxygen demand）をいう。

発がん性物質（Carcinogen）とは、がんを誘発し、またはその発生頻度を増大させる物質または混合物をいう。

化学的特定名（Chemical identity）とは、化学品を一義的に識別する名称をいう。これは、国際純正応用化学連合（IUPAC）またはケミカル・アブストラクツ・サービス（CAS）の命名法に従う名称、あるいは専門名を用いることができる。

化学的に不安定なガス（Chemically unstable gas）とは、空気や酸素が無い状態でも爆発的に反応しうる可燃性／引火性ガスをいう。

圧縮ガス（Compressed gas）とは、加圧充填によって–50℃で完全にガス状であるガスをいう。これには、臨界温度が–50℃以下のすべてのガスも含まれる。

金属腐食性（Corrosive to metal）とは、化学反応によって金属を実質的に損傷、または破壊する物質または混合物をいう。

臨界温度（Critical temperature）とは、その温度を超えると圧縮の程度に関係なく、純粋なガスを液化できない温度をいう。

皮膚腐食性（Dermal Corrosion）：*皮膚腐食性（Skin corrosion）*を参照。

皮膚刺激性（Dermal irritation）：*皮膚刺激性（Skin irritation）*を参照。

鈍感化爆発物（Desensitized explosives）とは、大量爆発や非常に急速な燃焼をしないように、爆発性を抑制するために鈍感化され、したがって危険性クラス「爆発物」から除外されている、固体または液体の爆発性物質あるいは混合物をいう。

溶解ガス（Dissolved gas）とは、加圧充填によって液相溶媒中に溶解しているガスをいう。

粉塵（Dust）とは、ガス（通常空気）の中に浮遊する物質または混合物の固体の粒子をいう。

EC_{50}とは、ある反応を最大時の50%に減少させる物質の濃度をいう。

ECxとは、x%の反応を示す濃度をいう。

ErC_{50}とは、生長阻害の観点から見たEC_{50}をいう。

資　料　編

爆発性物品（Explosive article）とは、単一または複数の爆発性物質を含む物品をいう。

爆発性物質（Explosive substance）とは、それ自体が化学反応によって周囲に被害を与えるような温度、圧力、速度を伴うガスを発生しうる固体または液体の物質（もしくは混合物）をいう。火工物質は、ガスを発生しない場合であってもこれに含まれる。

眼刺激性（Eye irritation）とは、眼の表面に試験物質をばく露した後に生じた眼の変化で、ばく露から21日以内に完全に回復するものをいう。

可燃性/引火性ガス（Flammable gas）とは、20℃、標準気圧101.3kPaにおいて空気との混合気が燃焼範囲（爆発範囲）を有するガスをいう。

引火性液体（Flammable liquid）とは、引火点が93℃以下の液体をいう。

可燃性固体（Flammable solid）とは、容易に燃焼するかまたは摩擦によって発火もしくは発火を誘発する固体をいう。

引火点（Flash point）とは、一定の試験条件の下で任意の液体の蒸気が発火源により発火する最低温度をいう（標準気圧101.3kPaでの温度に換算）。

GHS とは、「化学品の分類および表示に関する世界調和システム」（Globally Harmonized System of Classification and Labelling of Chemicals）をいう。

危険有害性区分（Hazard category）とは、各危険有害性クラス内の判定基準の区分をいう。例えば、経口急性毒性には5つの有害性区分があり、引火性液体には4つの危険性区分がある。これらの区分は危険有害性クラス内で危険有害性の強度により相対的に区分されるもので、より一般的な危険有害性区分の比較とみなすべきでない。

危険有害性クラス（Hazard class）とは、可燃性固体、発がん性物質、経口急性毒性のような、物理化学的危険性、健康または環境有害性の種類をいう。

危険有害性情報（Hazard statement）とは、危険有害性クラスおよび危険有害性区分に割り当てられた文言であって、危険有害な製品の危険有害性の性質を、該当する程度も含めて記述する文言をいう。

初留点（Initial boiling point）とは、ある液体の蒸気圧が標準気圧（101.3kPa）に等しくなる、すなわち最初にガスの泡が発生する時点での液体の温度をいう。

ラベル要素（Label element）とは、ラベル中で使用するために国際的に調和されている情報、たとえば、絵表示や注意喚起語をいう。

LC_{50}（50%致死濃度） とは、試験動物の50%を死亡させる大気中または水中における試験物質濃度をいう。

LD_{50} とは、一度に投与した場合、試験動物の50%を死亡させる化学品の量をいう。

$L(E)C_{50}$ とは、LC_{50} または EC_{50} をいう。

液化ガス（Liquefied gas）とは、加圧充填された場合に温度−50℃以上において一部が液状であるようなガスをいう。以下の両者については区別をする。

　　（i）高圧液化ガス：−50℃以上 +65℃以下の臨界温度を有するガス
　　（ii）低圧液化ガス：+65℃を超える臨界温度を有するガス

液体（Liquid）とは、50℃において300kPa（3bar）以下の蒸気圧を有し、20℃、標準気圧101.3kPaでは完全にガス状ではなく、かつ、標準気圧101.3kPaにおいて融点または融解が始まる温度が20℃以下の物質をいう。固有の融点が特定できない粘性の大きい物質または混合物は、ASTMのD4359—90試験を行うか、または危険物の国際道路輸送に関する欧州協定（ADR）の

272

附属文書Aの2.3.4節に定められている流動性特定のための（針入度計）試験を行わなければならない。

ミスト（Mist）とは、ガス（通常空気）の中に浮遊する物質または混合物の液滴をいう。

混合物（Mixture）とは、複数の物質で構成される反応を起こさない混合物または溶液をいう。

モントリオール議定書（Montreal Protocol）とは、議定書の締約国によって調整または修正された、オゾン層破壊物質に関するモントリオール議定書をいう。

変異原性物質（Mutagen）とは、細胞の集団または生物体に突然変異を発生する頻度を増大させる物質をいう。

突然変異（Mutation）とは、細胞内の遺伝物質の量または構造における恒久的な変化をいう。

NOEC「無影響濃度」（no observed effect concentration）とは、統計的に有意な悪影響を示す最低の試験濃度直下の試験濃度をいう。NOECではコントロール群と比べて有意な悪影響は見られない。

*OECD*とは、経済協力開発機構（Organization for Economic Cooperation and Development）をいう。

有機過酸化物（Organic peroxide）とは、二価の–O–O–構造をもち、1個または2個の水素原子が有機ラジカルによって置換された過酸化水素の誘導体とみなすことができる液体または固体の有機物質をいう。また、有機過酸化物組成物（混合物）も含む。

支燃性/酸化性ガス（Oxidizing gas）とは、一般に酸素を供給することによって、空気以上に他の物質の燃焼を引き起こし、またはその一因となるガスをいう。

　　注記：「空気以上に他の物質の燃焼を引き起こし、またはその一因となるガス」とは、ISO 10156：2010により定められる方法によって決定された23.5%以上の酸化能力を持つ純粋ガスあるいは混合ガスをいう。

酸化性液体（Oxidizing liquid）とは、それ自体は必ずしも燃焼性はないが、一般に酸素を供給することによって他の物質の燃焼を引き起こし、またはその一因となる液体をいう。

酸化性固体（Oxidizing solid）とは、それ自体は必ずしも燃焼性はないが、一般に酸素を供給することによって他の物質の燃焼を引き起こし、またはその一因となる固体をいう。

オゾン層破壊係数（ODP）とは、ハロカーボンによって見込まれる成層圏オゾンの破壊の程度を、CFC-11に対して質量ベースで相対的に表した積算量であり、ハロカーボンの種類ごとに異なるものである。ODP の正式な定義は、等量のCFC-11 排出量を基準にした、特定の化合物の排出に伴う総オゾンの擾乱量の積算値の比の値である。

*QSAR*とは、「定量的構造活性相関」（quantitative structure-activity relationship）を意味する。

絵表示（Pictogram）とは、特定の情報を伝達することを意図したシンボルと境界線、背景のパターンまたは色のような図的要素から構成されるものをいう。

注意書き（Precautionary statement）とは、危険有害性のある製品へのばく露あるいは危険有害性のある製品の不適切な貯蔵または取扱いから生じる有害影響を最小にするため、または予防するために取るべき推奨措置を記述した文言（または絵表示）をいう。

製品特定名（Product identifier）とは、ラベルまたはSDSにおいて危険有害性のある製品に使用される名称または番号をいう。これは、製品使用者が特定の使用状況、例えば輸送、消費者、あるいは作業場の中で物質または混合物を確認することができる一義的な手段となる。

自然発火性ガス（Pyrophoric gas）とは、54℃以下の空気中で自然発火しやすいような可燃性/

資 料 編

引火性ガスをいう。

自然発火性液体（Pyrophoric liquid）とは、少量であっても、空気との接触後5分以内に発火する液体をいう。

自然発火性固体（Pyrophoric solid）とは、少量であっても、空気との接触後5分以内に発火する固体をいう。

火工品（Pyrotechnic article）とは、単一または複数の火工物質を内蔵する物品をいう。

火工物質（Pyrotechnic substance）とは、非爆轟性で、自己持続性の発熱反応により生じる熱、光、音、気体、煙またはそれらの組み合わせによって一定の効果を生み出せるようにつくられた物質または物質の混合物をいう。

易燃性固体（Readily combustible solid）とは、燃えているマッチなどのような点火源との短時間の接触によって容易に発火したり、急速に火勢が拡大するような危険性のある粉末、顆粒、またはペースト状の物質をいう。

危険物輸送に関する勧告、試験方法及び判定基準のマニュアル（Recommendations on the Transport of Dangerous Goods, Manual of Test and Criteria）とは、この表題の国連刊行物として出版された最新版およびそれに対するすべての改訂出版物をいう。

危険物輸送に関する勧告・モデル規則（Recommendations on the Transport of Dangerous Goods, Model Regulations）とは、この表題で出版された国連刊行物の最新版およびそれに対するすべての改訂出版物をいう。

深冷液化ガス（Refrigerated liquefied gas）とは、低温によって充填時に一部液状となるガスをいう。

呼吸器感作性物質（Respiratory sensitizer）とは、物質の吸入により気道に過敏反応を誘発する物質をいう。

SARとは、「構造活性相関」（Structure Activity Relationship）をいう。

SDSとは、「安全データシート」（Safety Data Sheet）をいう。

自己加速分解温度（SADT；Self-Accelerating Decomposition Temperature）とは、密封状態において物質に自己加速分解が起こる最低温度をいう。

自己発熱性物質（Self-heating substance）とは、自然発火性物質以外で、空気との反応によってエネルギーの供給なしに自己発熱する固体または液体をいう。この物質は、大量（キログラム単位）に存在し、かつ長時間（数時間から数日間）経過した後にのみ発火する点で自然発火物質とは異なる。

自己反応性物質（Self-reactive substance）とは、酸素（空気）なしでも非常に強力な発熱性分解をする熱的に不安定な液体または固体をいう。この定義には、GHSにおいて爆発性物質、有機過酸化物または酸化剤として分類される物質または混合物は含まれない。

眼に対する重篤な損傷性（Serious eye damage）とは、眼の前表面に対する試験物質の投与にともなう眼の組織損傷の発生、または視力の重篤な低下で、投与から21日以内に完全に回復しないものをいう。

注意喚起語（Signal Word）とは、ラベル上で危険有害性の重大さの相対レベルを示し、利用者に潜在的な危険有害性を警告するために用いられる言葉をいう。GHSでは、「危険（Danger）」や「警告（Warning）」を注意喚起語として用いている。

皮膚腐食性（Skin corrosion）とは、試験物質の4時間以内の適用で、皮膚に対して不可逆的な損

傷が発生することをいう。

皮膚刺激性（Skin irritation）とは、試験物質の4時間以内の適用で、皮膚に対する可逆的な損傷が発生することをいう。

皮膚感作性物質（Skin sensitizer）とは、皮膚への接触によりアレルギー反応を誘発する物質をいう。

固体（Solid）とは、液体または気体の定義に当てはまらない物質または混合物をいう。

物質（Substance）とは、自然状態にあるか、または任意の製造過程において得られる化学元素およびその化合物をいう。製品の安定性を保つ上で必要な添加物や用いられる工程に由来する不純物も含むが、当該物質の安定性に影響せず、またその組成を変化させることなく分離することが可能な溶媒は除く。

水反応可燃性物質（Substance which, in contact with water, emits flammable gases）とは、水との相互作用によって自然発火性となり、または危険な量の可燃性／引火性ガスを放出する固体、液体または混合物をいう。

蒸気（Vapour）とは、液体または固体の状態から放出されたガス状の物質または混合物をいう。

資　料　編

〈危険性・有害性の分類判定基準と情報伝達要素〉

第2部　物理化学的危険性

第2.1章

爆発物

2.1.1　定義および通則

2.1.1.1　*爆発性物質（または混合物）*とは、それ自体の化学反応により、周囲環境に損害を及ぼすような温度および圧力ならびに速度でガスを発生する能力のある固体物質または液体物質（または物質の混合物）をいう。火工品に使用される物質はたとえガスを発生しない場合でも爆発性物質とされる。

　*火工品に使用される物質（または混合物）*とは、非爆発性で持続性の発熱化学反応により、熱、光、音、ガスまたは煙若しくはこれらの組み合わせの効果を生じるよう作られた物質または物質の混合物をいう。

　*爆発性物品*とは、爆発性物質または爆発性混合物を一種類以上含む物品をいう。

　*火工品*とは、火工品に使用される物質または混合物を一種類以上含む物品をいう。

2.1.1.2　次のものが爆発物に分類される。

　　(a)　爆発性物質および爆発性混合物、

　　(b)　爆発性物品、ただし不注意または偶発的な発火もしくは起爆によって、飛散、火炎、発煙、発熱または大音響のいずれかによって装置の外側に対し何ら影響を及ぼさない程度の量またはそのような特性の爆発性物質または混合物を含む装置を除く、および

　　(c)　上記 (a) および (b) 以外の物質、混合物および物品であって、爆発効果または火工効果を実用目的として製造されたもの。

2.1.2　分類基準

2.1.2.1　このクラスに分類される物質、混合物および物品（不安定爆発物に分類されるものを除く）は、それぞれが有する危険性の度合により、次の6等級のいずれかに割り当てられる。

　　(a)　等級 1.1　大量爆発の危険性を持つ物質、混合物および物品（大量爆発とは、ほとんど全量がほぼ瞬時に影響が及ぶような爆発をいう）。

　　(b)　等級 1.2　大量爆発の危険性はないが、飛散の危険性を有する物質、混合物および物品。

　　(c)　等級 1.3　大量爆発の危険性はないが、火災の危険性を有し、かつ、弱い爆風の危険性または僅かな飛散の危険性のいずれか、若しくはその両方を持っている物質、混合物および物品。

　　　　(i)　その燃焼により大量の輻射熱を放出するもの、または

　　　　(ii)　弱い爆風または飛散のいずれか若しくは両方の効果を発生しながら次々に燃焼するもの。

　　(d)　等級 1.4　高い危険性の認められない物質、混合物および物品、すなわち、発火または

起爆した場合にも僅かな危険性しか示さない物質、混合物および物品。その影響はほとんどが包装内に限られ、ある程度以上の大きさと飛散距離を持つ破片の飛散は想定されないというものである。外部火災により包装物のほとんどすべての内容物がほぼ瞬時に爆発を起こさないものでなければならない。

(e) 等級 1.5 大量爆発の危険性を有するが、非常に鈍感な物質。すなわち、大量爆発の危険性を持っているが、非常に鈍感で、通常の条件では、発火・起爆の確率あるいは燃焼から爆轟に転移する確率が極めて小さい物質および混合物。

(f) 等級 1.6 大量爆発の危険性を有しない極めて鈍感な物品。すなわち、主としてきわめて鈍感な物質または混合物を含む物品で、偶発的な起爆または伝播の確率をほとんど無視できるようなものである。

2.1.2.2 爆発物（不安定爆発物に分類されるものを除く）は、次表に従い*危険物輸送に関する国連勧告、試験方法及び判定基準のマニュアルの第Ⅰ部にある試験シリーズ2〜8*にもとづいて、上記の六種類の等級のいずれかに分類される。

表 2.1.1　爆発物の判定基準

区分	判定基準
不安定[a]爆発物または等級 1.1〜等級 1.6 の爆発物	等級 1.1〜等級 1.6 の爆発物について、以下の試験は実施が必要とされる核となる試験シリーズである。 爆発性：　国連 試験シリーズ2 *（危険物輸送に関する国連勧告、試験方法及び判定基準のマニュアルの第12項）*による。 　　　　　意図的な爆発物[b]は国連 試験シリーズ2の対象でない。 感　度：　国連 試験シリーズ3 *（危険物輸送に関する国連勧告、試験方法及び判定基準のマニュアルの第13項）*による。 熱安定性：国連 試験3 (c) *（危険物輸送に関する国連勧告、試験方法及び判定基準のマニュアルの第13.6.1項）*による。 正しい等級の決定にはさらに試験が必要である。

a　*不安定爆発物とは、熱的に不安定である、または通常の取扱または使用に対して鋭敏すぎる爆発物をいう。特別の注意が必要である。*

b　*これには、爆発または火工品的効果を実質的に発生させる目的で製造された物質、混合物および物品が含まれる。*

2.1.3　危険有害性情報の伝達

表 2.1.2　爆発物に関するラベル要素

	不安定爆発物	等級 1.1	等級 1.2	等級 1.3	等級 1.4	等級 1.5	等級 1.6
絵表示					またはオレンジ色の地に1.4の数字	オレンジ色の地に1.5の数字	オレンジ色の地に1.6の数字
注意喚起語	危険	危険	危険	危険	警告	危険	*注意喚起語なし*
危険有害性情報	不安定爆発物	爆発物；大量爆発危険性	爆発物；激しい飛散危険性	爆発物；火災、爆風、または飛散危険性	火災または飛散危険性	火災時に大量爆発のおそれ	*危険有害性情報なし*

資 料 編

第2.2章
可燃性/引火性ガス

2.2.1 定義

2.2.1.1 *可燃性/引火性ガスとは、標準気圧101.3kPaで20℃において、空気との混合気が燃焼範囲を有するガスをいう。*

2.2.1.2 *自然発火性ガスとは、54℃以下の空気中で自然発火しやすいような可燃性/引火性ガスをいう。*

2.2.1.3 *化学的に不安定なガスとは、空気や酸素が無い状態でも爆発的に反応しうる可燃性/引火性ガスをいう。*

2.2.2 分類基準

2.2.2.1 可燃性/引火性ガスは、次表に従ってこのクラスにおける2つの区分のいずれかに分類される。

表2.2.1 可燃性/引火性ガスの判定基準

区分	判定基準
1	標準気圧101.3kPaで20℃において以下の性状を有するガス； 　(a)　濃度が13%（容積分率）以下の空気との混合気が可燃性/引火性であるもの、または 　(b)　爆発（燃焼）下限界に関係なく空気との混合気の爆発範囲（燃焼範囲）が12%以上のもの。
2	区分1以外のガスで、標準気圧101.3kPaで20℃においてガスであり、空気との混合気が爆発範囲（燃焼範囲）を有するもの。

2.2.2.2 下記の表の判定基準を満足すれば、可燃性/引火性ガスは追加的に自然発火性ガスと分類される：

表2.2.2 自然発火性ガスの判定基準

区分	判定基準
自然発火性ガス	54℃以下の空気中で自然発火する可燃性/引火性ガス

2.2.2.3 化学的に不安定でもある可燃性/引火性ガスは、試験方法及び判定基準のマニュアルの第III部に記載されている方法を用いて、以下の表に従って化学的に不安定なガスの2つの中の1つに追加的に分類される。

表2.2.3 化学的に不安定なガスの判定基準

区分	判定基準

A	標準気圧101.3kPaで20℃において化学的に不安定である可燃性/引火性ガス
B	気圧101.3kPa超および/または20℃超において化学的に不安定である可燃性/引火性ガス

2.2.3 　危険有害性情報の伝達

表2.2.4 　可燃性/引火性ガスのラベル要素

	可燃性/引火性ガス		追加的細区分		
			自然発火性ガス	化学的に不安定なガス	
	区分1	区分2	自然発火性ガス	区分A	区分B
絵表示		絵表示なし		*追加的絵表示なし*	*追加的絵表示なし*
注意喚起語	危険	警告	危険	*追加的注意喚起語なし*	*追加的注意喚起語なし*
危険有害性情報	極めて可燃性/引火性の高いガス	可燃性/引火性の高いガス	空気に触れると自然発火するおそれ	*空気が無くても爆発的に反応するおそれ*	*圧力および/または温度が上昇した場合、空気が無くても爆発的に反応するおそれ*

第2.3章
エアゾール

2.3.1 　定義

　エアゾール、すなわちエアゾール噴霧器とは、圧縮ガス、液化ガスまたは溶解ガス（液状、ペースト状または粉末を含む場合もある）を内蔵する金属製、ガラス製またはプラスチック製の再充填不能な容器に、内容物をガス中に浮遊する固体もしくは液体の粒子として、または液体中またはガス中に泡状、ペースト状もしくは粉状として噴霧する噴射装置を取り付けたものをいう。

2.3.2 　分類基準

2.3.2.1 　エアゾールはその可燃性および燃焼熱量によって3つの区分のうちの1つに分類される。次のGHS判定基準にしたがった可燃性/引火性に分類される成分（質量）を1%を超えて含むエアゾールの分類は、区分1あるいは2とするべきである。
GHS判定基準：

    — 　可燃性/引火性ガス（第2.2章参照）
    — 　引火性液体（第2.6章参照）
    — 　可燃性固体（第2.7章参照）

資料編

　　　　または燃焼熱量が少なくとも20kJ/gであるエアゾール。

2.3.2.2　エアゾールは、それを構成する物質、その化学燃焼熱、および該当する場合には泡試験（泡エアゾールの場合）ならびに火炎長（着火距離）試験と密閉空間試験（噴射式エアゾールの場合）にもとづいて、可燃性/引火性エアゾールのクラスにおける2つの区分のいずれかに分類される。区分1または区分2（極めて引火性の高いまたは引火性の高いエアゾール）の判定基準に一致しないエアゾールは区分3（非引火性エアゾール）と分類するべきである。

2.3.3　危険有害性情報の伝達

表2.3.1　エアゾールのラベル要素

	区分1	区分2	区分3
絵表示			絵表示なし
注意喚起語	危険	警告	警告
危険有害性情報	極めて可燃性/引火性の高いエアゾール 高圧容器：熱すると破裂のおそれ	可燃性/引火性の高いエアゾール 高圧容器：熱すると破裂のおそれ	高圧容器：熱すると破裂のおそれ

第2.4章
支燃性/酸化性ガス

2.4.1　定義

　支燃性/酸化性ガスとは、一般的には酸素を供給することにより、空気以上に他の物質の燃焼を引き起こす、または燃焼を助けるガスをいう。
　　注記：*「空気以上に他の物質の燃焼を引き起こすガス」とは、ISO 10156：2010により定められる方法によって測定された23.5%以上の酸化能力を持つ純粋ガスあるいは混合ガスをいう。*

2.4.2　分類基準

　支燃性/酸化性ガスは、次表に従ってこのクラスにおける単一の区分に分類される。

表2.4.1　支燃性/酸化性ガスの判定基準

区分	判定基準
1	一般的には酸素を供給することにより、空気以上に他の物質の燃焼を引き起こす、または燃焼を助けるガス

2.4.3　危険有害性情報の伝達

表 2.4.2　支燃性／酸化性ガスのラベル要素

	区分1
絵表示	
注意喚起語	危険
危険有害性情報	発火または火災助長のおそれ；酸化性物質

第 2.5 章
高圧ガス

2.5.1　定義

　高圧ガスとは、20℃、200kPa（ゲージ圧）以上の圧力の下で容器に充填されているガスまたは液化または深冷液化されているガスをいう。
　高圧ガスには、圧縮ガス；液化ガス；溶解ガス；深冷液化ガスが含まれる。

2.5.2　分類基準

2.5.2.1　高圧ガスは、充填された時の物理的状態によって、次表の4つのグループのいずれかに分類される。

表 2.5.1　高圧ガスの判定基準

グループ	判定基準
圧縮ガス	加圧して容器に充填した時に、–50℃で完全にガス状であるガス；臨界温度–50℃以下のすべてのガスを含む。
液化ガス	加圧して容器に充填した時に–50℃を超える温度において部分的に液体であるガス。次の2つに分けられる。 (a)　高圧液化ガス：臨界温度が–50℃と +65℃の間にあるガス；および (b)　低圧液化ガス：臨界温度が +65℃を超えるガス
深冷液化ガス	容器に充填したガスが低温のために部分的に液体であるガス。
溶解ガス	加圧して容器に充填したガスが液相溶媒に溶解しているガス。

注記：エアゾールは高圧ガスとして分類するべきではない。

資 料 編

2.5.3 危険有害性情報の伝達

表2.5.2 高圧ガスのラベル要素

	圧縮ガス	液化ガス	深冷液化ガス	溶解ガス
絵表示				
注意喚起語	警告	警告	警告	警告
危険有害性情報	高圧ガス；熱すると爆発するおそれ	高圧ガス；熱すると爆発するおそれ	深冷液化ガス；凍傷または傷害のおそれ	高圧ガス；熱すると爆発するおそれ

第2.6章
引火性液体

2.6.1 定義

*引火性液体*とは、引火点が93℃以下の液体をいう。

2.6.2 分類基準

引火性液体は、次表に従ってこのクラスにおける4つの区分のいずれかに分類される。

表2.6.1 引火性液体の判定基準

区分	判定基準
1	引火点＜23℃および初留点≦35℃
2	引火点＜23℃および初留点＞35℃
3	引火点≧23℃および≦60℃
4	引火点＞60℃および≦93℃

2.6.3 危険有害性情報の伝達

表2.6.2 引火性液体のラベル要素

	区分1	区分2	区分3	区分4
絵表示				シンボルなし
注意喚起語	危険	危険	警告	警告
危険有害性情報	極めて引火性の高い液体および蒸気	引火性の高い液体および蒸気	引火性液体および蒸気	可燃性液体

第2.7章
可燃性固体

2.7.1　定義

　　*可燃性固体*とは、易燃性を有する、または摩擦により発火あるいは発火を助長する恐れのある固体をいう。

2.7.2　分類基準

表2.7.1　可燃性固体の判定基準

区分	判定基準
1	燃焼速度試験： 　金属粉末以外の物質または混合物 　　（a）火が湿潤部分を越える、および 　　（b）燃焼時間<45秒、または燃焼速度>2.2mm/秒 　金属粉末：燃焼時間≦5分
2	燃焼速度試験： 　金属粉末以外の物質または混合物 　　（a）火が湿潤部分で少なくとも4分間以上止まる、および 　　（b）燃焼時間<45秒、または燃焼速度>2.2mm/秒 　金属粉末：燃焼時間>5分　および　燃焼時間≦10分

2.7.3　危険有害性情報の伝達

表2.7.2　可燃性固体のラベル表示要素

	区分1	区分2
絵表示		
注意喚起語	危険	警告
危険有害性情報	可燃性固体	可燃性固体

第2.8章
自己反応性物質および混合物

2.8.1　定義

2.8.1.1　*自己反応性物質または混合物*は、熱的に不安定で、酸素（空気）がなくとも強い発熱分解を起し易い液体または固体の物質あるいは混合物である。GHSのもとで、爆発物、有機過酸化物または酸化性物質として分類されている物質および混合物は、この定義から除外される。

2.8.1.2　自己反応性物質または混合物は、実験室の試験において処方剤が密封下の加熱で爆轟、

資　料　編

急速な爆燃または激しい反応を起こす場合には、爆発性の性状を有すると見なされる。

2.8.2　分類基準

2.8.2.2　自己反応性物質および混合物は、下記の原則に従って、このクラスにおける「タイプAからG」の7種類の区分のいずれかに分類される。

(a)　包装された状態で爆轟しまたは急速に爆燃し得る自己反応性物質または混合物は自己反応性物質タイプAと定義される。

(b)　爆発性を有するが、包装された状態で、爆轟も急速な爆燃もしないが、その包装物内で熱爆発を起こす傾向を有する自己反応性物質または混合物は自己反応性物質タイプBとして定義される。

(c)　爆発性を有するが、包装された状態で、爆轟も急速な爆燃も熱爆発も起こすことのない自己反応性物質または混合物は自己反応性物質タイプCとして定義される。

(d)　実験室の試験で以下のような性状の自己反応性物質または混合物は自己反応性物質タイプDとして定義される。

(i)　爆轟は部分的であり、急速に爆燃することなく、密封下の加熱で激しい反応を起こさない。

(ii)　全く爆轟せず、緩やかに爆燃し、密封下の加熱で激しい反応を起こさない。または

(iii)　全く爆轟も爆燃もせず、密封下の加熱では中程度の反応を起こす。

(e)　実験室の試験で、全く爆轟も爆燃もせず、かつ密封下の加熱で反応が弱いかまたは無いと判断される自己反応性物質または混合物は、自己反応性物質タイプEとして定義される。

(f)　実験室の試験で、空気泡の存在下で全く爆轟せず、また全く爆燃もすることなくかつ、密封下の加熱でも爆発力の試験でも、反応が弱いかまたは無いと判断される自己反応性物質または混合物は、自己反応性物質タイプFとして定義される。

(g)　実験室の試験で、空気泡の存在下で全く爆轟せず、また全く爆燃もすることなく、かつ、密封下の加熱でも爆発力の試験でも反応を起こさない自己反応性物質または混合物は、自己反応性物質タイプGとして定義される。ただし、熱的に安定である（SADTが50kgの輸送物では60℃から75℃）、および液体混合物の場合には沸点が150℃以上の希釈剤で鈍感化されていることを前提とする。混合物が熱的に安定でない、または沸点が150℃未満の希釈剤で鈍感化されている場合、その混合物は自己反応性物質タイプFとして定義すること。

2.8.3　危険有害性情報の伝達

表 2.8.1　自己反応性物質および混合物のラベル表示要素

	タイプ A	タイプ B	タイプ C&D	タイプ E&F	タイプ G
絵表示					この危険性区分にはラベル表示要素の指定はない
注意喚起語	危険	危険	危険	警告	
危険有害性情報	熱すると爆発のおそれ	熱すると火災または爆発のおそれ	熱すると火災のおそれ	熱すると火災のおそれ	

第 2.9 章
自然発火性液体

2.9.1　定義

　*自然発火性液体*とは、たとえ少量であっても、空気と接触すると 5 分以内に発火しやすい液体をいう。

2.9.2　分類基準

表 2.9.1　自然発火性液体の判定基準

区分	判定基準
1	液体を不活性担体に漬けて空気に接触させると 5 分以内に発火する、または液体を空気に接触させると 5 分以内にろ紙を発火させるか、ろ紙を焦がす。

2.9.3　危険有害性情報の伝達

表 2.9.2　自然発火性液体のラベル表示要素

	区分 1
絵表示	
注意喚起語	危険
危険有害性情報	空気に触れると自然発火

資料編

第2.10章
自然発火性固体

2.10.1　定義

*自然発火性固体*とは、たとえ少量であっても、空気と接触すると5分以内に発火しやすい固体をいう。

2.10.2　分類基準

表2.10.1　自然発火性固体の判定基準

区分	判定基準
1	固体が空気と接触すると5分以内に発火する。

2.10.3　危険有害性情報の伝達

表2.10.2　自然発火性固体のラベル表示要素

	区分1
絵表示	
注意喚起語	危険
危険有害性情報	空気に触れると自然発火

第2.11章
自己発熱性物質および混合物

2.11.1　定義

*自己発熱性物質または混合物*とは、自然発火性液体または自然発火性固体以外の固体物質または混合物で、空気との接触によりエネルギー供給がなくとも、自己発熱しやすいものをいう。この物質または混合物が自然発火性液体または自然発火性固体と異なるのは、それが大量（キログラム単位）にあると、かつ長期間（数時間または数日間）経過後に限って発火する点にある。

　注記：物質あるいは混合物の自己発熱は、それらが酸素（空気中）と徐々に反応し発熱する過程である。発熱の速度が熱損失の速度を超えると物質あるいは混合物の温度は上昇し、ある誘導時間を経て、自己発火や燃焼となる。

2.11.2　分類基準

表 2.11.1　自己発熱性物質および混合物の判定基準

区分	判定基準
1	25mm 立方体サンプルを用いて 140℃における試験で肯定的結果が得られる
2	(a) 100mm 立方体のサンプルを用いて 140℃で肯定的結果が得られ、および 25mm 立方体サンプルを用いて 140℃で否定的結果が得られ、かつ、当該物質または混合物が 3m³ より大きい容積パッケージとして包装される、または (b) 100mm 立方体のサンプルを用いて 140℃で肯定的結果が得られ、および 25mm 立方体サンプルを用いて 140℃で否定的結果が得られ、100mm 立方体のサンプルを用いて 120℃で肯定的結果が得られ、かつ、当該物質または混合物が 450 リットルより大きい容積のパッケージとして包装される、または (c) 100mm 立方体のサンプルを用いて 140℃で肯定的結果が得られ、および 25mm 立方体サンプルを用いて 140℃で否定的結果が得られ、かつ 100mm 立方体のサンプルを用いて 100℃で肯定的結果が得られる。

2.11.3　危険有害性情報の伝達

表 2.11.2　自己発熱性物質および混合物のラベル表示要素

	区分1	区分2
絵表示		
注意喚起語	危険	警告
危険有害性情報	自己発熱；火災のおそれ	大量の場合自己発熱；火災のおそれ

第2.12章
水反応可燃性物質および混合物

2.12.1　定義

水と接触して可燃性/引火性ガスを発生する物質または混合物とは、水との相互作用により、自然発火性となるか、または可燃性/引火性ガスを危険となる量発生する固体または液体の物質あるいは混合物をいう。

2.12.2　分類基準

表 2.12.1　水と接触して可燃性/引火性ガスを発生する物質または混合物の判定基準

区分	判定基準
1	大気温度で水と激しく反応し、自然発火性のガスを生じる傾向が全般的に認められる物質または混合物、または大気温度で水と激しく反応し、その際の可燃性/引火性ガスの発生速度は、どの 1 分間をとっても物質 1kg につき 10 リットル以上であるような物質または混合物。

資　料　編

| 2 | 大気温度で水と急速に反応し、可燃性/引火性ガスの最大発生速度が1時間あたり物質1kgにつき20リットル以上であり、かつ区分1に適合しない物質または混合物。 |
| 3 | 大気温度では水と穏やかに反応し、可燃性/引火性ガスの最大発生速度が1時間あたり物質1kgにつき1リットルを超えて、かつ区分1や区分2に適合しない物質または混合物。 |

2.12.3　危険有害性情報の伝達

表2.12.2　水反応可燃性物質および混合物のラベル表示要素

	区分1	区分2	区分3
絵表示			
注意喚起語	危険	危険	警告
危険有害性情報	水に触れると自然発火するおそれのある可燃性/引火性ガスを発生	水に触れると可燃性/引火性ガスを発生	水に触れると可燃性/引火性ガスを発生

第2.13章
酸化性液体

2.13.1　定義

*酸化性液体*とは、それ自体は必ずしも可燃性を有しないが、一般的には酸素の発生により、他の物質を燃焼させまたは助長する恐れのある液体をいう。

2.13.2　分類基準

表2.13.1　酸化性液体の判定基準

区分	判定基準
1	物質（または混合物）をセルロースとの重量比1：1の混合物として試験した場合に自然発火する、または物質とセルロースの重量比1：1の混合物の平均昇圧時間が、50%過塩素酸とセルロースの重量比1：1の混合物より短い物質または混合物。
2	物質（または混合物）をセルロースとの重量比1：1の混合物として試験した場合の平均昇圧時間が、塩素酸ナトリウム40%水溶液とセルロースの重量比1：1の混合物の平均昇圧時間以下である、および区分1の判定基準が適合しない物質または混合物。
3	物質（または混合物）をセルロースとの重量比1：1の混合物として試験した場合の平均昇圧時間が、硝酸65%水溶液とセルロースの重量比1：1の混合物の平均昇圧時間以下である、および区分1および2の判定基準が適合しない物質または混合物。

2.13.3 　危険有害性情報の伝達

表2.13.2　酸化性液体のラベル表示要素

	区分1	区分2	区分3
絵表示			
注意喚起語	危険	危険	警告
危険有害性情報	火災または爆発のおそれ；強酸化性物質	火災助長のおそれ；酸化性物質	火災助長のおそれ；酸化性物質

第2.14章
酸化性固体

2.14.1　定義

*酸化性固体*とは、それ自体は必ずしも可燃性を有しないが、一般的には酸素の発生により、他の物質を燃焼させまたは助長する恐れのある固体をいう。

2.14.2　分類基準

表2.14.1　酸化性固体の判定基準

区分	O.1による判定基準	O.3による判定基準
1	サンプルとセルロースの重量比4：1または1：1の混合物として試験した場合、その平均燃焼時間が臭素酸カリウムとセルロースの重量比3：2の混合物の平均燃焼時間より短い物質または混合物。	サンプルとセルロースの重量比4：1または1：1の混合物として試験した場合、その平均燃焼速度が過酸化カルシウムとセルロースの重量比3：1の混合物の平均燃焼速度より大きい物質または混合物。
2	サンプルとセルロースの重量比4：1または1：1の混合物として試験した場合、その平均燃焼時間が臭素酸カリウムとセルロースの重量比2：3の混合物の平均燃焼時間以下であり、かつ区分1の判断基準が適合しない物質または混合物。	サンプルとセルロースの重量比4：1または1：1の混合物として試験した場合、その平均燃焼速度が過酸化カルシウムとセルロースの重量比1：1の混合物の平均燃焼速度以上であり、かつ区分1の判定基準に適合しない物質または混合物。
3	サンプルとセルロースの重量比4：1または1：1の混合物として試験した場合、その平均燃焼時間が臭素酸カリウムとセルロースの重量比3：7の混合物の平均燃焼時間以下であり、かつ区分1および2の判断基準に適合しない物質または混合物。	サンプルとセルロースの重量比4：1または1：1の混合物として試験した場合、その平均燃焼速度が過酸化カルシウムとセルロースの重量比1：2の混合物の平均燃焼速度以上であり、かつ区分1および2の判断基準に適合しない物質または混合物。

資　料　編

2.14.3　危険有害性情報の伝達

表 2.14.2　酸化性固体のラベル表示要素

	区分1	区分2	区分3
絵表示			
注意喚起語	危険	危険	警告
危険有害性情報	火災または爆発のおそれ； 強酸化性物質	火災助長のおそれ； 酸化性物質	火災助長のおそれ； 酸化性物質

第2.15章
有機過酸化物

2.15.1　定義

2.15.1.1　*有機過酸化物*とは、2価の–O–O–構造を有し、1あるいは2個の水素原子が有機ラジカルによって置換されている過酸化水素の誘導体と考えられる、液体または固体有機物質をいう。この用語はまた、有機過酸化物組成物（混合物）も含む。有機過酸化物は熱的に不安定な物質または混合物であり、自己発熱分解を起こす恐れがある。さらに、以下のような特性を1つ以上有する。

　　(a)　爆発的な分解をしやすい
　　(b)　急速に燃焼する
　　(c)　衝撃または摩擦に敏感である
　　(d)　他の物質と危険な反応をする

2.15.1.2　有機過酸化物は、実験室の試験でその組成物が爆轟したり、急速に爆燃したり、または密封下の加熱で激しい反応を起こす傾向があるときは、爆発性を有するものと見なされる。

2.15.2　分類基準

2.15.2.2　有機過酸化物は、下記の原則に従ってこのクラスにおける7つの区分「TYPE A ～ TYPE G」のいずれかに分類される。

　　(a)　包装された状態で、爆轟または急速に爆燃し得る有機化酸化物は、有機過酸化物タイプ A として定義される。
　　(b)　爆発性を有するが、包装された状態で爆轟も急速な爆燃もしないが、その包装物内で熱爆発を起こす傾向を有する有機過酸化物は、有機過酸化物タイプ B として定義される。
　　(c)　爆発性を有するが、包装された状態で爆轟も急速な爆燃も熱爆発も起こすことのない有機過酸化物は、有機過酸化物タイプ C として定義される。

(d) 実験室の試験で以下のような性状の有機過酸化物は有機過酸化物タイプ D として定義される。

    (i) 爆轟は部分的であり、急速に爆燃することなく、密閉下の加熱で激しい反応を起こさない。

    (ii) 全く爆轟せず、緩やかに爆燃し、密閉下の加熱で激しい反応を起こさない

    (iii) 全く爆轟も爆燃もせず、密閉下の加熱で中程度の反応を起こす。

(e) 実験室の試験で、全く爆轟も爆燃もせず、かつ密閉下の加熱で反応が弱いか、または無いと判断される有機過酸化物は、有機過酸化物タイプ E として定義される。

(f) 実験室の試験で、空気泡の存在下で全く爆轟せず、また全く爆燃もすることなく、また、密閉下の加熱でも、爆発力の試験でも、反応が弱いかまたは無いと判断される有機過酸化物は、有機過酸化物タイプ F として定義される。

(g) 実験室の試験で、空気泡の存在下で全く爆轟せず、また全く爆燃することなく、密閉下の加熱でも、爆発力の試験でも、反応を起こさない有機過酸化物は、有機過酸化物タイプ G として定義される。ただし熱的に安定である（自己促進分解温度（SADT）が50kgのパッケージでは60℃以上）、また液体混合物の場合には沸点が150℃以上の希釈剤で鈍感化されていることを前提とする。有機過酸化物が熱的に安定でない、または沸点が150℃未満の希釈剤で鈍感化されている場合、その有機過酸化物は有機過酸化物タイプ F として定義される。

2.15.3 危険有害性情報の伝達

表2.15.1　有機過酸化物のラベル表示要素

	タイプA	タイプB	タイプC&D	タイプE&F	タイプG[a]
絵表示	⬥💥	⬥💥 / ⬥🔥	⬥🔥	⬥🔥	この危険性区分にはラベル表示要素の指定はない
注意喚起語	危険	危険	危険	警告	
危険有害性情報	熱すると爆発のおそれ	熱すると火災または爆発のおそれ	熱すると火災のおそれ	熱すると火災のおそれ	

a　TYPE Gには危険有害性情報の伝達要素は指定されていないが、他の危険性クラスに該当する特性があるかどうか考慮する必要がある。

資　料　編

第2.16章
金属腐食性物質

2.16.1　定義

　金属に対して腐食性である物質または混合物とは、化学反応によって金属を著しく損傷し、または破壊する物質または混合物をいう。

2.16.2　分類基準

表2.16.1　金属に対して腐食性である物質または混合物の判定基準

区分	判定基準
1	55℃の試験温度で、鋼片およびアルミニウム片の両方で試験されたとき、侵食度がいずれかの金属において年間6.25mmを超える。

2.16.3　危険有害性情報の伝達

表2.16.2　金属に対して腐食性である物質または混合物のラベル表示要素

	区分1
絵表示	
注意喚起語	警告
危険有害性情報	金属腐食のおそれ

第2.17章
鈍感化爆発物

2.17.1　定義および通則

2.17.1.1　鈍感化爆発物とは、大量爆発や非常に急速な燃焼をしないように、爆発性を抑制するために鈍感化され、したがって危険性クラス「爆発物」から除外されている、固体または液体の爆発性物質または混合物をいう（第2.1章；パラグラフ2.1.2.2の注記も参照）。

2.17.1.2　鈍感化爆発物のクラスには以下のものを含む：
　　　　(a) 固体鈍感化爆発物：水もしくはアルコールで湿性とされるかあるいはその他の物質で希釈されて、均一な固体混合物となり爆発性を抑制されている爆発性物質または混合物
　　　　　　注記：これには物質を水和物とすることによる鈍感化も含まれる。
　　　　(b) 液体鈍感化爆発物：水もしくは他の液体に溶解または懸濁されて、均一な液体混合

物となり爆発性を抑制されている爆発性物質または混合物

2.17.2　分類基準

表2.17.1：鈍感化爆発物の判定基準

区分	判定基準
1	補正燃焼速度（Ac）が300 kg/min 以上、1,200 kg/min を超えない鈍感化爆発物
2	補正燃焼速度（Ac）が140 kg/min 以上、300 kg/min 未満の鈍感化爆発物
3	補正燃焼速度（Ac）が60 kg/min 以上、140 kg/min 未満の鈍感化爆発物
4	補正燃焼速度（Ac）が60 kg/min 未満の鈍感化爆発物

2.17.3　危険有害性情報の伝達

表2.17.2：鈍感化爆発物のラベル要素

	区分1	区分2	区分3	区分4
絵表示				
注意喚起語	危険	危険	警告	警告
危険有害性情報	火災、爆風または飛散危険性；鈍感化剤が減少した場合には爆発の危険性の増加	火災または飛散危険性；鈍感化剤が減少した場合には爆発の危険性の増加	火災または飛散危険性；鈍感化剤が減少した場合には爆発の危険性の増加	火災危険性；鈍感化剤が減少した場合には爆発の危険性の増加

資 料 編

第3部　健康に対する有害性
第3.1章
急性毒性

3.1.1　定義

　急性毒性は、物質の経口または経皮からの単回投与、あるいは24時間以内に与えられる複数回投与ないしは4時間の吸入ばく露によっておこる有害な影響をいう。

3.1.2　物質の分類基準

3.1.2.1　物質は、経口、経皮および吸入経路による急性毒性に基づいて表に示されるようなカットオフ値の判定基準によって5つの有害性区分の1つに割当てることができる。急性毒性の値はLD_{50}（経口、経皮）またはLC_{50}（吸入）値または、急性毒性推定値（ATE）で表わされる。

表3.1.1　急性毒性区分および
それぞれの区分を定義する急性毒性推定値（ATE）

ばく露経路	区分1	区分2	区分3	区分4	区分5
経口（mg/kg体重）	≦5	≦50	≦300	≦2,000	≦5,000
経皮（mg/kg体重）	≦50	≦200	≦1,000	≦2,000	
気体（ppmV）	≦100	≦500	≦2,500	≦20,000	
蒸気（mg/l）	≦0.5	≦2.0	≦10	≦20	
粉塵およびミスト（mg/l）	≦0.05	≦0.5	≦1.0	≦5	

3.1.4　危険有害性情報の伝達

表3.1.3　急性毒性のラベル要素

	区分1	区分2	区分3	区分4	区分5
絵表示	（どくろ）	（どくろ）	（どくろ）	（！）	絵表示なし
注意喚起語	危険	危険	危険	警告	警告
危険有害性情報 --経口	飲み込むと生命に危険	飲み込むと生命に危険	飲み込むと有毒	飲み込むと有害	飲み込むと有害のおそれ
--経皮	皮膚に接触すると生命に危険	皮膚に接触すると生命に危険	皮膚に接触すると有毒	皮膚に接触すると有害	皮膚に接触すると有害のおそれ
--吸入	吸入すると生命に危険	吸入すると生命に危険	吸入すると有毒	吸入すると有害	吸入すると有害のおそれ

第3.2章
皮膚腐食性/刺激性

3.2.1　定義および一般事項

3.2.1.1　*皮膚腐食性*とは皮膚に対する不可逆的な損傷を生じさせることである。即ち、試験物質の4時間以内の適用で、表皮を貫通して真皮に至る明らかに認められる壊死である。腐食反応は潰瘍、出血、出血性痂皮により、また14日間の観察での、皮膚脱色による変色、付着全域の脱毛、および瘢痕によって特徴づけられる。疑いのある病変部の評価には組織病理学的検査を検討すべきである。

　*皮膚刺激性*とは、試験物質の4時間以内の適用で、皮膚に対する可逆的な損傷を生じさせることである。

3.2.2　物質の分類基準

表3.2.1　皮膚腐食性の区分および細区分

	判定基準
区分1	4時間以内のばく露で、少なくとも1匹の試験動物で、皮膚の組織を破壊、すなわち表皮を通して真皮に達する目に見える壊死
細区分1A	3分以下のばく露の後で、少なくとも1匹の動物で、1時間以内の観察により腐食反応
細区分1B	3分を超え1時間以内のばく露で、少なくとも1匹の動物で、14日以内の観察により腐食反応
細区分1C	1時間を超え4時間以内のばく露で、少なくとも1匹の動物で、14日以内の観察により腐食反応

表3.2.2　皮膚刺激性の区分

区分	判定基準
刺激性（区分2）（すべての所管官庁に適用）	(1) 試験動物3匹のうち少なくとも2匹で、パッチ除去後24、48および72時間における評価で、または反応が遅発性の場合には皮膚反応発生後3日間連続しての評価結果で、紅斑/痂皮または浮腫の平均スコアが≧2.3　かつ≦4.0である、または (2) 少なくとも2匹の動物で、通常14日間の観察期間終了時まで炎症が残る、特に脱毛（限定領域内）、過角化症、過形成および落屑を考慮する、または (3) 動物間にかなりの反応の差があり、動物1匹で化学品ばく露に関してきわめて決定的な陽性作用が見られるが、上述の判定基準ほどではないような例もある。
軽度刺激性（区分3）（限られた所管官庁のみに適用）	試験動物3匹のうち少なくとも2匹で、パッチ除去後24、48および72時間における評価で、または反応が遅発性の場合には皮膚反応発生後3日間連続しての評価結果で、紅斑/痂皮または浮腫の平均スコアが≧1.5　かつ<2.3である（上述の刺激性区分には分類されない場合）

295

資 料 編

3.2.4 危険有害性情報の伝達

表3.2.5 皮膚腐食性/刺激性のラベル要素

	区分1			区分2	区分3
	1 A	1 B	1 C		
絵表示					絵表示なし
注意喚起語	危険	危険	危険	警告	警告
危険有害性情報	重篤な皮膚の薬傷・眼の損傷	重篤な皮膚の薬傷・眼の損傷	重篤な皮膚の薬傷・眼の損傷	皮膚刺激	軽度の皮膚刺激

第3.3章
眼に対する重篤な損傷性/眼刺激性

3.3.1 定義および一般事項

3.3.1.1 *眼に対する重篤な損傷性*とは、眼の表面に試験物質を付着させることによる、眼の組織損傷の生成、あるいは重篤な視力低下で、付着後21日以内に完全には治癒しないものをいう。

*眼刺激性*とは、眼の表面に試験物質を付着させることにより眼に生じた変化で、付着後21日以内に完全に治癒するものをいう。

3.3.2 物質の分類基準

表3.3.1 眼に対する重篤な損傷性/眼への不可逆的作用区分

	判定基準
区分1: 眼に対する重篤な損傷性/眼に対する不可逆的作用	以下の作用を示す物質: (a) 少なくとも1匹の動物で、角膜、虹彩または結膜に対する、可逆的であると予測されない作用が認められる、または通常21日間の観察期間中に完全には回復しない作用が認められる、および/または (b) 試験動物3匹中少なくとも2匹で、試験物質滴下後24、48および72時間における評価の平均スコア計算値が (i) 角膜混濁 ≥3；および/または (ii) 虹彩 > 1.5； で陽性反応がえられる。

表3.3.2 可逆的な眼への作用に関する区分

	判定基準
	可逆的な眼刺激作用の可能性を持つ物質
区分2/2A	試験動物3匹中少なくとも2匹で以下の陽性反応がえられる。 試験物質滴下後24、48および72時間における評価の平均スコア計算値が: (a) 角膜混濁 ≥1；および/または (b) 虹彩 ≥1；および/または

	(c) 結膜発赤 ≥ 2；および／または (d) 結膜浮腫 ≥ 2 かつ通常21間の観察期間内で完全に回復する。
区分 2B	区分2Aにおいて、上述の作用が7日間の観察期間内に完全に可逆的である場合には、眼刺激性は軽度の眼刺激 (区分2B) であるとみなされる。

3.3.4 危険有害性情報の伝達

表3.3.5　眼に対する重篤な損傷性／眼刺激性のラベル要素

	区分 1	区分 2A	区分 2B
絵表示			*絵表示なし*
注意喚起語	危険	警告	警告
危険有害性情報	重篤な眼の損傷	強い眼刺激	眼刺激

第3.4章
呼吸器感作性または皮膚感作性

3.4.1　定義および一般事項

3.4.1.1　*呼吸器感作性物質*とは、物質の吸入の後で気道過敏症を引き起こす物質である。
　　　　*皮膚感作性物質*とは、物質との皮膚接触の後でアレルギー反応を引き起こす物質である。

3.4.1.2　本章では感作性に2つの段階を含んでいる。最初の段階はアレルゲンへのばく露による個人の特異的な免疫学的記憶の誘導（訳者注：induction）である。次の段階は惹起（訳者注：elicitation）、すなわち、感作された個人がアレルゲンにばく露することにより起こる細胞性あるいは抗体性のアレルギー反応である。

3.4.2　物質の分類基準

3.4.2.1　*呼吸器感作性物質*

表3.4.1　呼吸器感作性物質の有害性区分および細区分

区分1：	呼吸器感作性物質
	物質は呼吸器感作性物質として分類される (a) ヒトに対し当該物質が特異的な呼吸器過敏症を引き起こす証拠がある場合、または (b) 適切な動物試験により陽性結果が得られている場合。
細区分1A：	ヒトで高頻度に症例が見られる；または動物や他の試験に基づいたヒトでの高い感作率の可能性がある。反応の重篤性についても考慮する。
細区分1B：	ヒトで低～中頻度に症例が見られる；または動物や他の試験に基づいたヒトでの低～中の感作率の可能性がある。反応の重篤性についても考慮する。

297

資　料　編

3.4.2.2　皮膚感作性物質

表3.4.2　皮膚感作性物質の有害性区分および細区分

区分1：	皮膚感作性物質
	物質は皮膚感作性物質として分類される （a）物質が相当な数のヒトに皮膚接触により過敏症を引き起こす証拠がある場合、または （b）適切な動物試験により陽性結果が得られている場合。
細区分1A：	ヒトで高頻度に症例が見られるおよび／または動物での高い感作能力からヒトに重大な感作を起こす可能性が考えられる。反応の重篤性についても考慮する。
細区分1B：	ヒトで低〜中頻度に症例が見られるおよび／または動物での低〜中の感作能力からヒトに感作を起こす可能性が考えられる。反応の重篤性についても考慮する。

3.4.4　危険有害性情報の伝達

表3.4.6　呼吸器感作性および皮膚感作性のラベル要素

	呼吸器感作性 区分1 細区分1Aおよび1B	皮膚感作性 区分1 細区分1Aおよび1B
絵表示		
注意喚起語	危険	警告
危険有害性情報	吸入するとアレルギー、喘息または、呼吸困難を起こすおそれ	アレルギー性皮膚反応を起こすおそれ

第3.5章
生殖細胞変異原性

3.5.1　定義および一般事項

3.5.1.1　この有害性クラスは主として、ヒトにおいて次世代に受継がれる可能性のある突然変異を誘発すると思われる化学品に関するものである。一方、*in vitro*での変異原性／遺伝毒性試験、および*in vivo*での哺乳類体細胞を用いた試験も、この有害性クラスの中で分類する際に考慮される。

3.5.2　物質の分類基準

図3.5.1　生殖細胞変異原性物質の有害性区分

区分1：ヒト生殖細胞に経世代突然変異を誘発することが知られているかまたは経世代突然変異を誘発すると見なされている物質

区分1A：ヒト生殖細胞に経世代突然変異を誘発することが知られている物質
　　　　ヒトの疫学的調査による陽性の証拠。

区分1B：ヒト生殖細胞に経世代突然変異を誘発すると見なされるべき物質
  (a) 哺乳類における*in vivo*経世代生殖細胞変異原性試験による陽性結果、または
  (b) 哺乳類における*in vivo*体細胞変異原性試験による陽性結果に加えて、当該物質が生殖細胞に突然変異を誘発する可能性についての何らかの証拠。この裏付け証拠は、例えば生殖細胞を用いる*in vivo*変異原性/遺伝毒性試験より、あるいは、当該物質またはその代謝物が生殖細胞の遺伝物質と相互作用する機能があることの実証により導かれる。または
  (c) 次世代に受継がれる証拠はないがヒト生殖細胞に変異原性を示す陽性結果；例えば、ばく露されたヒトの精子中の異数性発生頻度の増加など。

区分2：ヒト生殖細胞に経世代突然変異を誘発する可能性がある物質
 哺乳類を用いる試験、または場合によっては下記に示す*in vitro*試験による陽性結果

  (a) 哺乳類を用いる*in vivo*体細胞変異原性試験、または
  (b) *in vitro*変異原性試験の陽性結果により裏付けられたその他の*in vivo*体細胞遺伝毒性試験

注記：哺乳類を用いる*in vitro*変異原性試験で陽性となり、さらに既知の生殖細胞変異原性物質と化学的構造活性相関を示す物質は、区分2変異原性物質として分類されるとみなすべきである。

3.5.4　危険有害性情報の伝達

表3.5.2　生殖細胞変異原性のラベル要素

	区分 1 （区分1A、1B）	区分 2
絵表示		
注意喚起語	危険	警告
危険有害性情報	遺伝性疾患のおそれ （他の経路からのばく露が有害でないことが決定的に証明されている場合、有害なばく露経路を記載）	遺伝性疾患のおそれの疑い （他の経路からのばく露が有害でないことが決定的に証明されている場合、有害なばく露経路を記載）

第3.6章
発がん性

3.6.1　定義

  *発がん性物質*とは、がんを誘発するか、またはその発生率を増加させる物質あるいは混合物を意味する。動物を用いて適切に実施された実験研究で良性および悪性腫瘍を誘発した物質および混合物もまた、腫瘍形成のメカニズムがヒトには関係しないとする強力な証拠がない限りは、ヒトに対する発がん性物質として推定されるかまたはその疑いがあると考えられる。

3.6.2　物質の分類基準

図3.6.1　発がん性物質の有害性区分

区分1：ヒトに対する発がん性が知られているあるいはおそらく発がん性がある

資　料　編

物質の区分1への分類は、疫学的データまたは動物データをもとに行う。個々の物質はさらに次のように区別されることもある：

区分1A：ヒトに対する発がん性が知られている：主としてヒトでの証拠により物質をここに分類する

区分1B：ヒトに対しておそらく発がん性がある：主として動物での証拠により物質をここに分類する

証拠の強さとその他の事項も考慮した上で、ヒトでの調査により物質に対するヒトのばく露と、がん発生の因果関係が確立された場合を、その証拠とする（ヒトに対する発がん性が知られている物質）。あるいは、動物に対する発がん性を実証する十分な証拠がある動物試験を、その証拠とすることもある（ヒトに対する発がん性があると考えられる物質）。さらに、試験からはヒトにおける発がん性の証拠が限られており、また実験動物での発がん性の証拠も限られている場合には、ヒトに対する発がん性があると考えられるかどうかは、ケースバイケースで科学的判定によって決定することもある。

分類：区分1（AおよびB）発がん性物質

区分2：ヒトに対する発がん性が疑われる

物質の区分2への分類は、物質を確実に区分1に分類するには不十分な場合ではあるが、ヒトまたは動物での調査より得られた証拠をもとに行う。証拠の強さとその他の事項も考慮した上で、ヒトでの調査で発がん性の限られた証拠や、または動物試験で発がん性の限られた証拠が証拠とされる場合もある。

分類：区分2発がん性物質

3.6.4　危険有害性情報の伝達

表3.6.2　発がん性のラベル要素

	区分1 （区分1A、1B）	区分2
絵表示		
注意喚起語	危険	警告
危険有害性情報	発がんのおそれ （他の経路からのばく露が有害でないことが決定的に証明されている場合、有害なばく露経路を記載）	発がんのおそれの疑い （他の経路からのばく露が有害でないことが決定的に証明されている場合、有害なばく露経路を記載）

第3.7章
生殖毒性

3.7.1　定義および一般事項

3.7.1.1　生殖毒性

*生殖毒性*には、雌雄の成体の生殖機能および受精能力に対する悪影響に加えて、子の発生毒性も含まれる。

3.7.2　物質の分類基準

3.7.2.1　有害性区分

　生殖毒性の分類目的に照らし、物質は2種類の区分に振り分けられる。性機能および生殖能に対する作用と発生に対する作用とは別の問題であると見なされている。更に、授乳に対する影響については、別の有害性区分が割り当てられている。

図3.7.1（a）　生殖毒性物質の有害性区分

区分1：ヒトに対して生殖毒性があることが知られている、あるいはあると考えられる物質

　この区分には、ヒトの性機能および生殖能あるいは発生に悪影響を及ぼすことが知られている物質、またはできれば他の補足情報もあることが望ましいが、動物試験によりその物質がヒトの生殖を阻害する可能性があることが強く推定される物質が含まれる。規制のためには、分類のための証拠が主としてヒトのデータによるものか（区分1A）、あるいは動物データによるものなのか（区分1B）によってさらに区別することもできる。

区分1A：ヒトに対して生殖毒性があることが知られている物質

　この区分への物質の分類は、主にヒトにおける証拠をもとにして行われる。

区分1B：ヒトに対して生殖毒性があると考えられる物質

　この区分への物質の分類は、主に実験動物による証拠をもとにして行われる。動物実験より得られたデータは、他の毒性作用のない状況で性機能および生殖能または発生に対する悪影響の明確な証拠があるか、または他の毒性作用も同時に生じている場合には、その生殖に対する悪影響が、他の毒性作用が原因となった2次的な非特異的影響ではないと見なされるべきである。ただし、ヒトに対する影響の妥当性について疑いが生じるようなメカニズムに関する情報がある場合には、区分2に分類する方がより適切である。

区分2：ヒトに対する生殖毒性が疑われる物質

　この区分に分類するのは次のような物質である。できれば他の補足情報もあることが望ましいが、ヒトまたは実験動物から、他の毒性作用のない状況で性機能および生殖能あるいは発生に対する悪影響についてある程度の証拠が得られている物質、または、他の毒性作用も同時に生じている場合には、他の毒性作用が原因となった2次的な非特異的影響ではないと見なされるが、当該物質を区分1に分類するにはまだ証拠が十分でないような物質。例えば、試験に欠陥があり、証拠の信頼性が低いため、区分2とした方がより適切な分類であると思われる場合がある。

図3.7.1（b）　授乳影響の有害性区分

授乳に対するまたは授乳を介した影響

授乳に対するまたは授乳を介した影響は別の区分に振り分けられる。多くの物質には、授乳によって幼児に悪影響を及ぼす可能性についての情報がないことが認められている。ただし、女性によって吸収され、母乳分泌に影響を与える、または授乳中の子供の健康に懸念をもたらすに十分な量で母乳中に存在すると思われる物質（代謝物も含めて）は、哺乳中の乳児に対するこの有害性に分類して示すべきである。この分類は下記の事項をもとに指定される。

(a) 吸収、代謝、分布および排泄に関する試験で、当該物質が母乳中で毒性を持ちうる濃度で存在する可能性が認められた場合、または

(b) 動物を用いた一世代または二世代試験の結果より、母乳中への移行による子への悪影響または母乳の質に対する悪影響の明らかな証拠が得られた場合、または

(c) 授乳乳期間中の乳児に対する有害性を示す証拠がヒトで得られた場合。

資　料　編

3.7.4　危険有害性情報の伝達

表3.7.2　生殖毒性のラベル要素

	区分1 （区分1A、1B）	区分2	授乳に対するまたは授乳を介した影響に関する追加区分
絵表示			絵表示なし
注意喚起語	危険	警告	*注意喚起語なし*
危険有害性情報	生殖能または胎児への悪影響のおそれ（もし判れば影響の内容を記載する）（他の経路からのばく露が有害でないことが決定的に証明されている場合、有害なばく露経路を記載）	生殖能または胎児への悪影響のおそれの疑い（もし判れば影響の内容を記載する）（他の経路からのばく露が有害でないことが決定的に証明されている場合、有害なばく露経路を記載）	授乳中の子に害を及ぼすおそれ

第3.8章
特定標的臓器毒性
単回ばく露

3.8.1　定義および一般事項

3.8.1.1　本章の目的は、単回ばく露で起こる特異的な非致死性の特定標的臓器毒性を生ずる物質および混合物を分類する方法を規定することである。可逆的と不可逆的、あるいは急性および遅発性かつ第3.1章から3.7章および3.10章において明確に扱われていない双方の機能を損ないうるすべての重大な健康への影響がこれに含まれる。

3.8.1.6　GHSにおける反復ばく露による特定標的臓器毒性の分類については、*特定標的臓器毒性－反復ばく露*（第3.9章）で述べられているので、本章から除外されている。以下に記載されている他の特定の毒性は、GHSにおいて別に扱われ、ここには含まれていない。
- (a)　急性致死／毒性（第3.1章）
- (b)　皮膚腐食性／刺激性（第3.2章）
- (c)　目に対する重篤な損傷性／眼刺激性（第3.3章）
- (d)　皮膚および呼吸器感作性（第3.4章）
- (e)　生殖細胞変異原性（第3.5章）
- (f)　発がん性（第3.6章）
- (g)　生殖毒性（第3.7章）　および
- (h)　吸入毒性（第3.10章）

3.8.2　物質の分類基準

3.8.2.1　*区分1および区分2の物質*

図3.8.1 特定標的臓器毒性（単回ばく露）のための区分

区分1：ヒトに重大な毒性を示した物質、または実験動物での試験の証拠に基づいて単回ばく露によってヒトに重大な毒性を示す可能性があると考えられる物質

区分1に物質を分類するには、次に基づいて行う：

(a) ヒトの症例または疫学的研究からの信頼でき、かつ質の良い証拠、または、
(b) 実験動物における適切な試験において、一般的に低濃度のばく露でヒトの健康に関連のある有意な、または強い毒性作用を生じたという所見。証拠の重み付けの評価の一環として使用すべき用量／濃度ガイダンス値は後述する。

区分2：実験動物を用いた試験の証拠に基づき単回ばく露によってヒトの健康に有害である可能性があると考えられる物質

物質を区分2に分類するには、実験動物での適切な試験において、一般的に中等度のばく露濃度でヒトの健康に関連のある重大な毒性影響を生じたという所見に基づいて行われる。ガイダンス用量／濃度値は分類を容易にするために後述する。

例外的に、ヒトでの証拠も、物質を区分2に分類するために使用できる。

区分3：一時的な特定臓器への影響

物質または混合物が上記に示された区分1または2に分類される基準に合致しない特定臓器への影響がある。これらは、ばく露の後、短期間だけ、ヒトの機能に悪影響を及ぼし、構造または機能に重大な変化を残すことなく合理的な期間において回復する影響である。この区分は、麻酔の作用および気道刺激性のみを含む。物質／混合物は、3.8.2.2において議論されているように、これらの影響に対して明確に分類できる。

注記：これらの区分においても、分類された物質によって一次的影響を受けた特定標的臓器／器官が明示されるか、または一般的な全身毒性物質であることが明示される。毒性の主標的臓器を決定し、その意義にそって分類する、例えば肝毒性物質、神経毒性物質のように分類するよう努力するべきである。そのデータを注意深く評価し、できる限り二次的影響を含めないようにすべきである。例えば、肝毒性物質は、神経または消化器官で二次的影響を起こすことがある。

3.8.4 危険有害性情報の伝達

表3.8.3 単回ばく露による特定標的臓器毒性のラベル要素

	区分 1	区分 2	区分 3
絵表示			
注意喚起語	危険	警告	警告
危険有害性情報	臓器の障害 （もし判れば影響を受ける すべての臓器を記載） （他の経路からのばく露が 有害でないことが決定的に 証明されている場合、有害 なばく露経路を記載）	臓器の障害のおそれ （もし判れば影響を受ける すべての臓器を記載） （他の経路からのばく露が 有害でないことが決定的に 証明されている場合、有害 なばく露経路を記載）	呼吸器への刺激のおそれ または 眠気またはめまいのおそれ

資　料　編

第3.9章
特定標的臓器毒性
反復ばく露

3.9.1　定義および一般事項

3.9.1.1　この章の目的は、反復ばく露によって起こる特異的な特定標的臓器毒性を生ずる物質および混合物を分類する方法を規定することである。可逆的、不可逆的、あるいは急性または遅発性の機能を損ないうるすべての重大な健康への影響がこれに含まれる。

3.9.2　物質の分類基準

3.9.2.1　物質は、影響を生ずるばく露期間および用量／濃度を考慮に入れて勧告されたガイダンス値の使用を含む、入手されたすべての証拠の重みに基づいて専門家の行った判断によって、特定標的臓器毒性物質として分類される。そして、観察された影響の性質および重度によって2種の区分のいずれかに分類される。

図3.9.1　特定標的臓器毒性（反復ばく露）のための区分

区分1：ヒトに重大な毒性を示した物質、または実験動物での試験の証拠に基づいて反復ばく露によってヒトに重大な毒性を示す可能性があると考えられる物質

物質を区分1に分類するのは、次に基づいて行う：
(a) ヒトの症例または疫学的研究からの信頼でき、かつ質の良い証拠、または、
(b) 実験動物での適切な試験において、一般的に低いばく露濃度で、ヒトの健康に関連のある重大な、または強い毒性影響を生じたという所見。証拠評価の重み付けの一環として使用すべき用量／濃度のガイダンス値は後述する。

区分2：動物実験の証拠に基づき反復ばく露によってヒトの健康に有害である可能性があると考えられる物質

物質を区分2に分類するには、実験動物での適切な試験において、一般的に中等度のばく露濃度で、ヒトの健康に関連のある重大な毒性影響を生じたという所見に基づいて行う。分類に役立つ用量／濃度のガイダンス値は後述する。

例外的なケースにおいてヒトでの証拠を、物質を区分2に分類するために使用できる。

注記：いずれの区分においても、分類された物質によって最初に影響を受けた特定標的臓器／器官が明示されるか、または一般的な全身毒性物質であることが明示される。毒性の主標的臓器を決定し（例えば肝毒性物質、神経毒性物質）、その目的にそって分類するよう努力すべきである。そのデータを注意深く評価し、できる限り二次的影響を含めないようにすべきである。例えば、肝毒性物質は、神経または消化器官に二次的影響を起こすことがある。

3.9.4　危険有害性情報の伝達

表3.9.4　反復ばく露による特定標的臓器毒性のラベル要素

	区分 1	区分 2
絵表示		
注意喚起語	危険	警告
危険有害性情報	長期にわたる、または反復ばく露による臓器の障害（判っていれば影響を受けるすべての臓器名を記載）（他の経路からのばく露が有害でないことが決定的に証明されている場合、有害なばく露経路を記載）	長期にわたる、または反復ばく露による臓器の障害のおそれ（判っていれば影響を受けるすべての臓器名を記載）（他の経路からのばく露が有害でないことが決定的に証明されている場合、有害なばく露経路を記載）

第 3.10 章
吸引性呼吸器有害性

3.10.1　定義と一般的および特殊な問題

3.10.1.3　吸引性呼吸器有害性は、誤嚥後に化学肺炎、種々の程度の肺損傷を引き起こす、あるいは死亡のような重篤な急性の作用を引き起こす。

3.10.1.4　誤嚥は、原因物質が喉頭咽頭部分の上気道と上部消化官の岐路部分に入り込むと同時になされる吸気により引き起こされる。

3.10.2　物質の分類基準

表 3.10.1　吸引性呼吸器有害性の区分

区分	判定基準
区分1：ヒトへの吸引性呼吸器有害性があると知られている、またはヒトへの吸引性呼吸器有害性があるとみなされる化学品	区分1に分類される物質： 　(a)　ヒトに関する信頼度が高く、かつ質の良い有効な証拠に基づく（注記1を参照）；.または 　(b)　40℃で測定した動粘性率が 20.5mm^2/s 以下の炭化水素の場合。
区分2：ヒトへの吸引性呼吸器有害性があると推測される化学品	40℃で測定した動粘性率が 14 mm^2/s 以下で区分1に分類されない物質であって、既存の動物実験、ならびに表面張力、水溶性、沸点および揮発性を考慮した専門家の判断に基づく（注記2を参照）

注記1：*区分1に含まれる物質の例はある種の炭化水素であるテレビン油およびパイン油である。*
注記2：*この点を考慮し、次の物質をこの区分に含める所管官庁もあると考えられる：3以上13を超えない炭素原子で構成された一級のノルマルアルコール；イソブチルアルコールおよび13を超えない炭素原子で構成されたケトン。*

資 料 編

3.10.4 危険有害性情報の伝達

表 3.10.2　吸引性呼吸器有害性のラベル要素

	区分1	区分2
絵表示		
注意喚起語	危険	警告
危険有害性情報	飲み込んで気道に侵入すると 生命に危険のおそれ	飲み込んで気道に侵入すると 有害のおそれ

第4部　環境に対する有害性

第4.1章

水生環境有害性

4.1.1　定義および一般事項

4.1.1.1　定義

　*急性水生毒性*とは、物質への短期的な水生ばく露において、生物に対して有害な、当該物質の本質的な特性をいう。

　*慢性水生毒性*とは、水生生物のライフサイクルに対応した水生ばく露期間に、水生生物に悪影響を及ぼすような、物質の本質的な特性を意味する。

　*長期間（慢性）有害性*は、分類の目的では、水生環境における化学品への長期間のばく露を受けた後にその慢性毒性によって引き起こされる化学品の有害性を意味する。

　*短期間（急性）有害性*は、分類の目的では、化学品への短期の水生ばく露の間にその急性毒性によって生物に引き起こされる化学品の有害性を意味する。

4.1.1.3　*急性水生毒性*

　急性水生毒性は通常、魚類の96時間LC_{50}（OECDテストガイドライン203またはこれに相当する試験）、甲殻類の48時間EC_{50}（OECDテストガイドライン202またはこれに相当する試験）または藻類の72時間もしくは96時間EC_{50}（OECDテストガイドライン201またはこれに相当する試験）により決定される。これらの生物種はすべての水生生物に代わるものとしてみなされるが、例えばLemna（アオウキクサ）等その他の生物種に関するデータも、試験方法が適切なものであれば、考慮されることもある。

4.1.1.4　*慢性水生毒性*

　慢性毒性データは、急性毒性データほどは利用できるものがなく、一連の試験手順もそれほど標準化されていない。OECDテストガイドライン210（魚類の初期生活段階毒性試験）または211（ミジンコの繁殖試験）および201（藻類生長阻害試験）によって得られたデータは受け入れることができる。その他、有効性が確認され、国際的に容認された試験も採用できる。NOECまたは

相当するECxを採用するべきである。

4.1.1.5　*生物蓄積性*

　生物蓄積性は通常、オクタノール／水分配係数を用いて決定され、一般的にはOECDテストガイドライン107、117または123により決定されたlog Kowとして報告される。この値が生物蓄積性の潜在的な可能性を示しているのに対して、実験的に求められた生物濃縮係数（BCF）はより適切な尺度を与えるものであり、入手できればBCFの方を採用すべきである。BCFはOECDテストガイドライン305に従って決定されるべきである。

4.1.1.6　*急速分解性*

4.1.1.6.1　環境中での分解は生物的分解と非生物的分解（例えば加水分解）とがあり、採用される判定基準はこの事実を反映している。易生分解性はOECDテストガイドライン301（A-F）にあるOECDの生分解性試験により最も容易に定義づけできる。これらの試験で急速分解性とされるレベルは、ほとんどの環境中での急速分解性の指標とみなすことができる。これらは淡水系での試験であるため、海水環境により適合しているOECDテストガイドライン306より得られる結果も取り入れることとされた。こうしたデータが利用できない場合には、BOD（5日間）／COD比が0.5より大きいことが急速分解性の指標と考えられている。

4.1.2　物質の分類基準

表4.1.1　水生環境有害性物質の区分

（a）短期間（急性）水生有害性

区分　急性1
　　96時間LC_{50}（魚類に対する）≦1mg/l または
　　48時間EC_{50}（甲殻類に対する）≦1mg/l または
　　72または96時間ErC_{50}（藻類または他の水生植物に対する）≦1mg/l

　　規制体系によっては、急性1をさらに細分して、L(E)C_{50}≦0.1mg/l という、より低い濃度帯を含む場合もある。

区分　急性2
　　96時間LC_{50}（魚類に対する）> 1mg/l　だが ≦10mg/l または
　　48時間EC_{50}（甲殻類に対する）> 1mg/l　だが ≦10mg/l または
　　72または96時間ErC_{50}（藻類または他の水生植物に対する）> 1mg/l　だが ≦10mg/l

区分　急性3
　　96時間LC_{50}（魚類に対する）> 10mg/l　だが ≦100mg/l または
　　48時間EC_{50}（甲殻類に対する）> 10mg/l　だが ≦100mg/l または
　　72または96時間ErC50（藻類または他の水生植物に対する）> 10mg/l　だが ≦100mg/l

　　規制体系によっては、L(E)C_{50} が100mg/l を超える、別の区分を設ける場合もある。

（b）長期間（慢性）水生有害性
　（i）慢性毒性の十分なデータが得られる、急速分解性のない物質

区分　慢性1:
　　慢性NOEC またはECx（魚類に対する）≦0.1mg/l または
　　慢性NOEC またはECx（甲殻類に対する）≦0.1mg/l または
　　慢性NOEC またはECx（藻類または他の水生植物に対する）≦0.1mg/l

307

資 料 編

区分　慢性2:
　　　慢性NOEC またはECx（魚類に対する）≦ 1mg/l または
　　　慢性NOEC またはECx（甲殻類に対する）≦ 1mg/l または
　　　慢性NOEC またはECx（藻類または他の水生植物に対する）≦ 1mg/l

(ii) 慢性毒性の十分なデータが得られる、急速分解性のある物質

区分　慢性1
　　　慢性NOEC またはECx（魚類に対する）≦0.01mg/l または
　　　慢性NOEC またはECx（甲殻類に対する）≦0.01mg/l または
　　　慢性NOEC またはECx（藻類または他の水生植物に対する）≦0.01mg/l
区分　慢性2
　　　慢性NOEC またはECx（魚類に対する）≦0.1mg/l または
　　　慢性NOEC またはECx（甲殻類に対する）≦0.1mg/l または
　　　慢性NOEC またはECx（藻類または他の水生植物に対する）≦0.1mg/l
区分　慢性3
　　　慢性NOEC またはECx（魚類に対する）≦ 1mg/l または
　　　慢性NOEC またはECx（甲殻類に対する）≦ 1mg/l または
　　　慢性NOEC またはECx（藻類または他の水生植物に対する）≦ 1mg/l

(iii) 慢性毒性の十分なデータが得られない物質

区分　慢性1:
　　　96 時間LC_{50}（魚類に対する）≦1mg/l または
　　　48 時間EC_{50}（甲殻類に対する）≦1mg/l または
　　　72 または96 時間ErC_{50}（藻類または他の水生植物に対する）≦1mg/l
　　　であって急速分解性がないか、または実験的に求められたBCF≧500（またはデータがないときはlogKow ≧4）であること
区分　慢性2:
　　　96 時間LC_{50}（魚類に対する）＞ 1mg/l だが≦10mg/l または
　　　48 時間EC_{50}（甲殻類に対する）＞ 1mg/l だが≦10mg/l または
　　　72 または96 時間ErC_{50}（藻類または他の水生植物に対する）＞ 1mg/l だが≦10mg/l
　　　であって急速分解性がないか、または実験的に求められたBCF≧500（またはデータがないときはlogKow ≧4）であること
区分　慢性3:
　　　96 時間LC_{50}（魚類に対する）＞ 10mg/l だが≦100mg/l または
　　　48 時間EC_{50}（甲殻類に対する）＞ 10mg/l だが≦100mg/l または
　　　72 または96 時間ErC_{50}（藻類または他の水生植物に対する）＞10mg/l だが≦100mg/l
　　　であって急速分解性がないか、または実験的に求められたBCF≧500（またはデータがないときはlogKow ≧4）であること

(c)「セーフティネット」分類

区分　慢性4
　　　水溶性が低く水中溶解度までの濃度で急性毒性がみられないものであって、急速分解性ではなく、生物蓄積性を示すlogKow≧4 であるもの。他に科学的証拠が存在して分類が必要でないことが判明している場合はこの限りでない。そのような証拠とは、実験的に求められたBCF＜500 であること、または慢性毒性NOEC＞1mg/l であること、あるいは環境中において急速分解性であることの証拠などである。

4.1.4　危険有害性情報の伝達

表4.1.6　水生環境有害性物質のラベル要素

短期間（急性）水生有害性

	区分急性1	区分急性2	区分急性3
絵表示		絵表示なし	絵表示なし
注意喚起語	警告	注意喚起語なし	注意喚起語なし
危険有害性情報	水生生物に非常に強い毒性	水生生物に毒性	水生生物に有害

長期間（慢性）水生有害性

	区分慢性1	区分慢性2	区分慢性3	区分慢性4
絵表示			絵表示なし	絵表示なし
注意喚起語	警告	注意喚起語なし	注意喚起語なし	注意喚起語なし
危険有害性情報	長期継続的影響により水生生物に非常に強い毒性	長期継続的影響により水生生物に毒性	長期継続的影響により水生生物に有害	長期継続的影響により水生生物に有害のおそれ

第4.2章
オゾン層への有害性

4.2.2　分類基準

表4.2.1　オゾン層への有害性のある物質および混合物の基準

区分	基準
1	モントリオール議定書の附属書に列記された、あらゆる規制物質；または モントリオール議定書の附属書に列記された成分を、濃度≧0.1%で少なくとも1つ含むあらゆる混合物

　モントリオール議定書とは、議定書の締約国によって調整および/または修正された、オゾン層破壊物質に関するモントリオール議定書をいう。

資　料　編

4.2.3　危険有害性に関する情報の伝達

表4.2.2　オゾン層への有害性のある物質および混合物のラベル要素

	区分1
絵表示	
注意喚起語	警告
危険有害性情報	オゾン層を破壊し、健康および環境に有害

索 引

【A】

ACGIH ···· 10, 85, 86, 98, 101, 103, 104, 106, 139, 143, 179, 184, 188, 243, 250, 258

ADI ·· 98

【B】

BMD ·· 97

【C】

CLP規則 ····················· 73, 125, 126, 131

【D】

DMEL ·· 26, 89

DNEL ····································· 26, 88, 89

【E】

EC指令 ·· 78

EPA ··· 98, 126

EU ··· 99

【G】

GHS ······· 3, 4, 7, 8, 9, 10, 12, 14, 15, 20, 21, 22, 24, 27, 31, 35, 45, 46, 47, 50, 51, 56, 57, 58, 61, 64, 66, 72, 73, 78, 84, 89, 113, 114, 115, 116, 117, 119, 120, 121, 122, 123, 124, 125, 126, 127, 129, 130, 131, 132, 135, 137, 139, 140, 167, 170, 171, 172, 175, 179, 184, 186, 188, 190, 192, 195, 197, 198, 200, 201, 239, 241, 242, 243, 244, 246, 250, 252, 253, 254, 256, 257, 261, 267, 271, 272, 274, 279, 283, 302

【H】

HCS ································ 113, 125, 126

【I】

ICSC ·· 132

ILO ········ 34, 71, 76, 79, 80, 95, 179, 183, 187, 197, 245, 250

ILO条約 ··························· 71, 113, 131

IPCS EHC ························ 81, 99, 132

ISO ····················· 79, 185, 187, 273, 280

ISO45001 ····································· 79

【J】

JIS ············· 10, 40, 41, 42, 43, 80, 108, 111, 114, 123, 124, 137, 185

JIS Z 7252 ·················· 4, 8, 114, 123, 188

JIS Z 7253 ·················· 114, 124, 137, 253

【L】

LOAEL ··························· 97, 98, 169

【M】

MOE ····················· 88, 170, 173, 174, 201

【N】

NITE ······························ 10, 124, 129

NOAEL ······················ 96, 97, 98, 169

【O】

OECDテストガイドライン ······· 132, 306, 307

OSHMS ···························· 71, 79, 80, 81

【P】

PAPR ·· 110

PCB ········ 4, 72, 73, 111, 144, 149, 155, 234, 237

pH ························· 121, 133, 134, 135

POPs ·· 72

PRTR ·· 72

PRTR法 ·· 145

【R】

REACH ·············· 26, 88, 125, 126, 131, 196

RTDG ················ 113, 124, 126, 127, 132

【S】

SDS ········ 3, 4, 6, 7, 8, 10, 11, 14, 15, 22, 24, 27, 35, 39, 45, 47, 49, 55, 56, 66, 67, 74, 84, 87, 92, 113, 114, 120, 121, 122, 123, 124, 126, 132, 137, 144, 145, 167, 177, 178, 179, 180, 182, 184, 185, 186, 190, 197, 204, 205, 206, 207, 208, 209, 210, 211, 212, 213, 214, 215, 216, 217, 218, 219, 220, 239, 240, 241, 242, 244, 247, 249, 250, 251, 252, 254, 256, 257, 261, 270, 273, 274

STEL ······································ 85, 103

【T】

TDI ··· 98

TLV ·· 85, 103

TLV-C ····································· 85, 103

TLV-STEL ···································· 103

TLV-TWA ······· 10, 20, 23, 24, 45, 85, 86, 101,

311

103, 106, 107, 143, 179, 184, 243, 245, 250

TWA ・・・・・・・・・・・・・・・・・・ 23, 25, 85, 103, 106

【U】

UNCED ・・・・・・・・・・・・・・・・・・・・・・・・ 72

【あ】

悪臭防止法 ・・・・・・・・・・・・・・・・・・・・・・・ 148

悪性中皮腫 ・・・・・・・・・・・・・・・・・・・・ 77, 133

アジェンダ21 ・・・・・・・・・・・・・・・・・・ 72, 113

アスベスト ・・・・・・・・・・・・・ 3, 76, 77, 111, 133

アセスメント係数 ・・・・・・・・・・・・・・・・ 88, 89

安全係数 ・・・・・・・・・・・・・・・・・・・・・・ 89, 97

安全対策 ・・・・・・・ 15, 116, 118, 122, 126, 131, 185,
225, 226, 230

安全データシート ・・・・ 3, 14, 39, 84, 113, 120, 123,
144, 145, 167, 177, 182, 184, 239, 242, 249, 254,
266, 274

【い】

閾値 ・・・・・・・・・・・・・・ 22, 78, 89, 96, 97, 98, 99

石綿健康診断 ・・・・・・・・・・・・・・・・・・・・・・ 112

石綿障害防止規則 ・・・・・・・・・・・・・・・・・・・ 75

一日摂取許容量 ・・・・・・・・・・・・・・・・・・・・・ 98

一般健康診断 ・・・・・・・・・・・・・・・・・・・ 112, 161

遺伝子毒性 ・・・・・・・・・・・・・・・・・・・・・・ 98, 99

医薬品、医療機器等の品質、
有効性及び安全性の確保等に関する法律
（医薬品医療機器等法）・・・・・・・・・・・・ 145, 253

【え】

エアゾール ・・・・・・・・ 8, 9, 50, 51, 84, 114, 192, 266,
279, 280, 281

エアラインマスク ・・・・・・・・・・・・・・・・ 109, 110

エチルベンゼン ・・・・・・・・・・・・ 75, 206, 234, 237

絵表示 ・・・・・・・・ 113, 115, 116, 117, 119, 127, 128,
241, 242, 253, 272, 273, 277, 279, 280, 281, 282,
283, 285, 286, 287, 288, 289, 290, 291, 292, 293,
294, 296, 297, 298, 299, 300, 302, 303, 305, 306,
309, 310

塩化ビニルモノマー ・・・・・・・・・・・・・・・・・・ 73

【お】

応急措置 ・・・・・・ 93, 94, 116, 118, 121, 123, 135, 242

欧州理事会指令 ・・・・・・・・・・・・・・・・・・・・・ 113

欧州連合 ・・・・・・・・・・・・・・・・・・ 99, 125, 126

オゾン層破壊物質 ・・・・・・・・・・・・・ 73, 273, 309

【か】

海外派遣労働者の健康診断 ・・・・・・・・・・・・・・ 112

改正労働安全衛生法 ・・・・・・・・ 3, 6, 48, 76, 81, 123

海洋汚染及び海上災害の
防止に関する法律 ・・・・・・・・・・・・・・・・ 151

化学品 ・・・・・・・ 4, 14, 31, 45, 71, 72, 73, 74, 76, 77,
78, 79, 81, 95, 96, 105, 108, 113, 114, 115, 116,
120, 121, 122, 123, 124, 125, 126, 129, 131, 132,
137, 167, 242, 252, 271, 272, 295, 298, 305, 306

化学品管理 ・・・・・ 71, 72, 73, 74, 77, 79, 80, 82, 96,
105, 113, 114, 129, 131, 132

化学品の分類および表示に関する
世界調和システム ・・・・・・・ 3, 72, 113, 115, 116,
129, 139, 271, 272

化学品排出移動量届出制度 ・・・・・・・・・・・・・・・ 72

化学物質 ・・・・・ 3, 4, 5, 6, 7, 8, 9, 10, 11, 13, 14, 15,
17, 20, 23, 24, 26, 27, 34, 37, 38, 39, 40, 41, 42,
46, 47, 48, 49, 52, 55, 56, 60, 63, 66, 67, 71, 73,
76, 77, 81, 82, 83, 84, 85, 86, 87, 88, 89, 90, 91,
92, 93, 94, 104, 112, 131, 135, 137, 143, 144,
145, 151, 152, 153, 154, 155, 156, 157, 163, 164,
165, 166, 167, 175, 182, 183, 187, 191, 196, 197,
202, 225, 230, 239, 240, 241, 242, 243, 244, 245,
246, 247, 249, 251, 252, 253, 254, 256, 258, 260,
265, 268, 270

化学物質審査規制法 ・・・・・・・・・・・・・・・ 73, 125

化学物質の審査及び製造等の
規制に関する法律 ・・・・・・・・・・・・・・・・ 144

化学兵器の禁止及び特定物質の
規制等に関する法律 ・・・・・・・・・・・・・・・ 145

化学防護手袋 ・・・・・・・・・ 38, 39, 41, 42, 108, 111

化学防護服 ・・・・・・・・・・ 38, 39, 40, 41, 42, 108, 111

核原料物質、核燃料物質及び
原子炉の規制に関する法律 ・・・・・・・・・ 146, 150

拡散型サンプラー ・・・・・・・・・・・・・・・・・・・ 106

過剰発がん生涯リスクレベル ・・・・・・・・・・ 100, 101

ガスの比重 ・・・・・・・・・・・・・・・・・・・ 133, 134

カットオフ値 ・・・・・・・・・・・・・・・ 120, 121, 294

家庭用品品質表示法 ・・・・・・・・・・・・ 123, 147

カネミ油症事件 ・・・・・・・・・・・・・・・・・ 73

可燃性 ・・・・ 8, 9, 14, 45, 46, 84, 114, 117, 129, 131,
　　188, 192, 203, 221, 222, 224, 231, 242, 253, 266,
　　271, 272, 273, 275, 278, 279, 280, 287, 288, 289

火薬類取締法 ・・・・・・・・・・・・・・・ 84, 143, 150

環境基本法 ・・・・・・・・・・・・・・・・・・・ 147

環境保護庁 ・・・・・・・・・・・・・・・・・ 98, 126

環境有害性 ・・・・・・・ 8, 115, 122, 126, 129, 131, 272

勧告 ・・・・・ 71, 81, 85, 113, 126, 127, 128, 132, 165,
　　169, 170, 179, 184, 250, 274, 304

管理区分 ・・・・・・・・・ 59, 76, 86, 102, 112, 237, 238

管理濃度 ・・・・ 10, 24, 58, 59, 61, 62, 64, 65, 76, 86,
　　101, 102, 105, 107, 234, 236, 258

【き】

危害 ・・・・・ 5, 12, 13, 71, 84, 129, 146, 147, 150, 187

危険性・有害性 ・・・・・・・・・ 3, 4, 5, 6, 7, 8, 10, 11,
　　15, 20, 22, 31, 32, 35, 44, 45, 46, 47, 73, 76, 78,
　　79, 82, 84, 85, 87, 88, 89, 108, 113, 114, 115,
　　116, 117, 120, 121, 122, 123, 124, 125, 126, 129,
　　130, 131, 133, 137, 276

　　―に関する分類 ・・・・・・・・・・・ 115, 126

　　―の特定 ・・・・・・・・・ 5, 8, 79, 81, 82, 88

危険性・有害性周知基準 ・・・・・・・・・・・ 113, 126

危険性・有害性情報 ・・ 3, 22, 24, 25, 26, 31, 72, 82,
　　83, 84, 113, 114, 115, 116, 117, 118, 119, 122,
　　123, 132

　　―の伝達 ・・・・・・・・・ 71, 113, 122, 123

危険物船舶運送及び貯蔵規則 ・・・・・・・・・・・ 150

危険物輸送に関する勧告 ・・ 113, 126, 128, 132, 274

吸引性呼吸器有害性 ・・・・・・ 9, 10, 57, 58, 61, 64,
　　84, 114, 117, 120, 130, 131, 192, 197, 198, 242,
　　244, 258, 266, 267, 271, 305, 306

給食従業員の検便 ・・・・・・・・・・・・・・ 112

急性毒性 ・・・・・ 9, 10, 22, 23, 27, 29, 45, 56, 57, 58,
　　61, 64, 78, 84, 87, 96, 99, 100, 114, 115, 117,
　　120, 123, 127, 129, 130, 131, 133, 145, 171, 172,
　　192, 197, 198, 201, 231, 242, 244, 257, 266, 267,
　　294, 306, 308

供給者の特定 ・・・・・・・・・・・・・・・ 116, 241

業務上疾病 ・・・・・・・・・・・・・・・・・ 76, 77

許容濃度 ・・・・・・・ 10, 20, 23, 24, 25, 34, 45, 58, 59,
　　61, 62, 64, 65, 85, 86, 98, 99, 106, 107, 130, 131,
　　169, 179, 184, 186, 188, 243, 245, 247, 250, 258

金属腐食性物質 ・・・・ 8, 9, 50, 51, 114, 192, 242, 292

【く】

クリソタイル ・・・・・・・・・・・・・・・・・・ 99

【け】

経済協力開発機構 ・・・・・・・・・・・・・・・ 273

健康管理 ・・・・・・・・・・・・・ 75, 104, 105, 138, 144,
　　158, 159, 161, 162, 191

健康診断 ・・・・・・・・・・・・・・・・・・・・・・・
　　73, 74, 75, 111, 112, 113, 144, 158, 159, 160, 161

　　石綿― ・・・・・・・・・・・・・・・・・・・ 112

　　一般― ・・・・・・・・・・・・・・・・・ 112, 161

　　海外派遣労働者の― ・・・・・・・・・・・ 112

　　四アルキル鉛― ・・・・・・・・・・・・・ 112

　　歯科医師による― ・・・・・・・・・・・・ 112

　　自発的― ・・・・・・・・・・・・・・・・・ 112

　　じん肺― ・・・・・・・・・・・・・・・・・ 112

　　特殊― ・・・・・・・・・ 55, 105, 112, 162, 185

　　特定化学物質― ・・・・・・・・・・・・・ 112

　　特定業務従事者の― ・・・・・・・・・・・ 112

　　鉛― ・・・・・・・・・・・・・・・・・・・ 112

　　雇入時の― ・・・・・・・・・・・・・・・ 112

　　有機溶剤等― ・・・・・・・・・・・・・・ 112

健康診断結果とその措置 ・・・・・・・・・・・・ 113

健康有害性 ・・・・・・ 8, 9, 11, 20, 34, 84, 87, 100, 114,
　　122, 129, 167, 192, 242

建築物における衛生的環境の
　　確保に関する法律 ・・・・・・・・・・・・・ 144

【こ】

誤燕性肺炎 ・・・・・・・・・・・・・・・ 114, 131, 135

高圧ガス ・・・・・ 8, 9, 50, 51, 84, 114, 117, 143, 150,
　　192, 242, 281, 282

高圧ガス保安法 ・・・・・・・ 84, 93, 127, 143, 150, 231

航空法 ・・・・・・・・・・・・・・・・・・・ 127, 150

混合物 ・・・・・ 4, 5, 22, 26, 45, 73, 75, 115, 116, 120,
　　121, 122, 124, 130, 231, 253, 258, 271, 272, 273,

313

索 引

274, 275, 276, 277, 283, 284, 285, 286, 287, 288,
289, 290, 292, 293, 299, 302, 303, 304, 309, 310

構造活性相関 ・・・・・・・・・・・・・・・・・・・・・・・・・・ 133, 274

港則法 ・・・・・・・・・・・・・・・・・・・・・・・・・・・・・・・・・ 151

呼吸器感作性 ・・・・・・ 9, 10, 29, 31, 45, 56, 58, 61,
64, 84, 87, 114, 117, 120, 171, 172, 192, 198,
242, 244, 266, 267, 297, 298, 302

呼吸用保護具 ・・・・・・ 26, 37, 39, 43, 76, 90, 91, 94,
102, 108, 109, 110, 191, 197, 237

国際標準化機構 ・・・・・・・・・・・・・・・・・・・・・・・・・・ 79

国際労働機関 ・・・・・・・・・・・・・・・・ 71, 76, 197, 245

国連環境開発会議 ・・・・・・・・・・・・・・・・・・・・・・・・ 72

個人用保護具 ・・・・・・・・ 5, 71, 73, 81, 89, 107, 108,
121, 265

混合危険 ・・・・・・・・・・・・・・・・・・・・・ 133, 135, 136

混合物の分類ソフト ・・・・・・・・・・・・・・・・・・・・・ 124

【さ】

最小毒性発現量 ・・・・・・・・・・・・・・・・・・・・・・・・・・ 97

再生不良性貧血 ・・・・・・・・・・・・・・ 99, 100, 155, 156

作業環境管理 ・・・・・・・ 89, 90, 92, 102, 104, 105, 160

作業環境測定 ・・・・・・ 10, 20, 23, 46, 55, 62, 74, 75,
76, 85, 86, 92, 101, 102, 105, 107, 113, 144, 158,
160, 161, 188, 196, 234, 236, 243, 245, 250, 264

　　──が義務付けられている物質 ・・・・・・ 102, 234

作業環境測定士 ・・・・・・・・・・ 7, 102, 138, 184, 240

作業環境濃度 ・・・・・・・ 59, 62, 65, 87, 105, 129, 256,
258, 259, 260, 261, 262, 270

作業環境モニタリング ・・・・・・・・・・・・・・ 101, 105

作業管理 ・・・・・・・・・・・・・・・・ 89, 90, 104, 160

作業者 ・・・・・・・・・ 3, 23, 38, 39, 40, 41, 43, 52, 53,
54, 56, 57, 61, 64, 74, 79, 81, 94, 101, 103, 112,
122, 124, 129, 137, 189, 190, 191, 258, 261, 262,
265

酸化性 ・・・・・・ 14, 46, 84, 114, 117, 203, 221, 231

酸素欠乏 ・・・・・・・・・・・・・・・・・・・・・・・・・・ 86, 108

酸素欠乏症等防止規則 ・・・・・・・・・・・・・・・・・・・ 75

残留性有機汚染物質 ・・・・・・・・・・・・・・・・・・・ 72, 73

【し】

四アルキル鉛健康診断 ・・・・・・・・・・・・・・・・・・・ 112

四アルキル鉛中毒予防規則 ・・・・・・・ 75, 144, 180,
231, 250

歯科医師による健康診断 ・・・・・・・・・・・・・・・・・ 112

時間加重平均値 ・・・・・・・・・・・・・・・・・・・・・・・・・ 103

時間加重平均ばく露限界（TLV-Time
Weighted Average：TWA） ・・・・・ 10, 85, 143

閾値 ・・・・・・・・・・・・・ 22, 78, 88, 89, 96, 97, 98, 99

1・2-ジクロロプロパン ・・・・・・・ 75, 152, 210, 235

自己発熱性化学品 ・・・・・・・・・・・・ 8, 9, 114, 192

自己反応性化学品 ・・・・・・・・・・・ 8, 9, 114, 192, 242

自主対応型 ・・・・・・・・・・・・・・・・・・・・・・ 3, 79, 80

自主対応型アプローチ ・・・・・・・・・・・・・・・・ 72, 73

自然発火性 ・・・・・・ 14, 84, 114, 117, 275, 287

自発的健康診断 ・・・・・・・・・・・・・・・・・・・・・・・・・ 112

事務所衛生基準規則 ・・・・・・・・・・・・・・・・・・・・・ 75

重大災害要因施設 ・・・・・・・・・・・・・・・・・・・・・・・ 78

蒸気圧 ・・・・・・・ 26, 45, 85, 86, 92, 121, 134, 172,
196, 242, 272

消費生活用製品安全法 ・・・・・・・・・・・・・・・・・・・ 147

消防法 ・・・ 14, 49, 55, 84, 93, 123, 127, 143, 150, 242

食品衛生法 ・・・・・・・・・・・・・・・・・・・・・・・・・・・・ 146

女性の就業制限業務 ・・・・・・・・・・・・・・・・・・・・・ 76

女性労働基準規則 ・・・・・・・・・・・・・・・・・・・ 76, 237

じん肺 ・・・・・・・・・・・・・・ 75, 76, 77, 133, 151

　　──健康診断 ・・・・・・・・・・・・・・・・・・・・・・・ 112

じん肺法 ・・・・・・・・・・・・・・・・・・・ 75, 112, 151

【す】

水質汚濁防止法 ・・・・・・・・・・・・・・・・・・・・・・・・・ 148

ストックホルム条約 ・・・・・・・・・・・・・・・・・・・・・ 72

スポット測定 ・・・・・・・・・・・・・・・・・・・・・・ 11, 107

【せ】

成形品 ・・・・・・・・・・・・・・・・・・・・・・・・・・・・・・・・ 115

生殖細胞変異原性 ・・・・・・ 9, 10, 56, 58, 61, 64, 84,
114, 117, 120, 171, 172, 192, 198, 242, 244, 258,
266, 267, 298, 299, 302

生殖毒性 ・・・・・・ 9, 10, 24, 29, 30, 31, 45, 56, 58, 61,
64, 84, 87, 96, 114, 117, 120, 125, 129, 171, 192,
198, 242, 244, 258, 266, 267, 300, 301, 302

製造物責任法 ・・・・・・・・・・・・・・・・・・・・・・・・・・・ 146

製品の特定名 ・・・・・・・・・・・・・・・・・・・・・・ 116, 119

製品評価技術基盤機構 ・・・・・・・・・・・・・・・・ 10, 124

生物学的影響指標 ・・・・・・・・・・・・・・・・・・・・・ 104

生物学的ばく露指標 ・・・・・・・・・・・・・・ 10, 23, 104

生物学的モニタリング ・・・・ 11, 23, 57, 61, 64, 86,
　　104, 105, 113, 180, 185, 251, 256

セベソ指令 ・・・・・・・・・・・・・・・・・・・・・・・・・ 77, 78

【た】

ダイオキシン類対策特別措置法 ・・・・・・・・・・ 148

大気汚染防止法 ・・・・・・・・・・・・・・・・・・・・・・ 147

大規模危険施設 ・・・・・・・・・・・・・・・・・・・・ 77, 78

大規模事故災害防止指令 ・・・・・・・・・・・・・・・ 77

耐容一日摂取量 ・・・・・・・・・・・・・・・・・・・・ 98, 149

短時間ばく露限界 (TLV-Short-Time
　　Exposure Limit：STEL) ・・・・・・・・・・ 85, 103

男女雇用機会均等法 ・・・・・・・・・・・・・・・・・・ 76

【ち】

地球温暖化対策の推進に関する法律 ・・・・・・・ 149

注意書き ・・・・・・ 115, 116, 117, 118, 119, 120, 123,
　　241, 242, 273

注意喚起語 ・・・・ 115, 116, 117, 118, 119, 166, 241,
　　253, 272, 274, 277, 279, 280, 281, 282, 283, 285,
　　286, 287, 288, 289, 290, 291, 292, 293, 294, 296,
　　297, 298, 299, 300, 302, 303, 305, 306, 309, 310

中央労働災害防止協会 ・・・・ 24, 48, 49, 55, 56, 77,
　　79, 82, 109, 110, 255, 268

【て】

定期健康診断 ・・・・・・・・・・・・・・・・・・・・ 55, 112

鉄道営業法 ・・・・・・・・・・・・・・・・・・・・・・・・・ 150

デラニー条項 ・・・・・・・・・・・・・・・・・・・・・・ 78, 79

天井値 ・・・・・・・・・・・・・・・・・・・・・・・・・ 103, 107

天井値ばく露限界 (TLV-Ceiling：C) ・・・・・・ 85

電離放射線障害防止規則 ・・・・・・・・・・・・・ 75, 144

【と】

導出最小毒性量 ・・・・・・・・・・・・・・・・・・・・ 26, 89

導出無毒性量 ・・・・・・・・・・・・・・・・・・・ 26, 88, 89

動粘性率 ・・・・・・・・・・・・・ 120, 121, 130, 135, 305

道路法 ・・・・・・・・・・・・・・・・・・・・・・・・・・・・ 150

特殊健康診断 ・・・・・・・・・・・ 55, 105, 112, 162, 185

毒物及び劇物取締法 ・・・・・・・ 84, 93, 96, 122, 123,
　　127, 145, 231

特定化学物質健康診断 ・・・・・・・・・・・・・・・・・ 112

特定化学物質障害予防規則 ・・・・・ 46, 75, 89, 132,
　　144, 162, 180, 231, 237, 238, 246, 250, 260

特定化学物質等障害予防規則 ・・・・・・・・・・ 73, 75

特定化学物質の環境への
　　排出量の把握及び管理の改善の促進に
　　関する法律 (PRTR法) ・・・・・・・・・・・・・ 145

特定業務従事者の健康診断 ・・・・・・・・・・・・・ 112

特定製品に係るフロン類の回収及び
　　破壊の実施の確保等に関する法律 ・・・・・・・ 149

特定標的臓器毒性 ・・・ 9, 10, 24, 56, 57, 58, 61, 64,
　　84, 114, 120, 129, 192, 197, 198, 242, 258, 267,
　　302, 303, 304, 305

特定物質の規制等による
　　オゾン層の保護に関する法律 ・・・・・・・・・・ 149

特定有害廃棄物等の輸出入等の
　　規制に関する法律 ・・・・・・・・・・・・・・・・・・ 150

鈍感化爆発物 ・・・・・・・ 8, 9, 84, 114, 271, 292, 293

【な】

鉛健康診断 ・・・・・・・・・・・・・・・・・・・・・・・・・ 112

鉛中毒予防規則 ・・・ 75, 144, 162, 180, 231, 237, 250

【に】

日本工業規格 ・・・・・・・・ 8, 40, 41, 42, 43, 108, 111,
　　114, 123, 167, 179, 184, 190, 250

日本産業衛生学会 ・・・・ 10, 85, 86, 98, 99, 100, 101,
　　103, 106, 130, 169, 179, 184, 186, 188, 231, 243,
　　250, 258

【の】

農用地の土壌の汚染防止等に関する法律 ・・・・ 148

農薬取締法 ・・・・・・・・・・・・・・・・・・・・・・ 146, 253

【は】

バーゼル条約 ・・・・・・・・・・・・・・・・・・・・ 73, 150

廃棄 ・・・・ 3, 38, 40, 72, 89, 113, 116, 118, 119, 143,
　　145, 146, 151

廃棄物の処理及び清掃に関する法律 ・・・・・・・ 148

破過時間 ・・・・・・・・・・・・・・・・・・・・・・・・・・ 108

爆発物 ・・・・・ 8, 9, 78, 114, 117, 136, 150, 151, 180,
　　188, 192, 242, 251, 271, 276, 277, 283, 292

ばく露限界 ・・・・・・ 7, 10, 20, 21, 22, 23, 24, 26, 45,
　　78, 85, 86, 87, 88, 89, 92, 94, 96, 97, 98, 99, 100,
　　101, 102, 103, 104, 106, 129, 131, 169, 170, 171,

315

173, 174, 175, 179, 180, 181, 184, 186, 188, 190, 196, 197, 201, 243, 250, 251

ばく露評価 ・・・・・ 22, 24, 56, 59, 62, 79, 81, 82, 87, 105, 256, 257, 258, 260, 261

ばく露マージン ・・・・・・・・・・・・・・・・・・・・・・・・・ 88

ばく露量 ・・・・・・・ 10, 23, 88, 89, 95, 96, 97, 98, 99, 101, 103, 104, 105, 169, 170, 196, 245

ハザード ・・・・・・・ 58, 61, 64, 129, 130, 131, 183, 265

発がん性 ・・・・・・・・・・ 8, 9, 10, 29, 31, 45, 56, 58, 61, 64, 75, 78, 79, 84, 87, 89, 99, 100, 114, 117, 120, 125, 129, 131, 133, 171, 172, 173, 174, 192, 198, 242, 244, 247, 258, 266, 267, 299, 300, 302

白血病 ・・・・・・・・・・・・・・・・・・・・・・・・ 99, 100, 152

パルケルスス ・・・・・・・・・・・・・・・・・・・・・・・・・・ 95

半数致死濃度 ・・・・・・・・ 96, 129, 130, 170, 172, 231

半数致死量 ・・・・・・・・・・・・ 84, 96, 115, 170, 172

判定基準 ・・・・・ 8, 78, 113, 114, 115, 120, 127, 173, 174, 260, 272, 277, 278, 279, 280, 281, 282, 283, 285, 286, 287, 288, 289, 292, 293, 294, 295, 296, 305, 307

【ひ】

ピクトグラム ・・・・・・・・・・・・・・・・・・・・・・・ 116

皮膚感作性 ・・・・・・・ 9, 10, 23, 31, 56, 57, 58, 61, 64, 84, 87, 114, 117, 120, 171, 172, 192, 197, 198, 242, 244, 257, 266, 267, 297, 298

皮膚刺激性 ・・・・・・ 10, 87, 145, 197, 198, 200, 242, 244, 271, 275, 295

皮膚腐食性 ・・・・・・ 9, 10, 23, 29, 56, 57, 58, 61, 64, 84, 114, 117, 120, 123, 129, 171, 172, 192, 197, 198, 242, 244, 253, 257, 266, 267, 271, 274, 295, 296, 302

【ふ】

不確実係数 ・・・・・・・・・・ 88, 89, 97, 98, 171, 174

物質 ・・・・・・・ 3, 4, 5, 6, 7, 8, 9, 10, 11, 12, 14, 20, 21, 22, 23, 26, 31, 35, 38, 39, 41, 42, 43, 45, 46, 47, 57, 59, 61, 62, 63, 64, 65, 66, 72, 73, 75, 76, 77, 78, 79, 81, 83, 87, 89, 93, 95, 96, 98, 99, 100, 101, 102, 103, 104, 105, 106, 107, 108, 111, 112, 113, 115, 116, 118, 120, 121, 122, 123, 124, 125, 126, 131, 132, 133, 134, 135, 136, 137, 144, 145,

146, 147, 148, 149, 150, 172, 174, 177, 181, 184, 188, 190, 197, 201, 225, 226, 228, 229, 230, 231, 232, 234, 236, 240, 243, 246, 249, 251, 262, 265, 271, 272, 273, 274, 275, 276, 277, 280, 283, 286, 287, 288, 289, 290, 292, 294, 295, 296, 297, 298, 299, 300, 301, 302, 303, 304, 305, 306, 307, 308, 309, 310

――のライフサイクル ・・・・・・・・・・・・・・・・・・・ 3

物理化学的危険性 ・・・・ 8, 9, 11, 13, 14, 20, 46, 50, 51, 78, 81, 84, 114, 120, 122, 126, 129, 132, 167, 188, 192, 253, 266, 272, 276

粉じん ・・・・・・・ 11, 27, 34, 38, 40, 75, 89, 90, 91, 92, 108, 111, 112, 133, 144, 147, 151, 163, 168, 169, 198, 222, 234, 257, 266

粉じん障害防止規則 ・・・・・・・・・・・・・・・ 75, 144

【へ】

米国科学アカデミー ・・・・・・・・・・・・・・・・・・・ 79

米国産業衛生専門家会議 ・・・・・・ 10, 85, 103, 169, 179, 184, 188, 243, 250

米国食品医薬品庁 ・・・・・・・・・・・・・・・・・・・ 79

ベンゼン ・・・・・ 71, 86, 99, 100, 101, 103, 112, 131, 132, 134, 143, 145, 152, 155, 163, 203, 218, 235

ベンチマーク量

（benchmark dose：BMD）・・・・・・・・・・・・・ 97

【ほ】

防災面 ・・・・・・・・・・・・・・・・・・・・・・・・・・ 43, 111

放射性同位元素等による

放射線障害の防止に関する法律 ・・・・・ 146, 150

防じんマスク ・・・・・・・・・・・ 47, 108, 200, 201, 246

防毒マスク ・・・ 47, 52, 62, 63, 66, 108, 110, 246, 247

法令準拠型 ・・・・・・・・・・・・・・・・・・・・・ 3, 79, 80

法令準拠型アプローチ ・・・・・・・・・・・・・・・ 72, 73

ホースマスク ・・・・・・・・・・・・・・・・・・・・ 109, 110

保管 ・・・・・・ 35, 37, 40, 41, 42, 43, 65, 83, 84, 89, 91, 93, 94, 116, 118, 119, 148, 149, 189

保護めがね（眼鏡）・・・・・ 38, 39, 43, 66, 108, 111, 118, 119, 200, 201

ポリ塩化ビフェニル ・・・・・・・・・・・・・ 72, 73, 149

ポリ塩化ビフェニル廃棄物の

適正な処理の推進に関する特別措置法 ・・・・ 149

【ま】

麻薬及び向精神薬取締法 ·················· 146

【み】

水反応可燃性化学品 ·············· 8, 9, 114, 192

【む】

無毒性量 ······· 88, 89, 96, 97, 169, 170, 171, 172, 173, 174

【め】

眼刺激性 ······ 9, 10, 24, 25, 31, 57, 58, 61, 64, 84, 114, 120, 129, 192, 197, 198, 242, 244, 257, 266, 272, 296, 297, 302

眼に対する重篤な損傷性 ······ 9, 10, 57, 84, 114, 117, 120, 129, 171, 172, 192, 257, 274, 296, 297

【も】

モントリオールプロトコール ·············· 73

【や】

雇入時の健康診断 ···················· 112

【ゆ】

有害物質を含有する家庭用品の
規制に関する法律 ···················· 147

有機過酸化物 ····· 8, 9, 50, 51, 114, 117, 128, 143, 188, 192, 203, 242, 273, 274, 283, 290, 291

有機溶剤中毒予防規則 ····· 46, 75, 89, 144, 162, 1 80, 188, 231, 237, 238, 250

有機溶剤等健康診断 ···················· 112

郵便法 ····························· 151

【ら】

ラベル ······· 3, 4, 14, 67, 113, 114, 115, 116, 122, 123, 124, 125, 126, 132, 137, 144, 167, 204, 205, 206, 207, 208, 209, 210, 211, 212, 213, 214, 215, 216, 217, 218, 219, 220, 241, 242, 252, 253, 273, 274, 277, 279, 280, 281, 282, 283, 285, 286, 287, 288, 289, 290, 291, 292, 293, 294, 296, 297, 298, 299, 300, 302, 303, 305, 306, 309, 310

【り】

リスク ······· 4, 5, 6, 7, 12, 13, 20, 21, 22, 23, 25, 26, 31, 32, 34, 44, 45, 47, 49, 52, 59, 65, 72, 77, 78, 79, 80, 81, 82, 85, 86, 87, 88, 89, 90, 94, 98, 99, 100, 101, 118, 129, 130, 131, 158, 169, 170, 171, 172, 173, 174, 175, 176, 179, 180, 181, 184,

187, 190, 191, 193, 194, 196, 197, 200, 201, 239, 240, 243, 244, 245, 246, 249, 250, 251, 252, 256, 259, 260, 263, 264, 265

──の総合判定 ··············· 79, 81, 82, 88

──の見積り ········ 5, 9, 11, 12, 20, 21, 22, 23, 25, 26, 27, 28, 29, 31, 45, 46, 48, 80, 81, 82, 85, 88, 89, 129, 130, 131, 179, 180, 181, 187, 189, 191, 199, 241, 243, 244, 250, 251

リスクアセスメント ······· 3, 4, 5, 6, 7, 9, 10, 11, 13, 15, 20, 22, 26, 28, 34, 46, 47, 48, 49, 52, 55, 56, 60, 63, 66, 67, 72, 76, 79, 80, 81, 82, 83, 84, 85, 86, 87, 88, 94, 95, 97, 99, 100, 105, 123, 125, 126, 129, 131, 132, 135, 137, 144, 175, 176, 177, 178, 179, 180, 181, 182, 183, 184, 185, 186, 187, 188, 191, 197, 239, 240, 241, 242, 243, 245, 246, 247, 249, 250, 251, 252, 254, 256, 257, 265, 268, 270

──の流れ ····················· 5, 6, 7, 241

リスク特定 ························· 80

リスク評価 ····· 26, 30, 31, 52, 53, 54, 80, 197, 270

リスク分析 ························· 80

リスクマネジメント ····· 6, 71, 72, 73, 77, 78, 80, 81, 87, 95, 113, 126

硫化水素 ······· 77, 78, 95, 96, 130, 134, 136, 143, 148, 154, 220, 235

粒径 ···························· 133

流体力学直径 ······················ 133

量—影響関係 ··············· 7, 95, 96, 99

量—反応関係 ········· 7, 95, 96, 99, 169, 170, 171

量—反応評価 ··················· 79, 81, 82

臨界影響 ·························· 97

【ろ】

労働安全衛生規則 ······· 4, 6, 11, 46, 47, 75, 123, 124, 135, 158, 160, 161, 166, 167, 169, 170, 176, 182, 221, 246, 248, 249, 251

労働安全衛生法 ······ 3, 4, 5, 6, 8, 11, 12, 20, 26, 46, 48, 73, 74, 75, 76, 80, 81, 93, 101, 111, 113, 114, 122, 123, 124, 135, 137, 144, 158, 159, 161, 162, 163, 165, 166, 175, 182, 188, 231, 239, 243, 246, 248, 249, 250, 251

索引

労働安全衛生法施行令 ・・・・・ 9, 75, 101, 132, 180,
　182, 231, 250
労働安全衛生マネジメントシステム ・・・・ 71, 73,
　79, 80, 81, 95, 131, 175, 225, 249
労働安全衛生マネジメントシステム規格 ・・・・ 79
労働安全衛生令別表9 ・・・・・・・・・・・・・・・・・・・・ 3
労働基準法 ・・・・・・・・・ 74, 75, 76, 77, 143, 151, 152
労働災害 ・・・・・ 5, 6, 10, 48, 71, 74, 76, 77, 79, 144,
　177, 178, 179, 185, 186, 225, 239, 249, 250
労働者 ・・・・・・ 5, 6, 7, 10, 20, 23, 24, 26, 27, 28, 31,
　34, 44, 46, 47, 49, 71, 74, 75, 76, 79, 81, 82, 83,
　85, 86, 88, 89, 90, 91, 92, 93, 94, 95, 100, 102,

103, 105, 108, 112, 113, 115, 124, 126, 129, 130,
131, 135, 137, 143, 144, 158, 159, 160, 161, 162,
163, 164, 165, 166, 167, 168, 169, 170, 172, 173,
175, 176, 177, 178, 179, 180, 181, 182, 183, 185,
186, 187, 189, 191, 193, 196, 198, 199, 221, 222,
223, 225, 237, 239, 240, 241, 243, 245, 246, 247,
248, 249, 250, 251, 253, 254, 256, 258, 265
労働者教育 ・・・・・・・・・・・・・・・・・・・・・・ 7, 135, 137
労働者災害補償保険法 ・・・・・・・・・・・・ 75, 158, 161
ローベンスレポート ・・・・・・・・・・・・・・・・・・・・ 71
ロッテルダム条約 ・・・・・・・・・・・・・・・・・・・・ 72

はじめよう リスクアセスメント!!

実践 職場の化学品管理

城内　　博 （日本大学 理工学部 まちづくり工学科）

植垣 隆浩 （一般社団法人 日本化学工業協会 化学品管理部）　共 著

2016年7月5日　初版1刷発行

発行者　織 田 島　　修

発行所　化学工業日報社

〒103-8485 東京都中央区日本橋浜町 3 -16- 8
電話　03（3663）7935（編集）
　　　03（3663）7932（販売）
振替　00190- 2 -93916
支社　大阪　支局　名古屋　シンガポール　上海　バンコク
HPアドレス　http://www.kagakukogyonippo.com/

（印刷・製本：ミツバ綜合印刷）
本書の一部または全部の複写・複製・転訳載・磁気媒体への入力等を禁じます。
©2016 〈検印省略〉落丁・乱丁はお取り替えいたします。
ISBN978-4-87326-666-4　C2043